新形势下畜禽养殖环境影响评价技术研究与实践

XINXINGSHIXIA CHUQIN YANGZHI HUANJING YINGXIANG

PINGJIA JISHU YANJIU YU SHIJIAN

张 爱　师荣光　魏子章　王治民 等 著

中国农业出版社

北 京

图书在版编目（CIP）数据

新形势下畜禽养殖环境影响评价技术研究与实践 /
张爱等著 . -- 北京 ：中国农业出版社，2024. 8.
ISBN 978-7-109-32366-7

Ⅰ. S815

中国国家版本馆 CIP 数据核字第 2024UA4771 号

中国农业出版社出版

地址：北京市朝阳区麦子店街 18 号楼
邮编：100125
策划编辑：贺志清
责任编辑：史佳丽　贺志清
版式设计：王　晨　　责任校对：吴丽婷
印刷：中农印务有限公司
版次：2024 年 8 月第 1 版
印次：2024 年 8 月北京第 1 次印刷
发行：新华书店北京发行所
开本：787mm×1092mm　1/16
印张：21.25
字数：500 千字
定价：100.00 元

编　委　会

主　　著： 张　爱　师荣光　魏子章　王治民

副 主 著： 刘凡惠　李笑晴　张宏斌　张　吉　马建军

编写人员（按姓名笔画排序）：

马田田　马建军　王　昆　王治民　王晓松　王　超

师荣光　刘凡惠　刘子华　刘福奎　许　莉　孙晓蓉

李笑晴　杨　珂　杨琰瑛　吴　犇　余倚龙　宋兵魁

张子恒　张　吉　张有军　张宇红　张志静　张宏斌

张　祎　张洞博　张　爱　张继圣　张富合　陆作领

武文豪　夏　维　郭云鹏　黄　成　常玉海　康　旭

程丹丹　谢　薇　管秀静　魏子章

　　畜禽养殖业是关系国计民生的重要产业，在保障国家食物安全、繁荣农村经济、促进农牧民增收等方面具有重要作用。近年来，我国畜禽养殖业发展取得长足进步，畜禽养殖规模化程度越来越高。但与此同时，畜禽粪污的无序排放已成为我国部分地区农村面源污染的重要来源。许多地区的畜禽污染物排放量已经超过了居民生活、农业、乡镇工业的污染排放量，且畜禽粪污处理及利用方式不合理时，也会对大气、土壤、水环境造成不同程度的污染。因此，加强畜禽养殖业的污染防治和环境管理已成为现阶段农业农村环境保护的重要内容和紧迫任务。

　　环境影响评价是建设项目开工前的重要行政许可环节。规模化畜禽养殖项目依法履行环境影响评价手续，可以从源头上预防畜禽养殖过程中的环境污染，为畜禽粪污资源化利用以及病死畜禽无害化处理等环境管理工作提供技术支撑及法律依据，促进畜禽产业绿色可持续发展。

　　本书由农业农村部环境保护科研监测所组织编写。农业农村部环境保护科研监测所是从事农业生态环保与监测研究的国家级专业机构，是国内最早开展环境影响评价科研、技术服务工作的单位之一，牵头起草了《畜禽养殖业污染物排放标准》（GB 18596—2001）、《畜禽粪便还田技术规范》（GB/T 25246—2010）等多项与畜禽养殖相关的国家及地方标准。编写组成员主持或参与科研院所基本科研业务费重点项目"畜禽养殖规划环评关键技术方法研究"、原农业部农业生态环境保护项目"农业规划环境影响评价导则及技术规范编制基础研究"、天津市环保专项资金项目"畜禽养殖业污染特征及控制指标分析"等多项科研项目；主持百余项规模畜禽养殖项目环境影响评价、全面达标排放评估、突发环境事件应急预案、环保验收等技术咨询服务项目，得到了同行专家的高度肯定。以上科研与实践经验，为本书的编写打下了良好的基础。

　　虽然畜禽养殖行业环境影响评价工作已经开展近20年，积累了一定的理论与实践经验，但是我国畜禽养殖项目环境影响评价机制仍不完善，且面临着加强畜禽粪污资源化利用水平及畜禽养殖行业环境管理精细化、氨气减排、碳减排等环境保护新要求。本书针对畜禽养殖行业面临的新形势，系统地梳理了畜禽养殖项目环境影响评价发展历程及存在的问题，结合相关研究成果，提出了畜禽养殖行业环境影响评价的关键评价因子、污染源强核算方法、环境影响预测方法，对规范畜禽养殖行业环境影响评价工作，促进畜禽养殖行业绿色可持续发展具有重要的科学价值和指导意义。

本书共分七部分，第一部分介绍了我国畜禽养殖行业的发展概况及环境影响评价现状，提出了新形势下畜禽养殖行业环境影响评价技术的研究路线；第二部分归纳分析了畜禽养殖项目环境影响评价管理体系，并剖析了其存在的问题；第三部分分析了养殖场规划设计要点及主要污染控制对策；第四部分总结了畜禽养殖项目污染物的源强核算方法，分析了养殖场内的干物质及氮、磷养分流向；第五部分重点研究了畜禽养殖项目环境影响评价的关键技术，提出了适用于畜禽养殖项目环评各环节的评价方法；第六部分结合奶牛场、猪场等两个典型项目案例，对畜禽养殖项目环评技术方法在应用过程中应注意的问题进行了剖析；第七部分介绍了畜禽养殖行业温室气体排放源及其源强核算方法，核算了中国畜禽养殖业的碳排放量，并提出了减排降碳措施。

本书由张爱副研究员组织策划，张爱、师荣光、魏子章、王治民等执笔和统稿，第一部分由张爱、师荣光撰写，第二部分、第七部分由张爱、刘凡惠、王治民撰写，第三部分由张爱、常玉海撰写，第四部分由刘凡惠、李笑晴、魏子章撰写，第五部分由张爱、魏子章、王治民、常玉海撰写，第六部分由张爱、李笑晴撰写。同时，张宇红、张志静、康旭、黄成等也对本书的出版做了贡献。全书由刘凡惠负责文字校对工作。本书的出版得到中国农业科学院科技创新工程、农业农村部环境保护科研监测所所级统筹竞争性科研项目等项目资助完成。本书可读性强、实用价值高。

由于作者水平有限，加之客观条件所限，本书中难免有不足之处，敬请读者批评指正。

著　者

2024 年 4 月

CONTENTS 目 录

前言

1 绪论

1.1 我国畜禽养殖行业发展概况

畜禽养殖业是关系国计民生的重要产业，是农业农村经济的支柱产业，是保障食物安全和居民生活的战略产业。目前，我国肉类人均占有量已超过了世界平均水平，禽蛋人均占有量已达到发达国家水平，肉蛋奶已成为百姓"菜篮子"的重要品种。

1.1.1 发展现状

近年来，畜禽养殖业克服资源要素趋紧、非洲猪瘟疫情传入、生产异常波动和新冠肺炎疫情冲击等不利因素影响，不断加快生产方式转变，绿色发展全面推进，现代化建设取得明显进展，综合生产能力、市场竞争力和可持续发展能力明显提升，凸显出了"快而稳，大而强"的发展特征。根据《"十四五"全国畜牧兽医行业发展规划》（农牧发〔2021〕37 号），畜禽养殖业发展取得的成就主要体现在：

(1) 畜产品保障能力稳步提升　2020 年全国肉类、禽蛋、奶类总产量分别为 7 748 万 t、3 468 万 t 和 3 530 万 t，肉类、禽蛋产量继续保持世界首位，奶类产量位居世界前列，保障了重要农产品供给和国家食物安全。

(2) 畜产品质量安全水平较高　2020 年，饲料、兽药等投入品抽检合格率达到98.1%，畜禽产品抽检合格率达到 98.8%，连续多年保持在较高水平；全国生鲜乳违禁添加物连续 12 年保持"零检出"，婴幼儿配方奶粉抽检合格率达到 99.8%以上，在国内食品行业中位居前列。

(3) 绿色发展成效显著　畜禽养殖业生产布局加速优化调整，畜禽养殖持续向环境容量大的地区转移，南方水网地区养殖密度过大问题得到有效纾解，畜禽养殖与资源环境相协调的绿色发展格局加快形成。2020 年全国畜禽粪污综合利用率达到 76%，畜禽养殖抗菌药使用量比 2017 年下降 21.4%。

(4) 重大动物疫病防控有效　疫病防控由以免疫为主向综合防控转型，强制免疫、监测预警、应急处置和控制净化等制度不断健全，重大动物疫情应急实施方案逐步完善，动物疫病综合防控能力明显提升，非洲猪瘟、高致病性禽流感等重大动物疫情得到有效防控，全国动物疫情形势总体平稳。

1.1.2 发展特点

近年来，我国畜禽养殖业的发展取得长足进步，集约化、规模化养殖程度越来越高，在推进战略性调整农业、农村的经济结构中发挥着重要的作用，是破解"三农"困局和推动乡村振兴的关键突破口，也是如期、保质打赢脱贫攻坚战的重要因素，其主要发展特点体现在以下几个方面：

（1）畜禽养殖业在国民经济中的地位不断增强 2021年，全国畜禽养殖业产值达到3.99万亿元，占农林牧渔业总产值的比重为27％。畜禽养殖业在农业结构调整、安全食品生产、农民增收、促进农民就业等方面起着主导作用。畜禽养殖业对我国农业农村经济发展贡献巨大。

（2）畜禽养殖业结构逐步优化，区域性生产布局优势明显 畜产品生产结构进一步优化，牛羊肉产量占比增加，猪肉产量受非洲猪瘟疫情影响有所波动，牛奶产量持续快速增长。2021年，猪肉比重已下降到了58.9％，禽肉和牛羊肉比重分别达到7.8％和5.7％。

"十三五"期间，畜禽养殖业结构逐步优化，生产区域性布局趋向合理。养殖区向粮食主产区转移，主要生产区域优势明显，大城市近郊养殖与城市发展的冲突得到适当控制。畜禽养殖废弃物资源化利用也取得重要进展。

（3）产业发展水平显著提高 畜禽养殖业的规模化、集约化饲养发展步伐加快，生产组织化水平显著提升。2020年全国畜禽养殖规模化率达到67.5％，比2015年提高13.6％；畜牧养殖机械化率达到35.8％，比2015年提高7.2％。养殖主体格局发生深刻变化，小散养殖场（户）加速退出，规模养殖快速发展，呈现龙头企业引领、集团化发展、专业化分工的发展趋势，组织化程度和产业集中度显著提升。畜禽种业自主创新水平稳步提高，畜禽核心种源自给率超过75％，比2015年提高15％。

1.1.3 存在问题

（1）稳产保供任务越发艰巨 未来一段时期，畜产品消费仍将持续增长，但玉米等饲料粮供需矛盾突出，大豆、苜蓿等严重依赖国外进口。目前我国的饲料用粮约占粮食的1/3，养殖业的主要饲料如豆粕、鱼粉等的进口依存度超过70％。

（2）发展不平衡问题越发突出 一些地方缺乏发展养殖业的积极性，"菜篮子"市长负责制落实不到位；加工流通体系培育不充分，产加销利益联结机制不健全；基层动物防疫机构队伍严重弱化，一些畜牧大县动物疫病防控能力与畜禽饲养量不平衡，生产安全保障能力不足；草食家畜发展滞后，牛羊肉价格连年上涨，畜产品多样化供给不充分。

（3）资源环境约束越发趋紧 养殖设施建设及饲草料种植用地难的问题突出，制约了畜禽养殖业规模化、集约化发展；部分地区环境容量饱和，生态保护与经济发展矛盾突出；完善的种养结合机制尚未形成，粪污还田资源化利用水平仍较低。

（4）产业发展风险越发凸显 各养殖场生物安全水平差距较大，各种疫情风险长期存在。"猪周期"有待破解，猪肉价格起伏频繁，市场风险加剧。部分畜禽品种核心种源自给水平不高，"卡脖子"风险加大。此外，相较于发达国家而言，我国畜禽养殖业的劳动生产率、科技进步贡献率、资源利用率仍相对较低。国内生产成本整体偏高，行业竞争力较弱，畜产品进口连年增加，不断挤压国内生产空间。畜禽养殖行业属于弱质行业，自身资金积累能力差，抗风险能力低，不利于产业发展壮大。

1.1.4　面临的挑战

(1) 畜禽种源进口依赖程度高　我国是世界上最大的猪种业市场，但是种猪市场主要被进口种猪占领，规模化养猪场80%以上种猪为进口品种，导致我国猪遗传改良难以突破（汤波等，2014）。

2021年4月，农业农村部印发《全国畜禽遗传改良计划（2021—2035年）》，推动提升国内种畜禽生产性能和品质水平。2021年7月，中央全面深化改革委员会第二十次会议审议通过《种业振兴行动方案》，对于我国种业的发展具有重要意义。

(2) 畜禽信息化水平偏低　根据中国信息通信研究院发布的《2020年中国数字经济发展白皮书》，我国畜禽养殖整体生产信息化水平为30.2%（其中家禽为32.9%、生猪为31.9%）。畜禽养殖业生产信息化水平具有较大的提升空间。

随着人口老龄化、劳动力成本上升等问题突出，依靠数字化、机械化来降低生产成本、扩大经营规模，成为推进农业现代化的重要途径。

(3) 碳减排任务艰巨　2020年，在全球气候峰会上，习近平主席首次提出2030年碳达峰和2060年碳中和目标，并将其纳入国家重大战略。碳达峰碳中和战略的提出，标志碳减排成为我国各行业的约束性指标。

农业已成为全球温室气体排放的第二大重要来源。我国农业源温室气体排放约占全国温室气体排放总量的17%，其中农业排放的CH_4和N_2O分别占全国总量的50%和92%。在我国农业碳排放的组成中，畜禽养殖过程中部分畜禽的肠道发酵会导致甲烷排放，同时畜禽排泄物还会引发甲烷与氧化亚氮的排放，碳排放占比较高，多年平均碳排放占比为37.1%（李松等，2014）。

为应对全球气候挑战，畜禽养殖行业应从投入品减量（如饲料、能源）、粪污资源化利用转型等多角度进行碳减排。碳减排已成为未来畜禽养殖行业面临的巨大挑战。

1.2　我国畜禽养殖行业环境保护现状

1.2.1　环境污染特性、现状及存在问题

1.2.1.1　环境污染特性

畜禽养殖行业环境影响特性体现在如下几个方面：

(1) 对水环境的污染　畜禽养殖行业对水环境的污染主要源于养殖粪污的产生、处置、排放与利用。养殖废水进入水环境，会降低水中的溶解氧含量，使得水体产生富营养化，导致水生生物过度繁殖，造成农业面源污染。同时，粪污暂存与处理区、畜禽舍等区域如果防渗措施不到位，可能对地下水环境造成一定影响；畜禽粪便被过度还田后还会使有害物质渗入地下水，引发地下水中硝酸盐浓度超标，严重威胁人类健康（董元华等，2015）。

(2) 对大气环境的污染　畜禽养殖对大气的污染主要表现在畜禽粪便产生的恶臭对环境空气造成的危害及畜禽饲养过程中产生的甲烷、氧化亚氮带来的温室效应两方面。其中，规模化养殖由于畜舍饲养密度大，粪便堆积产生的有毒有害气体进入大气环境会对动

物及人类健康产生不利影响。目前畜禽养殖业是我国农业领域第一大甲烷排放源，也是全球排名第二的温室气体来源（刘玉莹等，2018）。在畜禽动物中，牛是最大的温室气体排放源。

（3）对土壤环境的污染　畜禽养殖过程中，畜禽粪便以有机肥的形式施入土壤，其中含有大量有机物、氮、磷及重金属等，若过量施用会造成土壤中养分过剩、土壤结构失衡及重金属等有害物质在土壤中的积累。若超过土壤的承载力，无法及时被消纳的粪便会导致土壤空隙堵塞、土壤板结，使土壤硬化、盐碱化，阻碍农作物的生长，威胁农产品的质量安全（赵从从等，2023）。

同时，一些饲料为了增强畜禽抗病力和促进动物生长，会添加矿物质和金属元素，由于畜禽对饲料中 Cu、Zn 等元素利用率较低（约为 10%），大部分随粪便排出体外，导致粪便中重金属含量显著超标，进而产生重金属在农田中的累积风险，严重威胁食品安全（潘霞等，2012）。相比羊粪和鸡粪，猪粪中的铜、锌、镉含量较高，更易造成土壤污染。

此外，畜禽粪便在场区内堆存、处置过程中如果防渗措施不到位，也可能对场区及周边土壤环境产生一定影响。

1.2.1.2　畜禽粪污处置与资源化利用现状

规模化养殖的快速发展造成畜禽养殖废弃物产生量突增，如果处置不当会对周围大气、地表水、地下水、土壤等环境造成较大影响。做好畜禽粪污资源化利用是提升农村环境质量的重要抓手，也是改善农村人居环境的切实方式，更是加强生态文明建设的重要举措。

2013 年 11 月，国务院颁布《畜禽规模养殖污染防治条例》，作为我国在国家层面制定实施的第一部农业农村环境保护行政法规，其颁布实施是我国农业农村环保领域法治建设和生态文明制度建设的一件大事，是农业农村环保事业发展的一个重要里程碑，同时畜禽养殖污染防治技术路径的选择逐步由达标排放转向资源化利用。根据周海滨等（2022）于 2018—2020 年对我国 31 个省份 190 个县 2 589 个规模化畜禽养殖场的调研及实际考察结果，我国畜禽养殖场粪污产生及处理技术应用总体情况见图 1-1。其中，仅产生固体粪污、固体液体粪污均产生和仅产生液体粪污的养殖场分别为 530、1 895 和 164 个，占比分别为 20.48%、73.19% 和 6.33%。我国规模化畜禽养殖场中固体粪污常见的利用方式包括堆沤肥（89.44%）、制备商品有机肥（6.08%）、加工牛床垫料（0.90%）、饲养昆虫（0.55%）、制备栽培基质（1.37%）。液体粪污常见的利用方式包括沼液还田（41.59%）、贮存发酵（39.09%）、直接达标排放（2.04%）和异位发酵床（1.86%）。固体粪便主要施用方式为机械撒施和人工撒施，或 2 种方式均采用。其中，人工撒施为现阶段的主要模式，占比高达 94.50%，利用撒肥车撒施占比为 5.50%。液体粪污运输主要使用罐车及管网，分别占比 75.52% 和 20.00%，其施用方式主要为漫灌、喷灌、滴灌和注入式施肥等类型，占比分别为 76.47%、14.62%、3.21% 和 5.70%。

近年来，随着国务院、农业农村部、生态环境部等部门畜禽养殖粪污综合利用政策的相继出台与实施，畜禽粪污资源化利用取得了显著成效，畜禽养殖污染排放实现了大幅降低。根据《"十四五"畜禽粪肥利用种养结合建设规划》，"十三五"期间，实现了我国 585

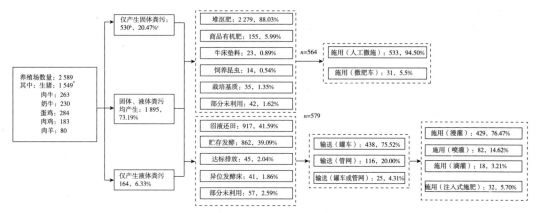

图 1-1　养殖场粪污产生及处理技术应用总体情况

(周海滨等，2022)

a. 表示调研该畜禽种类的养殖场数量　b. 表示该类型养殖场数量

c. 表示该类型养殖场占养殖场总量的百分比　n. 表示数量

个畜牧大县畜禽粪污治理全覆盖，2020 年全国畜禽粪污综合利用率达到 76%，13.3 万家大型规模养殖场全部配套粪污处理设施装备，有效解决了畜禽粪污直排对地表水环境的影响；同时，畜禽养殖用水量和饲料中铜锌添加量大幅降低，全国畜禽粪污年产生量下降至 30.5 亿 t，与 2015 年相比降幅达 19.7%，推动了畜禽养殖行业粪污处理的转型升级及绿色发展。

与第一次全国污染源普查相比，我国畜禽养殖水污染物排放总量和排放强度实现双下降，有力促进了地表水环境的改善。根据第二次全国污染源普查结果，全国畜禽养殖化学需氧量、总氮和总磷排放量分别为 1 000.53 万 t、59.63 万 t 和 11.97 万 t，分别降低了 21.1%、41.8% 和 25.4%；化学需氧量、总氮和总磷排放强度分别为 11.56kg/头、0.69kg/头 和 0.14kg/头，分别降低了 55.5%、67.2% 和 57.9%，但污染物排放占比仍然较高，畜禽养殖业化学需氧量、氨氮排放分别占农业源水污染物排放总量的 93.76%、51.29%。

1.2.1.3　存在主要环境问题

(1) 粪污处理与资源化利用水平有待进一步提升　我国养殖污染防治工作起步较晚，且养殖从业人员综合素质较低，缺乏专业从事养殖污染治理技术人才，盲目选择粪污治理模式，导致设施运行费用高、处理效果差等一系列问题（宣梦等，2018）。

"十三五"时期，随着国家层面一系列促进畜禽粪污资源化利用政策的出台，规模养殖场污染问题得到了一定改善，但畜禽粪污处理和利用规范化、标准化水平还不高，养殖户设施装备仍然不足，粪肥还田机械严重缺乏，利用方式较为粗放，无法满足"种养结合、循环农业"的发展要求。

根据《"十四五"全国畜禽粪肥利用种养结合建设规划》，部分畜禽粪污处理设施建设不规范，处理能力与养殖规模不匹配，无害化不彻底等问题仍然突出；固体粪肥以人工撒施为主，占比达 94.5%；液体粪肥以漫灌施用为主，占比达 76.5%，容易造成氮磷养分损失进而增加大气、地表水环境污染风险。

同时，部分粪污处理设施运营成本较高，对于属于微利行业的畜禽养殖业来说，自身无法承担高额的污染治理费用。近年来，畜禽养殖成本（物料、人力）逐年升高，且受市场价格周期性波动和疫病冲击影响很大，畜禽养殖企业进行污染防治的积极性往往不高（李红娜等，2020）。

总之，畜禽养殖粪污处理及资源化利用方式应与所在地区自然环境特征、农业生产方式、经济发展水平相结合，因地制宜地选择适合的模式。

(2) 粪肥还田"最后一公里"尚未打通 当前，我国总体上种养主体分离，规模不匹配、联结不紧密等问题仍然突出，粪肥还田"最后一公里"尚未完全打通。

由于我国的土地政策，畜禽养殖行业与种植业脱离，养殖场缺乏配套粪污消纳的土地，粪污资源化利用运输成本高，无法实现种养平衡，导致了粪肥还田利用难以全面推进。同时，由于粪肥施用程序烦琐、劳动强度大，大部分种养主体不愿为畜禽粪污处理和利用付费，养殖场没有推动粪肥科学还田的积极性，种植户在生产效益不高的情况下，使用粪肥提升地力的主动性不强。同时，粪肥收运和田间施用等社会化服务组织刚开始发育，经营规模小，技术水平低，盈利能力差，对接种养主体的桥梁纽带作用发挥不足，亟待健全粪肥还田市场化运行相关机制。

此外，粪肥施用过程中存在由于氨挥发造成的营养元素损失和二次污染问题，粪肥长期施用会造成铜、锌、铅、镉、砷等重金属或类金属累积而产生土壤生态环境风险问题。

(3) 环境管理体系仍需健全 目前我国畜禽养殖场内尚未建立完善的环境管理体系，尤其对于民营企业，缺乏专门环境管理人员。

畜禽养殖污染面广量大、持续性强、因素复杂，且畜禽养殖行业为弱质行业，很多无力投资建设污染防治设施，仅依靠行政手段，难以实现对养殖污染的有效监控。

另外，我国畜禽粪污资源化利用全链条管理体系也不完善，主要采用环境影响评价制度进行事前监管，运行过程中缺乏有效的常规监管措施，特别是气体排放、粪肥超量利用等环境风险难以控制。同时存在畜禽粪肥还田利用监测体系不完善、监测制度不健全、信息化监管和服务手段缺乏、难以管控粪肥质量和利用量等情况。

(4) 恶臭污染问题投诉多 根据《恶臭污染物排放标准征求意见稿编制说明》（2018年11月）对全国18个省、2个自治区、3个直辖市共计86个城市的问卷调查结果，畜禽养殖行业是恶臭污染高投诉行业，其恶臭投诉比例仅次于垃圾处理、污水处理。

根据生态环境部大气环境司发布的《2018—2020年全国恶臭异味污染投诉情况分析（大气函〔2021〕17号）》，2018—2020年畜禽养殖业占全部恶臭/异味投诉的平均比例为11.0%，为仅次于垃圾处理的第二高投诉行业；2020年投诉件数达到12397件，投诉比例位居各行业首位。

因此，须高度重视养殖场恶臭污染问题，从养殖场各环节进行恶臭控制。

1.2.2 国外畜禽养殖环境政策

针对我国畜禽养殖行业环境问题，对国外发达国家畜禽养殖环境政策进行了调研与梳理，以期为解决我国畜禽养殖行业环境问题提供借鉴。

(1) 美国 畜禽养殖业在美国农业中占有极为重要的地位，以规模化、机械化、专业化生产为主，近年来大规模养殖场所占比重不断扩大。

在畜禽养殖环境保护方面，美国主要通过综合养分管理计划 CNMP（Comprehensive Nutrients Managment Plan）管理手段实现养殖废弃物的综合利用和治理，从饲料使用、粪污贮存与处理、粪肥施用管控等全过程进行规定，关注的污染因子涉及异味、病原菌、盐和重金属，并要求根据养分检测报告或经验系数核算所需要的土地面积，保证了"种养结合"的科学实施。同时，发挥了政府、高校及企业联合推动的作用，其中政府侧重于监管约束和经济激励，高校为企业提供技术支撑（吴娜伟等，2017）。

此外，美国对畜禽养殖场按照养殖规模、排污状况等进行分类管理。对排污大的单位进行排污许可重点管理，对排污小的单位主要通过以政策激励为主，所有养殖单位全部被纳入环境管理范畴内。

（2）荷兰 荷兰是世界上出口畜产品最多的国家之一，也构建了结构合理、行之有效的法规体系。《动物粪便法案》对于每公顷农田的氮肥与磷肥的最大施用量有严格规定，并规定每年禁止施用粪肥的时间，防止污染地表水和地下水环境（张晓岚等，2014）。

（3）加拿大 加拿大的各省都制定了畜禽养殖业环境管理的技术规范，要求制定营养管理计划，所有畜禽养殖粪便作为肥料施用于农田，不能直排，必须在以畜禽场为中心的有限范围内就近处理，处理后直接还田使用，对施肥季节和用量也有明确的限定。政府每年对养殖场深井水样进行检查，如果造成环境污染事故，将进行处罚。营养管理计划提交市政主管部门或由第三方评审通过后，才能获得生产许可证（韩冬梅等，2013）。

1.2.3 我国畜禽养殖环境问题的出路

结合我国畜禽养殖环境现状及存在问题，借鉴国外畜禽养殖环境政策，我国畜禽养殖环境问题应从以下几个方面解决：

（1）全力推进"种养结合、农牧循环发展" 作为农业的重要组成成分，畜禽养殖业、种植业相互依存、互相影响，饲喂动物的饲料来源于种植业的副产品，养殖过程中产生的粪便可作为种植业的肥料来源。"种养结合"作为一种循环农业的新模式，能够提高农牧废弃物的利用率，降低种植业的肥料采购成本，帮助养殖企业找到粪污处理销路，适应了循环经济的发展需要。

畜禽粪污中含有大量的有机质、氮、磷、钾以及各种中微量元素和活性物质，能够被资源化利用。但若处理利用不当，可导致面源污染。此外，畜禽粪便中的病原体容易造成人畜疾病的传播。因此，畜禽粪污在资源化利用之前需进行无害化处理。如果将氮、磷等营养元素进行处理，属于资源浪费，并且需要建设环保处理设施，相应带来较大的初期投资及一定的运行成本。而粪污处理设备一直以来价格高昂，畜禽养殖业本身就属于微利、弱质行业，自身无法担负高额的环保治理费用。

从发达国家的经验来看，养殖场进行养分管理，都需配套相应的农田来消纳粪污。农业农村部办公厅、生态环境部办公厅联合发布的《关于进一步明确畜禽粪污还田利用要求强化养殖污染监管的通知》（农办牧〔2020〕23 号）中也明确"鼓励养殖场户全量收集和利用畜禽粪污"。

因此，为了促进畜禽养殖业的绿色可持续发展，"种养结合、农牧循环发展"是根本出路，宜结合地域特点、养殖场四周环境、可消纳土地情况等综合因素，选择恰当的资源化利用模式，优化土地等资源与畜禽养殖的匹配关系（图1-2）。

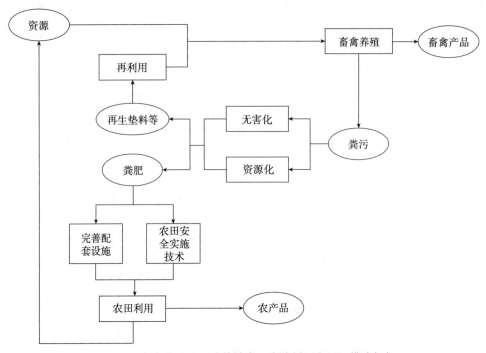

图1-2 畜禽养殖业"种养结合、农牧循环发展"模式框架

（2）完善养殖场分类环境管理要求 美国养殖场的分类管理，提高了管理效果和实际操作性。目前，我国畜禽养殖管理按养殖规模分为规模化养殖场管理和非规模养殖场管理。《畜禽规模养殖污染防治条例》对规模以上的养殖场依法环评、配备污染治理设施等有明确的规定。但是，对于非规模畜禽养殖场，法律层面污染防治的依据不充分。目前，我国非规模化养殖场（户）仍将在一段时间内占据较大的比例，且大多无污染治理设施，废水直排、粪便乱扔乱堆、气味难闻，严重污染了当地环境，影响了群众的正常生产生活，群众投诉较多。

因此，应从法律法规层面完善养殖场分类环境保护管理要求。

（3）完善精细化监管政策和市场运行机制 发达国家普遍建立了配套的政策标准及各项经济刺激措施，形成了国家和地方全方位的政策体系（郑铃芳等，2015）。我国农村经济相对落后，养殖户无法投入大量资金用于污染防治与管理。此外，我国地域辽阔，不同地域气候特点、环境敏感性、作物种类及其消纳能力等均不相同，不可能采用一套放之四海而皆准的模式。

我国应加大财政支持，采用奖罚刺激手段，提高养殖户的积极性，并对养殖场加强环保培训。引导种养主体采取土地流转、粪肥订单等方式，按照养殖规模配套土地，为粪肥就地就近利用提供保障。培育壮大一批粪肥收运和田间施用等社会化服务主体，推动建立受益者付费机制。积极引导各类社会资本参与项目建设与运营，建立多元化投入机制。

同时，各地方政府应立足实际、发挥优势，科学合理选择畜禽粪污处理和资源化利用技术模式，积极探索多样化粪肥还田利用种养结合发展途径，制定适宜畜禽养殖生态保护与生产增长协调发展的绿色发展模式（张海涛等，2015）。

此外，鉴于农业农村部门和生态环境部门双重管理，应建立两个部门间的协调沟通机制，加强联动，统一管理尺度，并可联合执法。

1.3 规模化畜禽养殖项目环境影响评价的必要性及其意义

1.3.1 必要性

（1）落实相关法律法规的要求 1979 年颁布的《中华人民共和国环境保护法（试行）》，首次从法律层面确立环境影响评价（简称环评）制度。1989 年颁布的《中华人民共和国环境保护法》（2014 年修订），进一步用法律确立和规范了我国的环境影响评价制度。2002 年 10 月 28 日通过的《中华人民共和国环境影响评价法》（2016 年、2018 年历经两次修订），用法律形式明确了环境影响评价的要求，并把环境影响评价从项目层次拓展到规划层次，是我国环境影响评价史上的重要里程碑。

环境影响评价是建设项目开工前的重要环节，未依法履行环评手续的，禁止开工建设。

按照现行《中华人民共和国环境影响评价法》第十六条关于环境影响评价分类管理要求，生态环境部发布的《建设项目环境影响评价分类管理名录》中规定了畜禽养殖业的环境影响评价分类管理要求，详见表 1-1。

表 1-1 畜禽养殖业环境影响评价分类管理要求

项目类别	环评类别			本栏目环境敏感区含义
	报告书	报告表	登记表	
二、畜牧业 03				
3 牲畜饲养 031；家禽饲养 032；其他畜牧业 039	年出栏生猪 5 000 头（其他畜禽种类折合猪的养殖量）及以上的规模化畜禽养殖；存栏生猪 2 500 头（其他畜禽种类折合猪的养殖规模）及以上无出栏量的规模化畜禽养殖；涉及环境敏感区的规模化畜禽养殖	不涉及	其他（规模化以下的除外）（具体规模化的标准按《畜禽规模化养殖污染防治条例》执行）	第三条（一）中的全部区域；第三条（三）中的全部区域

可见，对于规模化畜禽养殖场，须按《中华人民共和国环境影响评价法》和《建设项目环境影响评价分类管理名录》要求履行环境影响评价手续。

此外，2014 年 1 月 1 日实施的《畜禽规模养殖污染防治条例》（中华人民共和国国务院令第 643 号）第十二条进一步明确了畜禽养殖项目环境影响评价分类管理的原则，并仅保留了环境影响报告书和环境影响登记表两种类别，取消了环境影响报告表类别要求。该规定聚焦产生较大环境影响的大型畜禽养殖项目，将大型畜禽养殖项目作为重点监管对象；同时，也简化了非大型的规模化畜禽养殖项目的环境影响评价程序，在一定程度上促进了畜禽养殖项目的快速落地见效。

综上，规模化畜禽养殖项目履行环境影响评价手续，是落实相关法律法规与部门规章的要求，也是新建、改建、扩建畜禽养殖项目的"准生证"。

（2）提高畜禽养殖环保水平的重要环节　自 20 世纪 80 年代起，我国各个地区规模化畜禽养殖场大量涌现，由此带来的环境问题也逐渐显现出来。《第二次全国污染源普查公报》显示，我国畜禽养殖业水污染物排放量巨大，化学需氧量排放量占农业源污染物排放量的 93.76%。其中，规模化养殖场化学需氧量排放量 604.83 万 t，氨氮 7.50 万 t，总氮 37.00 万 t，总磷 8.04 万 t。与《第一次全国污染普查公报》相比，畜禽养殖业污染物的排放总量及单位动物排放强度均降低，畜禽粪污综合利用率有所提高。但畜禽养殖废物对生态环境造成不利影响的问题依旧存在。

造成畜禽养殖环保问题的原因来自多方面：一方面，畜禽产业发展过程中与环境保护过程脱节严重，长期以来缺乏针对性环保对策，通常直接套用工业化的处理模式，导致污染处理成本较高；而畜禽产业属于弱质行业，难以承受高额的处理成本，因此，缺少配套环保设施或环保设施不正常运行的情况较为突出。另一方面，规模化畜禽养殖场环境管理比较滞后，对于畜禽污染的监管机制以及环保治理机制等尚不完善。此外，养殖企业受农业农村和生态环境部门的双重管理，两个管理部门有不同的侧重点与要求，容易出现技术与管理要求衔接不畅的问题。如曾一度被提倡的大型养殖场沼气发电工程，目前至少有 60% 处于停工状态，其主要原因是投资、运行及维护成本过高，且沼液如何利用也是一大难题（李红娜等，2020）。

按照《畜禽规模养殖污染防治条例》第十二条要求，畜禽养殖项目环境影响评价中应重点结合周边土地对粪污的消纳及水环境情况，聚焦粪污综合利用与无害化方案，充分论证环境影响减缓措施经济技术的可行性，统筹考虑畜禽养殖生产与生态环境保护，从源头上避免对水体、土壤等环境的影响。

规模化畜禽养殖项目环境影响评价意义重大，需要从源头上避免畜禽养殖过程中的污染，为畜禽粪污资源化利用及病死畜禽无害化处理等环境管理工作提供技术支撑与法律依据，促进畜禽产业可持续性发展，是提高畜禽养殖环保水平的重要环节。

（3）保障畜禽养殖业生态环境执法的科学性与有效性　按照国务院深化"放管服"改革、优化营商环境总体要求的需要，要改变以许可审批替代监管的惯性思维，变前端控制为后端控制，变静态监管为动态监管，加快推进环保管理体制由"重审批，轻监管"向"轻审批，重监管"转变。因此，未来生态环境管理将强化"事中事后管理"。其中"事中监督管理阶段"建设项目自办理环境影响评价手续后到投入生产或使用前，将主要针对建设项目施工期开展"事中环保监管"；建设项目投入生产或使用后，将主要针对建设项目运营期开展"事后环保监管"，并将按照建设项目的特点明确相关环境保护监督管理内容。可见，事中事后监管执法依据的科学性，直接决定了事中事后监管的科学性。

根据《排污许可管理条例》（中华人民共和国国务院令第 736 号）第十七条的规定，排污许可证是对排污单位进行生态环境监管的主要依据，而依法经审批的环评文件是核发排污许可的前置条件和重要依据。此外，目前环评文件及审批意见提出的土壤污染防范、环境风险防范等措施无法载入排污许可证，该部分内容也应作为生态环境部门执法的重要依据。

此外，畜禽养殖业环境影响评价中，须充分考虑地域气候特征、周边水环境与大气环境敏感性及其环境容量、可消纳粪污的土地氮磷及重金属背景水平等状况。如果养殖项目选址周边涉及大气环境敏感区，相应需要对养殖场异味产生的全链条进行控制，确保在厂界达标的前提下不对涉及大气环境敏感区产生不利影响；如果养殖项目本身及周边没有沼气利用需求或没有足够的土地消纳沼渣沼液，则不宜选用沼气工程进行粪污处理；如果选址周边涉及饮用水源保护区等水环境敏感水体，则需考虑废水正常、非正常排放及粪污土地消纳过程中由于氮磷流失可能对水环境敏感水体的影响。可见，每个养殖项目环境影响评价重点因所处周围环境不同而有较大区别，只有把握了这些重点才能保证环境影响评价的有效性，进而保证后续生态环境执法的科学性。同时，环境影响评价中还须对环保措施的经济技术可行性进行充分论证，从源头上避免了环保措施不能建设或正常运营，确保了各项环保措施的有效性，也保证了生态环境执法的有效性。

综上，畜禽养殖业环境影响评价是确保生态环境部门进行执法科学性与有效性的重要抓手，是保证国务院深化"放管服"改革、优化营商环境总体要求落到实处的重要举措。

1.3.2 意义

（1）促进畜禽养殖业转型升级与可持续发展，为乡村振兴战略提供有力支撑 畜禽养殖业关系国计民生，是乡村振兴的重要产业。为了保证国家重要农副食品的有效供给需求，全面推进乡村振兴，加快农业农村现代化，需要统筹资源环境承载能力、畜产品供给保障能力和畜禽粪污资源化利用能力，协同推进产业发展和生态环境保护，关键在于补齐畜禽粪污资源化利用水平不高这个短板。

过去很长一段时间，我国畜禽养殖业环境保护采取"重达标、轻利用"的污染治理思路，导致大多数养殖场投入大量财力进行粪污深度处理，造成了养分的损失与浪费。"十三五"末期以来，为了推进畜禽养殖废弃物资源化利用，落实"国务院办公厅关于加快推进畜禽养殖废弃物资源化利用的意见"（国办发〔2017〕48 号）的要求，农业农村部门与生态环境部门不断强化部门联动与政策协调，先后出台了"促进畜禽粪污还田利用依法加强养殖污染治理的指导意见"（农办牧〔2019〕84 号）、"进一步明确畜禽粪污还田利用要求强化养殖污染监管"（农办牧〔2020〕23 号）、"加强畜禽粪污资源化利用计划和台账管理"（农办牧〔2021〕46 号）、"畜禽养殖场（户）粪污处理设施建设技术指南"（农办牧〔2022〕19 号）。上述政策的出台，明确了畜禽粪污还田利用执行的标准问题，推动了从传统的"重达标、轻利用"理念向资源化利用转变，对于从根本上解决畜禽产业发展过程与环境保护过程严重脱节问题具有重大推动作用。

畜禽养殖项目环境影响评价须依据环保相关法律法规、部门规章、政策。以上新发布的环保政策无疑是畜禽养殖项目环境影响评价的重要依据，也是确定适宜粪污资源化利用方案的重要标尺。

畜禽养殖业环境影响评价中，将针对生产过程中畜禽产品生产、物料贮存与转运、配套粪污处理与无害化、病死动物处置等全过程进行分析，识别废气、废水、固体废物、噪声等产污环节及可能对土壤、地下水产生影响的区域，对照污染物排放与控制标准，依据环保相关法律法规、部门规章、政策等文件，对项目实施后可能造成的环境影响进行分析、预测和评估，并在对各环保措施环境影响可接受性、经济技术可行性进行充分论证的基础上，提出预防或者减轻不良环境影响的对策和措施，尤其是粪污资源化利用方案。畜禽养殖业环境影响评价文件经审批后，将作为环境管理的重要依据，按照相关要求进行实施，确保环保设施与主体工程"三同时"（即同时设计、施工、投产使用），否则将依法受到相关处罚。因此，环境影响评价的法律地位，要求企业在选址阶段须充分考虑资源环境承载能力，并在设计、施工、运营阶段落实环境影响评价的相关要求，这也倒逼畜禽养殖业转型升级，走清洁生产之路，从源头上减少粪污产生量；走循环经济发展之路，不断提高种养结合水平；走绿色可持续发展之路，从根本上提高畜禽粪污资源化利用水平。

综上，环境影响评价作为一项重要制度抓手，将落实粪污资源化利用相关环保要求，协同推进畜禽养殖和环境保护，扩大绿色产能，以促进畜禽养殖业转型升级与可持续发展，为乡村振兴战略提供有力支撑。

（2）从源头上把好污染防治关，避免养殖场选址"先天不足"的重要保障 从养殖项目环境影响评价的作用来说，规模化畜禽养殖项目粪污产生量相对较大，依法对其进行环境影响评价，从根本上也是要对其实施后可能造成的环境影响进行分析、预测和评估，并提出相应环保对策与措施，即从源头上规定企业应采取的污染防治措施，从项目准入阶段把好污染防治关。同时，将结合周围环境敏感目标分布、环保措施经济技术可行性、土地粪污消纳等情况，从环保角度综合判断项目选址合理性与环境可行性，对于选址"先天不足"、环保措施经济技术不可行的养殖场不再准入，这对于本身属于弱质行业的畜禽养殖业来说是十分必要的。

从养殖场选址来说，虽然各地方政府部门已经按照国家相关法律法规要求，划定了畜禽养殖禁养区，可以指导畜禽养殖项目选址。但是，也不能一概认为养殖场不在禁养区选址就可行，还需要符合规划、环境影响评价、防疫条件、防洪等相关要求。

从养殖场行政许可要求来说，环境影响评价和防疫条件许可是两个重要行政许可事项。《中华人民共和国环境影响评价法》第二十五条明确要求环境影响评价文件依法经审批部门审查是开工建设的前置条件。而《中华人民共和国动物防疫法》未明确防疫条件行政许可的时限要求；《动物防疫条件审查办法》（2022年12月1日起施行）规定动物饲养场所建设竣工后，应提请防疫条件审查，并由县级人民政府农业农村主管部门对选址进行确认，但该办法未明确是否需要在开工建设前进行选址确认，且选址确认也不属于行政许可事项。因此，从环境影响评价和防疫条件许可时限要求看，仅环境影响评价是有明确法律要求的，在开工建设前须履行的行政许可手续，可见其对避免畜禽项目选址的"先天不足"意义重大。

综上，养殖项目环境影响评价可从项目准入阶段把好污染防治关，并针对禁养区判定养殖场选址可行性的局限性，从行政许可的角度对畜禽项目选址进行合法化，是避免畜禽项目选址"先天不足"的重要保障。

(3) 保障粪污处置方案经济技术可行性，从源头上避免农业面源污染 现行《建设项目环境影响评价技术导则 总纲》（HJ 2.1—2016）要求，污染防治措施经济技术可行性分析是建设项目环境影响评价的重要内容。为推进畜禽粪污资源化利用，生态环境部办公厅《关于做好畜禽规模养殖项目环境影响评价管理工作的通知》（环办环评〔2018〕31号）明确要求，畜禽规模养殖项目环境影响评价中，应因地制宜选择经济高效适用的处理利用模式。因此，环境影响评价中应重点对所选用的粪污处理利用方案进行经济技术可行性论证。

同时，作为肥料还田利用的畜禽粪污，应确保配套消纳土地具有足够的氮磷等营养元素承载能力，避免农田过量施用粪污造成的面源污染，并须明确畜禽养殖场与还田利用的林地、农田之间的输送系统及环境管理措施，严格控制肥水输送沿途的弃、撒和跑冒滴漏，防止进入外部水体，解决粪污利用"最后一公里"问题，全生命周期推动畜禽规模养殖项目"种养结合"绿色发展（邹广浩，2018）。

因此，畜禽养殖项目环境影响评价将保障粪污处置方案经济技术的可行性，并从源头上避免农业面源污染，实现畜禽养殖行业良性发展，促进人与自然环境和谐共生。

1.4 我国畜禽养殖行业环境影响评价发展

1.4.1 发展历程

(1) 分类管理要求 按照环评法及相关行政法规要求，2003 年 1 月 1 日首次实施畜禽养殖行业环境影响评价分类管理要求。后续进行了五次修订，汇总见表 1-2。

表 1-2 畜禽养殖行业环境影响评价分类管理要求

实施时间	报告书	报告表	登记表	环境敏感区定义	备注
2003 年 1 月 1 日	①原料、产品或生产过程中涉及的污染物种类多、数量大或毒性大、难以在环境中降解的建设项目 ②可能造成生态系统结构重大变化、重要生态功能改变或生物多样性明显减少的建设项目 ③可能对脆弱生态系统产生较大影响或可能引发和加剧自然灾害的建设项目 ④容易引起跨行政区环境影响纠纷的建设项目 ⑤所有流域开发、开发区建设、城市新区建设和旧区改建等区域性开发活动或建设项目	①污染因素单一，而且污染物种类少、产生量小或毒性较低的建设项目 ②对地形、地貌、水文、土壤、生物多样性等有一定影响，但不改变生态系统结构和功能的建设项目 ③基本不对环境敏感区造成影响的小型建设项目	①基本不产生废水、废气、废渣、粉尘、恶臭、噪声、震动、热污染、放射性、电磁波等不利环境影响的建设项目 ②基本不改变地形、地貌、水文、土壤、生物多样性等，不改变生态系统结构和功能的建设项目 ③不对环境敏感区造成影响的小型建设项目	—	以定性描述为主

（续）

实施时间	报告书	报告表	登记表	环境敏感区定义	备注
2008年10月1日	猪常年存栏量3 000头以上；肉牛常年存栏量600头以上；奶牛常年存栏量500头以上；家禽常年存栏量10万只以上；涉及环境敏感区的	其他	—	自然保护区、风景名胜区、世界文化和自然遗产地、饮用水水源保护区；富营养化水域；以居住、医疗卫生、文化教育、科研、行政办公等为主要功能的区域，文物保护单位，具有特殊历史、文化、科学、民族意义的保护地	
2015年6月1日	年存栏生猪5 000头（其他畜禽种类折合猪的养殖规模）以上；涉及环境敏感区的	—	其他		
2017年9月1日	年存栏生猪5 000头（其他畜禽种类折合猪的养殖规模）以上；涉及环境敏感区的	—	其他	自然保护区、风景名胜区、世界文化和自然遗产地、海洋特别保护区、饮用水水源保护区；以居住、医疗卫生、文化教育、科研、行政办公等为主要功能的区域，以及文物保护单位	
2018年4月28日（修正）	年存栏生猪5 000头（其他畜禽种类折合猪的养殖规模）以上；涉及环境敏感区的	—	其他		
2021年1月1日	年出栏生猪5 000头（其他畜禽种类折合猪的养殖量）及以上的规模化畜禽养殖；存栏生猪2 500头（其他畜禽种类折合猪的养殖规模）及以上无出栏量的规模化畜禽养殖；涉及环境敏感区的规模化畜禽养殖	—	其他（规模化以下的除外）（具体规模化的标准按《畜禽规模化养殖污染防治条例》执行）	国家公园、自然保护区、风景名胜区、世界文化和自然遗产地、海洋特别保护区、饮用水水源保护区；以居住、医疗卫生、文化教育、科研、行政办公为主要功能的区域，以及文物保护单位	

从上表可知，分类管理要求变化较大的主要有3次：

2008年10月1日实施的版本：按照畜禽养殖规模提出了分类管理的细化要求，操作性增强。

2015年6月1日实施的版本：按照《畜禽规模养殖污染防治条例》第十二条的要求进行了调整，取消了畜禽养殖项目环评报告表的类别，但仅对需要编制报告书的项目从存栏规模角度进行了规定。

2021年1月1日实施的版本：明确了仅规模化畜禽养殖项目纳入环境影响评价管理，同时针对不同畜禽养殖场养殖规模特点，对需要编制报告书的项目分别从出栏量和存栏量规模两个角度进行了规定，进一步提高了可操作性。其中，出产肉食、动物皮等产品的规模化畜禽养殖场（小区）应核算出栏规模，出产乳、蛋、动物毛等产品的规模化畜禽养殖场（小区）应核算存栏规模。

（2）发展阶段 根据畜禽养殖环评分类管理要求的完善、管理部门间协调沟通、畜禽养殖业主对环评重视程度等因素综合来看，将畜禽养殖业环评发展阶段划分列于表1-3。

表1-3 畜禽养殖业环评发展阶段

阶段	时间段	标志性事件	主要特点
起步阶段	2003—2008年	环评分类管理要求的首次出台	未明确分类管理的具体要求，可操作性不强，各地掌握尺度不一，也未考虑养殖规模；畜禽养殖业主对环评重视程度较低
发展阶段	2008—2018年	环评分类管理要求的首次修订、《畜禽规模养殖污染防治条例》出台	按照养殖规模进行分类管理，分类管理要求逐渐完善；畜禽粪污以达标排放或沼气利用方式为主，肥料化利用相关标准不健全，农业部门和环保部门管理要求脱节；畜禽养殖业主对环评重视程度逐步加强
逐步成熟阶段	2018年至今	生态环境部办公厅《关于做好畜禽规模养殖项目环境影响评价管理工作的通知》（环办环评〔2018〕31号）文件出台、农业农村部办公厅联合生态环境部办公厅出台畜禽粪污农田利用相关管理要求	以农业绿色发展为导向，推进畜禽养殖粪污资源化利用，无害化利用标准逐步健全，农业部门和环保部门管理要求逐步联动；畜禽养殖业主比较重视环评

1.4.2 现状调查

由于环境影响评价是履行排污许可手续的前置条件和主要技术依据，尤其排污许可证的内容体现了环境影响评价的主要环境监管要求。本书结合生态环境部"全国排污许可证管理信息平台"（以下简称"排污许可平台"）（http：//permit. mee. gov. cn/perxxgkinfo/syssb/xxgk/xxgk！sqqlist. action）中核发排污许可证和进行排污登记情况，对目前畜禽养殖项目排污许可执行情况及存在问题进行分析，以从侧面反映畜禽养殖项目环境影响评价现状，摸清存在的问题。

1.4.2.1 畜禽养殖场排污许可核发状况

按照现行《固定污染源排污许可分类管理名录》（2019年版）要求，设有污水排放口的规模化畜禽养殖场、养殖小区应申领排污许可证，并重点管理。

（1）核发概况

①核发数量。依据"排污许可平台"公布数据，截至2023年5月，全国核发畜禽养殖行业排污许可证共计624个（不含仅因锅炉等通用工序须申领排污许可证的排污单位），分布在27个省份，统计情况见表1-4。其中，核发数量占比前五的地区分别为湖南省、浙江省、江西省、福建省、广东省，共核发481个，占总核发数量的77%。

表 1 - 4　我国 31 个省份核发排污许可证数量分布情况

序号	项目所在省份	数量（个数）	占比（%）
1	湖南省	123	19.7
2	浙江省	122	19.6
3	江西省	91	14.5
4	福建省	81	12.9
5	广东省	64	10.2
6	安徽省	35	5.6
7	江苏省	24	3.8
8	贵州省	22	3.5
9	湖北省	10	1.6
10	山东省	9	1.4
11	上海市	8	1.3
12	云南省	5	0.8
13	河北省	4	0.6
14	吉林省	4	0.6
15	广西壮族自治区	3	0.4
16	北京市	2	0.3
17	山西省	2	0.3
18	内蒙古自治区	2	0.3
19	重庆市	2	0.3
20	四川省	2	0.3
21	宁夏回族自治区	2	0.3
22	新疆维吾尔自治区	2	0.3
23	天津市	1	0.2
24	辽宁省	1	0.2
25	黑龙江省	1	0.2
26	陕西省	1	0.2
27	甘肃省	1	0.2
	合计	624	100

　　对于核发排污许可证的企业，设置了污水排放口，即未做到粪污的全部资源化利用。从养殖场小尺度来看，这与养殖场选址周边可消纳农田面积、周边可依托污水集中处理设施等因素密切相关；从区域大尺度来看，也与各省份畜禽粪污承载能力、环境管理要求、经济水平等因素有关。

　　一般来说，如果区域环境承载力较高，适宜采用粪污资源化利用方式，不设污水排放口，不需申领排污许可证。张藤丽等（2020）基于《中国畜牧兽医年鉴 2017》及耕地面积等统计数据，对全国 31 个省份单位耕地面积猪粪当量承载负荷及预警值进行了核算，根据警报分级，大部分省份承载能力较强，属于一级警报；四川、湖南、云南、广东、广西、辽宁对环境稍有威胁，属于二级警报；北京对环境有一定威胁，属于三级警报；西藏、青海对环境危险较严重，预警级别分别属于四级和五级。需要说明的是，该消纳负荷计算，未考虑制备商品有机肥外运、区域种植结构、粪污达标排放处理模式及林地、草地、园地的粪污土地消纳等因素（图 1-3）。

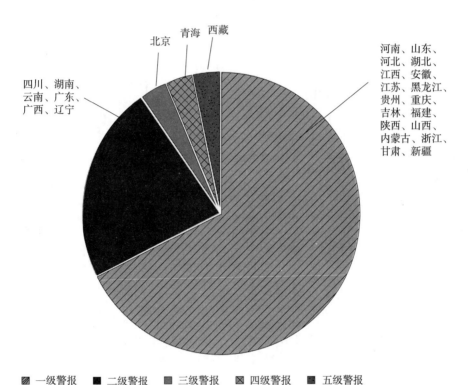

图 1-3 全国 31 个省份单位耕地污染物负荷警报级别（张藤丽等，2020）

基于张藤丽等（2020）研究结果，对全国 31 个省份畜禽污染物负荷警报级别与排污许可证核发数量对照分析见图 1-4。

从图 1-4 可知，湖南省属于全国畜禽养殖大省，对环境稍有威胁，采取废水达标排放模式，有利于降低耕地畜禽污染负荷压力；浙江省虽然环境承载力强，但属于工业经济发达地区，相应工业污染排放量大，而畜禽养殖规模不大，并制定了全省环境承载率控制在 40% 以内的管理要求，采取废水达标排放模式有利于降低区域环境污染负荷；北京市为减轻畜禽养殖污染环境负荷，近年来大幅削减畜禽养殖规模，如 2021 年度相对于 2016 年度，生猪出栏量降到 11%，牛出栏量降到 32%，提高了耕地环境承载力，提高了保留企业采取粪污资源化利用方式的可能性；青海、西藏、四川三省份基于耕地消纳的负荷较高，但是根据上述三省份《第三次国土调查主要数据公报》中统计数据，其牧草地（包括天然牧草地和人工牧草地两类）面积均较大，在考虑耕地和牧草地联合消纳的情况下，对环境威胁不大，参考周芳等（2021）研究结果，西藏地区尚未对环境造成威胁，且有较大

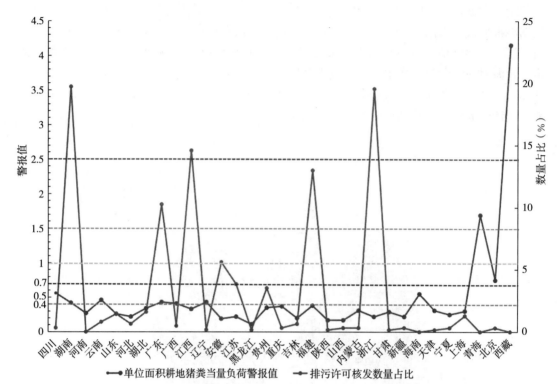

图 1-4　全国 31 个省份单位耕地污染物负荷警报级别与排污许可核发数量对比情况

发展空间，适宜采取粪污资源化利用方式。

总体上，从各省份核发排污许可证数量看，畜禽养殖粪污处理模式选择总体上应与所在区域环境承载能力、环境管理要求、经济水平等综合因素相适应。

②核发养殖种类。核发的上述 624 个排污许可证涉及 6 个养殖种类，包括猪、鸡、鸭、牛、羊及其他类，其中排名前两位的猪、牛分别占总核发数量的 87.3%、6.4%。

从各养殖种类分布看，在目前经济技术水平下，由于猪、牛（尤其是奶牛）用水量较大，相应产生的污水量大，在没有足够消纳农田的条件下，难以做到粪污的资源化全部利用，需结合周边水环境及可依托集中污水处理设施情况，相应采取达标排放模式；而羊、鸡、鸭用水量很少，相应污水产生量小，配套的消纳农田面积少，适宜采取资源化利用模式。

③畜禽养殖污染防治措施情况。

a. 恶臭污染物处理。根据对各排污单位大气污染物防治设施情况统计分析，畜禽养殖排污单位以异味无组织排放为主，涉及有组织排放的排污单位仅占 25%。

所有排污单位均按照无组织排放控制要求采取及时清运粪污、栏舍异味处理后排放、固体粪污及时清运并喷洒除臭剂等措施。对于涉及有组织排放的排污单位，大部分未明确采取的具体处理设施，臭气处理工艺均为生物除臭技术。此外，部分养殖场执行很严格的臭气浓度场界排放标准（10，无量纲），但是全场仍全部采取无组织排放形式。一般粪污处理设施设于场界处，当粪污处理设施位于其场界上风向时，极易出现场界臭气浓度超标现象，不利于对养殖场的环境管理。

养殖场具体恶臭污染防控措施应结合执行的排放标准、周边大气环境敏感性及地方环境管理要求等综合确定。在环境执法过程中，可选取执行较严格的排放标准、周围大气环境敏感的排污单位进行重点监控。

b. 废水处理。根据对各排污单位水污染物防治设施情况统计分析，主要采取"前处理＋厌氧处理＋好氧处理＋深度处理"的组合处理工艺，其中涉及沼气能源化利用方式的排污单位占比约 27%，深度处理技术中应用最多的工艺为氧化塘与消毒（表1-5）。

表1-5 排污许可证核发企业采取的主要废水处理工艺情况

分类	主要处理工艺
前处理	格栅、固液分离、沉砂池、沉淀池
厌氧处理	厌氧折流板反应器（ABR）、升流式厌氧污泥床（UASB）、厌氧氨氧化（ANAMMOX）、连续搅拌反应器（CSTR）、升流式固体反应器（USR）、短程硝化反硝化、厌氧生物滤池（AF）、黑膜沼气池、厌氧膨胀颗粒床反应器（EGSB）、内循环厌氧反应器（IC）
好氧处理	序批式活性污泥法（SBR）、好氧颗粒污泥技术（XK-AGS生化池）、好氧生物反应池（SAF）、氧化沟、生物接触氧化、曝气生物流化池（ABFT）、改良式序列间歇反应器（MSBR）、周期循环活性污泥法（CASS）
深度处理	氧化塘、消毒、膜生物反应器（MBR）、移动床生物膜反应器（MBBR）、曝气生物滤池（BAF）、定向生物膜工艺（KDL一体化设施）、曝气生物流化床（ABFB）、芬顿氧化法（Fenton）、双膜法（NF＋RO）、微电解、膦酸铵镁沉淀法（MAP）、生物倍增污水处理技术（BioDopp）、活性炭

畜禽养殖企业粪污处理技术选择与养殖规模、排放方式（直接排放、间接排放）、清粪方式、耕地资源状况、经济效益、技术支持和政策扶持等因素有关（陈静，2019）。

c. 固体粪污利用去向。对各排污单位的固体粪污利用去向进行统计分析，约有 69% 的排污单位明确了利用去向，包括储存农业利用、堆肥农业利用、生产有机肥、生产沼气、外售五类，详见图1-5。

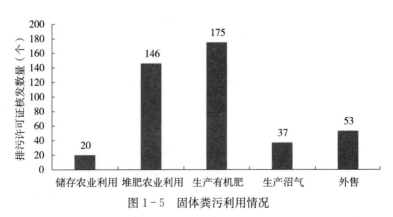

图1-5 固体粪污利用情况

固体粪污利用去向与地方管理要求、经济发展水平、能源需求、可依托耕地资源状况或第三方等情况有关。

（2）存在的问题

①恶臭特征污染物评价因子代表性有待加强。经分析，上述畜禽养殖排污单位均将臭气浓度作为恶臭污染评价因子，但是约有 62% 的排污单位未考虑氨和硫化氢两项特征因子。

出现上述问题的原因为：国家和地方层面的畜禽养殖业行业污染物排放标准仅将臭气浓度作为控制因子，且仅规定了养殖场场界无组织排放控制限值要求。但是，氨和硫化氢是《畜禽场环境质量标准》（NY/T 388—1999）中主要空气环境质量控制因子，且为养殖项目的特征因子，由此可见，不考虑氨和硫化氢则不能适应畜禽养殖场的精细化环境管理要求。同时，由于臭气浓度无量纲，仅将臭气浓度作为恶臭污染物控制因子，不能按照现行《环境影响评价技术导则　大气环境》要求计算大气环境防护距离，进而不能通过对选址周边的规划管控而避免畜禽养殖场异味扰民现象。

②臭气浓度无组织排放限值不规范。经统计，养殖场臭气浓度无组织排放控制限值涉及 5 种，分别为 10、20、30、60、70（无量纲）。其中主要以 70（无量纲）为主。具体情况详见表 1-6、图 1-6。

表 1-6　核发排污许可证畜禽养殖排污单位执行臭气浓度无组织排放限值统计情况

限值 （无量纲）	数量 （个）	标准来源	排污单位所在区域
70	390	《畜禽养殖业污染物排放标准》（GB 18596—2001）	湖南、江西、福建、江苏、安徽、贵州、湖北、山东、贵州、广东、广西、河北、吉林、辽宁、内蒙古、宁夏、陕西、四川、天津、新疆、云南、浙江、重庆
60	142	广东省《畜禽养殖业污染物排放标准》（DB 44/613—2009）、浙江省《畜禽养殖业污染物排放标准》（GB 33/593—2005）	广东、浙江
20	88	上海市《畜禽养殖业污染物排放标准》（DB 31/1098—2018）、《恶臭污染物排放标准》（GB 14554—93）二级标准的新扩改建项目限值	广东、湖南、浙江、江西、上海、山东、吉林、江苏、北京、安徽、福建、广西、河北、黑龙江、内蒙古、云南、山西
10	3	上海市排污单位执行其地方标准《恶臭（异味）污染物排放标准》（DB 31/1025—2016）、《恶臭污染物排放标准》（GB 14554—93）中一级标准限值	上海、湖南
30	1	《恶臭污染物排放标准》（GB 14554—93）中二级标准现有项目限值	云南

经统计分析，各地区排污单位臭气浓度无组织排放执行限值较为混乱，存在着通用型排放标准优先于行业排放标准、同一省份内的排污单位执行不同排放标准的现象。同时，个别排污单位也存在着不执行地方行业排放标准，而执行国家行业排放标准等明显问题。

结合《生态环境标准管理办法》等相关要求，臭气浓度无组织排放标准的选择应按如下原则确定：

a. 地方有臭气浓度相关排放标准的，应优先执行地方臭气浓度排放标准。如果地方没有的，应当执行国家层面的臭气浓度排放标准。

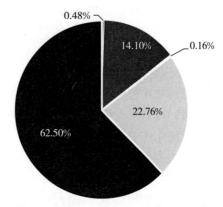

■限值10 ■限值20 ■限值30 ■限值60 ■限值70

图1-6 核发排污许可证畜禽养殖排污单位
执行臭气浓度各无组织排放限值占比情况

b. 国家层面排放标准的执行顺序：现行国家层面臭气浓度排放标准包括《恶臭污染物排放标准》（GB 14554—1993）和《畜禽养殖业污染物排放标准》（GB 18596—2001）。其中《恶臭污染物排放标准》（GB 14554—1993）属于通用性恶臭污染物排放标准，不区分行业类型；而《畜禽养殖业污染物排放标准》（GB 18596—2001）属于行业排放标准。按照行业标准优先于通用型排放标准的原则，国家层面的畜禽养殖行业臭气浓度排放应优先执行《畜禽养殖业污染物排放标准》（GB 18596—2001）。

c. 地方层面排放标准的执行顺序：目前地方现行臭气浓度相关排放标准涉及行业型［如《畜禽养殖业污染物排放标准》（DB 31/1098—2018）等］、综合型和通用型臭气浓度相关排放标准［如《恶臭污染物排放标准》（DB 12/059—2018）、《恶臭（异味）污染物排放标准》（DB 31/1025—2016）等］。行业型优先于综合型和通用型臭气浓度相关排放标准。以上海市为例，畜禽养殖项目应执行《畜禽养殖业污染物排放标准》（DB 31/1098—2018），而不执行《恶臭（异味）污染物排放标准》（DB 31/1025—2016）。

建议地方排污许可证核发单位按照上述排放标准执行的优先顺序，对存在执行问题的排污许可证重新审核与核发，以保证畜禽养殖行业环境管理的规范性，促进行业健康、有序发展。

此外，现行《畜禽养殖产地环境评价规范》（HJ 568—2010）适用于全国畜禽养殖场、养殖小区、放牧区的养殖地环境质量评价与管理，规定场区臭气浓度限值50（无量纲）；《畜禽场环境质量标准》（NY/T 388—1999）也规定场区臭气浓度限值50（无量纲）。建议结合上述规定，综合确定畜禽养殖项目臭气浓度场界控制值。

③水污染物排放标准不规范。从执行的水污染物排放标准来看：

391个排污许可执行了《畜禽养殖行业污染物排放标准》（GB 18596—2001），占比63%。

180个排污许可执行了地方畜禽养殖行业污染物排放标准（上海、广东、浙江），占比29%。

其他执行标准中，因进入城市污水处理厂或第三方污水处理设施而执行《污水排入城镇下水道水质标准》（GB/T 31962）或《污水综合排放标准》（GB 8978）的 8 个（占比 1%），排入水环境而执行 GB 8978、GB 5084、GB 18918 或《畜禽养殖业污染物排放标准》（二次征求意见稿）的 12 个，排入污灌农田而执行 GB 5084 的 3 个；

未列明污水排放标准的 35 个，其中绝大部分做到了粪污资源化利用，少部分依托第三方排污口，也有部分明确污水达标排放但未设置排污口。此外，部分粪污资源化利用企业还设置了雨水排放口。

存在的主要问题如下：

a. 部分排污单位存在废水去向与废水执行标准不匹配的问题。如废水直接进入污灌农田的未执行《农田灌溉水质标准》（GB 5084），废水进入集中污水处理设施、不直接向环境排放的仍执行《畜禽养殖行业污染物排放标准》。应根据污水排放方式选取执行标准：Ⅰ. 间接排放：一般执行污水集中处理设施纳管标准；Ⅱ. 直接排放：向水环境排放的，执行《畜禽养殖业污染物排放标准》和地方有关畜禽养殖排放标准；排入农田灌溉渠道的，执行《农田灌溉水质标准》。

b. 对排污许可证核发范围认定不清。现行《固定污染源排污许可分类管理名录（2019 年版）》规定"设有污水排放口的规模化畜禽养殖场、养殖小区"需要核发排污许可证，即粪污资源化利用的不需申领排污许可证。从调研情况看，部分粪污资源化利用企业未设污水排放口或仅设置雨水排放口的也申领了排污许可证。畜禽养殖行业"污水排放口"的判定情形主要包括两类：一是污水经固定排放口直接排入江、河、湖泊、水库、海域等自然水体环境或第三方污水集中处理设施；二是污水经污水排放口排入土地、池塘、沟渠、湿地等外环境，且非资源化利用方式，即污水排放口后未配套规范的污水储存池，未配套与养殖规模匹配的粪污消纳土地和规范的粪污输送设施等（姜彩虹等，2021）。

综合而言，从当前排污许可证合法情况看，存在执行排放标准有误、企业对排污许可管理要求不明晰、地方核发主管部门未严格把关等问题。

④水污染物控制指标代表性不强。由于畜禽养殖用饲料中含有一定的铜、锌等重金属元素，不能被畜禽完全吸收，一部分进入了畜禽粪污，因此，重金属污染物属于畜禽养殖废水中的特征污染因子。根据国家《畜禽养殖业污染物排放标准（二次征求意见稿）》对全国 15 个畜禽养殖企业废水调研结果，畜禽养殖废水中总铜、总锌浓度较高，分别为未检出（<0.05mg/L）～0.864mg/L、0.11～17.6mg/L，普遍高于《地表水环境质量标准》（GB 3838—2002）的浓度限值。

原环境保护部 2014 年发布的《畜禽养殖业污染物排放标准（二次征求意见稿）》、上海市发布的《畜禽养殖业污染物排放标准》（DB 31/1098—2018）及浙江省、江苏省、广东省发布的《畜禽养殖业污染物排放标准（征求意见稿）》中均规定了总铜、总锌等重金属污染物的排放限值。此外，在国家标准中，《农田灌溉水质标准》（GB 5084—2021）、《污水综合排放标准》（GB 8978—1996）、《污水排入城镇下水道水质标准》（GB/T 31962—2015）也有相关规定。

经过统计分析，624 个排污单位中，仅 4 个排污单位将重金属类纳入了污染物控制项目，一方面反映了现行国家相关标准规范中对重金属污染物考虑不足，需要进行修订；另一方面也说明绝大多数排污单位缺乏对养殖废水中重金属指标可能带来的水环境影响（尤其是累积影响）的重视。

因此，亟待对国家层面的《畜禽养殖业污染物排放标准》进行修订并发布实施，以利于全国层面畜禽养殖废水的环境污染管控。

⑤填报内容规范性有待于进一步提高。根据统计分析，624 家排污单位中约 1/3 未在粪污处理流程图中标明固体粪污利用去向，部分排污单位废气处理工艺不明确。以上均不利于主管部门的环境执法。

1.4.2.2 畜禽养殖场排污登记情况

按照现行《固定污染源排污许可分类管理名录》（2019 年版）对畜禽养殖项目排污许可分类管理要求，应进行排污许可登记的畜禽养殖项目包括两类：一类是不设污水排放口的规模化畜禽养殖场、养殖小区，即所有不须申领排污许可证的规模化畜禽养殖场、养殖小区应进行排污登记；另一类是设有污水排放口的规模以下畜禽养殖场、养殖小区，即规模以下畜禽养殖场、养殖小区中仅设有污水排放口的需进行排污登记，而采取粪污资源化利用方式的可免于排污许可管理。

依据"排污许可平台"公布数据，截至 2023 年 5 月，全国畜禽养殖行业共进行排污登记 421 108 个，分布在 31 个省份。共分为 6 个畜禽养殖类别，包括猪、鸡、鸭、牛、羊及其他类，其中排名前两位的猪、鸡分别占总数量的 46%、39%，牛占 9%，鸭、羊和其他类均为 2%（图 1 - 7）。

在中国目前经济水平和饮食习惯下，猪肉和鸡肉是主要畜禽产品，也说明了进行排污登记的各养殖种类分布，与居民肉类产品消费结构相似。

对于采用粪污资源化利用方式、登记管理的规模化畜禽养殖场，在规模化畜禽养殖场中所占比例很大，是目前畜禽养殖行业环境监管的重点。同时，其在资源化利用过程中存在着超量施用、管理不规范等诸多问题，是目前畜禽养殖行业环境监管的难点（姜彩虹等，2021）。但是，目前排污登记按照《固定污染源排污登记表（样表）》进行填报，尚未针对畜

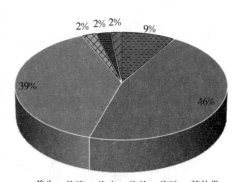

图 1 - 7 各畜禽养殖种类排污登记数量分布

禽养殖行业制定单独的登记信息样式，未体现出畜禽养殖项目根据种植作物、粪污中氮磷养分情况等计算得到的配套土地面积、粪污储存设施最小容积等关键信息。因此，生态环境主管部门应结合畜禽养殖的行业特征，制定行业排污登记样表或者补充相应重点管控要求，以促进对该类登记管理企业的精细化环境监管。

1.4.2.3 排污许可制度总体执行水平

按照现行《固定污染源排污许可分类管理名录（2019 年版）》要求，"规模化畜禽养殖场、养殖小区及设有污水排放口的规模以下畜禽养殖场、养殖小区"应申领排污许可证或填报排污登记，即原则上每个养殖种类的许可与登记总数应不小于该地区相应种类规模场的总数。

为了解我国 31 个省份畜禽规模养殖场排污许可制度执行水平，选取猪、牛、鸡 3 种

畜禽类别，根据《中国畜牧兽医年鉴 2022》中对 31 个省份各养殖种类规模场（户）统计情况，依据各省份公布的畜禽养殖场规模标准（详见附录 3），估算各省份各规模养殖场数量。鉴于年鉴中公布的数据为一定出栏或存栏规模区间范围的养殖场数量，与规模标准中出栏、存栏不一致，为了便于进行对比分析，采用如下方式进行折算：①年鉴中生猪、肉鸡、肉牛按年出栏量统计，蛋鸡、奶牛按年末存栏量统计，为了与各省份养殖规模标准进行统一，按照如下比例进行折算：年出栏 2 头猪＝常年存栏 1 头猪、年出栏 5 只肉鸡＝常年存栏 1 只肉鸡、年出栏 1 头肉牛＝常年存栏 2 头肉牛、存栏 1 头母猪＝年出栏 5 头生猪。②对于规模标准在年鉴统计区间内的，采用内插法进行折算。

经统计分析，31 个省份猪、牛、鸡 3 种畜禽种类的排污登记与许可总数、规模养殖场总数汇总如下：

（1）猪的饲养 从图 1-8 可以看出，大部分省份猪场的许可与登记总数不小于该地区规模养猪场的总数，排污许可制度履行较好。

但是，部分省份（如新疆、吉林、重庆、四川、黑龙江）规模养猪场的总数超过了许可与登记总数的 50%。

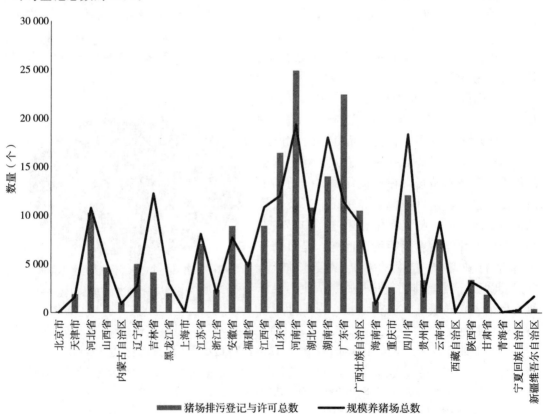

图 1-8　我国规模猪场总数及猪场排污许可登记数汇总

（2）牛的饲养 从图 1-9 可以看出，大部分省份牛场的许可与登记总数小于该地区规模养牛场的总数，排污许可制度履行一般。个别省份（如辽宁、江西）规模场的总数为许可与登记总数的 10 倍以上。经校核，主要是规模化肉牛养殖场排污登记数量偏低导致。

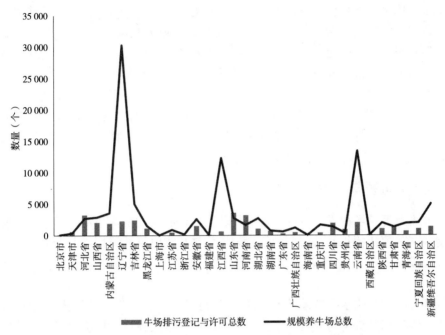

图 1-9 我国规模牛场总数及牛场排污许可登记数汇总

(3) 鸡的饲养 从图 1-10 可以看出，大部分省份鸡场的许可与登记总数不小于该地区规模养鸡场的总数，排污许可制度履行较好。但是，部分省份（如新疆、广西、江西、吉林）规模场的总数超过了许可与登记总数的 50%。

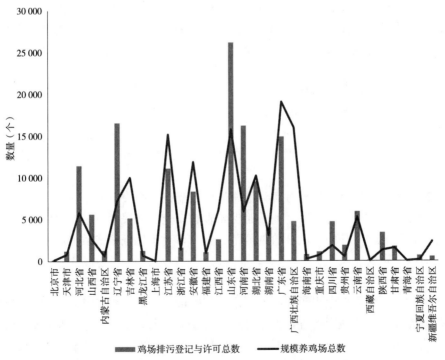

图 1-10 我国规模鸡场总数及鸡场排污许可登记数汇总

总体上全国猪场和鸡场排污许可制度执行较好，有效规范了企业的排污行为。但是，牛场尤其是肉牛场执行一般。分析原因，一方面，个别省份规模养殖场数量采用内插处理，可能导致数据不尽准确，且年鉴中的统计数据为 2021 年的情况，可能与目前现状情况有所差别。同时，畜禽养殖行业存在门槛低、分布广、数量大等特点，部分养殖场、养殖户可能因历史原因、土地权属等问题没有履行环评或排污许可、登记手续。因此，应加强农业部门与生态环境部门联动执法，强化事后监管，监督指导规模养殖场依法持证排污、按证排污或者进行排污登记，遵守排污许可证管理规定，推动环评与排污许可制度进一步落地见效，为生态环境执法提供法律依据。

1.4.3 存在问题与建议

落实好畜禽养殖场和养殖小区建设项目环境评价制度，是提高畜禽养殖环境保护水平的重要途径（吴娜伟等，2016）。目前，我国畜禽养殖项目环境影响评价机制尚不完善，不利于充分发挥其在解决畜禽养殖环境问题的源头预防作用，存在的主要问题及建议如下：

（1）环评从业机构水平参差不齐，制约了行业发展 生态环境部关于建设项目环境影响报告书（表）编制机构的现行要求为：编制机构为依法独立承担法律责任的单位，且具备至少一名环境影响评价工程师职业资格证书的人员。未对从业单位人员的技术水平、同类项目从业经验、科研能力等从业能力进行强制要求。截至 2023 年 9 月，在生态环境部"环境影响评价信用平台"注册的环评机构共 6 603 家，其中具有一名及以下的环境影响评价工程师的单位占比高达 67%。

目前，具有一名环境影响评价工程师的单位可从事各种行业环评报告编制，加之环评报告编制时间有限，很难有时间与精力对某个行业的法规政策进行全面梳理与运用。而畜禽养殖行业涉及农业农村和生态环境两个部门，目前倡导的资源化利用方式，虽然是由农业农村部门负责，但是在资源化利用过程中不仅存在氮磷等营养元素的科学利用问题，还存在对施用范围内土壤的重金属累积风险。如果不能做到因地制宜，也可能对施用范围内土壤、地下水环境造成影响，乃至对周边地表水环境造成影响。

综上，目前的环评从业机构水平参差不齐，严重制约了畜禽养殖行业发展。建议未来对环评单位按照行业进行水平评价，提高从业的专业性，促进畜禽养殖行业健康发展。

（2）缺乏畜禽养殖行业针对性环评技术导则或规范 畜禽养殖业是关系国计民生的重要产业，是农业农村经济的支柱产业，是保障食物安全和居民生活的战略产业，是农业现代化的标志性产业，其环境影响评价的规范、有序，对于保证畜禽养殖行业与生态环境保护和谐发展具有重要意义。

国务院于 2013 年 11 月颁布的《畜禽规模养殖污染防治条例》中第十二条，对畜禽养殖项目环境影响评价重点做出了原则性规定。现阶段指导畜禽养殖项目环评工作的技术依据主要是《建设项目环境影响评价技术导则　总纲》（HJ 2.1—2016）及畜禽养殖粪污处理与无害化相关规范，尚未制定国家层面的畜禽养殖项目环境影响评价的技术导则或规范。

相较于其他建设项目，畜禽养殖项目有其自身的特点，包括粪污中污染物含量高、处理成本也高，资源化应首先达到无害化要求，并应考虑粪污中的重金属可能产生的累积影响，臭气产生环节多、收集困难、浓度变化大等特点。因此，畜禽养殖项目环评技术难度较大。此外，尽管畜禽养殖项目环境影响评价工作已经开展了 20 余年，也有同类公示报告可供参考，但《建设项目环境影响评价技术导则 总纲》仅是原则性规定，缺乏针对性。各环评单位在开展畜禽养殖项目环境影响评价工作时，对总纲的要求把握不一，使得报告在内容、格式、深度等方面参差不齐，存在一定随意性，进而导致环境影响评价文件质量难以控制和评估，因此迫切需要专门、统一的技术导则来进一步规范畜禽养殖项目的环境影响评价工作。

畜禽养殖项目环评技术导则或规范应以相关法规、政策、规范和标准为依据，充分考虑畜禽养殖行业特征和促进畜禽粪便还田利用、提高种养结合水平、提升产业综合效益的导向，为畜禽养殖项目环境影响评价提供科学依据，进而为指导和推动畜禽养殖污染防控提供有力的技术支撑（吴娜伟等，2016）。

因此，为适应畜禽养殖行业发展的需要，科学管理畜禽养殖项目环境影响评价工作，有必要制订针对性的行业性环评技术导则或规范。

(3) 畜禽养殖行业环评分类管理要求有待进一步优化 现行《建设项目环境影响评价分类管理名录（2021 年版）》中关于畜禽养殖行业环评分类管理要求仅考虑了养殖规模和环境敏感性两个因素，未考虑是否设置污水排放口。对于畜禽粪污资源化利用、不设排水口的项目，在做好粪污无害化及科学施用养分的前提下，对地表水环境影响可控。

按照国务院"放管服"的相关要求，建议不设污水排放口的规模化畜禽养殖项目进一步简化分类管理要求，可通过采取"环评报告表＋大气环境影响专题"的管理方式，也有利于与现行《固定污染源排污许可分类管理名录（2019 年版）》相关要求进行有效衔接。

因此，建议进一步优化畜禽养殖行业环评分类管理要求，以加快推进畜禽养殖项目的落地见效。

(4) 畜禽粪污资源化利用科技支撑能力有待加强 按照现行《建设项目环境影响评价技术导则 总纲》（HJ 2.1—2016）要求，污染防治措施经济技术可行性分析是环境影响评价的重要内容。而畜禽粪污资源化利用措施经济技术可行性分析有赖于技术可行性与应用成熟性。

但是，目前尚未形成一整套适用于我国不同地域、技术可靠、成熟的技术体系。比如，"畜禽养殖场（户）粪污处理设施建设技术指南"（农办牧〔2022〕19 号）中，针对液体粪污贮存发酵设施无害化的贮存周期推荐至少 180d 以上，未明确不同地域气候条件的贮存周期。

因此，畜禽养殖项目环境影响评价有赖于畜禽粪污资源化利用科技支撑能力，应加强科研攻关，研发一批轻简化实用技术和设施装备，构建完善的粪肥还田利用标准体系。

1.5 新形势下畜禽养殖行业环境影响评价技术研究路线

1.5.1 面临的新形势

"十四五"时期，我国畜禽养殖业发展的内外环境更加复杂，依靠国内资源进行增产扩能的难度日益增加，依靠进口调整国内供需不足的不确定性加大。在畜禽养殖行业环境保护要求方面，也面临着一些新形势、新要求，主要体现在：

（1）从畜禽粪污达标排放向资源化利用与种养结合的转变不断深入 生态环境与农业农村等相关主管部门之间的协调管理也在不断深化。

（2）大气污染防治攻坚战不断深入 京津冀及周边地区大型规模化养殖场氨排放总量，2025 年要比 2020 年下降 5％，这对氨排放及畜禽养分利用水平提出了更高要求。

（3）畜禽养殖业精细化环境管理需要 国家目前尚未出台畜禽养殖业环评相关技术导则、规范或指南，导致各地方在目前畜禽养殖环评中，存在执行标准不统一、评价因子代表性不强、环境影响因素识别不全等问题，亟待制定基于畜禽粪污全生命周期环境管控的环评技术要求。

（4）"双碳"目标愿景的新要求 畜禽养殖业减排降碳已被纳入《农业农村减排固碳实施方案》，畜禽养殖行业环境管理也应适应新要求。

1.5.2 研究技术路线

在上述新形势下，畜禽养殖行业环境影响评价技术主要研究路线如下：

（1）资料搜集与调研 搜集与调研国家和地方层面畜禽养殖场设计、环保、防疫等相关资料，主要包括：①法律法规、标准、政策、规划、规范、指南、导则等基础资料；②相关文献、著作及环评实践案例检索；③畜禽养殖行业及其环境影响评价发展状况调研。

（2）行业产排污特性与控制措施分析 通过资料搜集与调研，分析各畜禽种类的工艺流程及产排污节点，重点对各畜禽种类产排污特性及污染控制措施进行分析，明确在现有经济技术水平下，畜禽养殖项目的评价重点。

（3）主要环境影响识别与关键评价因子筛选分析 在畜禽养殖行业产排污特性与控制措施分析的基础上，对各畜禽养殖种类的主要环境影响进行识别，并对相应关键评价因子进行筛选分析。

（4）污染源强核算方法分析 在主要环境影响识别与关键评价因子筛选基础上，对废水、废气等主要污染源强核算方法进行分析。

（5）环境影响预测分析 结合现状调查资料，对环境影响预测方法进行分析，重点关注异味与废水，同时结合污染源强对畜禽粪污资源化安全利用方法进行分析。

（6）环保对策、环境管理与监测要求分析 重点梳理典型畜禽养殖场粪污资源化利用工艺、粪肥利用管控措施，并结合粪污处置方式明确环境管理与监测重点。

此外，针对重点问题可结合专家咨询及必要的专题研讨，并将研究成果结合典型案例进行重点分析（图 1-11）。

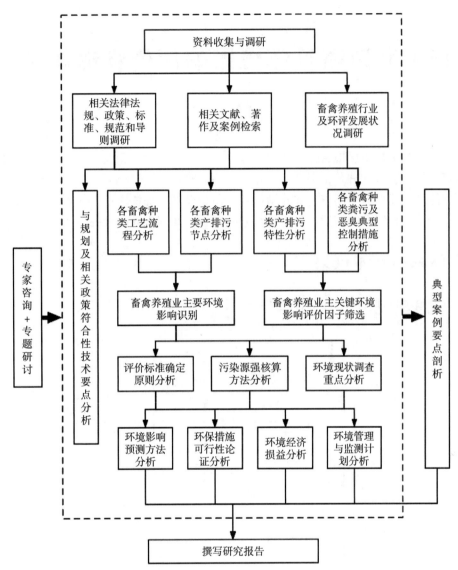

图1-11 畜禽养殖行业环境影响评价研究技术路线

2 畜禽养殖项目环境影响评价管理体系

畜禽养殖相关环境保护法律、法规、标准、政策、规范、相关规划等管理要求构成了畜禽养殖项目环境影响评价的管理体系。该体系是畜禽养殖项目环境影响评价的重要依据，管理体系的建设对于推进畜禽养殖行业高质量发展，加快农业农村现代化建设尤为重要。本章对该管理体系的框架、组成进行归纳分析，并剖析其存在的问题。

2.1 体系的基本框架

畜禽养殖项目环境影响评价管理体系框架如图 2-1。

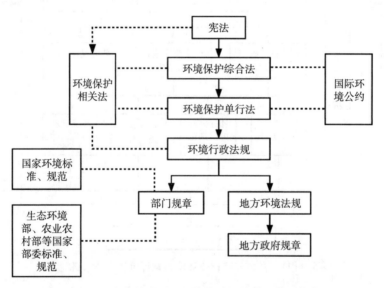

图 2-1 畜禽养殖项目环境影响评价管理体系框架

《中华人民共和国宪法》是环境保护法律法规体系建立的依据和基础，法律层次不管是环境保护的综合法、单行法还是相关法，对于环境保护的要求，其法律效力均是一样的。如果法律规定中有不一致的地方，应遵循"后法大于先法"的原则。国务院环境保护行政法规的法律地位仅次于法律。部门规章、地方环境法规和地方政府规章均不得违背法律和行政法规的规定。地方法规和地方政府规章只在制定法规、规章的辖区内有效。

2.2 体系的组成

2.2.1 相关法律

2.2.1.1 分类

国家层面畜禽养殖相关环境保护法律是由全国人民代表大会常务委员会制定，并以中华人民共和国主席令的形式发布。可分为三类：

（1）综合法 为《中华人民共和国环境保护法》。

（2）单行法 是针对特定的环境保护对象或人类活动而制定，可分为三类：①污染防治法，如《中华人民共和国大气污染防治法》、《中华人民共和国水污染防治法》等；②生态保护法，如《中华人民共和国水土保持法》、《中华人民共和国野生动物保护法》等；③其他法，如《中华人民共和国环境影响评价法》、《中华人民共和国畜牧法》等。

（3）相关法 指一些自然资源保护和其他有关部门法律，如《中华人民共和国水法》、《中华人民共和国清洁生产促进法》等涉及环境保护的有关要求。

2.2.1.2 立法现状

现行畜禽养殖环境保护相关主要法律共 15 部，其中综合法 1 部、单行法 8 部、相关法 6 部。各法律相辅相成，从各自角度对畜禽养殖环境保护进行规定。其中《中华人民共和国畜牧法》为新近修订，旨在进一步促进畜禽养殖业的高质量发展。

我国国家层面现行畜禽养殖环境保护相关主要法律如表 2-1。

表 2-1 我国国家层面现行畜禽养殖环境保护相关主要法律

类别	名称	现行发布或修订时间	主要相关条款	主要相关内容	备注
综合法	中华人民共和国环境保护法	2014 年 4 月 24 日	第二十九、四十九条	生态保护红线等环境敏感区域保护要求及畜禽养殖项目选址、粪污处置的原则性要求	
单行法	中华人民共和国环境影响评价法	2018 年 12 月 29 日	第十六、二十一、二十五条	环评分类管理、公众参与、重大变动及建设项目建设前置环节等	
	中华人民共和国畜牧法	2022 年 10 月 30 日	第三十七、三十九、四十、四十六条	畜禽养殖用地按照农业用地管理，在畜禽养殖用地范围内需要兴建永久性建（构）筑物，涉及农用地转用的，依照《中华人民共和国土地管理法》的规定办理；选址、建设应当符合国土空间规划，不应建在禁养区；畜禽粪污无害化处理和资源化利用设施应正常运转及促进农用有机肥利用和种养结合发展；养殖场达到规模标准后须备案	
	中华人民共和国农业法	2012 年 12 月 28 日	第六十五条	规模养殖的单位和个人应当对粪便、废水及其他废弃物进行无害化处理或者综合利用	

（续）

类别	名称	现行发布或修订时间	主要相关条款	主要相关内容	备注
单行法	中华人民共和国大气污染防治法	2018年10月26日	第七十五、八十条	畜禽养殖项目恶臭气体治理要求，如科学选址、设置合理的防护距离、采取净化措施	
	中华人民共和国水污染防治法	2017年6月27日	第十九、五十六、六十三～六十七条	水污染防治设施建设"三同时"、污水达标排放及饮用水水源保护区设置排污口、排放水污染物等要求	涉及地表水与地下水保护
	中华人民共和国噪声污染防治法	2022年6月5日	第二十二条	噪声达标排放及污染防治责任要求	
	中华人民共和国土壤污染防治法	2019年1月1日	第十八、十九、二十七、二十八、三十二、三十三条	畜禽粪污收集、贮存、利用、处置等过程中监督管理、保护土壤环境、禁止向农用地排放超标污水、污泥等要求	
	中华人民共和国固体废物污染环境防治法	2020年4月29日	第六十五、七十八、一百零七条	及时收集、贮存、利用或者处置养殖过程中产生的畜禽粪污等固体废物，危险废物管理计划与台账等要求	
相关法	中华人民共和国水土保持法	2010年12月25日	第二十四、三十八条	生产建设项目选址、选线避让水土流失重点预防区和重点治理区，施工期水土保持等生态保护	
	中华人民共和国水法	2016年7月2日	第二十三、三十四、三十七条	对畜禽养殖项目用水制约，入河排污口设置、建设等要求	
	中华人民共和国清洁生产促进法	2012年2月29日	第十八、十九、二十二条	倡导农业生态废物的资源化，要求优先选用资源利用率高、产污少的工艺和设备	
	中华人民共和国循环经济促进法	2018年10月26日	第十三、三十四条	鼓励和支持畜禽粪便综合利用，开发利用沼气等生物质能源，符合区域主要污染物排放、建设用地和用水总量控制指标的要求	
	中华人民共和国土地管理法	2019年8月26日	第四、四十四、四十三条	明确土地三大分类及其各自范围；由于占压等造成土地破坏应复垦；农用地变为建设用地应办理农用地转用审批手续	
	中华人民共和国动物防疫法	2021年1月22日	第二十四、二十五、五十七条	动物防疫条件审查及病死动物、病害动物产品的无害化处理要求	

2.2.2　相关行政法规

2.2.2.1　分类

根据《中华人民共和国立法法》第七十条，环境保护行政法规是由总理签署、国务院公布的环境保护法规。分为两类：一类是根据法律授权制定的环境保护法的实施细则或条例，如《中华人民共和国水污染防治法实施细则》（已于 2018 年 3 月 19 日废止）；另一类是针对环境保护的某个领域而制定的条例、规定和办法，如《建设项目环境保护管理条例》等。

2.2.2.2　立法现状

现行畜禽养殖环境保护相关主要行政法规共 5 部。其中《畜禽规模养殖污染防治条例》从畜禽规模养殖污染防治的预防、综合利用与治理、激励措施等全方位的规定。

我国国家层面现行畜禽养殖环境保护相关主要行政法规如表 2-2。

表 2-2　我国国家层面现行畜禽养殖环境保护相关主要行政法规

名称	现行发布或修订时间	主要相关条款	主要相关内容	备注
建设项目环境保护管理条例	2017 年 7 月 16 日	第三、九、十一、十四、十六条	达标排放与总量控制；环评不能审批情形；公众参与；环保设施预算、纳入设计等	是《中华人民共和国环境保护法》等上位法的细化
畜禽规模养殖污染防治条例	2013 年 11 月 11 日	全文	适用于达到规模化标准的畜禽养殖场、小区	未对规模以下的畜禽养殖场、小区作出要求
排污许可管理条例	2021 年 1 月 24 日	第十七～二十条	排污许可证是日常环境监管的主要依据；对排放口、自行监测等要求	
饲料和饲料添加剂管理条例	2017 年 3 月 1 日	第二十五条	饲料添加剂使用应遵守国务院农业行政主管部门制定的饲料添加剂安全使用规范	
地下水管理条例	2021 年 10 月 21 日	第四十四、四十五条	鼓励和引导合理使用肥料等农业投入品；安全利用类和严格管控类农用地地块地下水污染防治等要求	

2.2.3　政府部门规章

环境保护政府部门规章是指国务院生态环境主管部门单独发布或与国务院有关部门联合发布的环境保护规范性文件，以及政府其他有关行政主管部门依法制定的环境保护规范性文件。

从立法程序上，根据《中华人民共和国立法法》第八十四条："部门规章应当经部务会议或者委员会会议决定。地方政府规章应当经政府常务会议或者全体会议决定。"第八十五条："部门规章由部门首长签署命令予以公布。地方政府规章由省长、自治区主席、市长或者自治州州长签署命令予以公布。"

我国国家层面现行畜禽养殖环境保护相关主要政府部门规章共 10 部，其中生态环境部单独发布的 5 部，与其他部委联合发布的 2 部，其他部门发布的 3 部，详见表 2-3。

表 2-3　我国国家层面现行畜禽养殖环境保护相关主要政府部门规章

名称	现行发布或修订时间	主要相关条款	主要相关内容
建设项目环境影响评价分类管理名录	2020 年 11 月 5 日	全文	规定了畜禽养殖业环境影响评价类别的确定依据
固定污染源排污许可分类管理名录	2019 年 12 月 20 日	全文	规定了排污许可重点、简化、登记分类管理要求
排污许可管理办法（试行）	2018 年 1 月 10 日	全文	规定了排污许可证的内容、申请与核发及与环评衔接等要求
突发环境事件应急管理办法	2015 年 4 月 16 日	第六条	企业事业单位按照相关法律法规和标准规范履行突发环境事件应急的要求
环境影响评价公众参与办法	2018 年 7 月 16 日	全文	编制建设项目环境影响报告书项目环评公众参与要求
国家危险废物名录	2020 年 11 月 25 日	第二、六条	规定了纳入名录的类型及未明确是否具有危险特性的固体废物的鉴别管理要求
农用地土壤环境管理办法（试行）	2017 年 9 月 25 日	第八、十、十二条	规模化畜禽养殖单位，应当按照相关规范要求，确定废物无害化处理方式和消纳场地，并避免排污造成周边农用地土壤污染
市场准入负面清单	2022 年 3 月 12 日	全文	设立动物饲养场须核发动物防疫条件合格证，未获得许可，不得从事动物饲养
产业结构调整指导目录	2023 年 12 月 1 日	全文	畜禽标准化规模养殖技术开发与应用属于鼓励类
病死畜禽和病害畜禽产品无害化处理管理办法	2022 年 5 月 11 日	第三、七、十一、十七条	规定了应进行无害化处理的畜禽和畜禽产品情形及无害化处理设施建设的相关要求

2.2.4　相关政策文件

除前述法律法规、政府部门规章外，由国务院办公厅或生态环境、自然资源、农业农村等部门单独或联合发布的文件，属于政策性文件。

我国国家层面现行畜禽养殖环境保护相关主要政策共 11 部，其中国务院办公厅发布的 2 部、生态环境部单独发布的 2 部，相关部委联合发布的 7 部，详见表 2-4。

表 2-4　我国国家层面现行畜禽养殖环境保护相关主要政策

名称	发布机构	文号	主要相关内容
关于加快推进畜禽养殖废弃物资源化利用的意见	国务院办公厅	国办发〔2017〕48 号	严格落实畜禽规模养殖环评制度、加快畜牧业转型升级、加强规模养殖场精细化管理等要求

（续）

名称	发布机构	文号	主要相关内容
国务院办公厅关于促进畜牧业高质量发展的意见	国务院办公厅	国办发〔2020〕31号	到2025年畜禽粪污综合利用率达到80%以上，到2030年分别达到85%以上；持续推动畜牧业绿色循环发展；缺水地区要发展羊、禽、兔等低耗水畜种养殖，土地资源紧缺地区要采取综合措施提高养殖业土地利用率；依法加强饲料中超剂量使用铜、锌等问题监管
关于做好畜禽规模养殖项目环境影响评价管理工作的通知	生态环境部办公厅	环办环评〔2018〕31号	优化项目选址，合理布置养殖区；加强粪污减量控制，促进畜禽养殖粪污资源化利用；强化粪污治理措施，做好污染防治；落实环评信息公开要求，发挥公众参与的监督作用
关于实施"三线一单"生态环境分区管控的指导意见（试行）	生态环境部	环环评〔2021〕108号	要落实"三线一单"生态环境分区管控要求，充分论证建设项目生态环境准入要求的符合性，依法予以审批；并提出了不同分区的管控要求
关于进一步规范畜禽养殖禁养区划定和管理促进生猪生产发展的通知	生态环境部办公厅、农业农村部办公厅	环办土壤〔2019〕55号	禁养区划定要严格落实相关法律法规对禁养区划定的要求，法规之外的其他规章和规范性文件不得作为禁养区划定依据
关于进一步做好当前生猪规模养殖环评管理相关工作的通知	生态环境部办公厅、农业农村部办公厅	环办环评函〔2019〕872号	粪污经过无害化处理用作肥料还田，符合法律法规以及国家和地方相关标准规范要求且不造成环境污染的，不属于排放污染物；粪污无法资源化利用的，应按照国家和地方规定达标排放
关于促进畜禽粪污还田利用依法加强养殖污染治理的指导意见	农业农村部办公厅、生态环境部办公厅	农办牧〔2019〕84号	畜禽粪污综合利用率，2025年达到80%，2035年达到90%；加快畜禽养殖污染防治从重达标排放向重全量利用转变；推动畜禽粪污就地就近全量肥料化利用，对无法就地就近利用的畜禽粪污，鼓励生产商品有机肥，扩大还田利用半径；对施用畜禽粪肥超过土地养分需要量，造成环境污染的，要依法查处
进一步明确畜禽粪污还田利用要求强化养殖污染监管的通知	农业农村部办公厅、生态环境部办公厅	农办牧〔2020〕23号	畜禽粪污的处理应根据排放去向或利用方式的3种不同方式执行相应的标准规范，包括：①配套土地充足，可以资源化利用；②配套土地不足，向环境水体排放；③配套土地不足，用于农田灌溉
关于加强畜禽粪污资源化利用计划和台账管理的通知	农业农村部办公厅、生态环境部办公厅	农办牧〔2021〕46号	规模养殖场制定年度畜禽粪污资源化利用计划，作为环境执法依据；鼓励采用低成本、低排放、易操作的粪污处理工艺
农业农村污染治理攻坚战行动方案（2021—2025年）	生态环境部、农业农村部等五部委	环土壤〔2022〕8号	推行畜禽粪污资源化利用，依法合理施用畜禽粪肥，到2025年，粪污处理设施装备配套率稳定在97%以上，畜禽养殖户粪污处理设施装备水平明显提升；建立畜禽规模养殖场碳排放核算、报告、核查等标准，引导畜禽养殖环节温室气体减排；严格畜禽养殖污染防治监管，对畜禽粪污资源化利用计划、台账和排污许可证执行报告进行抽查，并加大执法力度
关于严格耕地用途管制有关问题的通知	自然资源部、农业农村部、国家林业和草原局	自然资发〔2021〕166号	永久基本农田不得转为农业设施建设用地。严禁新增占用永久基本农田建设畜禽养殖设施。严格控制新增畜禽养殖设施建设用地使用一般耕地

上述 11 部政策中，有 6 部涉及生态环境部与农业农村部联合发布。可以看出，从政策层面，体现了部门之间的联动，有利于畜禽养殖业污染防治工作的全面协调推进。

2.2.5 相关规划

在环境影响评价中，项目符合相关法定规划的要求，是项目环境可行性的前提条件，否则不应予以批准。目前，涉及的相关规划包括如下方面：

(1) 国土空间规划 2019 年 5 月 23 日，中共中央、国务院发布的《关于建立国土空间规划体系并监督实施的若干意见》中，提出要实现"多规合一"，形成全国的国土空间规划"一张图"。其中，村庄规划是国土空间规划体系中乡村地区的详细规划。《中央农办 农业农村部 自然资源部 国家发展改革委 财政部关于统筹推进村庄规划工作的意见》（农规发〔2019〕1 号）提出：加快推进村庄规划编制实施，统筹谋划村庄发展定位、主导产业选择、用地布局建设项目安排等，做到不规划不建设、不规划不投入。2019 年修订的《中华人民共和国土地管理法》第十八条，"经依法批准的国土空间规划是各类开发、保护、建设活动的基本依据。"

可见，村庄规划是乡村地区开展国土空间开发保护活动、实施国土空间用途管制、进行各项建设等的法定依据。畜禽养殖项目应符合依法审批的村庄规划要求。

(2) 生态环境保护规划 生态环境保护规划是人类为使生态环境与经济社会协调发展而对自身活动和环境所做的时间和空间的合理安排，其目的在于促进区域与城市生态系统的良性循环，保持人与自然、人与环境关系的持续共生，协调发展，追求社会的文明、经济的高效和生态环境的和谐（刘琨等，2010）。

国家层面已经出台的《关于印发"十四五"土壤、地下水和农村生态环境保护规划的通知》（环土壤〔2021〕120 号）中，提出加快建设田间粪肥施用设施，鼓励采用覆土施肥、沟施及注射式深施等精细化施肥方式；促进粪肥科学适量施用，推动开展粪肥还田安全检测。此外，还提出推动畜禽规模养殖场配备视频监控设施，并提出对京津冀及周边地区大型规模化养殖场开展大气氨排放控制要求。

(3) 畜禽养殖行业发展规划 国家层面与地方层面的"十四五"畜牧发展规划均已出台。其中，《"十四五"全国畜牧兽医行业发展规划》（农业农村部，农牧发〔2021〕37 号）提出畜牧行业生产发展与资源环境承载力匹配度提高，畅通农业内部资源循环，探索实施规模养殖场粪污处理设施分类管理等发展要求。

(4) 畜禽粪肥利用种养结合建设规划 国家层面已经出台了《"十四五"全国畜禽粪肥利用种养结合建设规划》（农业农村部、发改委，农计财发〔2021〕33 号），部分省份出台了地方"十四五"畜禽粪肥利用种养结合建设规划。国家层面的畜禽粪肥利用种养结合建设规划中提出了推进粪肥还田利用，促进耕地质量提升，提升设施装备水平，提高粪肥利用效率等重点任务。同时，提出了畜禽养殖业粪污资源化利用的主推技术模式（表 2-5）。

(5) 畜禽养殖污染防治规划 为进一步提升畜禽养殖污染防治水平，促进畜禽养殖业绿色循环发展，生态环境部办公厅印发了《关于进一步加快推进畜禽养殖污染防治规划编

表2-5 畜禽养殖业粪污资源化利用主推技术模式

畜禽种类	主推技术模式
生猪	漏缝地板→水泡粪→密闭贮存发酵或沼气发酵→就近农田利用
	漏缝地板→刮粪板干清粪→固液分离→固体堆沤肥就近农田利用或加工商品有机肥/液体密闭贮存发酵后就近农田利用
	漏缝地板→刮粪板干清粪→异位发酵床→堆沤肥就近农田利用或加工商品有机肥
	集中收集→大型沼气工程→沼液沼渣就近农田利用
奶牛	刮粪板清粪→地沟收集→固液分离→固体生产牛床垫料或加工商品有机肥/液体密闭贮存发酵后就近农田利用
	干清粪→固体堆沤肥/液体密闭贮存发酵后就近农田利用
	集中收集→大型沼气工程→沼液沼渣就近农田利用
肉牛和羊	干清粪→固体堆沤肥就近农田利用或加工商品有机肥/液体密闭贮存发酵后就近农田利用
	垫料养殖→堆沤肥就近农田利用或加工商品有机肥
蛋鸡和肉鸡	传送带清粪→固体堆沤肥就近农田利用或加工商品有机肥/液体密闭贮存发酵后就近农田利用
	刮粪板清粪→固体堆沤肥就近农田利用或加工商品有机肥/液体密闭贮存发酵后就近农田利用
水禽	刮粪板清粪（或出栏一次性水冲粪）→密闭贮存发酵后就近农田利用
	刮粪板清粪→异位发酵床→堆沤肥就近农田利用或加工商品有机肥

制的通知》（环办土壤函〔2022〕82号）、《畜禽养殖污染防治规划编制指南（试行）》（环办土壤函〔2021〕465号），以指导县域层面编制实施畜禽养殖污染防治规划。规划中的相关要求是相应县域中畜禽养殖项目环境影响评价的重要依据。

（6）全国主体功能区规划 现行《全国主体功能区规划》（国发〔2010〕46号）将我国国土空间按开发内容，分为城市化地区、农产品主产区和重点生态功能区，并提出了中国农业战略格局。规划中提出畜禽养殖业的区域发展重点如下：

东北平原主产区：以肉牛、奶牛、生猪为主的畜产品产业带。

黄淮海平原主产区：以肉牛、肉羊、奶牛、生猪、家禽为主的畜禽产品产业带。

长江流域主产区：以生猪、家禽为主的畜禽产品产业带。

同时，积极支持其他农业地区和其他优势特色农产品的发展，如沿海的生猪产业带，西北的肉牛、肉羊产业带，京津沪郊区和西北的奶牛产业带。

2.2.6 相关技术导则、规范及指南

环评相关技术导则、规范与指南作为环评工作的"规矩"，是指导环评单位和技术人员科学有序开展技术咨询活动的重要技术规范，也是各级环境保护行政部门依法行政审批的重要决策参考。

国家层面畜禽养殖行业环境影响评价涉及的现行相关技术导则11个、规范29个、指南4个，具体如表2-6至表2-8。

表 2-6 国家层面畜禽养殖环境影响评价现行相关技术导则

类别	名称	备注
总纲	《建设项目环境影响评价技术导则 总纲》(HJ 2.1—2016)	规定了建设项目环境影响评价的一般性原则、通用规定、工作程序、工作内容及相关要求。可指导各要素导则、专题导则和其他导则的制定
要素导则	《环境影响评价技术导则 大气环境》(HJ 2.2—2018)、《环境影响评价技术导则 地表水环境》(HJ 2.3—2018)、《环境影响评价技术导则 地下水环境》(HJ 610—2016)、《环境影响评价技术导则 土壤环境(试行)》(HJ 964—2018)、《环境影响评价技术导则 声环境》(HJ 2.4—2021)、《环境影响评价技术导则 生态影响》(HJ 19—2022)	规定了大气环境、地表水环境、地下水环境、土壤环境、声环境、生态环境等各环境要素的评价工作程序、评价等级及相应评价内容、深度
专题导则	《建设项目环境风险评价技术导则》(HJ 169—2018)	规定了环境风险等级确定及相应评价内容、深度
其他导则	《大气污染治理工程技术导则》(HJ 2000—2010)、《水污染治理工程技术导则》(HJ 2015—2012)	规定了恶臭、污水处理工艺设计、施工、验收和运行维护的通用技术要求
	《大气污染物无组织排放监测技术导则》(HJ/T 55—2000)	是恶臭等无组织排放的场界监测点位设定依据

表 2-7 国家层面畜禽养殖环境影响评价现行相关技术规范

类别	名称
建设与设计	《畜禽场场区设计技术规范》(NY/T 682—2023)、《标准化奶牛场建设规范》(NY/T 1567—2007)、《规模猪场建设》(GB/T 17824.1—2022)、《标准化规模养猪场建设规范》(NY/T 1568—2007)、《规模猪场环境参数及环境管理》(GB/T 17824.3—2008)、《标准化肉鸡养殖场建设规范》(NY/T 1566—2007)、《规模化畜禽场良好生产环境 第1部分:场地要求》(GB/T 41441.1—2022)、《规模化畜禽场良好生产环境 第2部分:畜禽舍技术要求》(GB/T 41441.2—2022)、《畜禽舍通风系统技术规程》(NY/T 1755—2009)
污染控制	《畜禽养殖业污染防治技术规范》(HJ/T 81—2001)、《畜禽养殖业污染治理工程技术规范》(HJ 497—2009)、《沼气工程技术规范第1部分:工艺设计》(NY/T 1220.1—2019)、《规模化畜禽养殖场沼气工程设计规范》(NY/T 1222—2006)、《畜禽粪便还田技术规范》(GB/T 25246—2010)、《畜禽粪无害化处理技术规范》(GB/T 36195—2018)、《畜禽场环境污染控制技术规范》(NY/T 1169—2006)、《畜禽场环境质量及卫生控制规范》(NY/T 1167—2006)、《排污许可证申请与核发技术规范 畜禽养殖行业》(HJ 1029—2019)、《危险废物收集 贮存 运输技术规范》(HJ 2025—2012)、《畜禽粪水还田技术规程》(NY/T 4046—2021)、《病死及病害动物无害化处理技术规范》(农医发〔2017〕25号)、《饲料添加剂安全使用规范》(中华人民共和国农业农村部公告 第2625号)
环境监测	《恶臭污染环境监测技术规范》(HJ 905—2017)、《地下水环境监测技术规范》(HJ 164—2020)、《地表水环境质量监测技术规范》(HJ 91.2—2022)、《畜禽养殖污水监测技术规范》(GB/T 27522—2023)、《土壤环境监测技术规范》(HJ/T 166—2004)、《畜禽粪便监测技术规范》(GB/T 25169—2022)、《近岸海域环境监测技术规范 第八部分:直排海污染源及对近岸海域水环境影响监测》(HJ 442.8—2020)

表 2-8　国家层面畜禽养殖环境影响评价现行相关技术指南

名称	主要内容
《畜禽养殖场（户）粪污处理设施建设技术指南》（农办牧〔2022〕19 号）	重点围绕粪污资源化利用，兼顾作为养殖回冲用水、农田灌溉用水和向环境水体达标排放等处理方式，规范粪污处理设施建设标准
《排污单位自行监测技术指南 畜禽养殖行业》（HJ 1252—2022）	规定了畜禽养殖排污单位自行监测的相关要求，不适用于全部采用粪污资源化利用模式的企业
《畜禽粪污土地承载力测算技术指南》（农办牧〔2018〕1 号）	首次提出了以畜禽粪污养分为基础的猪当量概念。从畜禽粪污养分供给和土壤粪肥养分需求的角度出发，不包括污水达标排放和作为灌溉用水的情况
《规模畜禽养殖场污染防治最佳可行技术指南（试行）》（HJ-BAT-10）	推荐了污染预防、粪便堆肥发酵、生物发酵床、废水治理等粪污处理工艺

2.2.7　相关标准

我国生态环境标准分为国家生态环境标准和地方生态环境标准。国家生态环境标准包括国家生态环境质量标准、国家生态环境风险管控标准、国家污染物排放标准、国家生态环境监测标准、国家生态环境基础标准和国家生态环境管理技术规范。地方生态环境标准包括地方生态环境质量标准、地方生态环境风险管控标准、地方污染物排放标准和地方其他生态环境标准。在环境标准执行过程中，若所在地区发布了地方标准，应优先执行，地方标准仅在本行政区域内使用。

国家层面的相关生态环境标准如表 2-9。

表 2-9　国家层面畜禽养殖环境影响评价现行相关生态环境标准

类别	名称	备注
生态环境质量标准	《环境空气质量标准》（GB 3095—2012 及其修改单）	分为基本项目和其他项目两类，其中基本项目在全国范围内实施；其他项目由国务院环境保护行政主管部门或者省级人民政府根据实际情况，确定具体实施方式
	《地表水环境质量标准》（GB 3838—2002）	对应地表水五类水域功能，将地表水环境质量标准基本项目标准值分为五类，不同功能类别分别执行相应类别的标准值
	《地下水质量标准》（GB/T 14848—2017）	依据我国地下水质量状况和人体健康风险，参照生活饮用水、工业、农业等用水质量要求，依据各组分含量高低（pH 除外），分为五类地下水质量
	《土壤环境质量　农用地土壤污染风险管控标准（试行）》（GB 15618—2018）	规定了农用地土壤污染风险筛选值和管控值，园地和牧草地可参照执行。其中，农用地指 GB/T 21010 中的 01 耕地（010 水田、0102 水浇地、0103 旱地）、02 园地（0201 果园、0202 茶园）和 04 草地（0401 天然牧草地、0403 人工牧草地）
	《声环境质量标准》（GB 3096—2008）	乡村区域一般不划分声环境功能区，根据环境管理的需要，县级以上人民政府环境保护行政主管部门可按标准中的要求确定相应声环境质量要求

（续）

类别	名称	备注
污染物排放标准	《畜禽养殖业污染物排放标准》（GB 18596—2001）	按集约化畜禽养殖业的不同规模分别规定了水污染物、恶臭气体的最高允许日均排放浓度、最高允许排水量，畜禽养殖业废渣无害化环境标准
	《锅炉大气污染物排放标准》（GB 13271—2014）	养殖场设置沼气锅炉等锅炉装置时采用；重点地区执行大气污染物特别排放限值
	《饮食业油烟排放标准（试行）》（GB 18483—2001）	养殖场设置食堂时采用
	《恶臭污染物排放标准》（GB 14554—1993）	适用于《畜禽养殖业污染物排放标准》（GB 18596—2001）中未规定的氨、硫化氢、甲硫醇等恶臭污染物的排放控制
	《大气污染物综合排放标准》（GB 16297—1996）	涉及饲料加工粉尘时采用
	《污水综合排放标准》（GB 8978—1996）	对于畜禽污水间接排放、受纳集中污水处理设施以该标准作为收水标准时
	《建筑施工场界环境噪声排放标准》（GB 1253—2011）	适用于施工期周围有噪声敏感建筑物的建筑施工噪声排放的管理、评价及控制
	《工业企业厂界环境噪声排放标准》（GB 12348—2008）	养殖场噪声排放控制标准
污染控制标准	《危险废物贮存污染控制标准》（GB 18597—2023）	规定了危险废物贮存污染控制要求
	《肥料中有毒有害物质的限量要求》（GB 38400—2019）	以畜禽粪污为原料进行肥料化制备的商品有机肥，应满足该标准中对于"其他肥料"中有毒有害物质的限量要求
其他标准	《畜禽场环境质量标准》（NY/T 388—1999）	规定了畜禽场空气、生态环境质量标准以及畜禽饮用水的水质标准
	《农田灌溉水质标准》（GB 5084—2021）	未综合利用的畜禽养殖废水进入农田灌溉渠道，其下游最近的灌溉取水点的水质执行该标准

此外，按照《畜禽规模养殖污染防治条例》第四十三条要求，目前我国 31 个省份均明确了具体规模标准。各省份的规模标准不尽相同，应严格按照规定的规模标准加强对畜禽规模养殖的污染防治。全国 31 个省份现行主要畜禽养殖种类规模标准汇总见附录 3。

2.3　存在的问题与建议

2.3.1　法律法规层面

在法律法规层面，畜禽养殖污染防治的专门规定仅有《畜禽规模养殖污染防治条例》（以下简称条例）。但是，该条例发布近十年，已不能适应畜禽养殖行业精细化环境管理要求，主要体现在如下几方面：

（1）未对规模以下的畜禽养殖场、小区作出要求　《中华人民共和国环境保护法》、

《中华人民共和国大气污染防治法》等上位法，适用于所有畜禽养殖排污单位，但仅是原则性要求，对规模以下的畜禽养殖场、小区很难做到有效规范与约束。此外，我国规模化畜禽养殖场、小区的规模化水平、粪污资源化利用水平、粪污治理设施配套率等均已经取得了显著成效，但规模以下养殖水平低、分布点多面广，无序化排污治理难度仍较大。因此，现有畜禽养殖相关法律法规体系不能满足新形势下对规模以下畜禽养殖场、小区的污染防治管理要求。

（2）缺乏从法律法规层面推进种养结合的规定　以畜禽粪肥还田利用为核心，推进种养结合、农牧循环发展，是耕地质量提升与农业面源污染防治的重要举措。但是，我国畜禽粪肥还田利用水平仍然较低，粪肥施用运行监管措施还不规范，粪肥利用标准体系尚不健全，粪肥利用监测制度与体系还不完善，不能完全适应农业绿色发展的要求，应从法律层面完善推动种养结合的相关要求，以构建种养结合、农牧循环发展格局。

（3）对环评分类的原则要求亟待完善　《条例》中仅规定了编制环评报告书和环评登记表两类，与上位法《中华人民共和国环境影响评价法》中依据环境影响重大、轻度、很小而相应划分报告书、报告表、登记表三类的规定不符。对于畜禽粪污资源化完全利用、不设排水口的项目，其在农田作物氮磷养分需求及农田土壤重金属动态容量科学施用的前提下，环境影响轻微，可适当简化此类项目的环评文件类型。而对设污水排放口、周围环境较敏感的项目，应适当提高环评文件类型。

（4）未明确畜禽粪污资源化利用的污染防治要求　粪污资源化利用中，粪肥过量施用会产生农业面源污染，污染周边地表水环境。同时，畜禽粪污中的重金属在农田施用中会发生累积，还田累积生态环境风险较大。此外，固体粪肥利用水平较低，施用过程以人工撒施为主，液体粪肥以漫灌施用为主，也极易造成氮养分损失。但是，《条例》中仅明确了"应当与土地的消纳能力相适应"，未考虑消纳农田周边的水环境敏感性和土壤重金属累积环境风险。因此，须明确畜禽粪污资源化利用的污染防治要求，防控粪污资源化利用过程中的二次污染风险，促进畜禽养殖业绿色可持续发展。

（5）畜禽粪污资源化利用的违法责任需细化　目前，粪污资源化利用大多仍以分散利用为主，区域统筹不足，部分养殖场周边配套消纳土地不足；同时，粪肥施用者一般环保意识缺乏，施用的随意性较强，极易导致粪肥过量施用，进而超过农田消纳能力。但是，《条例》中并未明确粪肥过量施用的违法责任，使得畜禽粪污资源化利用的法律抓手不足，不利于形成种养结合的良性发展局面。

（6）畜禽粪污资源化利用的市场化运行机制需健全　当前我国种养主体分离，养殖与利用规模不匹配等问题较突出，尚未打通粪肥还田的"最后一公里"。养殖场主要关注污染问题，推动粪肥科学还田的积极性缺乏；种植业本身效益不高，导致种植户使用粪肥提升地力的主动性不强，应建立养殖场与种植户之间合理的费用分摊机制。此外，粪肥收运和田间施用等社会化服务组织刚开始发育，对种养结合的桥梁纽带作用发挥不足。因此，需要从法律法规层面建立健全畜禽粪污资源化利用的市场化运行机制。

综上，现行《条例》已经不能适应畜禽养殖业种养结合、绿色可持续发展的需要。应对该《条例》进行修订，或制定畜禽粪污资源化利用的专门法律，从法律法规层面为畜禽养殖业良性发展提供根本保障。

2.3.2 部门规章层面

现行 10 部畜禽养殖相关政府部门规章中，仅一部为生态环境部与农业农村部联合发布。

从部门职责来看，畜禽养殖污染防治由生态环境部门负责监督管理。但是对于粪污资源化利用，还应由农业农村部门负责畜禽养殖废弃物综合利用的指导和服务、发改部门负责畜禽养殖循环经济工作的组织协调。以畜禽粪肥为例，农业农村部门负责对其进行质量监测，生态环境部门负责依法查处粪肥超量施用污染环境的环境违法行为。可见，畜禽养殖资源化利用涉及多个主管部门，仅一个部门很难真正发挥作用。

从环境监管手段来看，对于规模以上养殖企业，其在生产环节多具备完善的信息化、智能化管理平台。但是，在粪污资源利用全过程管理平台方面仍很欠缺，对畜禽养殖数量、分布、污染物产排、污染治理设施、综合利用等现状情况难以实时准确掌握，制约了长效监管效应。

因此，要做好畜禽养殖行业污染防治与资源化利用工作，各相关部门间应加强政策联动，联合建章立制，使畜禽粪污从收集、暂存、处理、运输、施用等全过程都有规可依；同时，强化各部门联合执法，完善畜禽养殖相关部门规章是十分必要的。

2.3.3 导则、规范或指南层面

现行导则、规范或指南层面目前存在的主要问题是：

（1）尚未制定国家层面的畜禽养殖行业环境影响评价技术导则或规范 导则或规范应充分针对畜禽养殖行业特征，突出种养结合、农牧循环，为科学指导和大力推动畜禽养殖污染防治提供技术支撑。

（2）亟待制定适应畜禽粪污资源化利用的畜禽养殖行业污染防治可行技术指南或规范 国家现行的《畜禽养殖业污染防治技术规范》（HJ/T 81）发布于 2001 年，是基于当时的环保形势和畜禽养殖业发展状况制定的，距今已有 23 年的时间，许多规定已经不适用于现有的管理要求。现行《规模畜禽养殖场污染防治最佳可行技术指南（试行）》（HJ-BAT-10）制定已十余年，未体现粪污全量收集还田利用、污水肥料化利用、粪便垫料回用等粪污资源化利用可行技术要求，不能满足新形势下促进畜禽粪污还田利用，提高种养结合水平，提升产业综合效益的实际需要。

2.3.4 标准层面

《畜禽养殖业污染物排放标准》是畜禽养殖行业污染控制、环境影响评价的重要标准。而现行《畜禽养殖业污染物排放标准》（GB 18596—2001）制定于 20 年前，已经不能适应现行环境管理要求，原环境保护部分别于 2011 年、2014 年对修订稿进行过两次征求意见，但时至今日尚未发布正式修订稿。现行《畜禽养殖业污染物排放标准》（GB 18596—2001）存在的主要问题如下：

（1）污染物排放控制水平有待提高 规模化畜禽养殖业是我国农村环境污染的主要来源之一。现行《畜禽养殖业污染物排放标准》（GB 18596—2001）中的 COD_{Cr} 限值为

400mg/L、氨氮限值为 80mg/L，控制限值较松，不利于农村面源污染控制。同时，养殖规模的增加带来的臭气问题也不断增加，现行《畜禽养殖业污染物排放标准》（GB 18596—2001）规定集约化畜禽养殖业恶臭污染物排放标准为臭气浓度限值 70（无量纲），而现行《畜禽养殖产地环境评价规范》（HJ 568—2010）和《畜禽场环境质量标准》（NY/T 388—1999）均规定养殖场场区臭气浓度限值 50（无量纲）。显然，《畜禽养殖业污染物排放标准》（GB 18596—2001）的规定偏松，不利于满足农村地区人居环境整治要求，无法满足农村环境污染控制需求。

(2) 不符合目前污染物排放标准的制定原则　GB 18596—2001 对较小规模的养殖场（小区）放宽了要求，其根据畜禽养殖场和养殖区的不同规模划分 I 级和 II 级，I 级养殖场（小区）在标准实施之日起即执行标准，而 II 级养殖场（小区）可在一定过渡区后执行标准。按照《加强国家污染物排放标准制修订工作的指导意见》（原国家环保总局 2007 年第 17 号公告）的要求，排放标准应针对标准实施后设立的污染源和实施前已经存在的现有污染源的特点，分别提出排放控制要求。可见，GB 18596—2001 根据规模分级分阶段执行标准的要求不符合现行污染物排放标准的制订原则。

(3) 污染物控制指标不全面　GB 18596—2001 中提出了包括 BOD_5、COD、SS、氨氮、总磷、粪大肠菌群数和蛔虫卵在内的共 7 项污染物指标。而来源于饲料的铜、锌、镉、砷等重金属元素会通过畜禽粪便排出，如果处置不当会对环境水体和土壤产生不利影响，宜考虑重金属控制指标。此外，总氮是造成水体富营养化的重要因子，面对我国水体富营养化日益严重的趋势，有必要增加总氮控制指标。

综上，GB 18596—2001 已不能满足我国当前环境保护工作以及环保标准工作的最新要求。

此外，畜禽粪肥还田利用标准体系尚不健全，如液体粪肥施用技术规范等关键标准缺失，导致粪肥还田利用缺乏科学依据，亟待加强相关基础研究，促进农业标准和环境标准的衔接。根据《国家标准委　农业农村部　生态环境部关于推进畜禽粪污资源化利用标准体系建设的指导意见》（国标委联〔2023〕36 号），畜禽粪污资源化利用标准体系共涉及各类标准 104 项，有一半以上标准尚未发布或在修订中。

3 畜禽养殖场规划设计与污染控制

本章对畜禽养殖场及其配套设施的基本术语、规划设计要点及主要污染控制对策进行分析，作为畜禽养殖行业环境影响评价的工作基础。

3.1 主要术语

（1）畜禽出栏数 猪、牛、羊指育肥出售进入屠宰环节和自食的头数，包括淘汰的及因伤死亡后进入屠宰环节的耕牛、肉牛、奶牛和羊；禽、兔指统计期内出栏供屠宰的家禽和家兔，不包括出卖的雏禽和幼兔。

（2）畜禽存栏数 指年末、季末、月末实际存在的各类畜禽头（只）数，不分大小、公母、品种、用途全部包括在内。

（3）规模化畜禽养殖场 指按养殖场最大养殖能力确定的养殖规模达到省级人民政府依法确定并公布规模标准的畜禽养殖场所。各省份现行规模标准见附录3。

（4）规模化畜禽养殖小区 指多个畜禽养殖经营主体集中在一个养殖园区内，具有统一的围栏、完善的基础设施和配套服务、规范的管理制度，规划、防疫、管理、服务、治污统一进行，并进行专业化、规模化、标准化生产。

（5）场界 由如土地使用证、房产证、租赁合同等法律文书中确定的所拥有的所有权（或使用权）场所或建筑物边界，对于畜禽养殖场（小区）原则上以其实际占地（包括设施用地和粪污消纳土地）的边界为场界。其中，粪污消纳土地仅考虑与畜禽养殖场、养殖小区紧邻且不间断的情况。

（6）垫草垫料工艺 指将稻壳、木屑、作物秸秆或其他原料以一定厚度平铺在畜禽养殖栏舍地面，畜禽在其上面生长、生活的养殖工艺。

（7）全进全出 指将同一生长发育或繁殖阶段的畜禽群同时转入、转出同一生产单元的饲养模式。

（8）阶段饲养 按畜禽生理和生长发育特点，将生产周期划分为不同日龄或若干个生产阶段，分别进行不同的饲养管理方式。

（9）畜禽粪污 包括畜禽粪便、尿液和污水。

（10）资源化利用区 把畜禽粪便、尸体、污水等废弃物进行加工处理，使其无害化或资源化再利用的区域。

（11）畜禽粪肥 经过无害化处理的作为肥料还田利用的堆肥、沼渣、沼液、肥水和商品有机肥。

（12）养殖规模换算系数 基于不同畜种粪污中的污染物产生量，用于按照不同畜禽品种污染物产生量进行养殖规模换算的系数。1头奶牛折算成10头猪，1头肉牛折算成5头猪，30只蛋鸡折算成1头猪，60只肉鸡折算成1头猪，30只鸭折算成1头猪，15只鹅折算成1头猪，3只羊折算成1头猪。

对于出栏不同生长期生猪的畜禽养殖项目，存栏1头母猪/公猪折算成年出栏5头生猪（仔猪尚未断奶，产污较低，一般纳入了母猪的产污系数，不需再核算仔猪的出栏量）。

出栏不同生长期生猪（仔猪除外）、肉牛的规模化畜禽养殖场（小区），其标准生猪（肉牛）养殖量按以下公式折算：

$$K = (m_{出} - m_{进})/M \times L \qquad (3-1)$$

式（3-1）中，K 为排污单位折算标准生猪（肉牛）养殖量，头；$m_{出}$ 为排污单位出栏某生长期生猪（肉牛）的体重，kg；$m_{进}$ 为排污单位出栏某生长期生猪（肉牛）进栏时的体重，kg；M 为正常情况下生猪（肉牛）出栏时的平均体重，生猪 100kg，肉牛 600kg；L 为排污单位某生长期生猪（肉牛）实际出栏量，头。

示例1：自繁自养模式

某规模化生猪养殖场年养殖规模为：常年出栏育肥生猪 5 000 头（平均体重 100kg）、出栏保育猪（出栏时体重平均为 20kg）5 000 头、存栏母猪 500 头，则该场折算标准生猪量为：

生猪（育肥猪）量＋保育猪折算为标准生猪量＋母猪折算为标准生猪量＝5 000＋20/100×5 000＋500×5＝8 500

示例2：非自繁自养模式

某规模化生猪养殖场养殖方式为从外界购买保育猪（购买时保育猪平均体重为20kg），经育肥后出售，育肥猪年出栏量为 5 000 头（平均体重 100kg），则该场折算标准生猪量为：（100－20）/100×5 000＝4 000

(13) 猪当量及其折算系数 猪当量是基于不同畜种粪污中的氮磷养分含量，用于比较不同畜禽氮（磷）排泄量的度量单位。1个猪当量的氮排泄量为11kg，磷排泄量为1.65kg。1头猪为一个猪当量，100头猪相当于15头奶牛、30头肉牛、250只羊、2 500只家禽。需要注意的是，猪当量折算系数与养殖规模换算系数不同，应注意区分。

(14) 种群结构 种群结构是指为了满足畜禽规模化养殖的需要，每个种类的养殖场一般会饲养不同生理阶段、不同年龄的品种。

①生猪养殖场。对于自繁自养模式的生猪养殖场，饲养不同生理阶段、不同年龄的猪只，包括：哺乳仔猪（从出生到断奶期间，3～5周龄）、保育猪（断奶后转入生长育肥期阶段的仔猪，28～70日龄）、生长及育肥猪（保育期结束到出栏阶段，约70～180日龄）、后备公母猪（暂时选留的、公母猪）、淘汰猪。

典型自繁自养模式生猪养殖场猪群结构（以生产母猪存栏 300 头、年出栏生猪 5400头为例）如表 3-1。

表 3-1　典型自繁自养模式生猪养殖场猪群结构

猪群种类	生产母猪存栏			后备母猪存栏	公猪（含后备公猪）存栏	哺乳仔猪存栏	保育猪存栏	生长及育肥猪存栏	合计存栏	全年上市生猪
	空怀配种母猪	妊娠母猪	分娩母猪							
数量（头）	68	174	58	35	15	580	660	1 800	3 390	5 400

②奶牛养殖场。我国奶牛场以自繁自养为主。奶牛场饲养规模通常指混合牛群饲养数量，包括：成母牛、犊牛、后备牛。

成母牛：包括泌乳牛、干奶牛（从奶牛停奶到产犊的 2 个月左右时间）、围产期牛（产前两周和产后两周奶牛）。

犊牛：出生到 1 岁以下性未成熟的母牛，分为哺乳犊牛、断奶犊牛。

后备牛：是育成牛、青年牛的通称。7～18 月龄称为育成牛；18 月龄以上至分娩的奶牛为青年牛。

典型奶牛场牛群结构的划分如表 3-2。

表 3-2　典型奶牛场牛群结构

奶牛群种类	犊牛	育成牛	青年牛	泌乳牛	干奶牛
平均占比（%）	9	18	13	50	10

③肉牛养殖场。肉牛养殖场，按照牛的性别、年龄、生产用途，可以将其牛群结构分为：犊牛群、育成牛群、成年母牛群、育肥牛群。

一般标准化肉牛养殖场中"成年母牛群"占整个牛群的 60% 左右，"育成牛群"占 25% 左右，犊牛群占 10% 左右。

④蛋鸡养殖场。蛋鸡养殖场一般采取"全进全出"的饲养模式，分育雏鸡（不超过 6 周龄）、育成鸡（7～18 龄）、产蛋鸡（约 500d）3 个阶段饲养。

⑤肉鸡养殖场。肉鸡养殖场一般采取"全进全出"饲养模式，分育雏鸡（不超过 3 周龄）、育肥鸡（4～9 周左右）阶段饲养。

(15) 养殖周期　与当地气候、市场价格、养殖水平等因素有关。其中，猪的养殖周期平均为 199d；肉牛一般要饲养 15 个月以上；奶牛平均寿命 17 年。

(16) 畜禽粪污资源化利用　指根据不同区域、不同畜种、不同规模，坚持源头减量、过程控制、末端利用的治理路径，以肥料化利用为基础，采取经济高效适用的处理模式，宜肥则肥，宜气则气，宜电则电，实现畜禽粪污就地就近利用。

(17) 畜禽排污系数　是指养殖场在正常生产和管理条件下，单个畜禽产生的污染物中直接排放到环境中的量，不含资源化利用的部分。

(18) 干清粪工艺　指大部分的畜禽粪便通过机械或人工收集、清除，而尿液、残余粪便及冲洗水则从排污道排出的清粪方式。根据"关于牧原食品股份有限公司部分养殖场清粪工艺问题的复函"（环办函〔2015〕425 号），采用全漏缝地板免水冲工艺，不将清水用于圈舍粪尿日常清理，粪尿产生即依靠重力离开猪舍进入储存池，实现粪尿及时清理；

粪污离开储存池即采用机械式干湿分离机进行分离，没有混合排出的清粪工艺也可视为干清粪工艺（李春华等，2017）。

(19) 水冲粪工艺　指用水冲洗畜禽舍，将畜禽排放的粪便、尿液和污水混合进入粪沟后排出的清粪方式。

(20) 水泡粪工艺　指在畜禽舍内漏缝地板下的排粪沟中加入一定量的水，将粪、尿、冲洗等用水全部排至粪沟中，待粪沟填满后（一般贮存1～2个月）排出的清粪方式。

3.2　养殖场规划设计相关要点

3.2.1　一般要求

依据现行《规模化畜禽场良好生产环境　第1部分：场地要求》（GB/T 41441.1—2022）、《畜禽场场区设计技术规范》（NY/T 682—2023），并结合《自然资源部 农业农村部 国家林业和草原局关于严格耕地用途管制有关问题的通知》（自然资发〔2021〕166号）、《农业农村部关于调整动物防疫条件审查有关规定的通知》（农牧发〔2019〕42号）等相关要求，畜禽场规划设计一般要求如下：

3.2.1.1　场址选择

(1) 基本要求　选择场址应具备相应土地使用协议或国土部门颁发的土地使用证书，并应符合所在区域国土空间规划、畜禽养殖污染防治规划等的要求，避让依法划定的畜禽养殖禁养区。禁止在以下地区或地段选址：①饮用水水源保护区、风景名胜区以及自然保护区的核心区和缓冲区；②城镇居民区、文化教育科学研究区等人口集中区域；③受洪水或山洪威胁及泥石流、滑坡等自然灾害多发地带；④法律、法规规定的其他禁止区域。

场址还应满足动物防疫条件，应依据场所周边的天然屏障、人工屏障、行政区划、饲养环境、动物分布等情况，以及动物疫病的发生、流行状况等因素实施风险评估，根据评估结果对选址进行确认。

场址不应选在邻近居民点常年主导风向的上风向处。

(2) 用地　用地按农用地管理。严禁新增用地占用永久基本农田。严格控制新增畜禽养殖设施使用一般耕地；确需使用的，应经批准并符合相关标准。对耕地转为农业设施建设用地实行年度"进出平衡"。

畜禽场所需占地面积可根据养殖规模，按表3-3的推荐值估算。

表3-3　畜禽场场区占地面积估算参数推荐值

类别	单位	饲养规模	饲养工艺	占地面积（m²/单位动物）	备注
奶牛场	头	≥100	舍外设运动场	90～120	按成奶牛存栏量计
	头	≥100	舍饲加卧栏	60～80	按成奶牛存栏量计
肉牛繁育场	头	≥200	舍外设运动场	70～100	按种母牛存栏量计
肉牛育肥场	头	≥200	集中育肥	30～50	按每批存栏量计
种猪场	头	≥300	舍饲	70～90	按基础母猪计

（续）

类别	单位	饲养规模	饲养工艺	占地面积（m²/单位动物）	备注
商品猪场	头	≥600	舍饲	50～70	按基础母猪计
种羊场	只	≥300	舍外设运动场	30～50	按基础母羊计
肉羊育肥场	只	≥500	集中育肥	10～15	按每批存栏量计
种鸡场	万套	≥1	舍饲平养	6 000～8 000	按种鸡存栏量计
蛋鸡场	万只	1～20	三层或四层阶梯	3 000～4 000	按产蛋鸡存栏量计
		≥20	四层～八层叠层	2 000～3 000	
肉鸡场	万只	5～20	舍饲平养	2 500～3 000	按每批存栏量计
		≥20	四层叠层	800～1000	
种鸭场	万套	≥1	舍饲平养	6 500～8 000	按存栏量计
商品鸭场	万只	≥1	舍饲平养	3 000～5 000	按存栏量计
种鹅场	万套	≥1	舍饲平养	23 000～27 000	按存栏量计
商品鹅场	万只	≥1	舍饲平养	7 500～9 000	按存栏量计

注：表中数据来自于《畜禽场场区设计技术规范》（NY/T 682—2023）。

（3）周边配套资源与地质条件 场址周围宜具备粪污废弃物资源化利用所需土地，以降低资源化处理成本，并满足所需水文地质、工程地质条件。

场址应水源充足，水质符合生产生活用水要求，其中畜禽饮用水宜符合 NY 5027 要求。现行无公害食品畜禽饮用水水质要求如表 3 - 4。

表 3 - 4　无公害食品畜禽饮用水水质标准

项目		标准值	
		畜	禽
感官性状及一般化学指标	色（°）	≤30	
	浑浊度（°）	≤20	
	臭和味	不得有异臭、异味	
	总硬度（以 CaCO₃ 计）（mg/L）	≤1 500	
	pH	5.5～9	6.8～8.0
	溶解性总固体（mg/L）	≤4 000	≤2 000
	硫酸盐（以 SO₄²⁻ 计）（mg/L）	≤500	≤250
细菌学指标	总大肠菌群（MPN/100ml）	成年畜 100，幼畜和禽 10	
毒理学指标	氧化物（以 F⁻ 计）（mg/L）	≤2.0	≤2.0
	氰化物（mg/L）	≤0.2	≤0.05
	总砷（mg/L）	≤0.2	≤0.2
	总汞（mg/L）	≤0.01	≤0.001
	铅（mg/L）	≤0.1	≤0.1
	铬（六价）（mg/L）	≤0.1	≤0.05
	镉（mg/L）	≤0.05	≤0.01
	硝酸盐（以 N 计）（mg/L）	≤10	≤30

3.2.1.2 平面布局

(1) 基本要求 根据畜禽场生产要求，按功能分区布置各建（构）筑物位置。为节约建设成本，应充分利用场区原有的地形、地势，建筑物朝向应满足采光、通风要求，并尽量使建筑物长轴沿场区等高线布置。

场区周围应建有围墙，围墙高度2.5～3m。场区出入口处设置车辆消毒池、人员消毒通道。

(2) 功能分区 一般设生活管理区（包括管理人员办公用房、技术人员业务用房、职工生活用房、人员和车辆消毒设施及门卫、大门等）、辅助生产区（包括供水、供电、供热、设备维修、物资仓库、饲料贮存等设施）、生产区（包括各类畜禽舍和相应的挤奶厅、蛋库、剪毛间、药浴池、人工授精室、胚胎移植室、装车台等）、无害化处理区和隔离区5个功能分区。

①生活管理区。生活管理区应位于场区全年主导风向的上风处或侧风处，与生产区间距宜大于30m，并有隔离设施。

②辅助生产区。辅助生产区应靠近生产区的用电负荷中心。一般青贮窖压实贮存时间12个月。

③生产区。生产区应采用围墙或绿化隔离带与其他区分隔，其入口处分别设人员、车辆消毒设施。

为便于畜舍冬季保温，畜禽舍长轴方向宜与当地冬季主导风向平行布置。相邻两栋长轴平行畜禽舍的间距，两平行侧墙的间距宜控制在8～15m（不设舍外运动场时）。有舍外运动场时，相邻运动场栏杆的间距宜控制在3～4m。

④无害化处理区与隔离区。无害化处理区（包括废弃物存放设施和无害化处理设施）应处于场区全年主导风向的下风向处和场区地势最低处，与生产区的间距应满足防疫要求。

隔离区（包括兽医诊疗室、隔离舍等）应处于场区全年主导风向的下风向处。

(3) 给排水 畜禽场供水管线尽量缩短长度，避开不良地质构造处，一般沿现有或规划道路敷设。

畜禽场供水量应满足生活、生产、浇洒道路和绿地用水、管网漏损及未预见水量之和。畜禽场主要用水指标可参照表3-5。

表3-5　畜禽养殖场主要用水指标

用水种类	单位	数量	备注
生活用水			
生产人员	L/（人·d）	100～150	含场区内吃、住、消毒用水
管理及技术人员	L/（人·d）	30～50	
生产用水			
猪	L/（头·d）	80～120	平均至每头基础母猪
奶牛	L/（头·d）	150～200	平均至每头基础母牛

（续）

用水种类	单位	数量	备注
肉牛	L/（头·d）	100～150	按存栏量计
羊	L/（只·d）	10～15	平均至每只基础母羊
鸡	L/（千只·d）	150～200	按存栏量计

注：表中数据来自于《畜禽场场区设计技术规范》（NY/T 682—2023）。

场区应设雨、污分流设施。对场区未与畜禽粪污接触而受污染的自然降水宜采用明沟形式有组织地排水。对场区污水（接触畜禽粪污的径流雨水，也应视为污水）应采用暗管输送，集中处理后资源化利用或达标排放。对场区周围的地表径流宜进行导流。

排水系统应以重力流为主。污水管道和附属构筑物应做好防渗，保证密实性，避免污水外渗和地下水入渗。

（4）场区道路 场区应分别有净道（供人员行走和运送饲料）、污道（供运输粪污和病死畜禽）及供畜禽产品装车外运的专用通道。生产区内净道、污道应分开。

（5）场区绿化 为达到场区美化、调节气流、净化废气的目的，且具有一定的防疫作用，应选择本土绿化物种，且对人畜无害的花草树木进行绿化。鸡、鸭等家禽养殖场不宜种植高大树木。

（6）粪污收集与处理 粪便收集、运输过程应避免扬撒、渗漏。粪污储存场所应具备"三防"（防雨、防渗漏、防溢流）措施。粪污处理应遵循减量化、无害化和资源化原则。

应设置与生产规模相配套的综合利用和无害化处理设施，确保处理工艺、处理能力和处理效率等满足相关要求。粪污处理设施应与生产设施同步设计、同步施工、同步运行。粪污处理工艺应根据养殖规模、清粪方式和当地自然地理条件综合确定。对于具备配套粪污消纳土地面积的项目应首选综合利用模式；对于经济发达、配套粪污消纳土地面积缺乏的养殖场可采用达标排放技术模式。委托他人对畜禽养殖废弃物代为综合利用和无害化处理的，应做好利用和处理前的暂存。

示例：华北区域某奶牛场设计平面布置如图3-1、图3-2。

该养殖场场区规划根据因地制宜和科学饲养的要求，合理布局，统筹安排。项目建成后，奶牛由所属集团公司自有奶牛场调入，奶牛实行同步免疫，不外购奶牛，因此，不设置专用物理隔离区。将场区内分为3个功能区，即生活管理区、生产区和粪污处理区。各区之间联系便捷，内外运输配合协调，分工明确，避免作业线交叉，人货分流通畅，便于节能降耗及生产管理。

场区总体呈南北长、东西宽的长方形区域，场区东、西、南、北四侧均为农田。整个场区设置3个出入口，其中场区北侧设置办公出入口，紧邻生活管理区；场区南侧设置饲料区出入口及粪污区出入口，其中饲料出入口位于场区南侧偏西侧位置，紧邻饲料贮存区；粪污区出入口位于场区南侧偏东侧位置，紧邻粪污处理区。

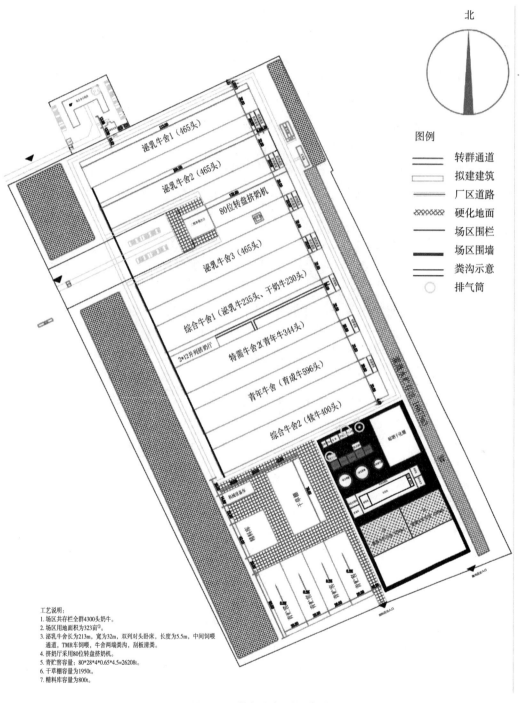

图 3-1 某奶牛场平面布局

---

① 亩为非法定计量单位，1 亩＝1/15hm²≈667m²。——编者注

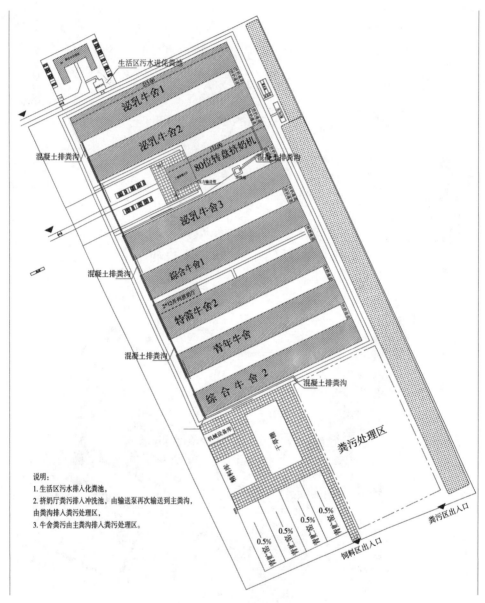

图 3-2 某奶牛场粪污走向

场区北侧布置为生活管理区，该区域为封闭区域，与生产区之间有围墙隔离；东南部区域布置为粪污处理区，场区北部为生产区，场区西南侧为青贮窖、饲草、饲草储存区。

按主导风向为西北风设计场区布局。生活管理区布置在场地的西北侧，该处位于常年主导风向的上风向；生产区布置在场区的南部，处于常年主导风向的下风向，生产区不易对生活管理区造成污染；粪污处理区位于场区东南部，均处于生产区、生活管理区的下风向，平面布局基本合理。

3.2.2　其他相关要求

3.2.2.1　标准化奶牛场

牛舍应根据当地气候特点采取开放式、半开放式或封闭式3种方式，应坐北朝南，并根据要求设置必要的降温或防寒设施。

牛床地面应向粪沟倾斜，易于冲刷。小型奶牛场可采用单列式，大、中型牛场多采用双列式。

粪尿沟通常为明沟，采用深沟的，应在上面加盖漏缝盖板。

运动场四周设围栏，地面采用砂质或立砖，坡向四周。

3.2.2.2　标准化肉牛场

牛舍结构应满足分阶段饲养要求，分为窗式、半开放式、开放式3种形式。单纯育肥场设育肥牛舍，或有运动场；母牛繁育场设母牛舍、犊牛舍、育成舍、育肥牛舍，或有运动场。

牛舍内有固定食槽，运动场或犊牛栏设补饲槽。配套青贮设施（宜10m³/头）及干草棚库（宜2t/头）。

育肥场育肥期平均日增重≥1.2kg，屠宰率≥53%，繁育场的母牛繁殖率≥80%，犊牛成活率≥95%。

3.2.2.3　标准化生猪场

（1）工艺与设备　宜采用阶段饲养和全进全出方式。养猪场猪栏、喂料、饮水、采暖通风及降温、清洗消毒、饲料加工等主要设备参数应符合 GB/T 17824.3 的规定。

生产消耗指标宜符合表3-6的规定。

表3-6　标准化养猪场生产消耗指标

项目名称	单位	消耗指标
用水量	每头母猪年需量（m³）	70～100
用电量	每头母猪年需量（kW·h）	100～120
用料量	每头母猪年需量（t）	5.0～5.5

注：表中数据来源于《标准化规模养猪场建设规范》（NY/T 1568—2007）。

（2）规划布局　猪舍朝向和间距应符合 GB/T 17824.1 规定。

（3）猪舍　猪舍建筑形式包括开敞式或有窗式两种，宜采用轻钢结构或砖混结构。猪舍内净高宜为2.4～2.8m，猪栏布局宜采用单列或双列。地面应硬化，耐腐蚀，便于清扫，坡度控制在1%～3%。墙体要求保温隔热，便于清洗消毒。

（4）配套工程　猪舍温度、湿度、通风量等要求参照 GB/T 17824.4 的相关规定，设置必要的夏季降温和冬季供暖设施。猪舍一般采用自然通风，必要时设置机械通风（图3-3）。

3.2.2.4　标准化肉鸡场

（1）选址　宜选址在地势高燥、背风向阳、排水良好处，周边无有害废气等污染源，

图 3-3 猪舍水帘墙（左）、猪舍排风扇（右）

远离学校、公共场所、居民居住区和交通主干道，周围 3 000m 无大型化工厂、矿厂。

种鸡场（主要饲养成年种鸡）、孵化厂（主要饲养雏鸡）和商品肉鸡场（主要饲养商品肉鸡）之间宜有 500m 以上的防疫距离，宜按照主导风向自上而下分别设置种鸡场、孵化厂、商品肉鸡场。

（2）生产工艺 种鸡场和商品肉鸡场应采用全进全出方式，宜采用地面垫料平养或网上平养。种鸡场应采用阶段饲养方式。大规模孵化场一般采用巷道式孵化器。

（3）舍内环境参数 舍内设温控设施，温控范围为 8～35℃，具体根据不同饲养阶段有不同温度要求。

不同阶段和不同季节，舍内有不同的通风量要求。一般根据最大通风量 6.0m³/（h·kg）设计，使用过程中可进行风量调节。

鸡舍内有害气体浓度限值应符合表 3-7 规定。

表 3-7 鸡舍有害气体浓度限值

CO_2（%）	NH_3（ml/m³）	H_2S（ml/m³）
<0.20	<13	<3

（4）建筑

①种鸡场和商品肉鸡场：鸡舍在保证防疫要求条件下，一般采取密集型布置，其建筑系数为 20%～35%。鸡舍围护结构应保温隔热，且耐酸碱等消毒药液清洗消毒。

②孵化厂：应符合 GB/T 20014.10 要求。孵化间材料应防水、防潮、耐腐蚀，并便于冲洗。

（5）公用工程

①鸡舍供暖。鸡舍围护结构保温设计应考虑气候条件、鸡体产生的热量、水汽和二氧化碳等因素。雏鸡可根据需要设置热风炉采暖等。

②鸡舍降温。鸡舍降温常用湿帘、通风、喷淋和喷雾等（图 3-4）。

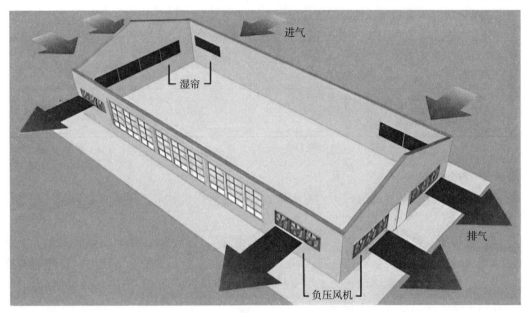

图 3-4 湿帘—风机降温系统

3.2.2.5 标准化蛋鸡场

(1) 建筑 鸡舍采用密闭式，具有保温、隔热功能，地面和墙壁便于清洗，耐酸碱等消毒药液清洗腐蚀。

(2) 设施设备 产蛋鸡舍采用多层笼养设备。鸡舍内配备自动饮水、饲喂、集蛋、集粪和环境控制设备。供水管理压力应达到 $1.5 \sim 2.0 \text{kg/cm}^2$。

场门口设消毒池。生产区和鸡舍门口均设置消毒设施。

(3) 生产工艺 采取全进全出工艺。饲养密度、温度、湿度、通风换气、光照等环境指标控制应符合饲养品种不同生长阶段的需求。

(4) 其他要求 场址宜地势高燥、隔离条件好。场区绿化率宜不低于 30%。

3.3 畜禽粪污减排、处理与利用

3.3.1 畜禽粪污特性

畜禽养殖废水和粪便是畜禽养殖场主要污染物，具有产生量大、成分复杂等特点。畜禽粪污的产生情况与畜禽养殖种类、养殖方式、养殖规模、生产工艺、清粪方式、管理水平、气候条件等有关。

3.3.1.1 粪污产生量

根据《畜禽养殖场（户）粪污处理设施建设技术指南》，畜禽粪污产生情况如表 3-8。

表 3 - 8　单位畜禽粪污日产生情况

处理方式	产生量（m³）	畜禽种类					
		生猪	奶牛	肉牛	鸡	鸭	羊
固体、液体 分别处理	固体粪污产生量	0.001 5	0.025	0.015	0.000 12	0.000 35	0.0010
	液体粪污产生量	0.008 5	0.030	0.010	0.000 08	0.000 15	0.000 3
全量粪污同时处理	固体粪污产生量			0.025	0.000 2		0.001 3
	液体粪污产生量	0.01	0.055			0.000 5	

注：水冲粪工艺单位主要畜禽粪污日产生量推荐值（m³）：生猪 0.013、奶牛 0.1、肉牛 0.06、鸭 0.001 5。

3.3.1.2　养分特性

畜禽粪污中含有丰富的有机质、氮、磷、钾等各种微量元素，属于农业资源，宜进行资源化利用。

（1）有机质　畜禽粪便有机质含量很高，农田施用可以提高土壤有机碳含量，为土壤微生物提供碳源，改善土壤结构，对提高土壤健康质量具有重要意义。同时，畜禽粪便施入土壤后，部分有机物能够转化为土壤有机质而较长时间存在于土壤中，可起到固碳的作用，有利于减少温室气体 CO_2 排放。

畜禽粪便中还含有较高的水溶性有机 C。水溶性有机 C 作为土壤微生物直接利用的碳源，影响土壤中有机和无机物质的转化、迁移和降解，但也易迁移至水体。

据相关调查，畜禽粪便中有机 C 含量（风干基）情况如表 3 - 9。

表 3 - 9　畜禽粪便有机 C 含量（风干基）

（董元华等，2015）

粪便类型	平均值（g/kg）	最小值（g/kg）	最大值（g/kg）
鸡粪	292.97	149.35	480.60
奶牛粪	367.85	306.00	461.10
猪粪	353.05	163.20	443.06
蛋鸡粪	266.12	148.48	338.37
肉鸡粪	321.05	150.22	417.02

（2）氮　畜禽养殖过程中大量使用或添加高氮的动物饲料，动物对摄入的氮利用率很低，饲料中的氮约 70% 左右以粪尿形式排出体外。畜禽粪便中含有不同形态的 N，包括无机 N 和有机 N，其中无机 N 可占到粪便总 N 的 18%～92%，平均约 55%；可矿化的有机 N 占到总 N 的 8%～52%，平均约 30%。无机 N 能够被作物直接吸收；NO_3^- 在土壤溶液中能够自由移动，容易随土壤水向下迁移，对地下水和地表水 N 污染有重要的影响。水溶性有机 N 是土壤 N 素中最活跃的组分，一方面，它是土壤有效养分的来源之一；另一方面，它的移动性相对较强，可能随水分运移通过径流或淋溶损失，引起环境污染（董元华等，2015）。

据相关调查，不同畜禽粪便中全氮含量（风干基）情况如表 3 - 10。

表 3-10　畜禽粪便全氮含量（风干基）

（董元华等，2015）

粪便类型	平均值（g/kg）	最小值（g/kg）	最大值（g/kg）
鸡粪	28.04	8.50	55.78
猪粪	22.33	7.36	37.70
牛粪	20.66	10.90	37.56
蛋鸡粪	25.37	8.90	51.16
肉鸡粪	30.74	8.50	60.40

(3) 磷　磷是植物生长所必需的三类营养元素之一。畜禽粪肥可直接向土壤补给植物的有效 P，并可减弱土壤对 P 的固定及活化土壤中植物难以利用的 P。但是，N、P 等营养成分的富集也是造成水体富营养化的主要原因。

据相关调查，部分畜禽粪便中全磷含量（风干基）情况如表 3-11。

表 3-11　部分畜禽粪便全磷含量（风干基）

（董元华等，2015）

粪便类型	平均值（g/kg）	最小值（g/kg）	最大值（g/kg）
鸡粪	15.67	2.22	33.50
猪粪	20.88	3.93	43.40
牛粪	9.49	3.90	15.06
蛋鸡粪	17.36	7.09	33.50
肉鸡粪	13.96	2.22	26.86

3.3.1.3　污染特性

畜禽养殖污染物中含有丰富的有机质、氮、磷等营养元素，若处理利用不当，可导致农业面源污染。同时，粪污中也会残留一定的由饲料带来而不能被畜禽完全吸收的重金属，也可能导致农田重金属累积风险。此外，畜禽养殖污染物还含有大量寄生虫卵、病原微生物等病原体，若无害化处理不当，容易引起人畜疾病的传播。

(1) 畜禽粪便与尿液　畜禽粪尿的产生量与养殖种类、品种、生长期、饲料、气候条件等诸多因素有关。畜禽粪便和尿液中污染物产生水平如表 3-12、表 3-13。

表 3-12　各类畜禽粪污中污染物水平

种类	粪便产生量 {kg/[d·头（只）]}	粪便中污染物含量 {g/[d·头（只）]}				尿液中污染物含量 {g/[d·头（只）]}			
		化学需氧量	总氮	总磷	氨氮[a]	化学需氧量	总氮	总磷	氨氮[a]
生猪	1.24	167.4	9.3	2.9	6.1	35.4	11.2	0.3	4.8
奶牛	25.71	5 454.4	168.5	41.9	46.9	358.6	112.5	3.5	32.4
肉牛	10.88	2 435.1	68.8	12.1	28.6	175.3	38.8	2.4	24.3
蛋鸡	0.13	21.3	1.2	0.3	0.6	—	—	—	—

（续）

种类	粪便产生量 {kg/[d·头(只)]}	粪便中污染物含量 {g/[d·头(只)]}				尿液中污染物含量 {g/[d·头(只)]}			
		化学需氧量	总氮	总磷	氨氮ª	化学需氧量	总氮	总磷	氨氮ª
肉鸡	0.11	19.5	1.1	0.3	0.5	—	—	—	—

ª为未处理经迁移转化后进入自然环境的校正值。

注：表中数据来源于《排污许可证申请与核发技术规范 畜禽养殖行业》（HJ 1029—2019）。

表3-13 我国部分地区规模化养殖畜禽粪便中重金属含量

地区	粪便类型	重金属平均含量（mg/kg）					
		Cu	Pb	Zn	Cd	Cr	As
广西	猪粪	760.7	—	1 042.6	1.3	18.9	—
福建	鸡粪	33.51	28.51	211.29	2.07	15.48	1.34
	鸭粪	39.18	36.76	220.92	2.59	35.81	3.34
	猪粪	962.95	17.74	1 321.44	1.43	15.72	21.94
	牛粪	74.95	18.02	234.00	1.18	15.55	1.06
上海	猪粪	466.24	3.42	1 054.64	0.21	10.28	17.03
	牛粪	95.69	1.64	280.28	2.16	7.96	6.33
	禽类	38.81	2.04	374.59	0.15	12.67	12.27
吉林	猪粪	243.6	—	381.8	—	—	—
	牛粪	12.28	—	288.1	—	—	—
山东	猪粪	472.8	2.9	1 908.6	0.9	12.3	36.5
安徽	猪粪	689.1	20.6	298	0.57	48.2	19.75
北京	猪粪	421.07	4.47	6.31	1.06	85.23	18.7
	鸡粪	188.08	32.58	380.78	4.09	68.56	8.76
江苏	鸡粪	12.84	—	276.9			

注：表中数据来源于《畜禽粪便安全还田施用量计算方法 编制说明》（2020年3月）。

（2）养殖废水 养殖场废水由尿液、垫料（秸秆粉或木屑等）、干清残余的或全部粪便、饲料残渣、冲洗水组成，有时还包括少量的工作人员生活污水。各养殖场废水的排放量与具体生产方式和管理水平等有关。采用干清粪工艺的养殖废水通常会比水泡粪方式养殖废水中的COD_{Cr}浓度低一个数量级。生猪和奶牛养殖过程中用水量较大，猪尿、牛粪、牛尿、地面冲洗水、冲栏水是养殖废水的主要来源。肉牛养殖过程用水量相对较少。而蛋鸡、肉鸡、羊养殖过程用水量很少。羊、鸡产尿量也少，主要是干粪，通常无害化处理后用作肥料资源化利用。

畜禽养殖废水中污染物浓度因畜禽种类、饲养管理水平、气候、季节等因素而有较大差异。即使是同一个养殖场的同一种畜种，在不同季节的污染物含量也因用水量不同而有所差异。如奶牛在夏季养殖过程中会使用大量喷淋降温用水，相对水污染物浓度较低。畜禽养殖主要水污染物产生浓度情况见表3-14。

表 3-14 畜禽养殖废水中主要污染物产生浓度

单位：mg/L（pH 除外）

养殖种类	清粪方式	COD$_{Cr}$	NH$_3$-N	TN	TP	pH
猪	水冲粪	15 600~46 800 平均 21 600	127~1 780 平均 590	141~1 970 平均 805	32.1~293 平均 127	6.3~7.5
	干清粪	2 510~2 770 平均 2 640	234~2 880 平均 261	317~423 平均 370	34.7~52.4 平均 43.5	
肉牛	干清粪	887	22.1	41.1	5.33	7.1~7.5
奶牛	干清粪	918~1 050 平均 983	41.6~60.4 平均 51	57.4~78.2 平均 67.8	16.3~20.4 平均 18.6	7.1~7.5
蛋鸡	水冲粪	2 740~10 500 平均 6 060	70~601 平均 261	97.5~748 平均 342	13.2~59.4 平均 31.4	6.5~8.5
鸭	干清粪	27	1.85	4.70	0.139	7.39

注：上表数据来源于《畜禽养殖业污染治理工程技术规范》（HJ 497—2009）。

3.3.2 畜禽粪污减排技术

畜禽养殖污染减排应以农业绿色发展为导向，优化养殖工艺，严格执行雨、污分流，通过优化饲料配方、提高饲养技术、管理水平、改善畜舍结构和通风供暖工艺、改进清粪工艺等举措，从源头降低养殖场产污水平。

主要减排技术包括：逐步采用干清粪工艺替代水冲粪、水泡粪工艺；选择节水型饮水设备和清洗消毒设备，减少用水量，如采用碗式或液位控制等防溢漏饮水器；因地制宜，结合当地气候、土地承载力和粪污资源化利用条件，选择合适的清粪工艺和收集方式，并与后续粪污处理工艺匹配；规范兽用抗菌药和消毒剂使用；取消运动场，从源头降低环境污染风险；使用节能、环保的新技术、新工艺、新材料、新设备等。

3.3.2.1 科学饲喂

参照《仔猪、生长育肥猪配合饲料》（GB/T 5915—2020）和《产蛋鸡和肉鸡配合饲料》（GB/T 5916—2020）等相关要求，在不影响畜禽产品生产性能和产品品质的前提下，采用培育优良畜禽品种，科学饲养与配料，使用无公害绿色添加剂等措施，并改变饲料品质及物理形态，推广低蛋白日粮配方技术，提高畜禽饲料中氮的利用率，进而降低畜禽排泄物中氮的含量。

在饲料中适当补充合成氨基酸，提高蛋白质及其他营养的吸收效率，减少粪便的产生量。

分阶段科学饲喂，使日粮养分更接近畜禽的需要，可避免养分的浪费。

饲料中添加微生物制剂、酶制剂和植物提取液等活性物质，减少污染物排放。

3.3.2.2 干清粪

干清粪包括人工、机械清粪两种方式，清粪比例宜不低于 70%。人工清粪设备简单、能耗低、投资少，但劳动量大、效率低。机械清粪效率高，但初期设备投资大，且维护费用高。鼓励新建、改建、扩建的畜禽养殖场采用干清粪工艺。

3.3.2.3 其他减排典型技术

以下重点介绍猪、奶牛、鸡场典型减排技术。

(1) 猪场

①饮水系统。

a. 使用适当的饮水器：将鸭嘴式改成碗式，按照猪只饮水标准匹配合适的饮水器，设置流量调节阀门，根据不同猪只体重合理设置饮水器高度（表 3-15）。

表 3-15 碗式饮水器安装高度推荐值
（全国畜牧总站等，2017）

生长阶段	体重（kg）	水碗高度（H，mm）
哺乳仔猪	1～6	80～105
断奶仔猪	6～30	100～150
育肥猪	30～120	250～300
公猪	200～300	350～400
空怀孕母猪	100～250	350～400
哺乳母猪	100～250	350～400

b. 通体食槽和水盘安装水位控制器。

c. 将猪群饮水器浪费的水单独收集，避免排入粪池，减少污水处理规模。

②圈栏。

a. 按猪舍跨度设置圈栏：对于跨度 11m 以下的猪舍，圈栏沿猪舍长轴方向单列布置，在圈栏一侧设置躺卧区，只设一个沿猪舍长轴方向的纵向通道，有利于猪三点定性习性的养成。猪舍跨度超过 11m 时，圈栏宜双列布置。

b. 设置猪厕所。猪只具有定点排泄习性，可在圈栏内划定排粪区域，并在该地面铺设漏缝地板，下设舍内粪沟，便于清粪和减少冲洗水量。

c. 猪舍地面应硬化。地面影响粪沟处倾斜 1%～3%，便于冲刷。

③清粪系统。

a. 舍内粪沟：沟底横截面呈 V 形，粪沟最低处设与粪沟等长的排水管道，管道上方设一定缝隙，管道末端与舍外污水管道相通，并沿污水流动方向设 0.5%～1% 的坡度。机械刮板清粪方向与污水流动方向相反（图 3-5、图 3-6）。

b. 舍外粪沟：设于厂区污道上，与猪舍内的粪沟末端相连，并低于设备粪沟末端 500mm 以上。舍外粪沟上方铺设盖板，末端或中间部位设置提粪井。

④清粪方式。舍内外粪沟安装机械刮板，将粪便进行收集到猪舍末端。刮板上配备排尿管的疏通板，防止粪便进入排尿管导致堵塞。

猪舍末端设集粪斗。单栋猪舍舍内粪沟末端的集粪斗位置固定，可配备机械提升装置或能通行小型运输车辆的大坡度斜坡通道运集粪便。多栋猪舍可采用移动式集粪斗，共用一套集粪斗系统。在提粪井处设置提粪机，将集粪斗运送到地面以上，再通过卸粪机转运

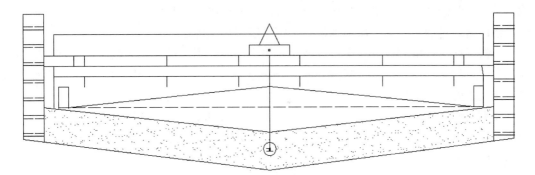

图 3-5 粪沟截面示意
（全国畜牧总站等，2017）

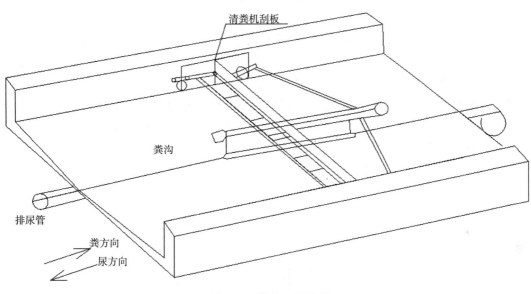

图 3-6 粪沟三视示意
（全国畜牧总站等，2017）

到运输车内。

⑤清粪制度。舍内每天清粪一次。贮粪池内粪便存留宜不超过 3d。

（2）奶牛场

①饲养模式。

a. 采用全舍内散栏饲养，取消运动场，避免运动场粪便与雨水混合，减少粪污产生量。对于现有设置运动场的养殖场，宜对露天运动场加顶覆盖，可采取固定式顶棚结构和移动式顶棚结构两种形式。

b. 采用移动式车辆或机械刮板，经专门清粪通道进行清粪。

c. 采用地下暗沟或排污管道对粪污进行传输。排污管道和粪沟应封闭，并防渗、防漏。如果排污管道过长或坡度过大，可设粪污中转池或增加泵。

②饮水系统。

饮水槽宜安装在牛舍清粪通道同方向的外侧墙上，以便于清粪、减少局部粪污堆积。

饮水系统日常清洗用水应单独收集，再经沉淀过滤后可重复利用。采用饮水槽的牛舍，应在水槽内增加过滤网。饮水器周围设置一定高度的止水围挡。

③挤奶厅与待挤厅。挤奶厅与待挤厅是奶牛场冲洗用水量较大的区域，应科学规划设计排水管道和路线，并按照"清污分流、分质处理、综合利用"的原则，对部分相对清洁的冲洗废水处理后重复回用。

a. 沿侧墙设置专门排污沟，并在沟的上方铺设格栅。待挤厅设计坡度 3%～5%，坡向待挤厅入口，待挤厅入口设粪污入口沟渠，沟渠上方加盖漏缝地板。挤奶厅挤奶坑道由中间向两侧走坡 1%～1.5%，坑道冲洗水通过坡度流入两侧排水沟，进入挤奶厅可回收水独立输出管道，流入收集池，待处理后二次回用。

b. 挤奶站台地面向侧墙排污沟方向设 1.5%～2.5%的坡度。该部分冲洗水可以采用回收处理水，冲洗后的粪水通过侧墙排污渠进入粪污收集管道。

c. 挤奶管道系统清洗废水（呈弱碱性）、挤奶坑道冲洗废水中不含粪便，水质相对清洁，经回收处理后二次回用。奶牛站台冲洗水由于涉及牛粪，经粪污收集沟渠进入粪污处理系统。

④固体牛粪再生垫料回用。选择奶牛卧床垫料时，应综合考虑与后端粪污处理工艺的衔接。舍内粪污经固液分离后的固体粪污或干清牛粪，采用好氧发酵的方式处理，最后经过进一步堆积/晾晒，使牛粪的含水率降低到50%左右，牛粪中大肠杆菌、链球菌、金黄色葡萄球菌等奶牛乳房炎致病菌得到有效控制，卫生学要求达到《畜禽粪便无害化处理技术规范》（GB/T 36195—2018）中相关规定后，即可用作牛床垫料（图 3 - 7）。

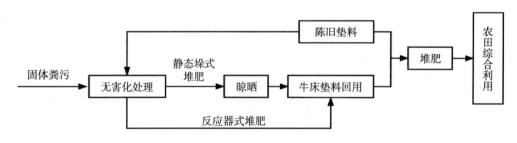

图 3 - 7　奶牛场粪污减排技术流程

牛床垫料回用工艺技术如下：

a. 采用反应器式堆肥工艺，一般发酵后可不再晾晒直接作为垫料使用。而采用其他静态垛式等好氧堆肥工艺，当发酵产物水分达不到要求，需进一步晾晒风干，当水分含量降低至45%～50%时，才可作为垫料使用。

b. 牛粪作为垫料回用于牛床，宜适当掺入一定比例的锯木屑等物料，铺设厚度15～20cm。牛床翻整、消毒周期宜为 3d。

c. 固体粪污作为牛床垫料回用次数一般不宜超过 3 次，可经堆肥处理后还田利用。

此外，牛床垫料的更换频率应控制在每周 1 次。对于原有卧床采用沙子垫料进行再生垫料系统改造时，应在集粪池前进行沉沙处理，避免粪便中的砂石颗粒造成固液分离系统的设备磨损、增加后期维护成本。

（3）鸡场

①饮水系统。选择密封性好的乳头式饮水器，并定期检修、维护和更换。供水系统的水压避免过高。饮水系统中建议增加酸性电解水制备设备，用于控制水中的细菌总数、抑制菌膜的生成、减少饮水系统反冲洗次数、减少污水产生量。

②养殖模式。鼓励采用网上栖架立体散养模式，配备机械喂料系统、自动集蛋系统、传送带集粪系统、自由饮水系统等设备。

3.3.3 粪污设计处理规模

（1）废水 畜禽行业排水量与季节、养殖工艺技术水平、管理水平以及畜禽养殖的用水量有直接的联系。以养猪为例，在排放的污水中，其中1/3来自于牲畜的排泄，其余的来自于猪舍的清洗；冬季冲洗水为夏季的1/3。

畜禽养殖废水处理工程的设计水量，环评阶段可参考 GB 18596—2001 中畜禽养殖业最高允许排水量设计，或参考相似工程或当地类似养殖场废水产生量综合确定。此外，可考虑全国各地水资源情况的差异性，结合各地方发布的《农业用水定额》中畜禽用水标准综合确定废水设计处理规模（表 3 – 16、表 3 – 17）。

表 3 – 16　集约化畜禽养殖业水冲工艺最高允许排水量

（摘自 GB 18596—2001）

种类	猪 [m³/（百头·d）]		鸡 [m³/（千只·d）]		牛 [m³/（百头·d）]	
季节	冬季	夏季	冬季	夏季	冬季	夏季
标准值	2.5	3.5	0.8	1.2	20	30

注：表中百头、千只均指存栏数。最高允许排放量按各季节的平均值计算。

表 3 – 17　集约化畜禽养殖业干清粪工艺最高允许排水量

（摘自 GB 18596—2001）

种类	猪 [m³/（百头·d）]		鸡 [m³/（千只·d）]		牛 [m³/（百头·d）]	
季节	冬季	夏季	冬季	夏季	冬季	夏季
标准值	1.2	1.8	0.5	0.7	17	20

注：表中百头、千只均指存栏数。最高允许排放量按各季节的平均值计算。

（2）畜禽粪便 畜禽养殖固体粪便的设计处理量，环评阶段没有实测数据的，宜根据相似工程经验或参考当地类似养殖场粪便产生量确定，也可参考表 3 – 18 确定。

表 3 – 18　单位畜禽粪便产生量

养殖种类	生猪	奶牛	肉牛	蛋鸡	肉鸡
粪便产生量 [kg/d·头（只）]	1.24	25.71	10.88	0.13	0.11

注：表中数据来自《排污许可证申请与核发技术规范　畜禽养殖行业》（HJ 1029—2019）。

3.3.4 处理工艺与要求

3.3.4.1 工艺选择原则

应结合畜种、所在地域、养殖规模等特点以及地方农业农村、生态环境主管部门制定的畜禽粪污综合利用目标等要求来选择合适的畜禽养殖粪污处理工艺，不断提高畜禽养殖粪污资源化利用水平，促进畜禽规模养殖项目"种养结合"绿色发展，实现环境保护与畜禽养殖业协调发展。

根据当地的自然地理环境条件以及排水去向等因素，因地制宜选择经济高效适用的处理利用模式，重点采取生产沼气、沼肥、肥水、堆肥、沤肥、商品有机肥、垫料、基质等资源化利用方式；在不能完全资源化利用时，考虑作为场内生产回冲用水、农田灌溉用水和达标排放等处理方式。

3.3.4.2 典型粪污处理模式

结合《畜禽粪污资源化利用行动方案（2017—2020 年）》等相关政策、规范，典型粪污处理模式及适用范围汇总如表 3-19。

表 3-19　典型粪污处理模式特点及适用范围一览表

模式	主要技术特点	优点	缺点	主要适用范围
污水肥料化利用	污水进行厌氧发酵或氧化塘无害化处理后，在农田施肥和灌溉期间，可肥水一体化施用	为农田提供有机肥水资源，降低了污水处理成本	要有一定容积的贮存设施，并配套一定的农田面积；需设置粪水输送管网或粪水运输车辆	周围配套有一定面积农田的规模猪场或奶牛场
粪便垫料回用	固液分离后的固体粪便经过高温快速发酵和杀菌处理后作为牛床垫料利用	充分利用奶牛粪便纤维素含量高、质地松软的特点，用牛粪替代沙子和土作为垫料，减少粪污处理成本	如果无害化处理不彻底，存在一定的生物安全风险	规模奶牛场
粪污全量收集还田利用	可依托专业化的粪污收集和利用企业，集中收集粪污并通过氧化塘贮存进行无害化处理，在作物收割后和播种前施用	建设成本与处理费用均较低，养分利用率高	粪污贮存周期一般不低于半年，贮存设施容积较大；施肥期较集中，需配套专业化的搅拌、施肥、农田施用管网等设施；粪污长距离运输费用高，宜在一定范围内施用	适用于猪场水泡粪工艺或奶牛场的自动刮粪回冲工艺，粪污的总固体含量小于 15%，并有与粪污养分量相配套的农田面积
粪污专业化能源利用	可依托大规模养殖场或第三方粪污处理企业，对一定区域内的粪污进行集中收集处理，产生沼气发电上网或提纯生物天然气，沼液通过农田利用或浓缩使用	粪污集中处理，相对于分散设施投资低；专业化运行，能源化利用效率高	一次性投资高；能源产品利用难度大；沼液产生量大、集中，处理成本较高	适用于大型规模养殖场或养殖密集区，具备沼气发电上网或生物天然气进入管网条件，宜地方政府配套政策予以支持

（续）

模式	主要技术 特点	优点	缺点	主要适用 范围
异位发酵床	粪污通过漏缝地板进入底层或转移到舍外，利用垫料和微生物菌进行发酵分解	饲养过程不产生污水，处理成本低	粪尿混合含水量高，发酵分解时间长，寒冷地区使用受限；高架发酵床猪舍建设成本较高	南方水网地区、周围农田受限的生猪养殖场。舍外发酵床适用于小型养殖场，高架发酵床适用于大中型的养殖场
污水达标排放	污水固液分离后进行厌氧、好氧深度处理	不需要建设大型污水贮存池，可减少粪污贮存设施的用地	污水处理成本高	养殖场周围没有配套农田的规模化猪场或奶牛场
动物蛋白转化	干清粪便与蚯蚓、蝇蛆及黑水虻等进行堆肥发酵。生产的有机肥用于农业种植，发酵后的蚯蚓、蝇蛆及黑水虻等动物蛋白用于制作饲料	改变了传统利用微生物进行粪便处理的理念，成本低，产品附加值高	堆肥过程中应重点关注可能对土壤地下水造成的污染，做好防渗；动物蛋白饲养条件要求高	远离城镇，养殖场有闲置地，周边有配套农田
固体粪便堆肥利用	以固体粪便为原料，经好氧堆肥无害化处理后，就地农田利用或生产有机肥	发酵温度高，发酵周期短；提高了粪便的附加值	易产生大量的异味，需要进行处理	规模化肉鸡、蛋鸡或羊场。猪场、牛场粪污经固液分离后也可采用

（1）污水肥料化利用模式　养殖场采用干清粪方式。污水经厌氧发酵或氧化塘储存、无害化处理后，在农田需肥和灌溉期间，将肥水与灌溉用水按照一定的比例混合，进行水肥一体化施用；固体粪便进行堆肥发酵就近肥料化利用或委托符合环保要求的第三方代为处理（图3-8）。

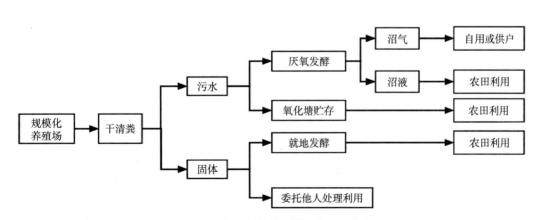

图3-8　污水肥料化利用模式典型工艺流程

（2）粪便垫料回用模式　奶牛粪污经固液分离后，固体粪便进行好氧发酵无害化处理后回用作为牛床垫料，污水贮存无害化后作为肥料进行农田利用（图3-9）。

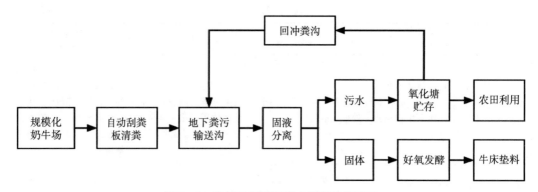

图 3-9　粪便垫料回用模式典型工艺流程

（3）基于全量收集的粪污贮存无害化还田利用模式　将养殖场的粪便、尿和污水集中收集，全部进入氧化塘（分为敞开式和覆膜式两类）贮存进行无害化处理后，在施肥季节进行农田利用（图 3-10）。

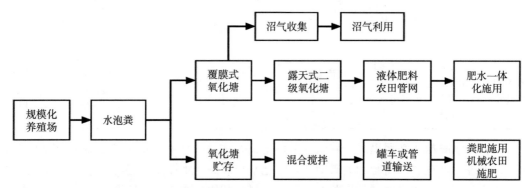

图 3-10　基于全量收集的粪污贮存无害化还田利用模式典型工艺流程

（4）专业化能源利用模式　集中收集规模化养殖场或周边小型养殖场（户）的畜禽粪污，以专业生产可再生能源为主要目的，建设沼气工程。粪污进行厌氧发酵，其产生的沼气发电上网或提纯生物天然气，沼渣生产有机肥农田利用，沼液农田利用或再经深度处理后达标排放（图 3-11）。

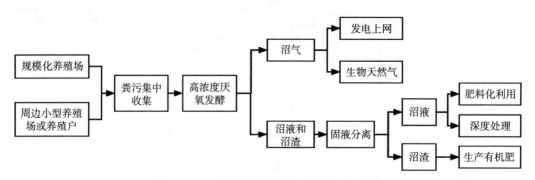

图 3-11　专业化能源利用模式典型工艺流程

（5）"异位发酵床"模式　异位发酵床在传统发酵床养殖基础上进行了改进，垫料不直接与生猪接触，猪舍不需冲洗。粪便和尿液通过漏缝地板进入下层垫料或转移到舍外铺设垫料的发酵槽（添加适量的菌剂）中，进行粪便尿液的发酵分解和无害化处理，最终发酵后的垫料达到一定腐熟程度可作为有机肥料进行农田利用（图3-12）。

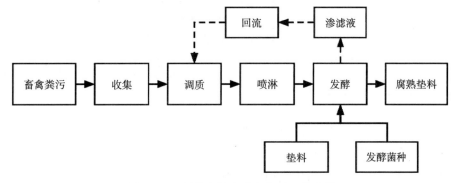

图3-12　异位生物发酵床典型工艺流程

（6）达标排放模式　养殖场采用干清粪方式。污水经厌氧发酵＋好氧处理等组合工艺进行深度处理，污水达到《畜禽养殖业污染物排放标准》（GB18596）或地方标准后排放；固体粪便进行堆肥发酵就近肥料化利用或委托符合环保要求的第三方代为处理（图3-13）。

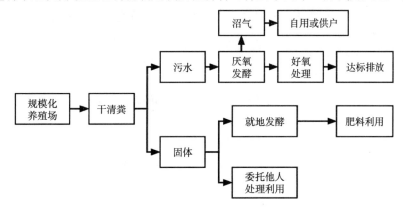

图3-13　达标排放模式典型工艺流程

（7）动物蛋白转化模式　通过蚯蚓、黑水虻等腐食性动物对畜禽粪便进行生物处理，增殖转化的蚯蚓、黑水虻等用作畜禽饲料中的动物蛋白原料，残余物质作为有机肥料进行还田利用（图3-14）。

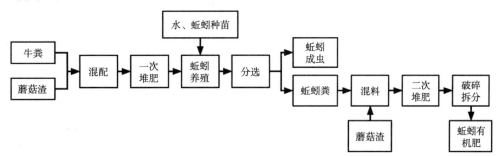

图3-14　动物蛋白转化模式典型工艺流程

（8）固体粪便堆肥利用模式 以养殖场的固体粪便为主，并辅助秸秆、稻壳等辅料，经好氧堆肥无害化处理后，就地农田利用或进一步生产有机肥（图 3-15）。

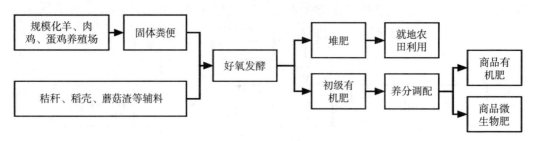

图 3-15 固体粪便堆肥利用模式典型工艺流程

3.3.4.3 粪污收集、贮存

（1）收集 畜禽养殖场宜采用干清粪、水泡粪、地面垫料、床（网）下垫料等清粪工艺，应逐步淘汰水冲粪工艺，控制清粪环节用水量。鼓励新建、改建、扩建的畜禽养殖场采用机械干清粪工艺，将粪便及时、单独清理，不与尿、污水混合排出，并做到日产日清。采用水泡粪法清粪的养殖场，可深坑贮存或浅坑贮存，最大限度降低用水量。

场区污水（含可能接触废弃物的径流雨水）应采用暗沟或管道输送，不得明沟布设；采取密闭措施，做好安全防护，输送管路要合理设置检查口，检查口应加盖且一般高于地面 5cm 以上，防止雨水倒灌。

（2）暂存

①污水暂存。养殖污水暂存池有效容积的设计，依据现行《畜禽养殖污水贮存设施设计要求》（GB/T 26624—2011），计算公式如下：

$$V = L_w + R_o + P \tag{3-2}$$

式（3-2）中，L_w 为养殖污水体积，m^3；R_o 为降雨体积，m^3，按 25 年来该设施每天能收集的最大雨水量（m^3/d）与平均降雨持续时间（d）计算；P 为预留体积，m^3，宜预留 0.9m 高的空间，预留体积按照设施的实际长、宽以及预留高度进行计算。

其中：L_w 计算公式为：

$$L_w = N \times Q \times D \tag{3-3}$$

式（3-3）中，N 为设计动物存栏数量，其中，猪和牛的单位为百头，鸡的单位为千只；Q 为畜禽养殖业每天最高允许排水量，猪和牛的单位为 $m^3/$（百头·d）；鸡的单位为 $m^3/$（千只·d），可参照 GB 18596—2001 第 3.1.2 条（详见 3.3.3 粪污设计处理规模）；D 为污水暂存时间，d，根据后续污水处理工艺及事故应急的要求综合确定。

②粪便暂存。固体粪便暂存池（场）容积的设计按照现行《畜禽粪便贮存设施设计要求》（GB/T 27622—2011）执行。贮存设施容积大小 S（m^3）按下式计算：

$$S = (N \times Q_w \times D) / \rho_M \tag{3-4}$$

式（3-4）中，N 为设计存栏动物单位的数量，每 1 000kg 活体重为 1 个动物单位；Q_w 为每动物单位的动物每日产生的粪便量，kg/d，其值参见表 3-20；D 为暂存时间，d，根据粪便后续处理工艺确定；ρ_M 为粪便密度，kg/m^3，其值参见表 3-20。

表3-20 每动物单位的日产粪便量及粪便密度

（王冲等，2023）

参数	单位	奶牛	肉牛	猪	绵羊	山羊	蛋鸡	肉鸡	鸭
日产生量	kg	86	58	84	40	41	64	85	110
粪便密度	kg/m³	990	1 000	990	1 000	1 000	970	1 000	1 075

注：表中数据来源于《畜禽粪便贮存设施设计要求》（GB/T 27622—2011）。

③其他要求。畜禽规模养殖场应及时对粪污进行收集、贮存，粪污暂存池（场）应满足"三防"要求。畜禽粪便贮存设施选址距离各类功能地表水体距离不得小于400m。

采取"种养结合"的养殖场，贮存期不得低于当地农作物生产用肥的最大间隔时间和冬季封冻期或雨季最长降雨期（加盖的贮存池可不考虑降雨影响）。

粪污贮存池应按照《工业建筑防腐蚀设计标准》（GB/T 50046）的规定采取相应的防腐蚀措施，避免污染地下水环境。

委托第三方对畜禽粪污代为综合利用和无害化处理的，可不自行建设综合利用和无害化处理设施，但应配套建设相应粪污暂存设施。

鼓励粪污暂存设施采取加盖等措施，减少恶臭气体排放和雨水进入。

3.3.4.4 典型处理工艺

（1）固液分离 固液分离是粪污重要的预处理工艺，包括絮凝分离和机械固液分离两类。

①絮凝剂分离：分为无机、有机高分子、微生物和复合絮凝剂4大类。该方式需引入药剂，其中微生物絮凝剂工艺复杂，其余絮凝剂本身存在一定毒性或其水解、降解产物有毒。

②机械固液分离：分为筛分、离心分离和压滤等类型。

筛分：分离性能取决于筛孔尺寸、粪水流量、固体含量、固体颗粒粒径分布等特性。设备成本低、运行费用低、结构简单、维修方便，但对固体物去除率低，筛孔易堵塞。

离心分离：分离效率与效果高于筛分。但设备昂贵、能耗大、维修困难，主要适用于大中型养殖场。

压滤：包括条带压滤和螺旋挤压技术。其中，条带压滤适用于大中型养殖场；螺旋挤压机主要用于小规模养殖场（表3-21）。

表3-21 各种固液分类设备性能对照

（董仁杰等，2017）

分离设备	适用的粪污总固体含量（%）	适宜养殖场规模（个）（以猪存栏数计）	分离后固体干物质含量（%）
固定筛	1.1～2.1	＞200	4.8～6.2
滚筒筛	1.2～2.2	＞2 000	8.8～11.9
振动筛	1.5～5.4	＞2 000	5.0～22.1
螺旋挤压机	5.7～7.1	＞200	15.3～29.2

（续）

分离设备	适用的粪污总固体含量（%）	适宜养殖场规模（个）（以猪存栏数计）	分离后固体干物质含量（%）
条带压滤机	7.1～10.4	>2 000	21.9～32.3
沉淀式离心机	1.7～5.4	>2 000	27.3～35.4

(2) 堆肥 固体粪便堆肥主要包括条垛式、槽式、发酵仓、强制通风静态垛等好氧工艺。

①选址要求。畜禽粪便堆肥场选址应避让依法划定的畜禽养殖禁养区。

此外，根据《畜禽粪便无害化处理技术规范》（GB/T 36195—2018）、《畜禽粪便堆肥技术规范》（NY/T 3442—2019）等相关要求，还宜符合以下要求：选址在禁建区域附近时，应位于常年主导风向的下风向或侧下风向处，且场界与禁建区域边界的最小距离不应小于 3km；集中式堆肥场地与畜禽养殖区的最小距离应大于 2km；堆肥场地应距离各类功能地表水体 400m 以上。

②堆肥工艺。常用堆肥工艺技术特点及其优缺点如表 3-22。

表 3-22 常用堆肥工艺技术特点及其优缺点

（彭英霞等，2015）

堆肥工艺	技术特点	优点	缺点	适用范围
自然堆肥	将粪便拌均摊晒，在自然条件下干燥，并在好氧菌的作用下进行发酵腐熟	投资小、易操作、成本低	处理规模较小、占地面积大、干燥时间长，且产生臭味、渗滤液等次生污染物	有占地条件的小型养殖场
条垛式主动供氧堆肥	将混合堆肥物料呈条垛式堆放，通过人工或机械设备对物料进行不定期的翻堆，通过翻堆实现供氧。可在垛底设置穿孔通风管，利用鼓风机进行强制通风提高发酵效率	成本低	占地面积较大，处理时间长，易受天气的影响，且产生臭味、渗滤液等次生污染物	中小型养殖场
机械翻堆堆肥	利用搅拌机或人工翻堆机对肥堆进行通风排湿，利用好氧菌进行发酵，使堆肥物料迅速分解，减少臭气产生	操作简单，生产场所环境较好	一次性投资较大，能耗高，运行费用较高	大中型养殖场
转筒式堆肥	在一定旋转速度下，物料不断滚动、形成好氧环境来进行堆肥	自动化程度较高，生产场所环境较好	一次性投资较大，能耗较高，运行费用较高	中小型养殖场

粪便堆肥工艺流程如图 3-16。

一般畜禽粪污或经过固液分离后的固体含水率较高，不能满足粪污堆肥所需含水率要求，需混合一定量的秸秆、木屑、蘑菇渣等物料，并添加"有机肥发酵菌剂"，以缩短发酵周期。

根据《畜禽粪便堆肥技术规范》（NY/T 3442—2019）、《规模畜禽养殖场污染防治最佳可行技术指南（试行）》（HJ-BAT-10），粪污堆肥主要技术参数如表 3-23。

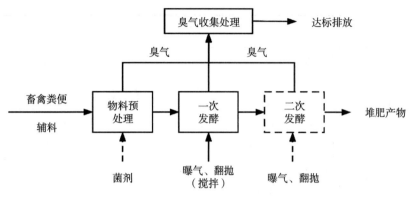

——表示必需步骤　- - -表示可选步骤

图 3-16　畜禽粪便堆肥工艺流程

表 3-23　粪污堆肥主要技术参数

技术指标	最佳可行技术参数
物料预处理后有机物含量	20%～60%
物料预处理后含水率	40%～65%
物料预处理后粒径	不大于 5cm
腐熟剂接种质量占比	0.1%～0.2%
发酵温度	55～70℃
发酵时间	≥15d（条垛式）、≥7d（槽式）、≥5d（反应器）
物料预处理后碳氮比	(20～40)：1
物料预处理后 pH	5.5～9.0
一次发酵	10～30d
翻堆频率	条垛式、槽式宜为每天 1 次；反应器堆肥宜采取间歇搅拌 （如开 30min 停 30min）
堆体内部氧气浓度	不宜小于 5%
曝气量	每立方米物料 0.05～0.2m³/min

堆肥产物作为商品有机肥或栽培基质时，应进行二次发酵，堆体温度接近环境温度时终止发酵过程。

③堆肥产物质量要求。根据《畜禽粪便堆肥技术规范》（NY/T 3442—2019），堆肥产物质量要求如表 3-24。

表 3-24　堆肥产物质量要求

项目	指标
有机质含量（以干基计）（%）	≥30
水分含量（%）	≤45
种子发芽指数（GI）（%）	≥70

（续）

项目	指标
蛔虫卵死亡率（%）	≥95
粪大肠菌群数（个/g）	≤100
总砷（As）（以干基计）（mg/kg）	≤15
总汞（Hg）（以干基计）（mg/kg）	≤2
总铅（Pb）（以干基计）（mg/kg）	≤50
总镉（Cd）（以干基计）（mg/kg）	≤3
总铬（Cr）（以干基计）（mg/kg）	≤150

堆肥发酵结束时，堆肥产物主要控制指标为：碳氮比（C/N）不大于20∶1、耗氧速率趋于稳定、腐熟度应大于等于Ⅳ级，并符合 GB 7959 无害化要求。

发酵完毕后应进行再干燥、破碎、造粒、过筛、包装至成品等后处理，以符合堆肥制品产品质量要求，如生产商品化有机肥和复混肥，应分别满足 NY 525 和 GB 18877 的有关要求。

④其他要求。堆肥产物满足《畜禽粪便无害化处理技术规范》（GB/T 36195—2018）及《畜禽粪便还田技术规范》（GB/T 25246—2010）的无害化要求后才能农田利用。用作商品肥料的，应同时符合《肥料中有毒有害物质的限量要求》（GB 38400—2019）。

猪场堆肥设施发酵容积可根据堆肥设施的设计发酵周期、粪便产生量及清粪比例实际产生情况进行折算。堆肥场宜设有容纳不小于 6 个月堆肥产量的贮存设施。

堆肥场地应采取地面硬化、防渗漏、防径流和雨污分流等措施。堆肥场产生的滤液以及露天发酵场集中收集处理的雨水，可部分回喷至混合物料堆体，补充发酵过程中的水分要求，其余回流到污水处理装置。

堆肥场原料存放区应防雨、防水、防火。畜禽粪便等主要原料存放时间不宜超过 1d。堆肥成品储存区应干燥、通风、防晒、防破裂、防雨淋。

（3）液体厌氧发酵

①反应器类型。液体厌氧发酵包括全混式厌氧反应器 CSTR、厌氧接触工艺 AC、上流式厌氧污泥床反应器 UASB、升流式厌氧复合床 UBF、升流式厌氧固体反应器 USR、推流式厌氧反应器 PFR、内循环厌氧反应器 IC、厌氧颗粒污泥膨胀床反应器 EGSB 等。部分常用液体厌氧发酵方式的适用范围见表 3-25。

表 3-25　常用液体厌氧发酵方式技术特点及适用范围

类型	技术特点	适用范围	备注
CSTR	消化器内物料均匀分布，可处理 SS 浓度高的发酵原料；处理能力大，产气效率较高，便于管理	适于大型和超大型沼气工程	宜下部进料、上部出料
UASB	污泥浓度高，有机负荷大，水力停留时间长，无需混合搅拌设备。但进水中悬浮物需要适当控制，不宜过高，一般在 1.5g/L 以下；对水质和负荷变化较敏感，耐冲击力稍差	适于大中型养殖场污水达标排放处理的预处理	沼气先进入水封装置，再进行净化

（续）

类型	技术特点	适用范围	备注
UBF	可处理 SS 浓度小于 1.5g/L 的中浓度废水类发酵原料，处理效率高，处理量大，运行费用低，能自动连续运行	适于较高浓度的有机污水处理	
USR	可处理固体含量（TS）4%～6% 的发酵原料，处理效率较高	适于中、小型沼气工程	管理简单，运行成本低
PFR	非完全混合式反应器，不需设置推流器	适于高 SS 废水的处理	

以下分别介绍目前应用较广泛的 3 种厌氧反应器：

a. 全混式厌氧反应器（CSTR）。一般单体反应器容积 1 000～4 000m³，常采用钢混结构或搪瓷钢板结构，并需进行机械搅拌（图 3-17）。

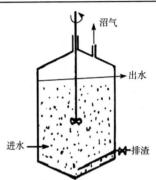

图 3-17　全混式厌氧反应器（CSTR）结构示意

为了维持厌氧发酵所需的中温或高温条件，反应器中通常设固定热源进行加热。加热方式有两种：在反应器内设换热器加热；对进料的原料进行加热后再泵入发酵罐。大型沼气工程一般采用反应器加热方式。反应器热源可以由沼气热电联产余热、沼气锅炉等提供（表 3-26）。

表 3-26　发酵温度对应最短停留时间

发酵温度（℃）	最短停留时间（d）
＜20	70～80
30～42	30～40
43～55	15～20

b. 上流式厌氧污泥床反应器（UASB）。上流式厌氧污泥床反应器是废水自下而上经过膨胀的颗粒状污泥床。三相分离器是厌氧消化器的核心设备，用于气液分离、固液分离和污泥回流。气体通过三相分离器分流后排出反应器，固体和液体则被阻止冲出而经回流缝回流，使固体滞留期（SRT）大于水力停留期（HRT），适用于处理 SS 含量较低的有机废水。

该工艺负荷率高、稳定性好、出水 SS 含量低。但是，投资较大、三相分离器结构较为复杂、进水要求低 SS 含量、运行专业性较高（图 3-18）。

c. 推流式厌氧反应器（PFR）。推流式厌氧反应器也称为塞流式反应器。池顶采用水泥盖板密封或覆膜形式。可利用沼气循环对料液进行局部搅拌。反应器前端水解酸化作用较强，后端主要产甲烷（图 3-19）。

常用膜材料主要有聚氯乙烯 PVC、聚氨酯 TPU、高密度聚乙烯 HDPE（俗称"黑膜"）等。

②相关要求。

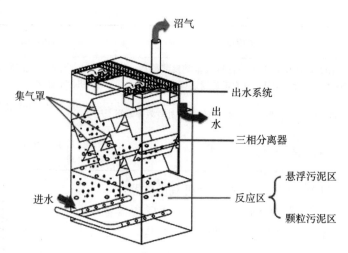

图 3-18 上流式厌氧污泥床反应器（UASB）结构示意

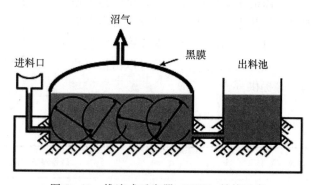

图 3-19 推流式反应器（PFR）结构示意

a. 粪尿全进厌氧反应器时：宜选用全混合厌氧反应器（CSTR）、升流式固体反应器（USR）和推流式反应器（PFR）。中温条件下，当总固体含量（TS%）＜3%时，厌氧反应器的水力停留时间（HRT）不宜小于5d；总固体含量（TS%）≥3%时，HRT不宜小于8d。

b. 对于进水经过固液分离的厌氧反应器时：宜采用升流式厌氧污泥床（UASB），也可采用复合厌氧反应器（UBF）、厌氧过滤器（AF）、折流式厌氧反应器（ABR）等。反应器的水力停留时间（HRT）宜不小于5d。

（4）沼气工程

①发酵原料。沼气发酵原料应满足以下条件：化学需氧量（COD）宜大于3 000mg/L，或者总固体（TS）含量宜大于0.4%；碳氮比（C/N）宜为（20～30）：1；BOD_5/COD比值应大于0.3；pH宜为5.0～8.0。

此外，还应对重金属、盐分、杀虫剂、抗生素等沼气发酵抑制物的浓度进行控制。相关研究表明，当外源Cu和Cr含量超过0.2mg/L时开始抑制总产气量和产甲烷量，当Zn含量超过0.6mg/L时也会抑制产气（李铁等，2015）；高浓度的无机盐会抑制微生物的生长；抗生素能直接杀灭某些微生物或抑制其生长，如金霉素、土霉素对厌氧发酵均有抑制作用，其产生抑制的临界浓度值分别为 0.1mg/L 和 0.3mg/L，当二者联合作用时，抑制效应更强（伍高燕，2020）。

畜禽粪便发酵原料特性指标可参考表 3－27、表 3－28。

表 3－27　畜禽粪便发酵原料特性指标参考数据

原料种类	总固体（TS）含量（%）	挥发性固体比例（%）	C:N
猪粪	20～25	77～84	13～15
鸡粪	29～31	80～82	9～11
奶牛粪	16～18	70～75	17～26
肉牛粪	17～20	79～83	18～28
羊粪	30～32	66～70	26～30
鸭粪	16～18	80～82	9～15
兔粪	30～37	66～70	14～20

注：表中数据来源于《沼气工程技术规范：工程设计》（NY/T 1220.1—2019）。

表 3－28　不同沼气发酵原料的产沼气量

原料种类	猪粪	鸡粪	奶牛粪
产沼气量（m³/kg）	0.30～0.35	0.32～0.40	0.17～0.27

注：表中数据来源于《沼气工程技术规范：工程设计》（NY/T 1220.1—2019）。

②工艺流程。对于中浓度中固体（TS 0.5%～6%、COD 3～35g/L、SS 1～30g/L）的畜禽粪便污水，可采取中温或常温发酵方式，其中中温（28～38℃）发酵宜采用完全混合式厌氧反应器（CSTR）或升流式厌氧固体反应器（USR），常温（15～28℃）发酵宜采用厌氧接触工艺（AC）、升流式厌氧复合床（UBF）等。具体工艺可参见图 3－20。

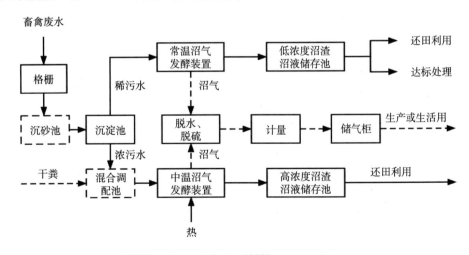

图 3－20　中浓度中固体的养殖废水沼气工程工艺流程

对于高浓度高固体（TS 6%～12%、SS 35～100g/L）的畜禽粪便污水沼气工程，宜选用完全混合式厌氧反应器（CSTR），具体工艺可参见图 3-21。

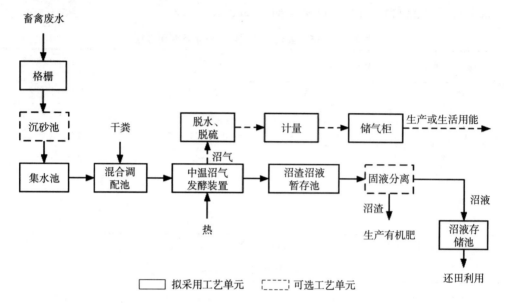

图 3-21　高浓度高固体的养殖废水沼气工程工艺流程

中温和常温发酵厌氧消化器主要设计参数如表 3-29、表 3-30。

表 3-29　中温厌氧发酵主要设计参数

序号	项目	量纲	USR	CSTR	PFR
1	温度	℃		35 左右	
2	水利滞留期	d	8～15	10～20	15～20
3	TS 浓度	%	3～5	3～6	7～10
4	COD_{Cr} 去除率	%	60～80	55～75	50～70
5	COD_{Cr} 负荷	kg/（m^3・d）	5～10	3～8	2～5
6	投配率	%	7～12	5～10	5～7

表 3-30　常温厌氧发酵主要设计参数

序号	项目	量纲	参数	参数
1	温度	℃	25	15
2	水力滞留期	d	1.5～3	2～4
3	COD_{Cr} 负荷	kg/（m^3・d）	3～5	1～2
4	TS 浓度	%	<1	<1
5	COD_{Cr} 去除率	%	70～85	70～85

理论上，每去除 1kg COD_{Cr} 可产 0.35m^3 沼气。各典型沼气发酵装置容积产气率参考值如表 3-31、表 3-32、表 3-33。

表 3-31 35℃条件下 CSTR 处理不同发酵原料的容积产气率

发酵原料	猪场粪污	鸡场粪污	牛场粪污
容积产气率 [m³/ (m³·d)]	1.00~1.20	1.10~1.30	0.80~1.00

表 3-32 20℃条件下 AC 处理不同发酵原料的容积产气率

发酵原料	猪场废水	鸡场废水	牛场废水
容积产气率 [m³/ (m³·d)]	0.50~0.70	0.60~0.80	0.40~0.60

表 3-33 35℃条件下 USR 容积产气率

污泥类型	絮状污泥	颗粒污泥
容积产气率 [m³/ (m³·d)]	1.5~3.0	2.0~3.5

注：原料 COD 浓度越大，产气率越高。

为满足检修等需要，沼气发酵装置的个数宜不小于 2 个，可串联或并联布置。沼气发酵装置有效容积可采用沼气产量与容积产气率进行核算。容积产气率与发酵温度有关，折算公式如下：

$$r_{p(T)} = r_{p(20)} \theta^{(T-20)} \tag{3-5}$$

式（3-5）中，r_p 为容积产气率，$Nm^3/ (m^3 \cdot d)$；$r_{p(T)}$、$r_{p(20)}$ 分别为 $T℃$、20℃时的容积产气率；θ 为温度影响系数，根据试验确定，在没有试验数据的情况下，T 为 20~35℃时，θ 取 1.02~1.04；T 为 15~20℃时，θ 取 1.20~1.40。

示例：存栏生猪 5 000 头养殖场，按猪粪 30% 进行沼气发酵，并在 35℃ 条件下选用完全混合式厌氧反应器，则所需沼气发酵装置有效容积为：

$V = q/r_p = 5\,000$ 头 $\times 1.6kg/$ （头·d） $\times 30\% \times 0.32m^3/kg \div 1.1m^3/ (m^3 \cdot d) = 698m^3$

因此，宜设置两套有效容积不小于 350m³ 的 CSTR 反应罐。

③其他要求。对于采用管道将粪便和污水统一汇至沼气站的，应在发酵装置前设置固液分离装置，其中固体分离物进行堆肥发酵，液体分离物进行液体发酵。

为保证沼气工程产气效果，当液体发酵原料温度低于 20℃ 时，应对其进行预加热，并对发酵装置设保温措施。

由于沼气易燃，且沼气中硫化氢属于有毒物质，因此，应在易发生沼气泄漏的进料间、净化间、锅炉房、发电机房等建（构）筑物内，设置可燃及有毒气体报警装置、事故排风机，并应符合 GBZ/T 223 的规定。

特大型沼气工程及沼气不能充分利用时，宜设置火焰燃烧器，并配套阻火器、自动点火、火焰检测及报警装置。

（5）沼液贮存 鉴于农田对沼液消纳利用的季节性，沼液须配套贮存设施。沼液储存过程中，会发生二次发酵，敞开贮存池会导致氮素流失，并造成一定的氨气挥发。因此，沼液宜加盖密闭贮存，并设气体收集装置。如德国、丹麦、奥地利等欧洲国家鼓励对沼液储存塘设覆盖设施，并给予一定补贴（图 3-22）。

布局：包括养殖场区内贮存和田间贮存两种方式。其中场区贮存宜设在养殖场主导风

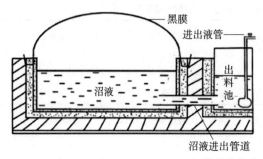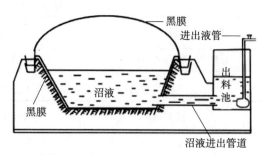

图 3 - 22 沼液贮存塘
(董仁杰，2017)

向的下风向或侧风向，紧邻沼气工程。应与养殖区设一定的防护距离。

容积：应根据沼液的产生量、储存时间、利用方式、利用周期、当地降水量与蒸发量等综合确定，应不小于一个沼气发酵罐的容积，且储存时间不得低于当地农作物生产用肥最大间隔期和冬季封冻期或雨季最长降水期，可参照《畜禽养殖污水贮存设施设计要求》（GB/T 26624—2011）进行核算。对于封闭式储存池，可不考虑降雨影响。此外，沼液池应高于地面 20cm 以上，避免雨水直接排入。

（6）沼液利用

①沼液利用方式。沼液资源化利用方式主要包括沼气工程回流利用、田间直接利用、高值化利用、营养元素回收利用。

a. 沼液回流。沼液回流用于沼气工程的混合调配池，起到调节原料或调整混合液的固体含量的作用，以满足后续厌氧发酵装置的适宜工艺需要。该技术可节约沼气工程用水量，减少了大量沼液所需的储存或处理要求，但是不宜长时间的沼液回流。对于以畜禽粪便为原料、采用 CSTR 厌氧消化工艺的沼气工程，一般应控制沼液回流比在 50% 以内。

b. 沼液直接利用。沼液经贮存、沉淀、消毒（臭氧或紫外）、稀释等环节后，可直接施用于蔬菜、果木、花卉、大田作物种植。施用前应对沼液病原菌及种子发芽率等参数进行检测，并满足《沼肥施用技术规范》（NY/T 2065—2011）等相关要求。

沼液能够以基肥或追肥形式还田施用，一般基肥采用灌溉，追肥采用喷施、灌溉、滴灌方式。如沼液在进行叶面喷施追肥时，应根据气温及作物生长期稀释 1～5 倍后施用；沼液经沉淀/过滤后，可根据各类蔬菜的营养需求，以 1：（4～8）的比例吸收后用作无土栽培营养液。

c. 沼液高值化利用。沼液高值化利用方式包括浓缩制肥、调质制肥等方式。

浓缩制肥：利用微滤膜、纳滤膜、反渗透膜等处理，并添加一定生物菌剂后进行浓缩，以便于运输、提高养分含量。浓缩倍数一般为 3～20 倍。

调质制肥：添加适量的无机成分、增效剂或催化剂，满足《大量元素水溶肥料》（NY/T 1107—2020）、《微量元素水溶肥料》（NY 1428—2010）、《含腐植酸水溶肥料》（NY 1106—2010）、《含氨基酸水溶肥料》（NY 1429—2010）等不同肥料的需求。

d. 沼液营养元素回收。沼液中的营养元素主要为氮和磷，可采用吹脱法回收氮、鸟粪石结晶法回收磷。

②沼液质量与检测要求。农用沼液产品分为浓缩沼液肥料和非浓缩沼液肥料。浓缩沼液肥料使用时应稀释至非浓缩沼液肥料，按非浓缩沼液肥料的分类施用；非浓缩沼液肥料按使用功能分为三类：Ⅰ类主要适用于粮油、蔬菜等食用类草本作物；Ⅱ类主要适用于果树、茶树等食用类木本作物；Ⅲ类主要适用于棉麻、园林绿化等非食用类作物。农用沼液产品质量要求如表3-34。

表3-34 农用沼液的质量要求与检测方法

控制指标		非浓缩沼液肥料			浓缩沼液肥料
		Ⅰ类	Ⅱ类	Ⅲ类	
酸碱度（pH）		5.5～8.5			
水不溶物（g/L）		≤50			
蛔虫卵死亡率（%）		≥95			
臭气排放浓度（无量纲）		≤70			
总养分（N+P_2O_5+K_2O）（g/L）		—			≥8
有机质（g/L）		—			≥18
腐植酸（g/L）		—	—	—	≥3
粪大肠菌值	中温、常温厌氧发酵	≥10^{-4}			
	高温厌氧发酵	≥10^{-2}			
总砷（以As计）（mg/L）		≤0.3	≤0.4	≤10	≤10
总铬（以六价Cr计）（mg/L）		≤1.3	≤1.9	≤50	≤50
总镉（以Cd计）（mg/L）		≤0.04	≤0.06	≤3.0	≤3.0
总铅（以Pb计）（mg/L）		≤1.2	≤1.6	≤50	≤50
总汞（以Hg计）（mg/L）		≤0.4	≤0.5	≤5.0	≤5.0
总盐浓度（以EC值计）（mS/cm）	叶面施用	≤1.0	≤1.5	≤1.5	—
	土壤施用	≤1.5	≤2.0	≤3.0	—

注：表中数据来源于《农用沼液》（GB/T 40750—2021）。

沼液农田施用应综合考虑农田对沼液中氮、磷、重金属、抗生素等的承载力，实现氮、磷的基准平衡和重金属、抗生素的风险可控。因此，沼液施用前须对相关成分含量、理化指标和卫生学指标进行定量检测。畜禽养殖周期不足1年的，从集约化畜禽养殖场开始饲养同一种类畜禽至养殖结束为一批次，每批次检验一次。畜禽养殖周期1年以上的，每年应进行一次检验。

③包装与标志。

a. 包装材料：不与沼液发生物理或化学作用而改变产品特性，保证沼液在正常的贮存、运输中不破损、不泄漏。

b. 包装方式：可采用罐装、桶装、瓶装。产品外运时应附纸质产品说明书，并标注其相应的稀释比例。

c. 标志图形：农用沼液同时具有危害水环境和健康等危险特性，应按照GB/T 24774—2009有关规定，在醒目位置张贴水环境危害和人体健康危害特性的象形图标志。

d. 标志内容：应符合 GB 13690—2009 的规定，就预防事故发生的措施、发生泄漏处理的措施、出现接触时处理的措施列出具体说明。

e. 标志的使用：标志应用于沼液储存池、灌溉机房等工作场所和运输过程使用的运载工具。

④运输。沼液输送时，输送设备应采用防腐蚀材料；管网应具有防管道堵塞和爆裂的功能；沼液储运罐应牢固、严密；车辆应在露天停放，不应靠近明火、高温。

⑤其他要求。农田利用的沼液中镉、汞、砷、铅、铬等物质含量应达到《畜禽粪便无害化处理技术规范》（GB/T 36195—2018）及《畜禽粪便还田技术规范》（GB/T 25246—2010）等无害化要求。用作商品肥料的，还应满足《肥料中有毒有害物质的限量要求》（GB 38400—2019）的要求。

(7) 沼气利用　沼气中成分复杂，以甲烷、二氧化碳为主，应进行资源化利用，不得直接向环境排放。但利用前沼气应经过净化处理。

发酵产生的沼气的主要成分及含量如表 3-35。

表 3-35　沼气主要成分及含量

物种名称	体积含量（%）
甲烷	50～75
二氧化碳	20～45
水蒸气	1（20℃）～7（40℃）
氧气	<2
氮气	<2
氨气	<1
氢气	<1
硫化氢	<1

①沼气净化。沼气净化主要是去除沼气中的水分和硫化氢。经过净化系统后的沼气，甲烷含量应在 55% 以上，硫化氢含量小于 $20mg/m^3$。

常用畜禽发酵原料生产的沼气中硫化氢含量见表 3-36。

表 3-36　常用畜禽发酵原料生产的沼气中硫化氢含量

常用原料	猪场粪水、牛场粪水	鸡粪废水
沼气中硫化氢含量（g/m^3）	0.5～3.2	2～6

注：表中数据来源于《沼气工程技术规范第 1 部分：工程设计》（NY/T 1220.1—2019）附录 B。

a. 沼气脱水。脱水方式主要有冷凝法、吸附法、吸收法。目前应用较广泛的是冷凝法，其利用压力变化引起温度变化，使水蒸气冷凝。

b. 沼气脱硫。脱硫方式主要包括干法、湿法、物理和生物脱硫。常用的是氧化铁脱硫法，其最佳反应温度 25～50℃，脱硫效率高、投资低、操作简单，但对水敏感、脱硫成本较高，再生放热时，床层有燃烧风险。

几种脱硫工艺经济技术比较见表 3-37。

表 3-37 沼气脱硫工艺经济技术对比

脱硫方式	氧化铁法脱硫	湿法脱硫	活性炭吸附法	生物脱硫
设备投资	中等	大	大	中等
占地面积	大	中等	中等	中等
吸收剂成本	低	中等	高	大规模使用时成本低
是否需要解析剂	需要	需要	需要且较难	需要且较难
再生成本	较高	高	高	高且较难
剩余物处理成本	较高	高	高	较高
脱硫效率（%）	90~99	80~90	96~99	95~99
运行管理	无需人员值守	需要专人值守和定期保养	无需人员值守	过程不易控制，条件要求苛刻

沼气中硫化氢含量小于 2g/m³ 时，宜采用一级脱硫法；硫化氢含量 2~5g/m³ 时，宜采用二级脱硫法。脱硫装置宜设置 2 套，一用一备。

氧化铁脱硫剂使用一段时间后，处理效率会下降。为了保证脱硫效率，需要进行更换，产生废脱硫剂。废脱硫剂产生量与脱硫剂的装填量、更换时间、吸附硫化氢的量有关。更换时间与脱硫剂的活性、装填量、硫化氢含量、沼气量有关。氧化铁脱硫剂的需用量不应小于下式的理论计算值。

$$V = \left(1\,637\sqrt{C_s}\,\right) / \left(f \cdot \rho\right) \tag{3-6}$$

式（3-6）中，V 为每小时 1 000m³ 沼气所需脱硫剂的容积，m³；C 为沼气中硫化氢含量（体积分数）；f 为新装填脱硫剂中活性氧化铁含量，一般 15%~18%；ρ 为新装填脱硫剂的密度，10^3kg/m³。

②沼气储存。沼气储存柜分为低压湿式、低压干式和高压干式 3 种类型。低压储气宜采用湿式储气柜（设水封池），寒冷地区或储气量大时宜采用膜式气柜。

储气装置容积应满足用气均衡。沼气用于发电，且发电机组连续运行时，储气装置容积宜按发电机日用气量的 10%~30% 核算；发电机组间断运行时，储气装置容积应大于间断发电时间的用气量。储气装置单体容积，应考虑储气装置检修期间供气系统的调度平衡。

各储气柜优缺点及其适用性见表 3-38。

表 3-38 各储气柜特性一览表

类型	优点	缺点	适用性
低压湿式储气柜（0~5kPa）	技术成熟、运行可靠、管理方便	造价高，易腐蚀，冬季可能结冰	供气距离较长、寒冷季节不结冰的情况
低压干式储气柜（0~5kPa）	占地面积相对小，基础投资不高	压力低，耗电高	供气距离较短的情况

（续）

类型	优点	缺点	适用性
高压干式储气柜 （0～0.8MPa）	占地面积小，压力大，可实现远距离输气，输气过程无需保温，管网建造成本低	工艺复杂、施工要求高、需定期维护	供气距离长的情况

③沼气发电及余热利用。发电用沼气低热值不低于 14MJ/Nm³，温度 0～50℃，其成分要求见表 3-39。

表 3-39　沼气成分

沼气中甲烷体积含量（％）	硫化氢（mg/Nm³）	氯氟化物（mg/Nm³）	氨（mg/Nm³）	粉尘	水
40～50	≤200	≤100	≤20	粒度≤5μm，含量≤30mg/Nm³	无液体成分，湿度≤80％
50～60	≤250	≤125	≤25		
≥60	≤300	≤150	≤30		

注：表中数据来自于《中大功率沼气发电机组》（GB/T 29488—2013）。

沼气发电机组一般采用单机功率较小的往复式燃气内燃机组发电技术，通过沼气在气缸内燃烧，带动活塞运动，产生动力，再带动发电机运转发电，主要设备包括燃气内燃机、发电机和热回收装置。

一般沼气中 30％～40％可利用的能量转化为电能，1Nm³ 沼气发电 1.5～2.0kW·h；40％～50％可利用的能量以热能形式回收。

(8) 沼气提纯　厌氧发酵产生的沼气经过提纯后，可制成甲烷浓度 90％以上的生物天然气，属于清洁的高品质能源。各种沼气提纯技术的关键参数见表 3-40。

表 3-40　各种沼气提纯工艺关键参数一览表
（赵立欣等，2017）

提纯技术种类	变压吸附	加压水洗	有机溶剂物理吸收	有机溶剂化学吸收	膜分离	低温提纯
每立方米沼气耗电量（kW·h）	0.16～0.35	0.20～0.30	0.23～0.33	0.06～0.17	0.18～0.35	0.18～0.25
每立方米沼气耗热量（kW·h）	0	0	0.10～0.15	0.4～0.8	0	0
反应器温度（℃）	—	—	40～80	106～160	—	—
操作压力（MPa）	0.1～1	0.4～1	0.4～0.8	0.005～0.4	0.7～2	1～2.5
甲烷回收率（％）	90～98.5	98～99.5	96～99	约99.9	85～99	98～99.9
废气处理要求（甲烷损失>1％）	是	是	是	否	是	是
精脱硫要求	否	否	否	是	推荐	是
用水要求	否	是	否	是	否	否
用化学试剂要求	否	否	是	是	否	否

(9) 沼渣利用

①利用方式。沼渣可作为底肥、追肥等直接施用，或与农作物秸秆、木屑等废弃物混合后经好氧发酵处理生产有机肥，也可经调质后用作养殖垫料使用。

a. 沼渣直接施用。沼渣施用前，应对沼渣病原微生物数量及种子发芽率等参数进行检测。作基肥施用时，水分宜控制在60%以下，施用量根据作物的不同需求而定，一般每公顷施用 22 500～37 500kg。

施肥后应充分与土壤混合，并立即覆土，陈化一周后便可播种、栽插。沼渣还可与化肥配合使用。

b. 沼渣堆肥。沼渣一般经调质、堆肥、干燥、粉碎、筛分后制取有机肥，其中堆肥工艺分为条垛式、槽式、一体化反应器等。条垛式、槽式堆肥适用于沼渣产生量较大（20t/d 以上）的沼气工程，一体化反应器堆肥主要适用于沼渣产生量较小（5～20t/d）的沼气工程。

c. 沼渣垫料。腐熟度好的沼渣经固液分离和二次挤压脱水后，水分调节至50%以下，可直接用于养殖垫料。沼渣脱水方法包括离心分离、压滤等。

②沼渣肥质量要求。沼渣肥的质量要求如表 3-41。

表 3-41　沼渣肥的质量要求

项目	指标	推荐检测方法
水分（%）	≤30	GB/T 8576
酸碱度（pH）	5.5～8.5	NY/T 1973
粪大肠菌群数（个/g）	≤100	GB/T 19524.1
蛔虫卵死亡率（%）	≥95	GB/T 19524.2
种子发芽指数（GI）（%）	≥70	NY/T 525
总砷（以 As 计）（mg/kg）	≤15	NY/T 1978
总镉（以 Cd 计）（mg/kg）	≤3	NY/T 1978
总铅（以 Pb 计）（mg/kg）	≤50	NY/T 1978
总铬（以 Cr 计）（mg/kg）	≤150	NY/T 1978
总汞（以 Hg 计）（mg/kg）	≤2	NY/T 1978

注：表中数据来于《沼肥》（NY/T 2596—2022）。

对照现行《土壤环境质量　农用地土壤污染风险管控标准（试行）》（GB 15618—2018），沼渣肥中总镉的限量值要求（3mg/kg）要高于农用地土壤污染风险筛选值（0.3～0.8mg/kg，具体根据土壤 pH 不同执行相应限值），且超出了在 pH≤6.5 时的农用地土壤污染风险管制值。因此，宜进一步收严《沼肥》（NY/T 2596—2022）中对总镉含量限值要求，尤其对于施用范围内存在酸性土壤的情况，避免施用过程中带来土壤二次污染。建议根据作物类型（如是否为食用性、草本还是木本作物等）确定沼渣肥中相应重金属的适宜限量值。

③其他要求。沼气工程发酵产生的沼渣应及时堆制，充分腐熟，达到《畜禽粪便无害

化处理技术规范》（GB/T 36195—2018）及《畜禽粪便还田技术规范》（GB/T 25246—2010）等的无害化要求后才能被农田利用。用作商品肥料的，还应满足《肥料中有毒有害物质的限量要求》（GB 38400—2019）的要求。

（10）粪污全量收集还田利用 全量粪污通过氧化塘、沉淀池等进行无害化处理的，氧化塘、贮存池容积不小于单位畜禽日粪污产生量（m³）×贮存周期（d）×设计存栏量（头）。

对于通过自然贮存对畜禽液体粪污进行好氧、兼氧、厌氧发酵的敞口构筑物（如氧化塘等），应配套必要的输送、搅拌等设施设备，贮存周期一般需要达到 6 个月以上（徐鹏翔等，2020），并应满足防渗、防溢流要求。

对于通过自然贮存对畜禽液体粪污进行厌氧发酵的密闭构筑物处理液体粪污的，应采用加盖、覆膜等方式，同时配套必要的输送、搅拌、气体收集处理或燃烧火炬等设施设备。贮存周期依据当地气候条件与农林作物生产用肥最大间隔期确定，推荐贮存周期最少在 90d 以上。

上述贮存设施有效容积可以根据养殖场实际占地情况、当期气候条件、农作物生产用肥间隔期等综合确定，但均要确保充分发酵腐熟，处理后蛔虫卵、粪大肠杆菌、镉、汞、砷、铅、铬、铊和缩二脲等物质应满足无害化相关要求，用作商品肥料的还应满足《肥料中有毒有害物质的限量要求》（GB 38400—2019）的要求。鼓励有条件的畜禽养殖场建设两个以上贮存设施交替使用。

（11）异位发酵床处理 异位发酵床工艺主要适用于生猪、家禽全量粪污的处理，其与养殖舍在空间上隔离，分为舍外发酵床和舍内高架发酵床两种形式。所用发酵垫料是人为创造的一个适宜微生物生长繁殖的环境，主要由木屑、稻壳、秸秆等农业有机废弃物以一定比例组成。通过筛选优势菌种定期添加到发酵垫料、翻抛机定期翻动发酵垫料，使得发酵垫料、菌种、粪污水、空气混合均匀持续发酵产热，垫料中心层一般维持在 55～78℃ 的高温，菌种分解粪污水中的有机质转化为有机肥养分，多余水分通过翻抛机翻抛发酵垫料时蒸发，发酵过程异味相对较低。

①建构筑物。异位发酵涉及的建构筑物主要包括发酵间、集污池、调质池、发酵槽、回流池等。

发酵间宜为轻钢结构，屋檐高度不低于 4m，地面应做硬化防渗漏处理。内设调质池、发酵槽和回流池。其中，调质池宜设计在发酵车间的中央位置，走向与发酵槽相同。

发酵间平面布置示意见图 3-23。

调质池的设计容量应不小于畜禽粪污每日处理量的 1.5 倍。

发酵槽可分为多个槽，在污道一边设有出料口，安装闸板，配套轨道式翻堆机，并在一侧设粪污管道，用于喷洒粪污。发酵槽底部宜设置 5° 的坡度，沿翻抛方向设置数条污水沟，渗滤液通过污水沟及污水回流孔进入回流池。槽底部应做防渗漏处理。

②原料要求。

a. 畜禽粪污：通过调质后干物质含量不小于 5.0%。

b. 垫料：常用稻谷壳和锯末按体积比 1:1 的比例混匀后的混合物作为垫料，其中锯末垫料的吸水性好，对粪污的消纳能力更优，约为稻壳垫料的 2 倍。可使用秸秆、刨花、废菌棒、玉米芯等农林产品部分代替稻谷壳或锯末，代替量不超垫料总量的 20%。垫料

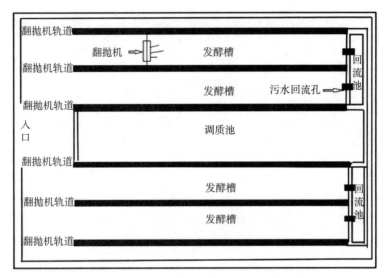

图 3-23　异位发酵发酵间平面布局示意
(摘自 DB33/T 2344—2021)

铺设厚度为 1.3～1.8m。

c. 发酵菌种：应安全、有效，生产者应提供菌种的分类鉴定报告，并符合《农用微生物菌剂》(GB 20287) 对农用微生物菌剂产品的无害化指标限量要求 (表 3-42)。

表 3-42　农用微生物菌剂产品的无害化技术指标

参数	限值
粪大肠菌群数 (个/g 或 个/ml)	≤100
蛔虫卵死亡率 (%)	≥95
砷及其化合物 (以 As 计) (mg/kg)	≤75
镉及其化合物 (以 Cd 计) (mg/kg)	≤10
铅及其化合物 (以 Pb 计) (mg/kg)	≤100
铬及其化合物 (以 Cr 计) (mg/kg)	≤150
汞及其化合物 (以 Hg 计) (mg/kg)	≤5

注：表中数据来源于现行《农用微生物菌剂》(GB 20287—2006)。

③发酵床的运行。

a. 制作垫料：按照图 3-24 所示铺设垫料原料和发酵菌种，翻抛垫料原料至均匀，调节垫料水分至 45%～55%。配成的物料碳氮比宜控制在 (40～60)：1，碳磷比宜控制在 (80～140)：1，pH 为 6～8。

b. 喷淋和翻抛：将调质后的畜禽粪污一次或多次均匀地喷淋在制作好的垫料上，应使粪污均匀喷淋在垫料中间位置。喷淋完成后等待 3～4h 使粪污渗入垫料内部，随后将垫

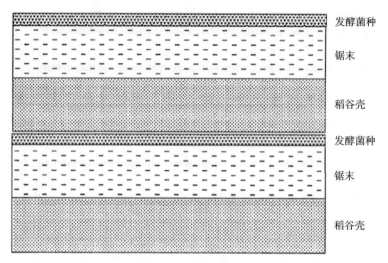

发酵菌种
锯末
稻谷壳
发酵菌种
锯末
稻谷壳

图 3-24　以稻谷壳和锯末为主要原料的垫料铺设示意

料翻抛均匀。

c. 堆积发酵：发酵 24h 后，垫料表面 30cm 深度的温度应达到 40℃以上；48h 后应升至 60℃以上，在该温度下发酵 1d 后，再进行下一次粪污喷淋。

d. 渗滤液回收：渗滤液通过发酵床底部污水沟流入回流槽中，泵（流）入调质池。

④发酵床管理。堆积发酵过程中每天翻抛 1～2 次。当垫料表面温度升至 70℃以上时宜增加翻抛次数。

喷淋量每日不超过 0.03m³/m³ 垫料。定期监测发酵过程中垫料的水分和挤压滤液 pH，垫料的水分应维持 45%～55%。挤压滤液 pH 应始终保持在 5～8。

若喷淋后垫料表面温度连续三天低于 40℃，则表明发酵异常，应停止喷淋，根据需要及时调整喷淋量、翻抛次数、发酵菌种添加量及垫料水分，并增加对垫料温度和水分的监测频次。

⑤其他要求。发酵床体可反复使用。但由于饲料添加剂中含一定的铜、锌和砷等重金属，因此，发酵床内会积累一定的重金属，其使用期限一般 2～3 年为宜。

由于异位发酵床处理粪污的容量有限，应结合清洁生产、雨污分流等源头减量措施。

对于腐熟垫料，应及时清出，并经无害化处理后符合 GB/T 36195 等的要求。

（12）废水深度处理　养殖废水排入农田灌溉渠道、用于农田灌溉的，应确保排污口下游最近的灌溉取水点水质达到《农田灌溉水质标准》（GB 5084—2021）的要求；排放至环境水体的（禁止排入敏感水域和有特殊功能的水域），应达到《畜禽养殖业污染物排放标准》（GB 18596—2001）和重点水污染物排放总量控制指标要求，有地方排放标准的，从其规定。为了满足上述排放标准要求，废水应在厌氧发酵等基础上经过进一步深度处理。

具体废水深度处理工艺应根据废水成分、数量及当地的自然地理条件和排放标准等综合因素，因地制宜选择深度处理工艺和技术路线，推荐采用生物处理等技术。

典型处理工艺如表 3-43。

表 3-43 养殖废水典型深度处理工艺

典型工艺		主要技术参数	特点
好氧/兼氧处理	完全混合活性污泥法	BOD$_5$ 有机负荷率一般为 0.3~0.8kg BOD$_5$（m^3·d）、污泥龄约 2~4d，污泥回流比通常为 20%~30%	承受冲击负荷的能力强，投资与运行费用低，便于运行管理。但易引起污泥膨胀，出水水质一般。主要用于出水要求不高的中小型养殖场
	A^2/O 法	BOD$_5$ 污泥负荷一般为 0.05~0.2kg BOD$_5$（kgMLSS·d）、污泥浓度 2~4g/L、污泥回流比 40%~100%、混合液回流比 200%~400%	流程简单，不会发生污泥膨胀；污泥中磷含量高，一般为 2.5% 以上。脱氮除磷效率受限
	SBR	BOD$_5$ 有机负荷率为 0.13~0.3kg BOD$_5$（m^3·d）、污泥龄约 5~15d，污泥回流比为 30%~50%	工艺流程简单，占地少，管理方便，投资与运行费用较低，出水水质较好，可用于大中型养殖场
	接触氧化	BOD$_5$ 有机负荷率通常为 1.0~1.8kg BOD$_5$（m^3·d）	体积负荷高，处理时间短，占地面积小，生物活性高，污泥产量低，不需要污泥回流，出水水质好。但生物膜大块脱落时易影响出水水质。可用于大中型养殖场
	膜生物反应器	活性污泥（MLSS）浓度 8 000~10 000mg/L，污泥龄（SRT）达 30d 以上	净化效率高，对深度除磷脱氮有一定效果
	氧化塘	BOD$_5$ 表面负荷率：好氧塘 10~30kg BOD$_5$（10^4 m^3·d）；兼性塘 30~100kg BOD$_5$（10^4 m^3·d）。具体根据当地年均温度选取	进一步去除水中的氨氮及有机物
	人工湿地	BOD$_5$ 负荷率 0.73kg/（hm^2·d），HRT 至少为 12d	对进水沉淀物、悬浮物有一定要求

3.3.5 畜禽养殖承载力分析

畜禽养殖承载力分析，目的在于防止养殖总量超越生态环境承载能力所允许的养殖容量，是实现粪污资源化利用、避免环境污染的重要手段。目前，畜禽养殖承载力分析通常有两个思路。

一是基于种养平衡，从土地粪污消纳能力角度出发，核算区域最大畜禽承载量的养分平衡法，该方法目前应用最广泛，计算相对简单（宋江燕等，2021）。但该方法未充分考虑周围地表水环境的敏感性及其环境容量，也未考虑资源支持条件和社会支持条件对承载能力的影响。

二是认为畜禽养殖资源环境系统是畜禽养殖系统、资源环境系统以及社会环境系统的协调与统一，从区域系统角度出发，通过建立基于养殖环境系统、资源环境系统、社会环境系统等的综合评价指标体系，对畜禽养殖进行系统的环境适应性分析及资源环境承载力预测分析（安晶谭等，2016）。该方法突破了单纯基于土壤养分消纳的简单化分析，可用于畜禽养殖规划预测分析，但是需要确定各指标的相对权重，其计算相对复杂。

此外，彭紫微等（2023）以保护地表水环境质量为出发点，根据区域水文条件、水环境质量目标、现有污染物排放量及各污染源水污染物排放比例，并结合经济社会发展目标，核算畜禽养殖可利用水环境容量；再结合粪污氮、磷排放系数核算区域畜禽水环境承载力。该方法仅考虑了水环境的承载力，并存在部分参数确定困难的问题。

综合分析，在畜禽养殖项目环境影响评价层次下，可主要采用土地承载力分析，在涉及水环境敏感水体时，可结合水环境承载力进一步分析。对于畜禽养殖规划或发展战略的环境影响评价层次，可采用资源环境承载力分析方法，或采用土地承载力分析与水环境承载力分析相结合的方法。

本书主要介绍两个常用的畜禽养殖承载力分析方法。

3.3.5.1 土地承载力分析

(1) 基本原则 畜禽粪污还田施用应保证在多年施用情况下的农田生态环境安全。

首先，要防止土壤中氮磷元素超出植物生长所需量，进而造成农业面源污染。农业部办公厅发布的《畜禽粪污土地承载力测算技术指南》（农办牧〔2018〕1号），提出了以畜禽粪污中的氮磷养分为基础的猪当量概念（即根据不同畜种粪污中的氮磷养分含量，统一确定猪当量折算系数），并按照以地定畜、种养平衡的原则，从畜禽粪污养分供给和土壤粪肥养分需求的角度出发，提出了畜禽存栏量、作物产量、土地面积的换算方法，可用于基于氮磷养分的畜禽养殖场适宜土地承载面积测算。目前，土地承载力分析中常用该方法。

其次，要防止畜禽粪肥中的重金属元素在土壤中的动态积累，乃至超过农用地土壤污染风险管控标准，进而威胁土壤生态环境质量。

因此，土地承载能力宜从上述两个角度进行综合分析，并据此确定畜禽养殖场的适宜养殖规模。

(2) 主要关注因子 土地承载力分析中除考虑氮磷养分需求外，现行《畜禽粪便无害化处理技术规范》（GB/T 36195—2018）、《畜禽粪便还田技术规范》（GB/T 25246—2010）、《畜禽粪便堆肥技术规范》（NY/T 3442—2019）均对农田利用的畜禽粪便的重金属（如镉、汞、砷、铅、铬、铜、锌等）含量提出了相应限值要求。

因此，畜禽粪污安全施用、土地承载分析中应关注的主要因子为营养元素（全氮、全磷）和重金属（镉、汞、砷、铅、铬、铜、镍、锌等）。

(3) 测算方法 畜禽粪便安全还田施用量以区域作物养分需求量与农田土壤重金属动态容量为基础进行计算。作物养分需求量根据土壤现状肥力水平、种植作物类型和目标产量、粪肥施用占肥料总施用量的比例、施用粪肥中的养分含量等因素综合确定。土壤重金属动态容量是指一定的时空范围内，在满足农用地土壤污染风险管控标准的前提下，粪肥中重金属参与土壤圈物质循环时土壤所能容纳某种重金属的最大负荷量。动态容量的大小与环境质量标准规定的限量值、土壤环境背景值及土壤环境对重金属的净化能力有关。

基于区域作物养分需求量与农田土壤重金属动态容量，分别计算畜禽粪便施用量，取两者中较低值为本区域畜禽粪便安全还田施用量。

具体测算方法如下：

①基于作物氮磷养分需求量的粪肥施用量计算。结合作物种植制度（如该区域农业生产为双季稻，则粪肥当季年施用量为当季粪肥量的2倍），根据以下公式，可计算出基于

不同元素（氮、磷）的粪肥年施肥量。根据谨慎性原则，取氮、磷分别核算的最低值为畜禽粪便年施用量。

$$N = \frac{A \times p}{d \times r} \times f \qquad (3-7)$$

式（3-7）中，N 为一定土壤肥力和单位面积作物预期目标产量下，当季需要投入的某种粪肥的量，t/hm^2；A 为预期单位面积目标产量下，作物需要吸收的营养元素的量，t/hm^2；p 为由施用粪肥所创造的作物产量占总产量的比例，%；d 为粪肥中某种营养元素的含量，%；r 为粪肥养分的当季利用率，%；f 为粪肥的养分含量占施肥总量的比率，%。

相应参数的确定：

a. A 的确定（t/hm^2）。

$$A = y \times a \times 10^{-2} \qquad (3-8)$$

式（3-8）中，y 为预期单位面积产量，t/hm^2；a 为作物形成 100kg 产量吸收的营养元素的量，kg，不同作物、同种作物的不同品种及地域因素等导致作物形成 100kg 产量吸收的营养元素的量各不相同，a 值选择应以地方农业农村、科研部门公布的数据为准。常见作物的 a 可参照表 3-44。

表 3-44　常见作物形成 100kg 产量吸收的氮、磷营养元素的量

作物种类	氮（kg）	磷（kg）	相应产量（t/hm²）
小麦	3.0	1.0	4.5
水稻	2.2	0.8	6
苹果	0.3	0.08	30
梨	0.47	0.23	22.5
柑橘	0.6	0.11	22.5
黄瓜	0.28	0.09	75
番茄	0.33	0.1	75
茄子	0.34	0.1	67.5
青椒	0.51	0.107	45
大白菜	0.15	0.07	90

注：表中数据来自于《畜禽粪便土地承载力测算方法》（NY/T 3877—2021）。

b. d 的确定。粪肥中某种营养元素的含量与畜禽种类、畜禽粪便的收集与处理方式等因素有关。可通过实测获取，无实测数据的，可以用各畜禽养分的排泄量乘以粪污收集处理过程中养分的留存率。不同处理方式粪污中养分留存率可参照《畜禽粪便土地承载力测算方法》（NY/T 3877—2021）。不同生长阶段畜禽的日排泄氮、磷量参考值见表 3-45。

表 3-45 不同生长阶段畜禽的日排泄氮、磷量参考值

（董红敏等，2017）

动物	饲养阶段	粪尿氮排泄量 [kg/（头·d）]	粪尿磷排泄量 [kg/（头·d）]
生猪	保育猪	$18.3×10^{-3}$	$2.5×10^{-3}$
	育肥猪	$36.3×10^{-3}$	$5.2×10^{-3}$
	妊娠母猪	$46.0×10^{-3}$	$8.2×10^{-3}$
奶牛	青年牛	$116.0×10^{-3}$	$16.5×10^{-3}$
	泌乳牛	$250.0×10^{-3}$	$41.7×10^{-3}$
蛋鸡	育雏育成鸡	$0.79×10^{-3}$	$0.18×10^{-3}$
	产蛋鸡	$1.17×10^{-3}$	$0.31×10^{-3}$
肉鸡	—	$1.24×10^{-3}$	$0.31×10^{-3}$
肉鸭	—	$1.5×10^{-3}$	$1.2×10^{-3}$

c. r 的确定。粪肥的当季利用率与土壤理化性状、通气性能、温度、湿度等条件有关，一般为 25%～30%，也可通过田间试验确定。

d. f 的确定。与当地的施肥习惯有关，一般有机肥氮替代化肥氮的比例为 40%～60%。

e. p 的确定。可参照表 3-46 选取。

表 3-46 土壤不同氮磷养分水平下由施肥创造的产量占总产量的比例（p）推荐值

施用范围内土壤氮磷养分分级		Ⅰ	Ⅱ	Ⅲ
p		30%～40%	40%～50%	50%～60%
施用范围内土壤全 氮含量（g/kg）	旱地（大田作物）	>1.0	0.8～1.0	<0.8
	水田	>1.2	1.0～1.2	<1.0
	菜地	>1.2	1.0～1.2	<1.0
	果园	>1.0	0.8～1.0	<0.8
施用范围内土壤有效磷含量（mg/kg）		>40	20～40	<20

②基于区域农田土壤重金属动态容量计算粪肥年施用量。针对不同畜禽粪便中不同典型重金属元素，采用下式分别计算畜禽粪便年施用量，取其中的最低值为该区域畜禽粪便最大施用量，用于核算畜禽粪便安全还田施用量。

$$H = \frac{Q_{in}}{W_i} × 10^3 \qquad (3-9)$$

式（3-9）中，H 为根据土壤重金属负载容量测算出的粪肥年施用量，t/hm²；Q_{in} 为土壤重金属 i 的年平均负载容量，kg/hm²；W_i 为畜禽粪便中重金属 i 的平均含量，mg/kg。

相应参数的确定：

$$Q_{in} = 2.25(S_i - C_i K^n)\frac{1-K}{K(1-K^n)} \qquad (3-10)$$

式（3-10）中，S_i 为根据 GB 15618 确定的土壤重金属 i 的筛选值，mg/kg；K 为土壤重金属 i 的残留率，与植物吸收、土壤中的流失与淋失等因素有关，一般取 0.90；C_i

为施用范围土壤重金属 i 含量，mg/kg；n 为控制年限，一般根据 10 年、30 年、50 年计算。

③区域畜禽粪便单位面积年安全还田施用量确定。根据以上基于区域作物养分需求和农田重金属动态容量的计算方法，分别得出畜禽粪便年施用量，取两者中较低值为本区域畜禽粪便年安全还田施用量。

④区域可安全施用畜禽粪污量确定。将可用于配套消纳养殖场粪污的土地面积（以有效合同为准）乘以上述核算的区域畜禽粪便单位面积年安全还田施用量，进行折算。

如果可安全施用畜禽粪污量大于养殖场需要资源化利用粪污量，则周边配套土地可承载，否则承载力不足。

⑤粪肥消纳适宜范围确定。如果粪肥不采用直接以管道运输至养殖场周围配套土地的方式，而需要车辆运输，则运输距离的增加将直接导致成本增加。

用可施用粪肥收益与运输成本的比值来确定粪肥运输的适宜平均距离（粪肥运输适宜平均距离是指年运输费用刚好等于粪肥施用收益），粪肥运输临界平均距离计算具体公式（李汪晟等，2016）如下：

$$LTD = R/(SP \cdot BSA \cdot 365) \times 10^4 \qquad (3-11)$$

式（3-11）中，LTD 为粪肥运输适宜平均距离，km；R 为施用粪肥的收益，万元；SP 为粪肥运输单价，元（$t \cdot km$）；BSA 为日产粪肥量，t/d。

如果配套土地比较分散，车辆运输平均距离超过上述适宜平均距离，则宜考虑采用管道运输方式处理、采取粪肥减量化措施或提高粪肥资源化利用水平。

(4) 相关说明

①该测算方法主要适用于粪肥还田利用，可不考虑污水达标排放和作为灌溉用水的情况。委托第三方处理或对外销售的部分粪污无须由本养殖场考虑是否可安全施用，但须由委托的第三方及购买本项目粪污的单位综合考虑施用范围内的可安全施用量，确保不对土壤生态环境造成不利影响。

②当核算的配套土地承载力不足时，可根据实际情况从以下 6 种方式中选择相应对策：

a. 进一步提高资源化利用能力，如生产商品有机肥和有机无机复合肥料等肥料、沼液高值化利用、沼液营养元素回收利用、动物蛋白转化等方式，其中生产商品化有机肥和复混肥的，应分别满足 NY 525 和 GB 18877 的有关规定。

b. 委托符合环保要求的第三方代为实现粪污资源化利用。

c. 适当减少养殖场内养殖数量。

d. 从源头降低畜禽养殖过程的污染物排泄量，如推广使用低蛋白日粮、使用植酸酶等优化饲料养分配比，严格按照《饲料添加剂安全使用规范》等相关要求使用饲料添加剂。

e. 扩大配套消纳农田面积、改变作物种植结构、提高复种指数等。

f. 适当提高粪肥替代化肥比例。

③由于环评阶段属于项目前期阶段，应适应高效服务经济社会发展的大局，一般不具备进行田间试验和土肥分析化验的条件、时间与经费。对于具备进行田间试验和土肥分析

化验的项目，可在田间试验和土肥分析化验基础上获取较为精确的核算数据。

④本着便于计算的目的，在基于区域作物养分需求量的粪肥当季施用量测算时，一般以粪肥氮养分供给和植物氮养分需求为基础进行核算，对于以设施蔬菜等作物为主或土壤本底值磷含量较高（超过 60mg/kg）的特殊区域或农用地，可选择以磷为基础进行测算。如新建设施菜田，以培肥地力为主，应按照以磷为基础推荐施用粪肥；在种植年限较长的老菜田，为了防止土壤养分积累和淋失，提高养分利用效率，可以考虑以氮为基础推荐施用粪肥（李超等，2014）。

⑤上述测算方法尚未考虑粪污施用范围周边地表水体的敏感性及其环境容量。鉴于粪肥施用会由于降雨等原因产生一定的氮磷流失，进而对周围地表水体产生一定影响，因此，应在满足土地可承载的前提下，根据周围水环境敏感性，适当考虑粪肥施用可能对周围地表水体的影响。

3.3.5.2 资源环境承载力分析

畜禽养殖资源环境承载力是指在特定时空条件下，畜禽资源养殖环境系统在维持系统平衡和健康不受影响时，所能支持畜禽养殖行为的最大能力（安晶潭等，2016）。资源环境承载力是《规划环境影响评价条例》和《规划环境影响评价技术导则 总纲》规定的规划环评的一项关键内容。其量化、预测分析方法如下：

（1）评价指标体系构建

①指标选取。将畜禽养殖环境承载力评价指标体系分为 3 个层次：a. 目标层：畜禽养殖环境承载力；b. 准则层：包括自然资源供给类指标、社会条件支持类指标、污染承受能力类指标；c. 指标层：包括用于反映自然资源、环境质量、社会经济、畜禽养殖状况的具体指标，如人均耕地面积、人均 GDP、养殖密度等。在具体的研究中，为了简化指标体系，增强选取指标的代表性，可采用多重共线性分析方法对指标体系进行筛选。

在指标体系选取的过程中，对于不同地域特征的区域，应有不同的侧重（张爱，2011）。

②确定指标权重。在畜禽养殖环境承载力指标体系中，由于各个指标对畜禽养殖环境承载力的影响贡献程度不同，不同层次的指标对于畜禽养殖环境承载力这个总目标而言具有不同的权重。目前，主要通过定性与半定量方法确定指标权重。其中，主观判断评分法和 Delphi 法是常见的定性方法。

主观判断评分法是专家个人根据自己的经验和对各项评价指标重要程度的认识，对各项评价指标的权重进行分配的一种方法。该方法基本属于个人经验决策，往往带有片面性。Delphi 法不适用于指标数量较多的指标体系。半定量法主要为层次分析法，通过分别赋权于各个层次，克服了赋权过程中易出现的混乱和失误缺陷，使评价结果准确性得以提高，这种方法研究较早，也较为成熟。采用层次分析法确定畜禽养殖环境承载力指标体系各指标权重的主要步骤如下：

a. 建立层次结构模型。

b. 构造比较判断矩阵。

c. 由判断矩阵确定各指标的相对权重。

（2）畜禽养殖环境承载力量化

①指标无量纲化。对于畜禽养殖环境承载力这个总目标而言，有的指标数值越大，畜禽养殖环境承载力越大，称其为发展类指标，如人均耕地面积、人均水资源量等；有的指标数值越小，畜禽养殖环境承载力越大，称其为限制类指标，如养殖密度、养殖结构等，而且畜禽养殖环境承载力指标的单位、量纲和数量级均有所不同，因此，需要对畜禽养殖环境承载力指标进行无量纲化处理。

一般采用极值法对各指标进行无量纲化处理。

②承载力量化方法。畜禽养殖环境承载力评价指标体系中的准则层和指标层的指标值是一种加权求和的关系，上一层次的量化值要根据下一层次的指标值加权计算而得。因此，对于畜禽养殖环境承载力评价指标体系来说：

$$B_i = \sum c_{ij} W_c \qquad (3-12)$$

式（3-12）中，B_i 为 B 层准则层的承载能力；W_c 为 C 层指标层具体指标相对于 B 层的相对权重；C_{ij} 指第 i 项指标、第 j 年的实际值的无量纲量化值。

$$A = \sum_{n=1}^{3} B_i W_b \qquad (3-13)$$

式（3-13）中，A 为畜禽养殖环境承载力量化值；W_b 为 B 层准则层具体指标相对总目标的相对权重。

（3）畜禽养殖环境承载力的预测　使用系统动力学方法对畜禽养殖环境承载力进行预测，采用 Vensim PLE 软件进行分析计算和模拟。

系统动力学是在了解系统内部联系的基础上，建立规范的数学模型，并能够结合计算机模拟技术对系统进行分析和预测（王其藩，2009）。

①建模一般步骤。

a. 明确系统仿真目的。系统动力学对畜禽养殖环境系统进行仿真试验的主要目的是认识和预测畜禽养殖环境承载力系统的结构及发展趋势，以便为管理部门制定合理的政策提供依据。

b. 确定系统边界。系统动力学研究的是封闭的系统，在明确系统仿真目的后，要确定畜禽养殖环境承载力系统的边界，系统动力学所研究的是系统内部各因素之间的相互关系。

c. 因果关系分析。畜禽养殖系统内部各组成因素之间并不是孤立存在的，均存在着一定的因果关系，畜禽养殖环境承载力的变化规律也由因果关系决定。因此，利用系统动力学对畜禽养殖环境承载力进行量化和预测必须要先确定因果关系。

d. 流图的绘制。系统动力学将畜禽养殖环境承载力系统当作信息反馈系统，并用特定的符号或方法将系统的全部组成要素以及部分组成要素之间的相互关系、状态及对状态的控制表达出来，即得到系统流图。

e. 建立系统方程式。系统方程式是根据系统流图来建立的，是用系统动态行为的一系列离散模型来模拟连续的系统模型。在 SD 模型中，状态变量方程系统描述了状态变量的变化规律，作为系统方程式的主干，其一般形式为：

$$LEVEL.K=LEVEL.J+DT\times(INFLOW.JK-OUTFLOW.JK)$$

$$(3-14)$$

式（3-14）中，$LEVEL$ 为状态变量；$INFLOW$ 为输入速率（变化率）；$OUTFLOW$ 为输出速率（变化率）；DT 为仿真步长，从 J 时刻到 K 时刻。

f. 模型检验。通过回代与灵敏度分析等手段，对所建模型的准确性和有效性进行检验。

②模型仿真技术路线。根据所选的畜禽养殖环境承载力的评价指标体系以及系统动力学的计算方法，系统动力学的仿真技术路线如图3-25所示。

上述方法在中国典型地域得到了成功应用。安晶谭等（2016）构建了具有大理白族自治州地区特色的畜禽养殖资源环境承载力评价指标体系，运用系统动力学和模糊预警模型对大理州畜禽养殖资源环境承载力进行预测、预警研究，结果表明系统动力学结合模糊预警模型在畜禽养殖规划环评研究中应用比较成功，具有较好的可行性。王甜甜（2012）以山东省滨州市作为实例进行研究，结果表明畜禽养殖环境承载力综合评价模型具有一定的科学性和可行性，可为农业农村、生态环境等管理部门制定区域畜禽养殖业发展规划、环境管理决策等提供科学的依据和建议。

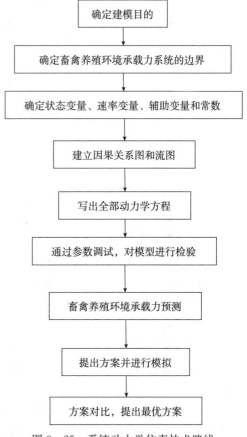

图3-25 系统动力学仿真技术路线

3.4 废气污染特性与减控

畜禽养殖场废气以臭气为主。臭气产生环节众多；成分复杂，涉及挥发性脂肪酸、芳香族化合物，散发的挥发性胺等多种物质；具有浓度变化频繁、挥发面源大、滞留长久，难以做到全部有组织排放等特点。所以臭气减控须从养殖场设计与建设、饲养管理、控水节水、粪污贮存与处理、粪肥施用等全链条环节出发，因地制宜选取"物理、化学、生物"等处理技术，"减、控、除"综合施策，从而有效解决畜禽养殖场臭气污染问题。

3.4.1 废气污染因子对畜禽养殖的影响

3.4.1.1 有害气体来源与种类

养殖场有害气体产生源主要包括畜禽舍、粪污贮存转运与处理设施、病死动物无害化处理设施。畜禽舍内畜禽呼吸及粪尿、饲料垫草腐败分解会产生氨气、硫化氢、二氧化碳和甲烷等有害气体；粪污贮存转运与处理设施厌氧发酵会产生甲烷、氨气、硫化氢等有害气体；病死动物无害化处理设施会产生氨气、硫化氢等有害气体。

畜舍内空气成分与室外空气成分在某些组分上存在较大差异。畜禽的新陈代谢过程中要消耗氧气，排出二氧化碳，消化道会产出氨气、甲烷等，粪便被微生物分解后会产生氨气、硫化氢等。因此，舍内空气中氧气的含量较低，而二氧化碳、氨气、硫化氢等对动物有害的气体含量较高。舍内空气中粉尘和微生物的含量一般也明显高于舍外（陈顺友，2009）。

此外，奶牛、绵羊和山羊等反刍动物排气、排粪等消化过程会产生温室气体甲烷。

3.4.1.2 主要有害气体的特性

（1）氨（NH_3） NH_3 是无色但具有强烈刺激性气味的气体，嗅阈值 $0.3\mu l/L$。NH_3 的比重比空气小，在温暖的舍内一般会升至舍顶，但由于 NH_3 是在地面（粪污等）和畜禽周围（如散落残余在舍内墙体等的粪污）产生的，故在畜舍地面含量也较高，特别是当畜舍内潮湿、通风不良时，舍内氨的浓度就会更高。

NH_3 对机体的损伤作用取决于 NH_3 浓度和作用时间。NH_3 一方面可通过直接接触作用损伤黏膜而引起炎症，如结膜炎、呼吸道炎症；另一方面还可通过肺泡进入血液，引起呼吸和血管中枢兴奋。高浓度的 NH_3 可直接刺激机体组织，使组织溶解坏死，引起中枢神经系统麻痹、中毒性肝病和心肌损伤等（陈顺友，2009）。

《畜禽场环境质量标准》（NY/T 388—1999）规定猪舍 NH_3 浓度限值为 $25mg/m^3$。如果浓度过高，将使猪的日增重量减少、饲料利用率降低；严重时会引起黏膜出血，发生结膜炎、呼吸道炎症，甚至死亡。

鸡对 NH_3 特别敏感。NY/T 388—1999 中规定鸡舍 NH_3 浓度限值为 $10\sim15mg/m^3$。NH_3 对鸡的黏膜有刺激作用，可引起结膜、上呼吸道的黏膜充血、水肿。NH_3 浓度过高，鸡的生长及生产性能将会受到影响；严重时会引起黏膜出血，引发结膜、呼吸道炎症，甚至死亡（陈顺友，2009）。

（2）硫化氢（H_2S） H_2S 为无色、易挥发、有恶臭气味的气体，其嗅阈值 $0.001\,2\mu l/L$（王亘等，2015），刺激性很强，易溶于水，比空气重，因此靠近地面浓度更高。

NY/T 388—1999 规定养殖舍 H_2S 浓度限值为：$2mg/m^3$（雏禽舍）、$10mg/m^3$（成禽舍）、畜舍为 $8mg/m^3$（牛舍）、$10mg/m^3$（猪舍）。H_2S 易溶解在畜禽呼吸道黏膜和眼结膜上，并与钠离子结合成硫化钠，对黏膜产生强烈刺激作用，使黏膜充血水肿，引起结膜炎、支气管炎、肺炎和肺水肿，表现出流泪、角膜混浊、畏光、咳嗽等症状，H_2S 还可通过肺泡进入血液，被氧化成硫酸盐等，从而影响细胞内代谢。H_2S 气体是一种强毒性神经中毒剂，高浓度时还会使呼吸中枢麻痹（陈顺友，2009）。

（3）二氧化碳（CO_2） CO_2 为无色、无臭、略带酸味的气体，属于温室气体之一。CO_2 无毒，但舍内 CO_2 含量过高，O_2 含量相对不足时，会使畜禽出现慢性缺氧、精神萎靡、食欲下降、增重缓慢、体质虚弱等症状，易使畜禽抵抗力下降和感染慢性传染病。

猪、鸡舍内 CO_2 的浓度以每立方米空气不超过 4% 为宜。否则就会造成舍内缺氧，使畜禽精神不振，食欲减退，影响生产性能。舍内氧气含量不足、CO_2 含量偏高会诱发肉鸡的腹水综合征。尤其是冬季，为了保温而降低通风量时影响更明显，舍内 CO_2 的量不应超过 0.15%（陈顺友，2009）。

（4）甲烷（CH_4） CH_4 在常温下为无色无味气体，属于温室气体之一。CH_4 对人基本无毒，但浓度过高时，使空气中氧含量明显降低，使人窒息。当空气中 CH_4 达 25%～30% 时，可引起头痛、头晕、乏力、注意力不集中、呼吸和心跳加速、共济失调。若不及时远离，可致窒息死亡。

（5）尘埃与微生物   畜舍内空气中的微粒是微生物的载体，主要包括尘土、皮屑、饲料、垫草及粪便、粉粒等尘埃。

畜舍通风不良或经常不透阳光时，尘埃更能促进病原微生物的繁殖。每立方米空气中细菌可达 100 万个，有黄曲霉菌、腐生菌、球菌、霉菌芽孢和放线菌等。

尘埃降落在畜禽体表，可与皮脂腺分泌物、皮屑、微生物等混合，刺激皮肤发痒，继而发炎；尘埃还可堵塞皮脂腺，使皮肤干燥、易破损、抵抗力下降；尘埃落入眼睛可引起结膜炎和其他眼病；尘埃被吸入呼吸道时，则会对鼻腔黏膜、气管、支气管产生刺激作用，导致呼吸道炎症和咳嗽加剧；小粒尘埃还可进入肺部，引起肺炎（陈顺友，2009）。

综上，有害气体在浓度较低时，不会对畜禽引起明显的不良症状。但若长期处于含有低浓度有害气体的环境中，会使畜禽的体质变差，抵抗力降低，发病率和死亡率升高，同时采食量和增重降低，并引起慢性中毒。

3.4.2　畜禽场通风要求与设计

3.4.2.1　畜禽场生态环境质量要求

现行《畜禽场环境质量标准》（NY/T 388—1999）规定的畜禽场空气环境质量要求见表 3-47，舍区与通风相关的生态环境质量要求见表 3-48。

表 3-47　畜禽场各污染因子空气环境质量限值（日均值）

序号	项目	单位	缓冲区	场区	舍区			
					禽舍		猪舍	牛舍
					雏	成		
1	氨气	mg/m³	2	5	10	15	25	20
2	硫化氢	mg/m³	1	2	2	10	10	8
3	二氧化碳	mg/m³	380	750	1 500		1 500	1 500
4	PM_{10}	mg/m³	0.5	1	4		1	2
5	TSP	mg/m³	1	2	8		3	4
6	臭气浓度	稀释倍数	40	50	70		70	70

表 3-48　畜禽场舍区生态环境质量标准

序号	项目	单位	禽		猪		牛
			雏	成	仔	成	
1	温度	℃	21～27	10～24	27～32	11～17	10～15

（续）

序号	项目	单位	禽		猪		牛
			雏	成	仔	成	
2	相对湿度	%	75		80		80
3	风速	m/s	0.5	0.8	0.4	1.0	1.0
4	细菌	个/m³	25 000		17 000		20 000
5	粪便清理	—	干法		日清粪		日清粪

3.4.2.2 畜禽舍通风设计

为避免畜禽舍内有害气体对畜禽生长的不利影响，结合畜禽场生态环境质量要求，必须对养殖舍内环境进行调节。通风是调节畜舍环境条件的有效手段，通过畜舍设计和安装设施，人为影响畜舍气流大小和方向。畜舍通风的作用包括输入新鲜空气、移除畜舍内有害气体与水蒸气、调节畜舍内温度湿度。

通风不良，尤其在冬季全封闭式的畜舍，氨气等大量有害气体蓄积，会诱发呼吸道疾病，影响生产性能。但是，通风速度太快，会迅速带走大量热气，使畜舍内温度急剧下降，不利于畜禽健康。因此，应注意合理调节风速，以改善畜舍空气环境条件。

(1) 猪舍 猪舍通风时，气流分布应均匀，无死角、无贼风。跨度小于 10m 的猪舍宜采用自然通风；跨度大于 10m 或全密闭的猪舍宜采用机械通风。天气寒冷时，小猪舍的风速宜在 0.15m/s 以下，大猪舍宜低于 0.2m/s；高温时，通风以不着凉为限（陈顺友，2009）。猪舍通风量应符合表 3-49 要求。

表 3-49 猪舍通风量与风速

猪舍类别	通风量 [m²/（h·kg 活猪）]			风速（m/s）	
	冬季	春秋季	夏季	冬季最大值	夏季适宜值
种公猪舍	0.35	0.55	0.70	0.30	1.00
空怀妊娠母猪舍	0.30	0.45	0.60	0.30	1.00
哺乳猪舍	0.30	0.45	0.60	0.15	0.40
保育猪舍	0.30	0.45	0.60	0.20	0.60
生长育肥猪舍	0.35	0.50	0.65	0.30	1.00

注：表中数据来源于现行《规模猪场环境参数及环境管理》（GB/T 17824.3—2008）。在月平均温度≥28℃的炎热季节，应辅助降温措施。

(2) 鸡舍 鸡舍通风量由热平衡计算或者有害气体浓度控制要求来确定。在合理饲养密度条件下，蛋鸡每千克体重的通风量见表 3-50。

表 3-50 不同温度蛋鸡每千克体重的通风量

（陈顺友，2009）

温度（℃）	5	10	15	20	25	30	35
通风量 [m³/（h·只）]	1.8	2.3	2.7	3.1	3.5	3.9	4.3

肉鸡生长速度快，代谢旺盛，因而所需通风量要稍大些。可按照最大通风量 $6.0m^3/(h \cdot kg)$ 设计进风口面积和通风换气设备。实际饲养过程中，通过对换气设备和进风口的调节，适应不同阶段和不同季节的通风量要求。

通风方式有自然通风和机械通风两种，要合理设计进风口和出风口，避免出现死角和贼风等恶劣的局部小气候。

3.4.3 养殖场恶臭源特性

3.4.3.1 恶臭产生机理

畜禽养殖场恶臭排放源主要包括畜禽舍，粪污转运、贮存与处理场所（如污水渠、贮粪棚、堆肥间、污水处理站等）等。有调查显示，关于恶臭的投诉大约50%涉及施粪过程，20%涉及粪污贮存场所，30%涉及畜禽舍（刘波等，2017）。因此，应从粪污产生、转运、处理等全过程防治恶臭物质。

从恶臭形成过程来看，恶臭物质主要是畜禽废弃物（包括粪尿、溢洒饲料及废水、垫料等）厌氧发酵产生的挥发性化合物，其中绝大部分为挥发性有机物。而好氧条件下，畜禽废弃物产生的恶臭物质很少。

畜禽粪尿被认为是恶臭物质最主要的来源。如育成猪消化道内容物中检测到吲哚、粪臭素，表明粪便在结肠和直肠中已开始腐败，故新鲜粪便也具有一定的臭味。畜禽排出的粪便在土著微生物、外源微生物等腐败性微生物作用下继续厌氧分解，导致恶臭强度迅速升高；同时鲜尿中的尿素和酚类聚合体，会因粪便的混入而急剧分解，挥发出氨和酚类物质，导致恶臭加剧。

形成恶臭的基质主要是随粪尿一起排出的未降解蛋白质和易发酵碳水化合物。未降解蛋白质在腐败性微生物作用下分解产生各种氨基酸，通过氨基酸脱羧和脱氨作用形成恶臭物质散发到环境中。例如，氨基酸在高 pH 条件下可产生 NH_3 和挥发性脂肪酸（VFAs）；色氨酸和酪氨酸分解产生酚类和吲哚类物质；胱氨酸分解生成硫化氢；蛋氨酸分解生成甲硫醇、二甲硫、乙硫醇等含硫化合物类恶臭物质。易发酵碳水化合物则可以在厌氧发酵过程中形成乙酸、丙酸和丁酸（刘波等，2017）。

3.4.3.2 主要恶臭成分

畜禽恶臭成分复杂，包括有机成分及无机成分，其中有机成分主要包括挥发性脂肪酸、酚类、醇类、醛类、酮类、酯类、醚类、胺类、烃类、卤代烃类、硫化物、含氮杂环化合物及芳香族化合物等；无机成分包括氨气、硫化氢等。一般认为畜禽恶臭中起关键作用的物质主要是 VFAs、含硫化合物、芳香族化合物（主要是酚类和吲哚），以及氨和挥发性胺类4类。不同畜禽类型产生恶臭的成分不同，如猪粪排放的臭气物质以挥发性低级脂肪酸类为主，鸡粪的臭味成分以氨气、二甲基二硫和硫化氢为主，牛粪恶臭以低级脂肪酸为主（刘波等，2017）。

挥发性脂肪酸类被认为是畜禽恶臭物质中最主要的组成（浓度最高），但不是恶臭强度的主要贡献物质。一般情况下，具有长碳链结构的 VFAs（如丁酸、戊酸、辛酸等）恶臭程度显著高于短碳链结构的 VFAs（如乙酸和丙酸），其嗅阈值也较低。而畜禽排放的 VFAs 大多是短碳链结构（大约60%的 VFAs 是乙酸），故一般不含刺激性恶臭。

含硫化合物一般具有强烈的刺激性恶臭气味，是恶臭强度的重要贡献物质。一般认为含硫化合物在恶臭强度中的贡献要强于 VFAs。已经鉴定出的最低嗅阈值的物质中，有 6 种为含硫化合物。含硫化合物主要有硫化氢、甲硫醇、丙硫醇、二甲基硫醚、二甲基二硫醚，大多以硫化氢和甲硫醇形式散发到空气中，该 2 种物质占畜禽挥发性含硫恶臭物质的 70%～97%。猪舍空气中甲硫醇质量浓度高达 $3.6 \times 10^4 \mu g/m^3$，是自身嗅阈值的 947～$120 \times 10^6$ 倍。养猪废水处理中曝气池废水释放的恶臭物质臭味贡献度较高的是甲硫醇，高达 28.77%（代小蓉等，2022）。可见，甲硫醇是对猪场畜禽恶臭贡献最大的含硫化合物（刘波等，2017）。

畜禽恶臭物质中的芳香族化合物主要是酚类和吲哚，包括苯酚、对甲酚、间甲酚、乙基苯酚、吲哚和甲基吲哚等。综合考虑各物质浓度、嗅阈值，对甲酚是恶臭强度的重要贡献物质。

挥发性氮化合物中，包括挥发性胺和氨气两类。挥发性胺（主要包括甲胺、乙胺、三甲胺、尸胺和腐胺）占挥发性氮化合物的比例很小，主要是氨气浓度较高。氨具有强烈的刺激性气味，其嗅阈值相对较高。但是，氨在大气化学和气溶胶形成过程中起着重要作用，是形成细颗粒物（$PM_{2.5}$）的重要前体物，且会加快细粒子的生成速度。通过对氨排放进行同步削减，可以大幅度降低大气环境中 $PM_{2.5}$ 浓度，实现环境空气质量的大幅提升。因此，从源头上控制氨的排放，对降低大气二次无机盐及 $PM_{2.5}$ 浓度水平，控制雾霾污染，大幅提升环境空气质量尤为重要（钱翌等，2018）。因此，宜将氨气作为恶臭评价的重要指标。

综上，从对恶臭贡献程度来看，应重点管控硫化氢、甲硫醇、氨气、对甲酚等指标，其中甲硫醇以猪场较为典型。此外，恶臭强度与其组成物分子浓度的对数（而不是组成物的浓度）成正比，如恶臭组成物质浓度下降 90%，而人为恶臭感觉仅下降 50%，可见上述几种特征因子不能完全反映恶臭强度，应增加恶臭综合评价指标——臭气浓度。

3.4.3.3 主要恶臭影响因素

畜禽恶臭污染排放与养殖种类、地面结构及通风方式、养殖与管理方式、粪便清理与管理方式、舍内外气象条件、生长阶段、饲养量及饲料种类等因素相关。

（1）畜禽种类　不同种类畜禽养殖场的恶臭源排放的 H_2S 浓度范围波动较小，蛋鸡养殖排放的 H_2S 浓度普遍高于其他种类的畜禽养殖场。

不同种类畜禽养殖场排放的 NH_3 浓度波动较大。总体上，蛋鸡养殖排放的 NH_3 浓度普遍高于其他种类的畜禽养殖场。这可能与蛋鸡的喂养方式和饲料结构有关。鸡的肠道很短导致其消化吸收能力低，一般只能吸收所喂饲料的 30%，其余会经由粪便排出体外。因此鸡粪中有机物含量高达 25.5%、氮含量高达 1.63%，这些物质在堆放过程中会继续发酵，产生更多的恶臭气体（郑芳，2010）。

（2）养殖方式　汪开英等（2011）研究表明，育肥猪舍中传统水泥实心地面猪舍的恶臭浓度最高，全缝隙地面猪舍次之，生物发酵床猪舍恶臭浓度最低，全缝隙地面猪舍与生物发酵床猪舍比水泥实心地面猪舍分别低 20%、47%，可见生物发酵床猪舍有助于恶臭减排。

对于集约化奶牛场，NH_3排放源强介于农户散养"实体地板型"和农户散养"稻草垫料型"NH_3的挥发量范围之间（郑芳，2010）。

(3) 通风条件 相较于自然通风方式，畜禽舍夏季采取机械通风方式更有利于恶臭污染物的扩散，有利于降低场界恶臭浓度。科学合理地设计畜禽舍通风条件，不仅是为了保证畜禽良好养殖环境的需要，同时也有利于实现恶臭污染物的场界达标排放。

(4) 温度 温度越高，气味越强。郑芳（2010）研究结果表明：在25～37℃范围内，随着温度的升高，H_2S、NH_3的排放浓度和臭气浓度均呈上升趋势。其原因在于恶臭物质的产生和排放均受环境温度的影响，在适宜的范围内，温度每升高10℃，微生物的酶促系统的活力增强，生长速率将提高1～2倍，则其对恶臭物质的分解速率也将相应提高，从而使恶臭源腐败速度加快。

(5) 空气相对湿度 随着空气相对湿度的增大，H_2S、NH_3的排放浓度和臭气浓度呈下降趋势。但空气相对湿度对H_2S、NH_3的排放浓度和臭气浓度的影响效果均不显著（郑芳，2010）。

3.4.4　养殖场废气控制

3.4.4.1　一般要求

养殖场应根据养殖种类、规模、工艺、所在区域气象特征、周围环境敏感性等综合因素，对各异味源强度进行判定，筛选确定主要异味源，重点针对主要异味源采取相应的管控措施。同时，针对养殖场各异味产生环节采取相应经济技术可行的管控措施，尤其针对养殖规模较大、周围环境比较敏感的养殖场，应采取相对严格的管控措施，确保畜禽养殖场恶臭污染物达标排放。

养殖场应通过控制饲养密度、加强舍内通风、及时清粪、加强绿化等措施减少臭气产生。

各粪污处理工艺单元（如固液分离、沼气发酵装置等）宜设计为密闭形式，并宜建设恶臭集中处理设施，最后经不低于15m高的排气筒有组织排放，减少恶臭对周围环境的污染。

3.4.4.2　源头防控

(1) 优化选址与工艺 科学调整养殖场选址与布局结构，宜选择邻近有可消纳粪污、实现种养结合的区域，并合理布局主要臭气源区域，以便于收集与处理，减少对周边环境的影响。

鼓励按照《良好农业规范》（GB/T 20014）等相关要求，进行现代化圈舍设计与建设，并设置自动化、智能化环控设施，改进通风系统。

新建猪、鸡等养殖场宜采取圈舍封闭半封闭管理，并鼓励对有条件的现有畜禽养殖场开展圈舍封闭改造，对恶臭气体进行收集处理。

对于堆肥异味控制，可通过添加辅料或调理剂，调节碳氮比（C/N）、含水率和堆体孔隙度等参数，使堆体处于好氧状态。

因地制宜推广异位发酵床粪污处理模式。

(2) 科学饲喂技术 采取优良畜禽品种培育、科学饲养、科学配料、使用无公害绿色添加剂等措施，结合饲料品质及物理形态优化，提高畜禽饲料的利用率（尤其是氮的利用率）。

科学配料：采用合理配方，以"理想蛋白质"模型（要求各种必需氨基酸以及供合成非必需氨基酸的氮源之间具有最佳比例）代替粗蛋白质的体系作为日粮配制的基础，在饲料中补充合成氨基酸，提高蛋白质及其他营养的吸收效率。

科学饲养分阶段饲喂：用不同养分组成的日粮饲喂不同生长发育阶段的畜禽，使日粮养分更接近畜禽的需要。

使用无公害绿色添加剂：畜禽养殖饲料中添加微生物制剂、酶制剂和植物提取液等活性物质。

鼓励发酵饲料的使用：以微生物、复合酶为生物饲料发酵剂菌种，将饲料原料转化为微生物菌体蛋白、生物活性小肽类氨基酸、微生物活性益生菌、复合酶。可以补充常规饲料中容易缺乏的氨基酸，并能使其他粗饲料原料营养成分迅速转化，增强消化吸收利用效果。

3.4.4.3　过程减控

改进清粪方式，提高清粪频次。采用干清粪模式，采取传送带清粪、"全漏粪地板＋机械刮板"粪尿分离的粪污清理方式。

向粪便或舍内投放（铺）沸石、锯末、膨润土以及秸秆、泥炭等含纤维素和木质素较多的材料等吸附剂臭气。

液体粪污覆盖贮存：包括固定式覆盖贮存和漂浮式覆盖贮存。

液体粪污酸化贮存：通过添加酸化剂（硫酸、过磷酸钙等）降低液体粪污 pH（调至 5.5～6.5），将氮素以较稳定的铵盐形态保留在粪污中。

舍内（含堆肥、发酵车间）采用生物菌剂喷雾等方式除臭。

3.4.4.4　末端减控

对于机械通风的密闭式畜舍，在排风风机外侧安装喷淋装置、湿帘等湿式净化设施，通过喷洒弱酸性或含有次氯酸钠等氧化剂的液体进行过滤，其中酸性洗涤液 pH 控制在 6 以下；或通过生物质填料（主要由木屑、秸秆等制成）对畜舍排出的空气进行过滤。

堆肥生物基除臭：在条垛式、槽式好氧堆肥密闭车间，通过排风风机将空气送入生物基滤床底部，经过水分膜吸收及微生物作用等过程实现排出空气净化。生物基滤床一般采用堆肥腐熟产品和木屑等生物质材料制成，含水量 50%～65%，在净化空气的同时实现氮素回收。

对于固液分离、有机肥车间等粪污处理过程主要恶臭产生源，宜将废气统一收集至生物处理等装置处理后有组织排放。

液体粪肥覆盖式施用：采用喷施、浇施、冲施、淋施、条施、滴灌施等方式，将液体粪肥施用于土壤表面后，宜及时翻耕入土，减少粪肥在土壤表面停留时间，减小与空气接触面积。还可通过注射施等施肥方式，将液体粪肥施用于土壤表面以下 3～35cm。

畜禽粪肥施肥：固体粪肥宜采用底肥深施，液体粪肥宜采用注入式施肥，减少撒施和喷施，减少堆肥施肥过程中的臭气。

3.4.4.5　强化综合管控

通过提高养殖水平与加强粪污处理处置相结合，加强畜禽粪污处理、病死畜禽处理和臭气防控相结合，工艺技术措施和日常环境管理措施相结合，构建种养循环发展机制，减少臭气产生、扩散，以达到综合治臭的目标。

4 畜禽养殖项目污染源强核算方法研究

4.1 常用核算方法

畜禽养殖项目环境影响评价中常用污染源强核算方法有：类比分析法、物料衡算法、产排污系数法、实测法。各方法的特点及主要适用场合见表4-1。

表4-1 畜禽养殖项目常用源强核算方法的特点及适用场合

名称	定义	特点	主要适用场合
类比分析法	利用类比对象（其污染源在养殖类别、模式、规模、污染物治理设施、管理水平等方面相同或相似）的相关资料，确定污染物浓度、产生量等相关参数	结果较准确。适用于有可参考的类比项目，且类比对象已确定或可折算某种污染物的排放系数时	废气、废水和噪声污染源强
物料衡算法	利用物料或元素数量在输入端与输出端之间的平衡关系，确定污染物单位时间产生量或排放量	方法比较复杂，需要知道涉及成分的各个环节以及相关的组分信息，工作量大，但数据较接近真实值	废水量、固废量核算
产污系数法	根据不同的养殖类别、工艺、规模，选取畜禽养殖相关污染源强核算技术指南或系数手册推荐的产污系数，根据单位时间内的产品产量计算污染物产生量，结合所用的污染物治理措施，核算单位时间内污染物的产生量	方法简单，只需知道原辅料用量或产品产量即可核算，但产污系数得到的结果真实性偏离大	废气、废水污染源强及固废产生量
排污系数法	指不同的养殖类别、产品、工艺、规模和治理措施，选取畜禽养殖相关污染源强核算技术指南给定的排污系数，根据单位时间内的产品产量计算单位时间内污染物的排放量	方法简单，只需知道原辅料用量或产品产量即可核算，但产污系数得到的结果真实性偏离大	废气、废水污染源强及固废产生量
实测法	利用现场测定得到的污染物产排数据（自动监测数据或手工监测数据），核算污染物单位时间产排量	方法简单、结果准确，但需搜集有效数据	现有工程污染源强
地面浓度反推法	基于高斯扩散模式，在假设无组织排放源是均匀分布的条件下，用地面浓度公式来推求污染物的无组织排放量（赵东风等，2013）。详见《大气有害物质无组织排放卫生防护距离推导技术导则》（GB/T 39499—2020）附录A	避免了主观因素判断；应在不受或尽量少受目标监测污染源之外其他污染源的干扰	废气无组织排放源强

4.2 氨气排放量核算及减排策略研究

作为大气中最丰富、最重要的碱性气体，氨气能与空气中的气态硫酸、硝酸反应，生成硫酸铵、硝酸铵颗粒物（钱翌等，2018），这些二次颗粒物的产生对 $PM_{2.5}$ 污染和雾霾的形成起着关键作用。根据文献统计，2000—2018 年间，我国大气氨排放量一直处于较高水平，年际间变化不显著，种植业和养殖业等农业氨排放是我国氨排放的主要来源，其中畜禽养殖业是我国氨排放最大的贡献源（约 50%）（刘学军等，2021）。《中共中央　国务院关于深入打好污染防治攻坚战的意见》（2021）中明确提出"到 2025 年，京津冀及周边地区大型规模化养殖场氨排放总量比 2020 年下降 5%"的目标。

据农业农村部相关统计，2022 年我国畜禽养殖规模化率超过 70%。规模化养殖场属于点源，较容易采用新技术来控制氨排放。可以从饲料配方优化、饲养舍结构优化、有机肥密闭管理等环节实现氨的减排（刘建伟等，2016）。

畜禽养殖氨排放清单是畜禽污染源在时空范围内向大气排放的氨气量的集合，排放源强受到畜禽舍地面类型、环境温度、pH、畜舍通风量、饲料成分、清粪频率等因素影响，准确核算氨气排放量，是有效控制畜禽养殖业氨排放的基础和前提（王文林等，2018）。排放模型清单的基本结构是排放系数乘以活动水平（杨志鹏，2008），活动水平即研究区内的畜禽种群分类及年内饲养数，排放系数为研究对象在某一时期内的氨气排放量，单位可以是 kg/（头·a）或 %（NH₃-N/TN）等，可见，排放系数的准确性直接关系到排放量估算的准确度。Buijsman 等（1987）首次使用排放系数与动物数量乘积的方法计算得到畜禽养殖业氨排放清单，由于饲料、粪肥管理模式、气候等带来的差异，通过该方法获得的氨气排放量准确度不高。随着研究水平的提高，研究人员开发了物质流模型、阶段排放模型等方法以便更加科学、准确地反映出畜禽养殖业大气氨的排放情况。

4.2.1 典型排放模型

（1）阶段排放模型　粪便是确定氨排放系数的直接物质载体，畜禽种类不同是粪便排泄量存在差异的主要因素，圈舍地面类型、垫料系统、清粪方式、粪肥管理模式、后续施肥等则是影响粪便中氨气排放量的重要因素。阶段排放模型将养殖全过程分阶段，由于不同阶段的氨排放影响因素不同，根据影响因素调整对应阶段的排放系数，将全部阶段加和最终得到氨排放量核算结果。国外研究中有分为圈养、粪肥储存、施用及放牧 4 个阶段的简单模型，也有增加了饲料配比、挤奶场/运动场排放、厩肥直接播撒、户外敞口罐储存、户外氧化塘储存等因子的详细方法，对粪肥管理不同阶段的氨排放量进行估算。

MAST 模型（Model for Ammonia System Transfers at the Farm Scale，MAST）为农场尺度使用阶段排放方法的典型模型（Ross et al.，2002），用于检验不同减排策略对于典型奶牛场的有效性。该模型包括放牧、圈养、粪肥储存、还田施用和氮肥 5 个子模块，以氮元素流为基础，分析不同形态氮的流向，模拟不同控制条件下的氨排放。模型需要输入牲畜年龄、数量、在畜舍内的生长期、养殖场大小、氮肥施用、牲畜圈养系统、粪肥储存和还田方式等基础信息，以便检验氨减排管理手段变化带来的减排效果；模型重点考虑粪污收集以及还田阶段的氨排放，综合考虑了不同粪肥管理阶段及不同饲养体系的氨排放量，相应排放系数数量会增加。同时，在畜禽舍内采取氨减排措施时，会导致后续粪便储存、还田阶段的氨排放量增加。此外，模型在模拟过程中会涉及大量的实际观测数据，在提高模型模拟结果的准确性的同时降低了使用效率。基于此，Webb等（2004）提出了将总铵态氮流转贯穿到整个饲养及粪肥管理周期中的排放清单编制模型——物质流模型。

（2）物质流模型　物质流模型是目前我国畜禽养殖氨排放的主流计算模型，模型基于氮元素流核算角度，考虑在养殖过程中，氮元素在摄入、消化、排出各阶段的形态及畜禽体内/体外氮总量的分配，构建起总氮转化为氨的比例联系。目前物质流模型从以总氮为核心已经转变为以总铵态氮（Total Ammoniacal Nitrogen，TAN）为核心的核算体系。相较于仅包括游离态氨和离子铵的氨氮而言，TAN包含了游离态氨、离子铵、尿素、尿酸等在内的一切可以转化为 NH_3 和 NH_4^+ 的铵态化合物（王文林等，2018）。模型大多使用整体系数法核算区域氨排放总量，该方法认为氨大多由畜禽排泄物中的 TAN 释放而来，氨排放量通过核算排泄物中的 TAN 分解量及氨挥发率计算得到，氨排放系数则为单位畜禽的氨排放量。畜禽排泄物中 TAN 量及各粪便管理阶段的氨挥发率是准确确定排放系数的关键。

自 20 世纪 80 年代开始，国外已经开发了多种基于氮元素流的氨排放核算模型，如瑞士 DYNAMO 动态氨模型（Dynamic Ammonia Model，DYNAMO）、丹麦氨排放模型（Danmark Ammonia Emission Inventory Model，DanAm）、荷兰粪肥和氨排放模型（Manure and Ammonia Emission Model，MAM）、英国国家氨减排措施评价系统（The National Ammonia Reduction Strategy Evaluation System，NARSES）、德国气态排放模型（Gaseous Emissions，GAS-EM）、美国化肥施用氨排放清单（Ammonia Emission Inventory for Fertilizer Application，AEIFA）、欧洲区域空气污染信息和模拟模型（Regional Air Pollution Information and Simulation，RAINS）等，这些模型多以农业氨气排放为主要研究对象，用于计算氨排放清单以及评估国家及区域尺度的减排潜力，并对减排措施提供经济及政策上的分析。

我国对氨排放的研究起步较晚，1994 年前后才开始有学者对我国的大气氨排放量进行估算，2005 年之后学者开始对区域及国家尺度的氨排放清单进行研究（王振刚等，2005），但大多直接采用国外已有的排放系数与计算方法，未能区分我国与其他国家地理气候、生产水平等的差异引起的排放系数不同，导致估算结果与实际情况偏差较大。为了更加准确估算我国畜禽养殖业氨气排放情况，我国研究者们在 RAINS 等模型的基础上，针对我国实际情况，核定了我国主要养殖畜禽类别的氮排泄量，并根据畜舍环境、粪污存储处理方式、粪肥管理过程等带来的影响，开始尝试对我国的畜禽氨排放系数进行本土化修正（刘东等，2007）。

原环境保护部于 2014 年 8 月发布了《大气氨源排放清单编制技术指南（试行）》（原环境保护部公告 2014 年第 55 号，以下简称《指南》）。《指南》立足于我国畜禽养殖业实际情况，依据阶段系数法，利用氮元素流模型，以单位质量总铵态氮（TAN）占大气氨形式排放氮的量的百分比表征氨排放系数（％TAN），给出了我国本土化的氨排放清单。

《指南》以动物排泄物为畜禽氨排放的主要来源，对区域温度、饲养周期、养殖阶段、养殖模式等因素进行了更加细致的划分，并分别对室内、户外的氨排放量给出了计算方法。目前，《指南》已普遍适用于我国国家及区域尺度上的畜禽养殖氨排放量核算。王文林等（2018）结合我国某生猪养殖场的实测数据，对比分析《指南》及欧盟给出的核算方法，研究表明《指南》的核算结果与实测折算值大致接近；鲁胜坤等（2022）利用《指南》的计算方法建立了浙江省 2013—2020 年畜禽养殖、氮肥施用、农田生态系统、人类排泄、工业生产、燃料燃烧等 9 大人为源的氨排放清单，其中畜禽养殖氨排放结果在 95% 置信区间下的不确定度为 ±15.3%～±21.5%，说明排放系数的选取具有较好的准确性；方利江等（2023）采用排放系数法，使用《指南》中排放系数的推荐值，计算得到 2008—2020 年京津冀及周边地区畜禽养殖、氮肥施用、人体排放、燃料燃烧等 10 个人为源氨排放清单，畜禽养殖氨排放结果在 95% 置信区间下的不确定度最小，为 -6.89%～7.21%，说明排放系数及活动水平的选取具有较高的准确性。

综合而言，基于物质流模型的国内外畜禽养殖氨排放清单编制思路大致相同——以总氮/TAN 为核心，考虑进入养殖及粪便管理各阶段的氨的挥发率，进而得到氨排放系数，以排放系数和活动水平的乘积得到氨气排放量。物质流模型大多以国家或区域为研究尺度，不能较好地反映出畜禽舍构造、粪便处理方法、还田施用方法等差异引起的排放系数不同，导致计算结果与实际存在一定出入。我国《指南》同样存在这个问题，但由于其对畜禽饲养阶段（牛、羊<1 年或>1 年，猪<75d 或>75d）、养殖模式（散养、集约化养殖、放牧）、排泄物形态（固态、液态）及粪便管理阶段（户外、圈舍内、粪便存储处理、后续施肥）等因素作出了更加细致的划分，并充分考虑我国国土面积广阔、气候区跨度大的特征，增加了温度因子对圈舍环节氨排放系数的影响，同时提出在清单制定过程中如有地方 TAN 量及氨挥发率等监测数据应优先使用，从而有效提高了清单的准确性以及适用性（王文林等，2018）。

《指南》的颁布为我国本土氨排放的计算提供了规范指导，但我国幅员辽阔，东西、南北向领土跨度较大，导致了各地区气候及地理条件存在较大差异，在畜禽养殖品种、饲料配比、养殖类型、粪污存储处理模式等方面均具有一定的差别，从而导致畜禽粪污的排泄量、成分比例不同。本节基于物质流计算模型，以《指南》中给出的本土化阶段排放系数为基准，参考文献研究对相关参数进行修正，得到以 g NH$_3$／（头·d）为单位的氨排放系数。同时，以典型规模化鸡场、猪场、牛场的氨排放实测结果，对《指南》及修正后的模型进行验证，并综合相关文献研究，分析规模化养殖场不同减排措施的减排效率，以期为畜禽养殖场尺度下氨排放量的预测及氨减排措施的制定提供技术支撑。

4.2.2　基于规模化畜禽养殖场尺度的氨气排放清单优化研究

对于规模化畜禽养殖场，畜禽排泄物一般在养殖场内收集、处理，将其排放清单分为圈舍内、粪便存储处理两个阶段，并对粪污的形态进行区分。则氨气排放计算公式为：

$$E = E_{圈舍-液态} + E_{圈舍-固态} + E_{存储-液态} + E_{存储-固态} \qquad (4-1)$$

式（4-1）中，E 为规模化养殖场的氨气排放量，g NH$_3$/d。

$$E_{圈舍-液态} = A \times ef_{圈舍-液态} \qquad (4-2)$$

$$E_{圈舍-固态}＝A×ef_{圈舍-固态} \tag{4-3}$$
$$E_{存储-液态}＝A×ef_{存储-液态} \tag{4-4}$$
$$E_{存储-固态}＝A×ef_{存储-固态} \tag{4-5}$$

式（4-2）～（4-5）中，A 为活动水平，即某种畜禽类别的年内饲养量，头/只；ef 为不同粪便管理阶段及不同排泄物形态下的大气氨排放系数，$g\ NH_3/d$。

4.2.2.1　活动水平（A）的确定

活动水平定义为特定畜禽种类的年内饲养量，即在目标年内存活且产生有效排放量的畜禽数量。对于饲养周期大于 1 年（365d）的畜禽，年内饲养量可视为统计数据中的"年底存栏数"；对于饲养期小于 1 年的畜禽，年内饲养量用统计数据中的"出栏数"表示。

4.2.2.2　排放系数（ef）的计算方法

排放系数（emission factors，ef）为单位活动水平排放的大气污染物的量。畜禽氨排放系数受到温度、粪污形态和存储处理方式等各种因素的影响。动物排泄物为畜禽氨排放的主要来源，是决定排放系数的主要因素。本清单根据国内研究及《指南》给出的畜禽粪尿排泄量、含氮率、铵态氮比例、动物种群的饲养时长进行修正，得到畜禽年总铵态氮（TAN）排泄量，计算公式为：

$$TAN_x＝（F_x×n_f×m_f＋U_x×n_u×m_u）×1\,000 \tag{4-6}$$

式（4-6）中，TAN_x 为畜禽的日总铵态氮排泄量，$g/$〔头（只）·d〕；F_x 为畜禽每日粪便排泄量，$kg/$〔头（只）·d〕；U_x 为畜禽每日尿液排泄量，$kg/$〔头（只）·d〕；n_f 为粪便中的含氮率，$\%$；n_u 为尿液中的含氮率，$\%$；m_f 为粪便中的铵态氮比例，$\%$；m_u 为尿液中的铵态氮比例，$\%$。

根据不同温度下，不同粪肥管理阶段及粪污状态的氨挥发比例，参考《指南》中的计算方法，核定不同阶段的排放系数。

$$ef_{圈舍-液态}＝TAN_x×EF_{圈舍-液态}×X_{液}×1.214 \tag{4-7}$$
$$ef_{圈舍-固态}＝TAN_x×EF_{圈舍-固态}×（1－X_{液}）×1.214 \tag{4-8}$$
$$ef_{存储-液态}＝TAN_x×EF_{存储-液态}×X_{液}×（1－EF_{圈舍-液态}）×1.214 \tag{4-9}$$
$$ef_{存储-固态}＝TAN_x×EF_{存储-固态}×（1－X_{液}）×（1－EF_{圈舍-固态}）×1.214$$
$$\tag{4-10}$$

式（4-7）～式（4-10）中，$ef_{圈舍-液态}$、$ef_{圈舍-固态}$、$ef_{存储-液态}$、$ef_{存储-固态}$ 为不同粪便管理阶段及粪污状态下的氨排放系数，$g/$〔头（只）·d〕；TAN_x 为畜禽的日总铵态氮排泄量，$g/$〔头（只）·d〕；$EF_{圈舍-液态}$、$EF_{圈舍-固态}$、$EF_{存储-液态}$、$EF_{存储-固态}$ 为不同粪便管理阶段及粪污状态下的氨挥发比例，$\%TAN$；$X_{液}$ 为液态粪肥占总粪肥的质量比重，规模化养殖中畜类取 50%，禽类取 0；1.214 为氮—大气氨转换系数，畜禽养殖业取 1.214。

由于本清单面向规模化畜禽养殖场的氨气排放量计算，在计算氨气年排放量时，需要与养殖场实际饲养周期相乘。

（1）畜禽的日总铵态氮排泄量 TAN_x　除禽类外，家畜的排泄物均由粪、尿两部分构成，地理区域、畜禽类别、体重、饲养阶段等因素都会影响动物的粪污排泄量，且粪和尿中氮的存在形式不同，含氮率不同，所含铵态氮比例也有所差异。铵态氮比例定义为铵态氮占畜禽粪尿全氮量中的比率，参考《指南》中推荐值。因此，畜禽粪尿中的全氮含量是确定氨排放系数的关键之一。

自 2009 年以来，《第一次全国污染源普查畜禽养殖业源产排污系数手册》（以下简称《一污普》）、《指南》、《排放源统计调查产排污核算方法和系数手册（农业污染源产排污系数手册）》（生态环境部公告 2021 年第 24 号，以下简称《手册》）、《排污许可证申请与核发技术规范 畜禽养殖业》（HJ 1029—2019）（以下简称《排污许可技术规范》）等相关手册或规范中均有对畜禽粪尿全氮量的统计数据。表 4-2 以奶牛、肉牛、蛋鸡为例，分析了各手册或规范中，全国 31 个省份相应畜禽种类的平均统计数据，进而为确定全氮量水平提供依据。

表 4-2　畜禽粪尿全氮量统计结果对照

依据	全国 31 个省份畜禽粪尿全氮量平均值 {g/[头（只）·d]}			是否根据地理区域进行统计	是否根据畜禽饲养阶段进行统计	备注
	奶牛（>1a）	肉牛（>1a）	蛋鸡			
《一污普》	250.04	108.53	1.17	是	是	产污系数为不同地域、不同畜种、不同饲养阶段，在一定参考体重下的系数，可根据畜禽实际体重进行折算
《指南》	323.00	166.00	1.96	否	是	全氮量根据不同饲养周期下畜禽粪尿排泄量中的含氮量（%）进行计算
《手册》	179.05	83.70	1.51	是	否	为不同省市规模化养殖场的畜禽粪尿全氮量统计结果，手册按照生长期给出其污染物产生量
《排污许可技术规范》	281.00	107.60	1.20	否	否	为 2019 年起实施的国家环境标准，给出了规模化养殖场畜禽粪尿中的污染物含量

根据上表可以看出，《一污普》的统计结果虽已经过去十余年，但与《手册》差别不大，且与 2019 年出台的《排污许可技术规范》中给出的推荐值差异很小。同时，《一污普》针对我国六大地理区，给出了不同畜禽类别、不同饲养阶段下的粪尿全氮量统计结果，对统计数据的划分更加精细。畜禽养殖项目环评应核算的污染物排放源强为各种工况下的最大排放源强，同时核算的排放总量将作为污染物排放总量控制的重要依据，如果源强核算偏小，可能会导致例行监测超标或污染物排放总量超标，产生环境违法行为。

综合分析，本清单 TAN 计算相关参数参考《一污普》中的统计结果进行修正，详见表 4-3。值得注意的是，《一污普》给出的产污系数是根据不同畜禽在特定的饲养阶段和体重下测定的数据获得，在实际计算中，养殖场内的畜禽在不同生长阶段的平均体重与参考体重可能不符，需按照以下公式进行折算：

$$FP\ (FD)_{site} = FP\ (FD)_{default} \times W_{site}^{0.75} / W_{default}^{0.75} \qquad (4-11)$$

式（4-11）中，$FP\ (FD)_{site}$ 为折算后的产污系数；$FP\ (FD)_{default}$ 为《一污普》系数表中给出的产污系数；W_{site} 为动物实际体重，kg；$W_{default}$ 为《一污普》中给出的动物参考体重，kg。

表4-3　基于《一污普》的各类畜禽（猪、牛、鸡）粪污排泄物铵态氮量（TAN）产生情况

区域	畜禽类别	饲养阶段	参考体重[kg/头（只）]	粪便量{kg/[头（只）·d]}	尿液量{L/[头（只）·d]}	全氮量{g/[头（只）·d]}	铵态氮比例（%）	日铵态氮排泄量TAN$_x$ {g/[头（只）·d]}
华北区（北京、天津、河北、山西、内蒙古）	生猪	保育（<75d）	27	1.04	1.23	20.40	70	14.28
		育肥（>75d）	70	1.81	2.14	33.23	70	23.26
		妊娠	210	2.04	3.58	43.66	70	30.56
	奶牛	育成牛（<1a）	375	14.83	8.19	121.68	60	73.01
		产奶牛（>1a）	686	32.86	13.19	274.23	60	164.54
	肉牛	育肥牛（<1a）	406	15.01	7.09	72.74	60	43.64
		育雏育成	1.2	0.08	—	0.66	70	0.46
	蛋鸡	产蛋鸡	1.9	0.17	—	1.42	70	0.99
	肉鸡	商品鸡	1.0	0.12	—	1.27	70	0.89
东北区（黑龙江、吉林、辽宁）	生猪	保育（<75d）	23	0.58	1.57	26.03	70	18.22
		育肥（>75d）	74	1.44	3.62	57.70	70	40.39
		妊娠	175	2.11	6.00	78.67	70	55.07
	奶牛	育成牛（<1a）	312	15.67	7.23	110.95	60	66.57
		产奶牛（>1a）	665	33.47	15.02	257.70	60	154.62
	肉牛	育肥牛（<1a）	372	13.89	8.78	150.81	60	90.49
		育雏育成	1.0	0.06	—	0.67	70	0.47
	蛋鸡	产蛋鸡	1.5	0.10	—	1.12	70	0.78
	肉鸡	商品鸡	1.6	0.18	—	1.85	70	1.30
华东区（山东、江苏、安徽、上海、浙江、江西、福建）	生猪	保育（<75d）	32	0.54	1.02	11.35	70	7.95
		育肥（>75d）	72	1.12	2.55	25.40	70	17.78
		妊娠	232	1.58	5.06	39.60	70	27.72
	奶牛	育成牛（<1a）	370	15.09	6.81	107.77	60	64.66
		产奶牛（>1a）	540	31.60	15.24	214.51	60	128.71
	肉牛	育肥牛（<1a）	462	14.80	8.91	153.47	60	92.08
		育雏育成	1.2	0.07	—	0.84	70	0.59
	蛋鸡	产蛋鸡	1.7	0.15	—	1.06	70	0.74
	肉鸡	商品鸡	2.4	0.22	—	1.02	70	0.71
中南区（河南、湖北、湖南、广东、广西、海南）	生猪	保育（<75d）	27	0.61	1.88	19.83	70	13.88
		育肥（>75d）	74	1.18	3.18	44.73	70	31.31
		妊娠	218	1.68	5.65	51.15	70	35.81
	奶牛	育成牛（<1a）	328	16.61	11.02	139.76	60	83.86
		产奶牛（>1a）	624	33.01	17.98	353.41	60	212.05
	肉牛	育肥牛（<1a）	316	13.87	9.15	65.93	60	39.56
		育雏育成	1.3	0.12	—	0.96	70	0.67
	蛋鸡	产蛋鸡	1.8	0.12	—	1.16	70	0.81
	肉鸡	商品鸡	0.6	0.06	—	0.71	70	0.50

（续）

区域	畜禽类别	饲养阶段	参考体重 [kg/头（只）]	粪便量 {kg/[头（只）·d]}	尿液量 {L/[头（只）·d]}	全氮量 {g/[头（只）·d]}	铵态氮比例（%）	日铵态氮排泄量 TANx {g/[头（只）·d]}
西南区（重庆、四川、贵州、云南、西藏）	生猪	保育（<75d）	21	0.47	1.36	10.97	70	7.68
		育肥（>75d）	71	1.34	3.08	19.74	70	13.82
		妊娠	238	1.41	4.48	22.02	70	15.41
	奶牛	育成牛（<1a）	370	15.09	6.81	107.77	60	64.66
		产奶牛（>1a）	540	31.60	15.24	214.51	60	128.71
	肉牛	育肥牛（<1a）	431	12.10	8.32	104.10	60	62.46
		育雏育成	1.3	0.12	—	0.96	70	0.67
	蛋鸡	产蛋鸡	1.8	0.12	—	1.16	70	0.81
	肉鸡	商品鸡	0.6	0.06	—	0.71	70	0.50
西北区（新疆、青海、甘肃、宁夏、陕西）	生猪	保育（<75d）	30	0.77	1.84	21.49	70	15.04
		育肥（>75d）	65	1.56	2.44	36.77	70	25.74
		妊娠	195	1.47	4.06	40.79	70	28.55
	奶牛	育成牛（<1a）	378	10.50	6.50	108.03	60	64.82
		产奶牛（>1a）	670	19.26	12.13	185.89	60	111.53
	肉牛	育肥牛（<1a）	431	12.10	8.32	104.10	60	62.46
		育雏育成	1.2	0.06	—	0.67	70	0.47
	蛋鸡	产蛋鸡	1.5	0.10	—	1.12	70	0.78
	肉鸡	商品鸡	1.6	0.18	—	1.85	70	1.30

由于《一污普》、《手册》、《排污许可技术规范》中仅给出了猪、牛、鸡粪尿全氮量的统计结果，对于羊、鸭、鹅等畜禽没有进行统计，其 TAN 产生情况参考《指南》给出的参数进行计算，见表4-4。

表4-4　基于《指南》的羊、鸭、鹅粪污排泄物铵态氮量（TAN）产生情况

畜禽类别	排泄量 {kg/[头（只）·d]}		含氮量（%）		全氮量 {g/[头（只）·d]}	铵态氮比例（%）	日铵态氮排泄量 TANx {g/[头（只）·d]}
	尿液	粪便	尿液	粪便			
肉牛（>1年）	10.0	20.0	0.9	0.38	166.0	60	99.60
山羊、绵羊（<1年）	0.66	1.5	1.35	0.75	20.16	60	12.10
山羊、绵羊（>1年）	0.75	2.6	1.35	0.75	29.63	50	14.81
蛋鸭	—	0.13	—	1.10	1.43	70	1.00

（续）

畜禽类别	排泄量 {kg/［头（只）·d］}		含氮量（%）		全氮量 {g/［头/（只）·d］}	铵态氮比例（%）	日铵态氮排泄量 TANx {g/［头/（只）·d］}
	尿液	粪便	尿液	粪便			
蛋鹅	—	0.13	—	0.55	0.72	70	0.50
肉鸭	—	0.10	—	1.10	1.10	70	0.77
肉鹅	—	0.10	—	0.55	0.55	70	0.39

（2）畜禽粪污的氨挥发比例 EF

动物粪尿在排泄后，经自然挥发或微生物分解作用下产生氨气，圈舍及粪污存储处理场所是规模化畜禽养殖场氨挥发的主要场所。氨挥发比例是指粪尿排泄后在圈舍内及进入粪污存储处理场所中的挥发氨占粪尿中 TAN 的比例，单位为%TAN。

畜禽养殖阶段、温度、粪污处理方式等因素制约着氨气的排放。其中，畜禽饲养阶段与其采食量息息相关，随着体重的增长，动物日均蛋白质摄入量增加，其代谢产生的尿酸、尿素增多，进而增加了氨挥发比例；当温度升高时，粪尿中的脲酶活性增强，促进了尿素分解，进而使氨气排放量增加；动物排泄物由畜禽舍清理后，养殖场采取的处理方式主要包括固液分离技术、堆肥处理和普通堆放处理，根据处理技术与处理后粪尿的存在形态不同，存储场所可分为氧化塘（液态）、堆放池（棚）（固态）和堆肥场所（固态）（张祎，2020）。

本清单给出的氨挥发比例以畜禽饲养阶段、粪污形态、饲养场所温度及粪污处理方式的类型为划分原则，主要参考《指南》给出的参数。存储阶段的 EF 根据无害化处置方式进行划分，参照相关文献中集约化养殖条件下的氨挥发比例进行修正，见表 4-5。

表 4-5 畜禽养集约化养殖氨挥发比例

单位：%TAN

畜禽类别	$EF_{圈舍-液态}$			$EF_{圈舍-固态}$			$EF_{存储-液态}$	$EF_{存储-固态}$	
	T<10℃	10~20℃	T>20℃	T<10℃	10~20℃	T>20℃	氧化塘	堆放	堆肥
（肉牛、奶牛、山羊、绵羊）<1年	4.7[a]	7[a]	9.3[a]	4.7[a]	7[a]	9.3[a]	15.8[b]	0.9[d]	39[e]
（肉牛、奶牛、山羊、绵羊）>1年	9.3[a]	14[a]	18.7[a]	9.3[a]	14[a]	18.7[a]	15.8[b]	0.9[d]	39[e]
母猪	8.9[a]	14.3[a]	19.7[a]	8.9[a]	14.3[a]	19.7[a]	28.33[c]	7.83[d]	41.5[f]
肉猪<75d	9.5[a]	15.6[a]	21.7[a]	9.5[a]	15.6[a]	21.7[a]	28.33[c]	7.83[d]	41.5[f]

（续）

畜禽类别	EF圈舍—液态			EF圈舍—固态			EF存储—液态	EF存储—固态	
	T<10℃	10～20℃	T>20℃	T<10℃	10～20℃	T>20℃	氧化塘	堆放	堆肥
肉猪>75d	11.3[a]	18.5[a]	25.7[a]	11.3[a]	18.5[a]	25.7[a]	28.33[c]	7.83[d]	41.5[f]
蛋鸡、蛋鸭、蛋鹅	0	0	0	19.7[a]	35.9[a]	44.9[a]	0	3.7[a]	12.05[g]
肉鸡、肉鸭、肉鹅	0	0	0	22.2[a]	40.3[a]	50.4[a]	0	0.8[a]	12.05[g]

注：EF 为排放系数，单位为%TAN。EF圈舍—液态、EF圈舍—固态：粪便排出阶段，室内环境下液态、固态粪便的氨挥发率；EF存储—液态、EF存储—固态：存储阶段，液、固态粪便氨挥发率。a 为《指南》中给出的氨挥发比例；b 见参考文献 Chadwick，2005；c 见参考文献 Stinn et al.，2014；d 见参考文献朱海生等，2017；e 见参考文献 LIM et al.，2017；f 见参考文献 Szanto et al.，2007；g 见参考文献陈伟，2016。

（3）规模化畜禽养殖场氨气排放系数 ef 规模化畜禽养殖场圈舍及存储阶段的氨气排放系数由公式（4-7）～公式（4-10）计算得出，相关参数的选取参照表4-3～表4-5。不同地理区下各牲畜类别的氨气排放系数见表4-6，对于生猪、奶牛、肉牛、蛋鸡、肉鸡，表4-6中列出的为标准参考体重下的排放系数。若养殖场给出了畜禽实际体重，需根据公式（4-11），将表4-3中的 TAN 进行折算，再通过公式（4-7）～公式（4-10）计算排放系数。

4.2.3 基于规模化畜禽养殖场尺度的氨气排放清单应用实证研究

4.2.3.1 实证方法及参数选取

分别以典型规模化养鸡场、猪场、牛场的实测折算氨排放系数对本清单及《指南》给出的排放系数进行验证。根据养殖场特征选取本清单和《指南》方法中规模化养殖场的相关参数，分别核算氨排放系数〔单位为 g/〔头（只）·d〕〕，并将计算值与实测折算系数进行差异分析，包括年均值及不同季节下的排放系数。

对于不同季节的监测值，将本清单及《指南》的计算值在实测值的范围内定义为"范围内"，以"（-）"表示；低于/高于实测最低、最高值的20%范围内定义为"稍低"、"稍高"，以"（-1）"或"（+1）"表示；计算值低于/高于实测最低、最高值的20%～50%范围内定义为较低、较高，以"（-2）"或"（+2）"表示；计算值低于/高于实测最低、最高值的50%以上定义为很低、很高，以"（-3）"或"（+3）"表示。对于氨排放系数的年均值，将本清单及《指南》的计算值低于或高于年均值的10%范围内定义为范围内，以"（-）"表示；低于或高于年均值的10%～30%范围定义为稍低、稍高，以"（-1）"或"（+1）"表示；低于或高于年均值的30%～50%范围内定义为较低、较高，以"（-2）"或"（+2）"表示；低于或高于年均值的50%以上定义为很低、很高，以"（-3）"或"（+3）"表示。

对于规模化养殖场的氨排放量计算，本清单与《指南》均以畜舍内及固液粪污的储存环节作为评价对象，对排放系数（ef）的计算见前文公式（4-6）～公式（4-10）。其中，确定 TAN 及 EF 依据的参数见表4-7、表4-8。

表 4-6 规模化畜禽养殖场氨气排放系数

单位：g/[头（只）·d]

区域	畜禽类别	参考体重(kg)	ef圈舍-液态 圈舍温度 T<10℃	10~20℃	T>20℃	ef圈舍-固态 圈舍温度 T<10℃	10~20℃	T>20℃	ef存储-液态（氧化塘）圈舍温度 T<10℃	10~20℃	T>20℃	ef存储-固态（堆放）圈舍温度 T<10℃	10~20℃	T>20℃	ef存储-固态（堆肥）圈舍温度 T<10℃	10~20℃	T>20℃
	肉牛<1a	406	1.25	1.85	2.46	1.25	1.85	2.46	3.99	3.89	3.80	0.23	0.22	0.22	9.85	9.61	9.37
	奶牛<1a	375	2.08	3.10	4.12	2.08	3.10	4.12	6.67	6.51	6.35	0.38	0.37	0.36	16.47	16.07	15.68
	山羊、绵羊<1a	—	0.35	0.51	0.68	0.35	0.51	0.68	1.11	1.08	1.05	0.063	0.061	0.060	2.73	2.66	2.60
	肉牛>1a	—	5.62	8.46	11.31	5.62	8.46	11.31	8.66	8.21	7.77	0.49	0.47	0.44	21.39	20.28	19.17
	奶牛>1a	686	9.29	13.98	18.68	9.29	13.98	18.68	14.31	13.57	12.83	0.82	0.77	0.73	35.33	33.50	31.67
	山羊、绵羊>1a	—	0.84	1.26	1.68	0.84	1.26	1.68	1.29	1.22	1.15	0.073	0.070	0.066	3.18	3.02	2.85
华北区	母猪	210	1.65	2.65	3.65	1.65	2.65	3.65	4.79	4.50	4.22	1.32	1.24	1.17	7.61	6.60	6.18
	肉猪<75d	27	0.82	1.35	1.88	0.82	1.35	1.88	2.22	2.07	1.92	0.61	0.57	0.53	3.26	3.04	2.82
	肉猪>75d	70	1.60	2.61	3.63	1.60	2.61	3.63	3.55	3.26	2.97	0.98	0.90	0.82	5.20	4.78	4.35
	蛋鸡（育雏育成）	1.2	0	0.11	0.25	0.11	0.20	0.25	0	0	0	0.017	0.013	0.011	0.054	0.043	0.037
	蛋鸡（产蛋鸡）	1.9	0	0.24	0.54	0.24	0.43	0.54	0	0	0	0.036	0.029	0.025	0.12	0.093	0.080
	蛋鸭	—	0	0.24	0.55	0.24	0.44	0.55	0	0	0	0.036	0.029	0.025	0.12	0.094	0.081
	蛋鹅	—	0	0.12	0.27	0.12	0.22	0.27	0	0	0	0.018	0.014	0.012	0.059	0.047	0.040
	肉鸡	1.0	0	0.24	0.54	0.24	0.43	0.54	0	0	0	0.006 7	0.005 2	0.004 3	0.10	0.078	0.065
	肉鸭	—	0	0.21	0.47	0.21	0.38	0.47	0	0	0	0.005 8	0.004 5	0.003 7	0.088	0.067	0.056
	肉鹅	—	0	0.10	0.24	0.10	0.19	0.24	0	0	0	0.002 9	0.002 2	0.001 9	0.044	0.034	0.028

（续）

区域	畜禽类别	参考体重（kg）	ef圈舍—液态 圈舍温度			ef圈舍—固态 圈舍温度			ef存储—液态（氧化塘）圈舍温度			ef存储—固态 圈舍温度（堆放）			ef存储—固态 圈舍温度（堆肥）		
			T<10℃	10~20℃	T>20℃	T<10℃	10~20℃	T>20℃	T<10℃	10~20℃	T>20℃	T<10℃	10~20℃	T>20℃	T<10℃	10~20℃	T>20℃
	肉牛<1a	372	2.58	3.84	5.11	2.58	3.84	5.11	8.27	8.07	7.87	0.47	0.46	0.45	20.41	19.92	19.43
	奶牛<1a	312	1.90	2.83	3.76	1.90	2.83	3.76	6.08	5.94	5.79	0.35	0.34	0.33	15.02	14.66	14.29
	山羊、绵羊<1a	—	0.35	0.51	0.68	0.35	0.51	0.68	1.11	1.08	1.05	0.063	0.061	0.060	2.73	2.66	2.60
	肉牛>1a	—	5.62	8.46	11.31	5.62	8.46	11.31	8.66	8.21	7.77	0.49	0.47	0.44	21.39	20.28	19.17
	奶牛>1a	665	8.73	13.14	17.55	8.73	13.14	17.55	13.45	12.75	12.06	0.77	0.73	0.69	33.20	31.48	29.76
	山羊、绵羊>1a	—	0.84	1.26	1.68	0.84	1.26	1.68	1.29	1.22	1.15	0.073	0.070	0.066	3.18	3.02	2.85
	母猪	175	2.98	4.78	6.59	2.98	4.78	6.59	8.63	8.12	7.61	2.39	2.24	2.10	12.64	11.89	11.14
东北区	肉猪<75d	23	1.05	1.73	2.40	1.05	1.73	2.40	2.84	2.64	2.45	0.78	0.73	0.68	4.15	3.87	3.59
	肉猪>75d	74	2.77	4.54	6.30	2.77	4.54	6.30	6.16	5.66	5.16	1.70	1.56	1.43	9.02	8.29	7.56
	蛋鸡（育雏育成）	1.0	0	0	0	0.11	0.20	0.26	0	0	0	0.017	0.014	0.012	0.055	0.044	0.038
	蛋鸡（产蛋鸡）	1.5	0	0	0	0.19	0.34	0.43	0	0	0	0.028	0.023	0.019	0.092	0.074	0.063
	蛋鸭	—	0	0	0	0.24	0.44	0.55	0	0	0	0.036	0.029	0.025	0.12	0.094	0.081
	蛋鸡	—	0	0	0	0.12	0.22	0.27	0	0	0	0.018	0.014	0.012	0.059	0.047	0.040
	肉鸡	1.6	0	0	0	0.35	0.63	0.79	0	0	0	0.009 8	0.007 5	0.006 2	0.15	0.11	0.094
	肉鸭	—	0	0	0	0.21	0.38	0.47	0	0	0	0.005 8	0.004 5	0.003 7	0.088	0.067	0.056
	肉鸡	—	0	0	0	0.10	0.19	0.24	0	0	0	0.002 9	0.002 2	0.001 9	0.044	0.034	0.028

（续）

区域	畜禽类别	参考体重(kg)	ef圈舍—液态 圈舍温度 T<10℃	ef圈舍—液态 圈舍温度 10~20℃	ef圈舍—液态 圈舍温度 T>20℃	ef圈舍—固态 圈舍温度 T<10℃	ef圈舍—固态 圈舍温度 10~20℃	ef圈舍—固态 圈舍温度 T>20℃	ef存储—液态（氧化塘） 圈舍温度 T<10℃	ef存储—液态（氧化塘） 圈舍温度 10~20℃	ef存储—液态（氧化塘） 圈舍温度 T>20℃	ef存储—固态（堆放） 圈舍温度 T<10℃	ef存储—固态（堆放） 圈舍温度 10~20℃	ef存储—固态（堆放） 圈舍温度 T>20℃	ef存储—固态（堆肥） 圈舍温度 T<10℃	ef存储—固态（堆肥） 圈舍温度 10~20℃	ef存储—固态（堆肥） 圈舍温度 T>20℃
	肉牛<1a	462	2.63	3.91	5.20	2.63	3.91	5.20	8.42	8.21	8.01	0.48	0.47	0.46	20.77	20.27	19.77
	奶牛<1a	370	1.84	2.75	3.65	1.84	2.75	3.65	5.91	5.77	5.62	0.34	0.33	0.32	14.59	14.24	13.88
	山羊、绵羊<1a	—	0.35	0.51	0.68	0.35	0.51	0.68	1.11	1.08	1.05	0.063	0.062	0.060	2.73	2.66	2.60
	肉牛>1a	—	5.62	8.46	11.31	5.62	8.46	11.31	8.66	8.21	7.77	0.49	0.47	0.44	21.39	20.28	19.17
	奶牛>1a	540	7.27	10.94	14.61	7.27	10.94	14.61	11.20	10.62	10.04	0.64	0.60	0.57	27.63	26.20	24.77
	山羊、绵羊>1a	—	0.84	1.26	1.68	0.84	1.26	1.68	1.29	1.22	1.15	0.073	0.070	0.066	3.18	3.02	2.85
	母猪	232	1.50	2.41	3.31	1.50	2.41	3.31	4.34	4.09	3.83	1.20	1.13	1.06	6.36	6.00	5.62
	肉猪<75d	32	0.46	0.75	1.05	0.46	0.75	1.05	1.24	1.15	1.07	0.34	0.32	0.30	1.81	1.69	1.57
	肉猪>75d	72	1.22	2.00	2.77	1.22	2.00	2.77	2.71	2.49	2.27	0.75	0.69	0.63	3.97	3.65	3.33
华东区	蛋鸡（育雏育成）	1.2	0	0	0	0.14	0.26	0.32	0	0	0	0.021	0.017	0.015	0.069	0.055	0.047
	蛋鸡（产蛋鸡）	1.7	0	0	0	0.18	0.32	0.40	0	0	0	0.027	0.021	0.018	0.087	0.070	0.060
	蛋鸭	—	0	0	0	0.24	0.44	0.55	0	0	0	0.036	0.029	0.025	0.12	0.094	0.081
	蛋鹅	—	0	0	0	0.12	0.22	0.27	0	0	0	0.018	0.014	0.012	0.059	0.047	0.040
	肉鸡	2.4	0	0	0	0.19	0.35	0.44	0	0	0	0.005 4	0.004 1	0.003 4	0.081	0.062	0.052
	肉鸭	—	0	0	0	0.21	0.38	0.47	0	0	0	0.005 8	0.004 5	0.003 7	0.088	0.067	0.056
	肉鹅	—	0	0	0	0.10	0.19	0.24	0	0	0	0.002 9	0.002 2	0.001 9	0.044	0.034	0.028

（续）

区域	畜禽类别	参考体重(kg)	ef圈舍—液态 圈舍温度			ef圈舍—固态 圈舍温度			ef存储—液态 圈舍温度(氧化塘)			ef存储—固态 圈舍温度(堆放)			ef存储—固态 圈舍温度(堆肥)		
			T<10℃	10~20℃	T>20℃	T<10℃	10~20℃	T>20℃	T<10℃	10~20℃	T>20℃	T<10℃	10~20℃	T>20℃	T<10℃	10~20℃	T>20℃
	肉牛<1a	316	1.13	1.68	2.23	1.13	1.68	2.23	3.62	3.53	3.44	0.21	0.20	0.20	8.92	8.71	8.49
	奶牛<1a	328	2.39	3.56	4.73	2.39	3.56	4.73	7.66	7.48	7.29	0.44	0.43	0.42	18.92	18.46	18.01
	山羊、绵羊<1a	—	0.35	0.51	0.68	0.35	0.51	0.68	1.11	1.08	1.05	0.063	0.062	0.060	2.73	2.66	2.60
	肉牛>1a	—	5.62	8.46	11.31	5.62	8.46	11.31	8.66	8.21	7.77	0.49	0.47	0.44	21.39	20.28	19.17
	奶牛>1a	624	11.97	18.02	24.07	11.97	18.02	24.07	18.45	17.49	16.53	1.05	1.00	0.94	45.53	43.17	40.81
	山羊、绵羊>1a	—	0.84	1.26	1.68	0.84	1.26	1.68	1.29	1.22	1.15	0.073	0.070	0.066	3.18	3.02	2.85
	母猪	218	1.93	3.11	4.28	1.93	3.11	4.28	5.61	5.28	4.94	1.55	1.46	1.37	8.22	7.73	7.24
	肉猪<75d	27	0.80	1.31	1.83	0.80	1.31	1.83	2.16	2.01	1.87	0.60	0.56	0.52	3.16	2.95	2.74
	肉猪>75d	74	2.15	3.52	4.88	2.15	3.52	4.88	4.78	4.39	4.00	1.32	1.21	1.11	7.00	6.43	5.86
中南区	蛋鸡（育雏育成）	1.3	0	0	0	0.16	0.29	0.37	0	0	0	0.024	0.019	0.017	0.079	0.063	0.054
	蛋鸡（产蛋鸡）	1.8	0	0	0	0.19	0.35	0.44	0	0	0	0.029	0.023	0.020	0.095	0.076	0.065
	蛋鸭	—	0	0	0	0.24	0.44	0.55	0	0	0	0.036	0.029	0.025	0.12	0.094	0.081
	蛋鹅	—	0	0	0	0.12	0.22	0.27	0	0	0	0.018	0.014	0.012	0.059	0.047	0.040
	肉鸡	0.6	0	0	0	0.13	0.24	0.30	0	0	0	0.003 8	0.002 9	0.002 4	0.057	0.043	0.036
	肉鸭	—	0	0	0	0.21	0.38	0.47	0	0	0	0.005 8	0.004 5	0.003 7	0.088	0.067	0.056
	肉鹅	—	0	0	0	0.10	0.19	0.24	0	0	0	0.002 9	0.002 2	0.001 9	0.044	0.034	0.028

（续）

区域	畜禽类别	参考体重(kg)	ef圈舍—液态 圈舍温度 T<10℃	10~20℃	T>20℃	ef圈舍—固态 圈舍温度 T<10℃	10~20℃	T>20℃	ef存储—液态（氧化塘）圈舍温度 T<10℃	10~20℃	T>20℃	圈舍温度（堆放）T<10℃	10~20℃	T>20℃	ef存储—固态 圈舍温度（堆肥）T<10℃	10~20℃	T>20℃
西南区	肉牛<1a	431	1.78	2.65	3.53	1.78	2.65	3.53	5.71	5.57	5.43	0.33	0.32	0.31	14.09	13.75	13.41
	奶牛<1a	370	1.84	2.75	3.65	1.84	2.75	3.65	5.91	5.77	5.62	0.34	0.33	0.32	14.59	14.24	13.88
	山羊，绵羊<1a	—	0.35	0.51	0.68	0.35	0.51	0.68	1.11	1.08	1.05	0.063	0.062	0.060	2.73	2.66	2.60
	肉牛>1a	—	5.62	8.46	11.31	5.62	8.46	11.31	8.66	8.21	7.77	0.49	0.47	0.44	21.39	20.28	19.17
	奶牛>1a	540	7.27	10.94	14.61	7.27	10.94	14.61	11.20	10.62	10.04	0.64	0.60	0.57	27.63	26.20	24.77
	山羊，绵羊>1a	—	0.84	1.26	1.68	0.84	1.26	1.68	1.29	1.22	1.15	0.073	0.070	0.066	3.18	3.02	2.85
	母猪	238	0.83	1.34	1.84	0.83	1.34	1.84	2.41	2.27	2.13	0.67	0.63	0.59	3.54	3.33	3.12
	肉猪<75d	21	0.44	0.73	1.01	0.44	0.73	1.01	1.20	1.11	1.03	0.33	0.31	0.29	1.75	1.63	1.51
	肉猪>75d	71	0.95	1.55	2.16	0.95	1.55	2.16	2.11	1.94	1.77	0.58	0.54	0.49	3.09	2.84	2.59
	蛋鸡（育雏育成）	1.3	0	0	0	0.16	0.29	0.37	0	0	0	0.024	0.019	0.017	0.079	0.063	0.054
	蛋鸡（产蛋鸡）	1.8	0	0	0	0.19	0.35	0.44	0	0	0	0.029	0.023	0.020	0.095	0.076	0.065
	蛋鸭	—	0	0	0	0.24	0.44	0.55	0	0	0	0.036	0.029	0.025	0.12	0.094	0.081
	蛋鹅	—	0	0	0	0.12	0.22	0.27	0	0	0	0.018	0.014	0.012	0.059	0.047	0.040
	肉鸡	0.6	0	0	0	0.13	0.24	0.30	0	0	0	0.003 8	0.002 9	0.002 4	0.057	0.043	0.036
	肉鸭	—	0	0	0	0.21	0.38	0.47	0	0	0	0.005 8	0.004 5	0.003 7	0.088	0.067	0.056
	肉鹅	—	0	0	0	0.10	0.19	0.24	0	0	0	0.002 9	0.002 2	0.001 9	0.044	0.034	0.028

（续）

区域	畜禽类别	参考体重 (kg)	ef圈舍—液态 圈舍温度 T<10℃	10~20℃	T>20℃	ef圈舍—固态 圈舍温度 T<10℃	10~20℃	T>20℃	ef存储—液态（氧化塘）圈舍温度 T<10℃	10~20℃	T>20℃	ef存储—固态（堆肥）圈温度 T<10℃	10~20℃	T>20℃	ef存储—固态（堆肥）圈舍温度 T<10℃	10~20℃	T>20℃
	肉牛<1a	431	1.78	2.65	3.53	1.78	2.65	3.53	5.71	5.57	5.43	0.33	0.32	0.31	14.09	13.75	13.41
	奶牛<1a	378	1.85	2.75	3.66	1.85	2.75	3.66	5.92	5.78	5.64	0.34	0.33	0.32	14.62	14.27	13.92
	山羊、绵羊<1a	—	0.35	0.51	0.68	0.35	0.51	0.68	1.11	1.08	1.05	0.063	0.062	0.060	2.73	2.66	2.60
	肉牛>1a	—	5.62	8.46	11.31	5.62	8.46	11.31	8.66	8.21	7.77	0.49	0.47	0.44	21.39	20.28	19.17
	奶牛>1a	670	6.30	9.48	12.66	6.30	9.48	12.66	9.70	9.20	8.70	0.55	0.52	0.50	23.95	22.71	21.47
	山羊、绵羊>1a	—	0.84	1.26	1.68	0.84	1.26	1.68	1.29	1.22	1.15	0.073	0.070	0.066	3.18	3.02	2.85
	母猪	195	1.54	2.48	3.41	1.54	2.48	3.41	4.47	4.21	3.94	1.24	1.16	1.09	6.55	6.16	5.78
	肉猪<75d	30	0.87	1.42	1.98	0.87	1.42	1.98	2.34	2.18	2.03	0.65	0.60	0.56	3.43	3.20	2.97
	肉猪>75d	65	1.77	2.89	4.02	1.77	2.89	4.02	3.93	3.61	3.29	1.09	1.00	0.91	5.75	5.28	4.82
西北区	蛋鸡（育雏育成）	1.2	0	0	0	0.11	0.20	0.26	0	0	0	0.017	0.014	0.012	0.055	0.044	0.038
	蛋鸡（产蛋鸡）	1.5	0	0	0	0.19	0.34	0.43	0	0	0	0.028	0.023	0.019	0.092	0.074	0.063
	蛋鸭	—	0	0	0	0.24	0.44	0.55	0	0	0	0.036	0.029	0.025	0.12	0.094	0.081
	蛋鸡	—	0	0	0	0.12	0.22	0.27	0	0	0	0.018	0.014	0.012	0.059	0.047	0.040
	肉鸡	1.6	0	0	0	0.35	0.63	0.79	0	0	0	0.009 8	0.007 5	0.006 2	0.15	0.11	0.094
	肉鸭	—	0	0	0	0.21	0.38	0.47	0	0	0	0.005 8	0.004 5	0.003 7	0.088	0.067	0.056
	肉鸡	—	0	0	0	0.10	0.19	0.24	0	0	0	0.002 9	0.002 2	0.001 9	0.044	0.034	0.028

表 4-7 本清单与《指南》方法确定 TAN 依据参数

畜禽类别	方法	参考体重 kg/[头(只)]	F_x {kg/[头(只)·d]}	U_x {kg/[头(只)·d]}	n_f (%)	n_u (%)	TN {g/[头(只)·d]}	m_f (%)	m_u (%)	TAN_x {g/[头(只)·d]}
蛋鸡	本清单	1.7	0.15	—	—	—	1.06	70	—	0.74
	《指南》	—	0.12	—	1.63	—	1.96	70	—	1.37
肉猪>75d	本清单	72	1.12	2.55	—	—	25.4	70	70	17.78
	《指南》	—	1.5	3.2	0.34	0.4	17.9	70	70	12.53
奶牛>1a	本清单	540	31.6	15.24	—	—	214.51	60	60	128.71
	《指南》		40	19	0.38	0.9	323	60	60	193.80

注：F_x. 畜禽每日粪便排泄量；U_x. 畜禽每日尿液排泄量；n_f. 粪便中的含氮率；n_u. 尿液中的含氮率；TN. 畜禽粪尿中的全氮量；m_f. 粪便中的铵态氮比例；m_u. 尿液中的铵态氮比例；TAN_x. 畜禽的日总铵态氮排泄量。

表 4-8 本清单与《指南》方法确定 EF 依据的参数

畜禽类别	方法	EF圈舍—液态			EF圈舍—固态			EF存储—液态	EF存储—固态	
		T<10℃	10~20℃	T>20℃	T<10℃	10~20℃	T>20℃	氧化塘	堆放	堆肥
奶牛>1a	本清单	9.3	14	18.7	9.3	14	18.7	15.8	0.9	39
	《指南》	9.3	14	18.7	9.3	14	18.7	15.8	4.2	
肉猪>75d	本清单	11.3	18.5	25.7	11.3	18.5	25.7	28.33	7.83	41.5
	《指南》	11.3	18.5	25.7	11.3	18.5	25.7	3.8	4.6	
蛋鸡	本清单	0	0	0	19.7	35.9	44.9	0	3.7	12.05
	《指南》	0	0	0	19.7	35.9	44.9	0	3.7	

4.2.3.2 验证对象概况

(1) 某规模化养鸡场 高宗源（2022）于 2020 年对上海市奉贤区庄行镇玉章禽蛋专业合作社养鸡场的鸡舍及堆肥棚的氨排放情况进行了实测。该养鸡场建有各类鸡舍，常年饲养蛋鸡、种鸡、草鸡，其中蛋鸡养殖棚舍采用笼养模式，夏秋两季采用机械通风，春冬两季自然通风，单只产蛋鸡的平均重量为 1.9kg。养殖场的粪污处理使用自动刮粪装置，采用干清粪模式。从养殖规模、养殖模式及粪便管理模式上，该养殖场能够代表长三角地区典型规模化鸡场的生产、治理和排放特征。该研究选取产蛋鸡舍及蛋鸡堆肥棚为监测对象，采用电化学传感器对不同季节的蛋鸡舍内及堆肥棚的氨气浓度进行连续监测，结合气象学热压通风模型获取了养殖场的氨气排放系数。研究期间蛋鸡舍内温度见表 4-9。

表 4-9 某规模化养鸡场棚舍内温度情况

指标	春季	夏季	秋季	冬季
蛋鸡舍内温度（℃）	12.39±2.59	26.11±1.12	20.46±2.13	12.15±1.73

(2) 某规模化养猪场 陈园（2017）于 2016—2017 年对上海市奉贤区某典型集约化

生猪养殖场的猪舍及粪污储存设施的氨排放情况进行了实测。该养猪场常年存栏1 300头生产母猪，采用自繁自养的生产模式，年最大可出栏商品猪2.5万头，常年存栏量为1.3万头。该研究选取一间猪舍、一个堆肥场及一个无渗漏沼液污水存放池为试验监测点位，在春、夏、秋、冬季对不同粪污管理阶段的氨排放开展监测。所选猪舍主要饲养育肥猪，体重为42～85kg，生长日龄达到170日出栏；栏舍通风方式为春、秋、冬季自然通风，夏季机械通风；棚舍地面类型为水泥实心地面，清粪方式为干清粪，粪污处理方式为固体粪便经堆肥发酵产生有机肥，污水经厌氧发酵后贮存并还田施用。研究期间猪舍温度及生猪重量相关参数见表4-10。

表4-10 某规模化养猪场棚舍内温度及牲畜情况

指标	春季	夏季	秋季	冬季
舍内温度（℃）	22.1	32.3	18.2	16.0
日龄（d）	85～97	137～157	123～142	88～104
平均体重（kg）	42	85	75	46

（3）某规模化牛场 周忠强（2019）于2018—2019年对上海市金山区吕巷镇甘巷三新村振华奶牛场的牛舍及粪污储存设施的氨排放情况进行了实测。该奶牛场采用自繁自养的养殖生产模式，奶牛年存栏量1 180头，2/3的奶牛月龄达到18个月以上。研究选取场内的一间奶牛棚舍、一间粪便堆肥棚与场区内的污水贮存池作为试验监测点位，在春、夏、秋、冬季对不同粪污管理阶段的氨排放开展监测。所选奶牛棚舍饲养的奶牛养殖周期均在1年以上；棚舍为半敞开式，春、秋、冬季采用自然通风模式，春、秋季棚舍内温度接近但高于外界环境温度，冬季棚舍内温度高于外界环境温度，夏季采取机械通风模式对棚舍进行降温通风，棚舍内年均温度约为21℃；棚舍地面结构为混凝土防渗地面，采用人工清粪的方式，对粪便进行干湿分离处理，并对棚舍内清洗水及奶牛尿液进行固液分离，污水经厌氧发酵后贮存于污水贮存池内，待后续还田利用，粪便经堆肥后进行还田利用。牛舍温度及奶牛重量相关参数见表4-11。

表4-11 某规模化牛场棚舍内温度及牛只情况

指标	春季	夏季	秋季	冬季
舍内温度（℃）	21.18	29.7	25.85	6.05
月龄	22～42	19～45	21～48	24～51
平均体重	687～735	673～739	661～727	672～742

4.2.3.3 实证结果

典型规模化蛋鸡场、猪场、牛场大气氨排放系数的实证结果见表4-12。

表 4 - 12　典型规模化养殖场不同监测季节大气氨排放系数实证结果

畜禽类别	粪污管理环节	方法	排放系数 ｛g/［头（只）·d］｝				平均值 ｛g/［头（只）·d］｝
			春季	夏季	秋季	冬季	
产蛋鸡	圈舍环节	本清单	0.35（—）	0.44（-1）	0.44（—）	0.35（+3）	0.40（+1）
		《指南》	0.60（+2）	0.75（—）	0.75（+2）	0.60（+3）	0.68（+3）
		实测[a]	0.13～0.42	0.55～0.82	0.29～0.50	0.046～0.20	0.35
	存储环节（堆肥）	本清单	0.076（—）	0.065（—）	0.065（—）	0.076（—）	0.071（-1）
		《指南》	0.039（—）	0.034（-2）	0.034（-2）	0.039（—）	0.037（-3）
		实测[a]	0.032～0.17	0.063～0.36	0.053～0.19	0.015～0.092	0.088
	全过程（圈舍+存储）	本清单	0.43（—）	0.51（-1）	0.51（—）	0.43（+2）	0.47（+1）
		《指南》	0.64（+1）	0.78（—）	0.78（+1）	0.64（+3）	0.71（+3）
		实测[a]	0.16～0.59	0.61～1.18	0.34～0.69	0.061～0.29	0.42
肉猪 >75d	圈舍环节	本清单	3.70（—）	6.28（-2）	4.12（-1）	2.86（-1）	4.24（-2）
		《指南》	3.90（—）	3.90（—）	2.82（-2）	2.82（-2）	3.36（-3）
		实测[b]	3.60～5.87	10.96～13.11	4.86～13.40	3.15～6.44	7.97
	存储环节（液态）	本清单	1.52（—）	2.57（—）	2.57（+2）	1.78（—）	2.11（+1）
		《指南》	0.21（-3）	0.21（-3）	0.24（—）	0.24（—）	0.23（-3）
		实测[b]	0.70～2.08	1.65～3.05	0.61～1.84	0.73～2.45	1.68
	存储环节（堆肥）	本清单	2.22（+1）	3.77（+3）	3.76（+2）	2.61（+3）	3.09（+3）
		《指南》	0.26（—）	0.26（—）	0.29（—）	0.29（—）	0.28（—）
		实测[b]	1.38～2.04	1.64～2.24	1.58～2.94	1.19～1.54	1.80
	全过程（圈舍+存储）	本清单	7.44（—）	12.62（-1）	10.45（—）	7.25（—）	9.44（-1）
		《指南》	4.37（-2）	4.37（-2）	3.35（—）	3.35（-2）	3.86（-2）
		实测[b]	5.68～9.99	14.25～18.40	7.05～18.18	5.07～10.43	11.45
奶牛 >1a	圈舍环节	本清单	35.92（-1）	35.72（-1）	35.26（—）	17.78（—）	31.17（-1）
		《指南》	44（—）	44（—）	44（—）	21.88（—）	38.47（—）
		实测[c]	10.9～69.7	39.1～57.4	21.1～55.1	8.2～32.7	36.11
	存储环节（液态）	本清单	12.34（—）	12.27（-1）	12.11（—）	/	12.24（-3）
		《指南》	15.11（—）	15.11（—）	15.11（—）	/	15.11（-2）
		实测[c]	10.0～54.1	13.8～57.3	10.0～37.3	因故未监测	26.28
	存储环节（堆肥）	本清单	30.45（+2）	30.29（—）	29.90（+2）	33.82（+3）	31.12（+2）
		《指南》	4.02（-2）	4.02（-3）	4.02（-2）	4.48（—）	4.14（-3）
		实测[c]	7.0～24.3	17.9～59.5	5.6～22.0	4.3～17.7	21.08
	全过程（圈舍+存储）	本清单	78.71（—）	78.28（—）	77.27（—）	51.6（+1）	71.47（-1）
		《指南》	63.13（—）	63.13（-1）	63.13（—）	26.36（—）	57.72（-2）
		实测[c]	27.9～148.1	70.8～174.2	36.7～114.4	12.5～50.4	83.47

注：a. 采用电化学传感器，对蛋鸡舍和粪便堆肥棚舍进行连续监测，根据季节气象条件，选取具有代表性的时间段开展氨气排放监测研究；b. 采用在线电化学传感器、光离子化检测（PID）结合手工采样实验室分析方法，在具有代表性的季节时间段对肉猪棚舍养殖、粪便堆肥、污水贮存 3 个主要氨排放环节进行监测；c. 采用在线电化学传感器法辅以纳氏试剂分光光度法，在具有代表性的季节对奶牛棚舍养殖、粪便堆肥、污水贮存 3 个主要氨排放环节进行监测，由于粪污处理系统升级改造，污水贮存环节冬季氨排放未做监测。

由表 4-12 可知，本清单在不同畜禽类别、不同粪污管理环节、不同监测季节的氨排放系数的计算值与实测折算值的差异小于《指南》计算结果。在不同粪污管理环节方面，畜类（肉猪、奶牛）存储环节与实测折算值差异较大。其中，肉猪存储环节（堆肥）氨排放系数平均值很高，奶牛存储环节（液态）氨排放系数平均值很低、存储环节（堆肥）氨排放系数平均值较高。在不同的监测季节方面，春季、冬季的计算结果优于夏季、秋季的计算结果，夏季畜禽圈舍环节氨排放系数普遍偏低。

总体看来，按照本清单选取的参数核算出的全过程（圈舍＋存储环节）氨排放系数表现为禽类稍高于实测折算系数，畜类稍低于实测折算系数，而《指南》核算出的氨排放系数与实测结果差异较为显著，表现为蛋鸡排放系数很高、肉猪很低、奶牛较低。对于规模化畜禽养殖场全过程的氨气排放量计算，依据修正后的本清单排放系数与实际监测值的误差在 30% 以内，说明本清单排放系数的选取有着较好的准确性。

4.2.3.4 分析与讨论

目前，基于物质流模型的氨排放核算方法是我国畜禽养殖氨排放核算的主要手段，其中圈舍环节是规模化养殖场氨排放主要阶段，确定准确的粪污总铵态氮含量（TAN）及氨挥发比例（EF）决定了清单的精确度。自《指南》发布以来，第一次给出了适用于我国畜禽养殖业的氨排放系数及参数，并在参数的选择方面优先选取了我国本土的测量结果，其次采用了国外同等条件下的测定结果（吴琼等，2018）。本清单在《指南》的基础上对畜禽粪污总氮含量、氨挥发比例进行了进一步修正，在实证结果的表现中优于《指南》计算结果。

在本清单中，畜禽粪尿的总氮排泄量根据养殖场所在区域，选用了《一污普》区域调查结果，进而有效提高了清单的准确性及适用性；本清单在圈舍内氨挥发比例参数的选取上与《指南》保持了一致，而存储阶段的氨挥发比例参考了文献中的参数，由于氨气挥发是畜禽粪便的固体堆放和堆肥过程中氮流失的主要表现形式，本清单将固态粪污的存储方式按照实际情况分为了"堆肥"和"堆放"两种模式。根据实测结果可以看出，本清单所选取的存储阶段氨挥发比例更为科学，《指南》选用的氨挥发比例过低，会导致粪污存储环节氨气排放量估算值过小。在实际堆肥过程中，温度是影响氨排放的重要因素，高宗源（2022）研究表明，相同饲养阶段下，氨排放系数与挥发率和浓度具有一致性，夏季高温导致堆肥微生物活性较高，氨挥发速率和浓度也更高，氨排放系数也随之增加。而本研究通过《指南》给出的公式（4-10）计算存储阶段的氨排放系数与圈舍环节挂钩，温度越高，圈舍环节的氨挥发比例越大，存储阶段的排放系数越小。因此，在存储阶段的验证中出现了冬季温度低，但排放系数大的结果，导致计算得到的冬季氨排放系数较大，使得氨排放系数的年均值增高。

由于氨排放系数测定的专业性和复杂性，我国对于规模化畜禽养殖场氨排放系数的实测研究较少，本节所选取的养殖场也均集中在华东区，还需进一步对我国其他区域的氨排放系数进行实证研究。此外，表中的结果显示规模化畜禽养殖场夏季圈舍氨排放系数与实测值相比偏低较多，可能因为参数选取中圈舍环节氨挥发比例推荐值的适用温度为 $T > 20℃$，而实测夏季舍内平均温度在 30℃ 左右，高出推荐值 10℃，导致本清单核算结果低于实测折算系数，为了能够较好地反映夏季氨的排放，应通过实测研究，将温度阈值

区间进一步划分为 T 为 20～30℃、$T>30$℃。

本清单对于畜禽种类的划分参照《指南》中的分类方式，较为全面地考虑了我国畜禽种类、养殖模式、养殖阶段等氨排放的主要影响因素，且在系数的选择上因地制宜给出了不同地区的数值，实证结果表明，本清单排放系数的选取具有科学性，能够较好地用于规模化畜禽养殖场尺度的大气氨排放源强核算。

4.2.4 规模化畜禽养殖场氨气减排措施

规模化畜禽养殖场氨排放主要包括饲喂、圈舍及粪污存储处理设施 3 个环节，各环节具有不同的减排技术，通过选取具有减排潜力的养殖措施能够实现养殖场的氨减排。

（1）饲喂环节调控 规模化畜禽养殖场饲喂环节调控包括优化日粮配比、添加饲料改良剂、改善饲料配制及饲喂技术。由于畜禽排泄物中的氮主要来自饲料内没有被完全消化了的氮，因此应通过合理的饲料配比，提高饲料利用率，减少营养物质在粪便中的排出，进而从源头上减少氨的可能排放量。优化日粮配比主要包括减少日粮中的粗蛋白水平、在饲料中添加适量的粗纤维；添加饲料添加剂主要包括添加非淀粉多糖酶、酸性添加剂（硫酸钙、苯甲酸钙等）、丝兰提取物、沸石、益生菌等。此外，采取饲料粉碎、制粒等工艺也可以提高饲料的利用率，减少氮的流失，降低氨气排放。典型饲喂环节氨减排措施及其效率见表 4-13。

表 4-13　基于饲喂环节的氨减排技术清单

减排方式		减排率（%）	对应措施
减少粗蛋白水平		30	育肥猪饲料粗蛋白质水平从 16% 降低到 14%（Hansen et al.，2007）
		16	降低肉鸡日粮中 2% 的粗蛋白质含量（Ferguson et al.，1998）
提高饲料中粗纤维含量		48	向蛋鸡饲料中添加玉米酒糟，提高粗纤维含量 2.47%（Roberts et al.，2016）
		40	生猪饲料中粗纤维含量从 12.1% 提高到 18.5%（O'Shea et al.，2010）
饲料添加剂	苯甲酸	57	育肥猪饲料中添加 3% 的苯甲酸（Hansen et al.，2007）
		40	生长育肥猪饲料中添加 1% 的苯甲酸（Daumer et al.，2007）
	菊粉	34	育肥猪饲料中添加 15% 的菊粉（Hansen et al.，2007）
	活菌剂	40.3～56.5	生长猪日粮中添加 0.05% 的活菌剂（廖新娣等，2002）
	沸石	50	22～42 日龄肉鸡饲料中添加 5% 的沸石（吕东海等，2003）
	益生菌	50	添加 0.05%～0.2% 的含枯草杆菌、芽孢杆菌的益生菌添加剂（Wang et al.，2009）

（2）圈舍调控 规模化畜禽养殖场圈舍调控包括优化畜舍内部结构的设计、改善畜舍内的环境、改变清粪频率以及对外排气体的管控等。

圈舍环节的污染物排放与畜舍的设计息息相关，包括养殖场的选址、畜舍内的管道设计、日常管理、地面垫草垫料等方面。畜舍内的温度、湿度、通风量是影响舍内氨排放的关键因素。对猪舍而言，垫料型猪舍氨气排放量低于传统水泥地面、深坑系统的排放量，季节变化对自然通风猪舍内的氨气浓度有着明显的影响；对鸡舍来说，清粪频率、垫料使用时长、通风系统的优良性及季节的变化对氨气排放有着显著影响；对牛舍而言，舍内低温和配备刮粪板系统能够降低氨排放量。典型圈舍调控氨气减排措施及效率见表 4-14。

表 4-14　基于圈舍环节的氨减排技术清单

减排方式		减排率（%）	对应措施
调整畜舍结构	漏缝地板	20	猪舍内全漏缝改为 25% 漏缝面积（Aarnink et al.，1996）
		40	猪舍内全漏缝改为 37% 漏缝面积（Sun et al.，2010）
		11	猪舍内漏缝地板面积从 50% 减少至 25%（Sun et al.，2010）
	地板材质	10~40	金属或塑料的漏缝地板代替混凝土地板（Sun et al.，2010）
	清粪带系统	90	蛋鸡舍饲养方式由高床养殖改为清粪带系统（Liang et al.，2003）
改善舍内环境	舍内喷淋	11~19	猪舍、牛舍内采用舍内喷淋系统，降温增湿（王文林等，2021）
	环境温度		温度升高 1℃，畜禽圈舍内的氨气排放量增加 6%~7%（Aarnink et al.，1998）
	环境湿度		较高湿度使圈舍内垫料水分含量升高，易于发酵释放氨气（孙永波等，2017）
	环境通风量		选取最优温度与通风量的管理方式（Anjum et al.，2014）
清粪频率		46	提高 8 周/次清粪频率至 2~3d/次（白兆鹏等，2011）
垫料调节技术		60	自然通风的育肥猪中采用沙土（60%）和稻草（40%）混合垫料替代切碎的稻草（李新建等，2012）
		50	50cm 厚锯屑垫料增加至 70cm 厚（Groenestein et al.，1996）
		59.5	肉牛地面垫料添加脲酶抑制剂（Wang et al.，2009）
		41.3	垫料中添加褐煤添加剂（Sun et al.，2016）
外排气体管控	湿式除臭挡网	90~95	封闭式畜舍排出气体进行挡尘、过滤、水洗或酸洗除臭（刘学军等，2021）
	空气洗涤剂	90~99	酸洗涤塔中添加硫酸，使 pH 控制在 4 以内（Melse et al.，2005）
	生物滴滤系统	70	由潮湿的惰性填充物料（陶瓷、塑料）与附着在物料上的硝化细菌构成（Mudliar et al.，2010）
	生物过滤器	90	以堆肥和木屑为介质（Hood et al.，2015）

（3）粪污处理环节调控　规模化畜禽养殖场粪污存储处理环节的调控包括液体粪污的污水沼液贮存、固体粪便堆肥堆放等。该环节减排方式包括：①减少粪污挥发面积，主要手段为增加表面覆盖物、促进粪污表面结壳、增加存储池深度等；②降低粪污 pH；③减少对固态粪污堆存的扰动。典型粪污处理环节氨气减排措施及效率见表 4-15。

表 4-15　基于粪污存储处理环节的氨减排技术清单

减排方式	减排率（%）	对应措施
固液分离	90	储污池前增加固液分离（Stansbery A E et al.，2006）
调节粪污 pH	40.2~56.8	使用浓硫酸处理猪场沼液，降低 pH 至 5.5（黄丹丹，2013）
隔水覆盖	80~99	将不透水的材料（混凝土、木材、高密度聚乙烯等）覆盖在粪污上（Liu et al.，2014）

（续）

减排方式		减排率（%）	对应措施
透水覆盖	自然结壳	20～80	粪污表面自然风干，形成自然保护膜（Rose et al.，2011）
	稻草覆盖	37～90	将稻草、稻壳和果壳等低密度材料覆盖在粪污上（Blanes et al.，2009）
	轻质黏土覆盖	83～95	粪污存储池中加入轻质黏土颗粒（Ndegwa et al.，2008）
	土工布覆盖	0～37	在粪污表面覆盖一层土工布（Bicudo et al.，2004）
秸秆覆盖		58.6	牛粪污上堵盖一层7cm厚的小麦秸秆（Guarino et al.，2006）
密闭式堆肥		82.3	密闭反应器堆肥结合洗气塔的粪尿处理技术（刘娟等，2022）
		61.1	密闭反应器堆肥（刘娟等，2022）
堆肥添加生物添加剂		10.2～42.8	堆肥中加入高温耐氨微生物或氨氧化微生物（Cao et al.，2019）

4.2.5　小结与展望

本清单从畜禽粪尿中氮的排泄量及氨挥发比例入手，较为全面地考虑了我国畜禽种类、养殖模式、养殖阶段等氨排放影响因素，且给出了基于不同地域特征的系数。同时，选取了典型规模化鸡场、猪场、牛场，对清单的排放系数进行实证。实证结果表明，本清单排放系数的选取具有科学性，能够较好地用于规模化畜禽养殖场尺度的大气氨排放源强核算。需要说明的是，如果项目区域有反映地域特点的相关数据，宜优先采用该数据作为氨挥发源强核算依据。

清单中基础核心参数的本土化研究是未来重点研究方向，可重点围绕影响畜禽排泄物中总铵态氮量、氨挥发比例等因素开展实测研究，基于畜禽养殖阶段、舍内温度、湿度、通风及栏舍结构、清粪方式、粪污处理方式等不同特性，进一步优化适合我国国情的规模化畜禽养殖场氨排放系数。由于养殖动物种类繁多、养殖阶段存在差异、饲养条件各不相同，我国农业普查与统计数据目前难以划分到较细水平以满足排放清单核算需求，建议对不同畜禽品种进一步展开实测排放研究，并考虑畜禽品种对氨排放的贡献程度，优化清单排放系数结构，使之与农业普查数据和环境统计数据相匹配（王文林等，2018）。同时，进一步强化对各种减排措施的减排效率以及减排前后氨排放量变化的研究，编制基于减排措施的规模化畜禽养殖场氨排放清单。

4.3　粪污源强

养殖废水源强与所在区域特征、动物种类、养殖规模、饲养阶段、清粪工艺等多种因素有关，环境影响评价过程中应结合项目实际选择适当的经验数据确定污染源强。当没有相关数据时，可参考《畜禽养殖业污染治理工程技术规范》（HJ 497—2009）附录A。

本节重点对各环节用排水情况、粪污中涉及的干物质及氮磷养分流向进行分析。

4.3.1 用排水情况分析

畜禽养殖场用水环节主要包括饮用水、圈舍冲洗水、夏季喷淋降温水等。废水主要包括尿液、粪便、圈舍冲洗废水、喷淋降温废水等。废水产生量与畜禽场的养殖类别、养殖方式和养殖水平有关。一般而言，禽类养殖用水量较少，尿量也很少，由于禽尿与粪便混合排出体外，一般不单独计量，产生的废水主要是禽舍冲洗水；生猪和奶牛养殖过程中用水量较大，尿液、粪便含水、地面冲洗水、冲栏水是养殖废水的主要来源。

养殖废水具有有机物浓度高、水量大且排放集中等特点，本节以排水量较大的规模化奶牛、生猪、肉牛养殖场为例，给出各主要排水环节排污系数或排水量计算方法。

4.3.1.1 奶牛

我国奶牛养殖突出表现为规模化程度高、养殖体量大等特点，主要采用拴栏和散栏的非放牧式集中饲养方式。奶牛养殖方式决定了用水构成，一般包括饮用水、喷淋水、清洁用水以及消毒牛舍和设备的相关用水，用水结构表现为饮用水用量最多，其次为挤奶厅用水和喷淋用水，消毒清洁用水占比较小。因此，尿液、粪便含水、挤奶厅冲洗水、喷淋降温废水是奶牛养殖废水的主要来源。

（1）尿液 奶牛的排尿量受品种、年龄、饲料、季节和外界温度等因素的影响。《大气氨源排放清单编制技术指南（试行）》给出了不同养殖周期的奶牛尿液产生量，详见表 4-16。

表 4-16 奶牛尿液产生量

种类	饲养周期（d）	尿液排泄量［kg/（d·头）］
奶牛＜1a	365	5.0
奶牛＞1a	365	19.0

（2）粪便中含水 奶牛养殖对环境的污染突出表现为粪便排泄量大，粪便产生量与季节、饲料饲喂量、饲喂方式、个体重量等均有较大的相关性（杨前平等，2019）。新鲜牛粪含水率约为80%。

（3）挤奶厅清洗废水 挤奶厅清洗用水主要包括挤奶设备、贮运设备清洗和挤奶台、待挤区冲洗等。其中挤奶台和待挤区冲洗用水量较大，约6～12L/（头·d）；挤奶设备的清洗是挤奶厅清洗流程最关键的环节，一般用水量为6～10L/（头·d）；挤奶桶、盛奶桶、奶槽（缸）、运输奶罐及其管道等贮运设备每次使用后都需要清洗，清洗流程一般为：温水清洗→热碱（或酸）水循环清洗消毒→清水冲洗，用水量一般为3～5L/（头·d）（张克强等，2021）。

挤奶厅废水产生量一般按冲洗用水量的80%～90%计。

挤奶厅废水主要分为：待挤区冲洗水、挤奶区冲洗水、酸碱消毒液废水、贮运设备冲洗水。待挤区的水主要由牛粪、牛尿和清水组成，浓度较高、量大；挤奶区冲洗水主要由少量牛粪、牛尿、极少量消毒液和清水组成，浓度中等、量中等；酸碱消毒液废水由酸碱消毒液和清水组成，浓度极低、量少，但 pH 变化大，污水危害大；贮运设备冲洗水由残留奶液和清水组成，浓度较低、量极大，但易处理（张克强等，2021）。鉴于挤奶厅用水在奶牛场用水组成中排第二位（第一位为奶牛饮用水），为提高水的利用率，翟中葳等（2019）、赵润等（2018）、杨鹏等（2018）分别研究了清洗系统分类回收利用、系统节水杀菌和末端处理回用等设备，实现了出水的回用，达到了循环利用的目的。

(4) 喷淋降温废水 夏季，牛舍主要采用喷淋结合强制通风方式降温。

我国南北方温度、湿度差异较大，不同地区降温的主要方式也有所不同。北方地区，以"喷淋＋风扇"为主（张世功等，2010），喷淋系统喷淋水量为150～170L/h（李胜利等，2010），喷淋降温水蒸发损失量约占用水量的50%，废水产生量可按用水量的50%计。南方地区湿度较高，"湿帘＋风机"模式降温效果最佳（张瑞华等，2015）（图4-1）。

"湿帘＋风机"系统由湿帘、风机、水循环系统及控制装置组成，工作原理是湿帘墙对外界热空气蒸发吸热，负压风机将冷空气送到舍内，以此降低圈舍内整体温度。湿帘风机水循环使用，该系统耗水量包括湿帘系统蒸发损耗水量和由于水蒸发导致盐分增加所必需的适量排水。

图4-1 某养殖场"湿帘＋风机"系统

其中，湿帘蒸发耗水量计算公式为：

$$E = Q \times \rho \times (X_2 - X_1) / \rho_水 \tag{4-12}$$

式（4-12）中，E 为湿帘蒸发水量，m^3/h；Q 为温室设计总通风量，m^3/h；ρ 为空气密度，kg/m^3，一般取值范围为 $1.16 \sim 1.18kg/m^3$；X_1、X_2 为过湿帘前、后的每千克空气含湿量，kg/kg；$\rho_水$ 为水的密度，$10^3 kg/m^3$。

近年来，基于湿度指数（THI），温度、湿度和风速指数（ET）的自动控制系统得到广泛应用。张克强等（2021）研究表明，自动喷淋系统较传统喷淋系统有效降低了喷淋水用量。通过在京津地区两个牧场对夏季喷淋用水进行跟踪监测，对比红外感应喷淋系统与传统喷淋系统对水量、产奶量等的影响，结果表明采用红外感应喷淋系统使单个喷头耗水量从 630L/d 降低至 315L/d。

4.3.1.2 生猪

我国规模化生猪养殖场主要采用集约化饲养模式，即完全圈养制，养殖用水一般包括饮用水、圈舍冲洗水、喷淋水以及消毒用水，排水主要为尿液、粪便含水、猪舍冲洗废水。

（1）尿液 生猪的排尿量受年龄、体重、生理阶段和外界温度等因素的影响，如年龄与体重越小，排尿量越小；哺乳母猪较育肥猪饮水量大，排尿量也多。《大气氨源排放清单编制技术指南（试行）》给出了不同养殖阶段生猪的尿液产生量，见表 4-17。

表 4-17 生猪尿液产生量

生猪	饲养周期（d）	尿液排泄量［kg/（d·头）］
母猪	365	5.70
肉猪＜75d	75	1.20
肉猪＞75d	75	3.20

（2）粪便中含水 生猪新鲜粪便中含水率约为 65%。李开坤（2020）研究表明，通过采用精准量化饲喂方法，做到定时定量饲喂，可以控制饲料及营养的过量采食，从而减少粪便的产生量；在生猪日粮饲料中添加专用益生菌，可以提高饲料转化利用率，从而减少粪便的排泄量。

（3）猪舍冲洗废水 目前，我国规模化养猪场采用的清粪工艺主要包括水冲粪、水泡粪和干清粪 3 种。其中，水冲粪耗水量大、污染物浓度高；水泡粪较水冲粪节省用水，但粪水混合物浓度更高；干清粪产生的污水量少且污染物含量低，是目前比较理想的清粪工艺。根据《〈畜禽养殖业污染物排放标准〉（二次征求意见稿）编制说明》调研结果，规模化养猪场猪舍冲洗耗水量如表 4-18 所示。冲洗废水产生量一般按冲洗用水量的 80%～90% 计。

表 4-18 规模化养猪场猪舍冲洗耗水量

清粪工艺	水冲粪	水泡粪	干清粪
平均每头耗水量（L/d）	35～40	20～25	10～15

（4）喷淋降温废水 我国规模化养猪场夏季使用的降温措施主要为湿帘风机系统，其在我国南、北方均有良好的运行效果。王美芝等（2017）在北京市大兴区某猪场进行了对比试验，结果表明使用湿帘—风机系统降温效果优于单纯风机降温效果。齐飞等（2021）以海口地区规模 1 000 头的密闭式育肥猪舍为研究对象，对风机系统、湿帘风机系统、空调系统 3 种不同降温方式下的降温效果、舍内环境适宜度、能耗水平及成本进行研究，综合考虑，湿帘风机系统是最适合海口地区育肥猪舍的降温方式。

4.3.1.3 肉牛

我国肉牛生产主要分布于 4 个主产区，即东北产区、中原产区、西北产区和西南产区，肉牛养殖场用水一般包括饮用水、喷淋水以及消毒牛舍和设备的相关用水，因此，尿液、粪便含水、喷淋降温废水是肉牛养殖废水的主要来源。

（1）尿液 肉牛的排尿量受品种、年龄、饲料、季节和外界温度等因素的影响。参考《大气氨源排放清单编制技术指南（试行）》给出的不同养殖阶段肉牛尿液产生量，详见表 4-19。

表 4-19　肉牛尿液产生量

种类	饲养周期（d）	尿液排泄量 [kg/（d·头）]
肉牛＜1a	365	5.0
肉牛＞1a	365	10.0

（2）粪便中含水　肉牛粪便产生量与季节、饲料饲喂量、饲喂方式、个体重量等因素相关。新鲜粪便含水率约为 60%。

（3）喷淋降温废水　我国肉牛生产各产区气候状况不同。丁露雨等（2011）对全国不同地区 8 个肉牛场的牛舍夏季环境状况进行检测，研究结果表明，我国北方牛舍环境状况较好，中原地区环境状况次之，基本能满足肉牛生长育肥的环境需求，南方牛舍环境则存在高温高湿的问题。

鉴于我国不同地区肉牛舍夏季环境状况差异较大，肉牛舍夏季降温方式同奶牛舍，北方以"喷淋＋风扇"为主，南方采用"湿帘＋风机"模式降温效果更佳。

需要注意的是，部分省份制定了畜禽用水定额标准，畜禽单位基准用水量不得高于该地区畜禽用水定额标准限值；同时，《畜禽养殖业污染物排放标准》（GB 18596—2001）中规定了猪、鸡、牛 3 类畜禽冲水工艺、干清粪工艺的最高允许排水，畜禽单位基准排水量不应高于该标准限值。

4.3.2　干物质流向分析

干物质含量，又称总固体浓度（TS），包括可溶性固体和不可溶性固体，是指将一定量的原料放置在 $105\sim110℃$ 的干燥箱内，烘干至恒重，用烘干后样品质量与烘干前样品质量之比的百分率表示。

畜禽养殖场采用水泡粪、水冲粪等清粪方式的，一般设置固液分离机以方便对固液进行分类处理处置。为了减少人力运输成本，也为了改善场区环境，从源头避免粪便在场区运输过程中洒落，部分采用干清粪的养殖场采用水冲的方式，将干清出畜禽舍的粪便输送至粪污处理区，并利用固液分离机进行固液分离。

畜禽粪污中的干物质通过固液分离机进行分离，分离后的液体物质采用沼气工程进行资源化的，通常以干物质含量估算沼气产生潜力，以为后续沼气储存、利用设施设计提供技术参数（吴浩玮等，2020 年）。

固液分离机主要性能指标包括分离后固形物含水率及固形物去除率。根据现行《畜禽粪便固液分离机　质量评价技术规范》（NY/T 3119—2017），分离后固形物含水率应≤80%，固形物去除率：≥50%（牛粪水）、≥45%（猪粪水）、≥30%（鸡粪水）。粪污水固形物去除率计算公式为：

$$Q = [(1-a_3)\times(a_1-a_2)] / [a_1\times(1-a_2-a_3)] \times 100 \qquad (4-13)$$

式（4-13）中，Q 为固形物去除率，%；a_1 为粪污水含固率，%；a_2 为分离后粪污水含固率，%；a_3 为分离后固形物含水率，%。

因此，环评阶段，可根据建设单位拟选取固液分离机的性能测试指标，计算分离后粪污水含固率。

示例：某生猪养殖场，存栏 5 000 头生猪，粪便产生量按 1.24kg（d·头）估算，猪粪含水率取 65%，废水（不包括猪粪含水）产生量按 20t/d 计，所用固液分离机的固形物去除率取最低值 45%，分离后的固形物含水率取最高值 80%。经计算，粪污水含固率 a_1＝5 000 头×1.24kg（d·头）×（1−65%）/［5 000 头×1.24kg（d·头）＋20t/d］×100＝8.3%，则分离后粪污水含固率计算为：

45%＝［（1−80%）×（8.3%−a_2）］/［8.3%×（1−a_2−80%）］×100

则：a_2＝5.6%

固液分离后粪污水含固率为规模化畜禽养殖场沼气工程的重要参数，可作为沼气工程的设计依据。

4.3.3 氮、磷养分流向分析

畜禽粪尿中含有丰富的有机质和植物营养元素 N、P。生猪、奶牛、肉牛固体粪便中氮素占氮排泄总量的 50%，磷素占 80%；羊、家禽固体粪便中氮（磷）素占 100%。

对于畜禽粪污资源化利用的，需根据还田利用的粪肥中氮磷含量核算土地承载能力。《畜禽粪污土地承载力测算技术指南》中未结合畜禽粪污种类及具体工艺参数等条件给出 N、P 的留存率。本节主要分析在常见畜禽粪污肥料化处理工艺下，N、P 养分流向以及肥料中 N、P 的留存率，为土地承载力测算提供技术支撑。

4.3.3.1 堆肥发酵

畜禽粪尿 N、P 的排泄量大多集中在粪便中，采用干清粪工艺的畜禽养殖场，粪便一经产生便通过机械或人工收集、清除，清粪比例一般不低于 70%。堆肥发酵工艺是使清出的粪便达到无害化和腐熟的主要方法之一，畜禽粪便经堆肥腐熟发酵后，转化为无害、优质的有机肥，用以替代化肥，可以减少化肥的施用量。适量施用有机肥可以改善土壤结构，增加土壤有机质和农作物产量。

（1）氮素流向 畜禽粪便中含有不同形态的 N，包括无机 N 和有机 N，在畜禽粪便堆肥过程中，氮素的转化时刻发生，转化方式主要有 3 种：①丰富的有机氮在微生物的作用下发生氨化反应，N 转化成 NH_3 以气体形式排出。NH_3 挥发是堆肥氮素损失的主要形式，可达总氮损失的 32.3%～50.0%（周海瑛，2020）；②在堆肥过程中 N 元素被硝化细菌或亚硝化细菌利用，发生硝化反应，转化为 NO_3^- 或 NO_2^-；③N 元素被微生物体同化吸收，转化为有机 N。

畜禽粪便堆肥过程中主要的氮素转化与损失途径如图 4-2 所示：

堆肥是实现畜禽粪便处理及资源化利用的有效途径，然而畜禽粪便堆肥过程中氮素损失较严重，氮养分留存率较低。堆肥初期，堆体产生的小分子有机酸较多且释放的氨气较少，可以采用一些对氨有吸附性能的物质减少氮素损失；高温期 pH 较高，可减少通风或加水降温以减少氨挥发，或添加酸性物质固定氨以减少氮素损失；堆肥降温期，加入具有硝化功能的微生物以促进铵态氮的转化（黄向东等，2010）。

（2）磷素流向 畜禽粪便中的磷主要以有机磷为主，占总磷的 50%～60%，堆肥过程中 P 元素有 2 种转化方式：①P 元素被微生物体同化吸收，部分有机磷转化为有效磷（易被植物吸收利用的磷）；②有机质的分解消耗大量氧气，导致堆肥物料中形成局部厌氧环境，少量磷酸根被还原成 PH_3 以气体形式排出堆体（康健，2019）。

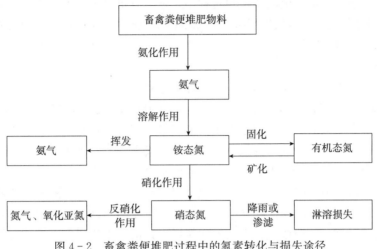

图 4-2 畜禽粪便堆肥过程中的氮素转化与损失途径

（黄向东等，2010）

4.3.3.2 厌氧发酵

厌氧发酵是微生物在厌氧条件下，将大分子有机物逐步分解成小分子有机物，最后产生沼气的过程，主要可分为水解、产酸和产甲烷 3 个阶段。沼液沼渣作为厌氧发酵的残留物，含有丰富的有机质和 N、P 等营养元素，是一种优质的有机肥。

（1）氮素流向　厌氧条件下，发酵原料中的有机氮经微生物作用可能发生氨化、厌氧氨氧化、反硝化等反应。发酵前期，物料中的大分子含氮有机物经氨化作用转变成可溶性的小分子含氮有机物和 NH_3；发酵后期，剩余大分子有机物难以被降解，而沼液中的有机氮继续被氨化生成 NH_4^+-N，同时 NH_4^+-N 转化成 NO_3^--N，在厌氧氨氧化和反硝化作用下使 NO_3^--N 转化成 N_2 和 NO_2 等气体挥发（刘烨，2018）。

（2）磷素流向　在厌氧发酵微生物的作用下，含磷有机物（如核酸、植酸等）被降解为小分子物质，其中的部分 P 被微生物吸收利用；同时，还有少量 P 被微生物还原成 PH_3，其余则以磷酸根的形式释放至发酵残留物中。释放的磷酸根，一部分被矿物质或其他固体物质吸附或沉淀，其余以可溶态存在于溶液中（付广青等，2013）。

4.3.3.3 固体贮存

畜禽粪便固体贮存堆置于棚舍或者裸露地面，是我国中小型养殖场和散养农户常用的畜禽粪便处理方式。固体贮存期间基本不进行翻堆且贮存时间长达几十天到几个月不等，经堆置的畜禽粪便腐熟程度较低。

（1）氮素流向　贮存前期，堆体温度较高，微生物代谢旺盛，有机氮化合物的分解产生了大量 NH_4^+-N，加快了 NH_3 的排放；堆料中的 NH_4^+-N 也大量进入到渗滤液中；同时，NH_4^+-N 能够通过硝化细菌转化为 NO_3^--N 或 NO_2^--N；且某些微生物能够将 NH_4^+-N 固定为含氮化合物（如氨基酸、核酸和蛋白质等）。贮存后期，鲜粪表面产生了硬壳，堆体形成厌氧环境，NO_3^--N 经反硝化作用进一步转化为 N_2O、N_2。NH_3 是奶牛粪便贮存过程中氮素损失的主要贡献者，其次是渗滤液造成的氮损失，N_2O、N_2 造成的氮损失相对较少（朱新梦等，2017）。

（2）磷素流向　畜禽粪便固体贮存过程中，含磷有机物被降解为小分子物质，部分 P 被微生物吸收利用，但由于堆体升温较慢，微生物生长代谢作用较弱，因此对磷的转化作用也相对较弱（卢健，2013）。

4.3.3.4　沼液贮存

沼液是厌氧发酵的液相残留物，占发酵原料总量的 85%～90%。沼液含有丰富的 N、P、K 营养元素，且主要以速效养分的形式存在，利用率高，是一种多元的高效有机复合肥。

我国沼气工程沼液的产量一般远大于沼渣产量，其排放具有量大、连续等特点，而土地对于沼液的需求具有季节性的变化，导致大量沼液无法及时被土地消纳，需经长时间贮存才可施用于农田。贮存过程中，沼液中营养元素会产生损失。

（1）氮素流向　沼液中的氮元素主要以 NH_4^+-N、NO_3^--N 和有机氮这 3 种形式存在，并处于动态平衡。沼液在储存期间，氮元素因转变为 NH_3、N_2、N_2O 而损失。

沼液密闭贮存时，初期在氨化菌的氨化作用下，沼液中残留的有机质分解，产生大量小分子有机氮和 NH_3 溶于沼液；随着残留氧浓度的减少，氨化作用逐渐减弱，有机氮溶解速率降低，而硝化、反硝化作用使 NH_4^+-N 快速转化为气体，N_2、N_2O 挥发速率增加；在后期，沼液中易水解有机质基本降解完全，氨化菌直接消耗沼液中的小分子有机氮产生 NH_3，同时 NH_4^+-N 被继续转化为 N_2、N_2O 挥发，氮素减少。

敞口储存时，氨化作用较强，有机质大量分解溶于沼液；随着易分解有机质被逐渐降解完全，沼液 TN 不再增加，而沼液有机氮继续氨化产生 NH_3 挥发，反硝化作用产生 N_2 或 N_2O 挥发，使氮素快速减少。

（2）磷素流向　沼液中 TP 浓度随贮存时间延长而下降，主要原因可能是：①被沼液中固体悬浮物吸附下沉；②磷酸根离子与沼液中的一些金属离子发生反应形成沉淀；③被沼液中的微生物吸收利用（丁京涛等，2016）。

4.3.3.5　氧化塘

氧化塘是一种自然处理系统，塘内存在着菌、藻和原生动物的共生系统，对废水中污染物的去除包括物理（絮凝、沉淀等）、化学（氧化、还原等）和生物过程（好/厌氧分解、硝化/反硝化等）。

（1）氮素流向　氧化塘中氮的转化方式主要有 3 种：①氧化塘表层废水中氧含量相对较高，水体中有机氮化合物在氨化菌的作用下被转化为 NH_3，以气体形式排出；②溶解于废水中的 NH_4^+-N 在亚硝酸菌的作用下被转化成 NO_2^--N，再经硝酸菌氧化为 NO_3^--N，随着水位的加深，在氧化塘缺氧层，NO_3^--N 在反硝化菌的作用下被转化为 N_2 排入大气；③N 元素被塘内微生物、浮游生物、藻类等吸收利用（王卉，2015）。

（2）磷素流向　在氧化塘系统中，磷元素的转移主要有两种途径，分别为生物吸收和化学沉降。①生物吸收：有机磷被微生物氧化分解，无机盐被微生物、藻类和水生植物吸收用于生长繁殖；②化学沉降：正磷酸盐形成沉淀沉积于氧化塘底泥中。

笔者通过收集、整理多位学者的试验数据及研究成果，汇总了常见肥料化处理工艺，及其在不同畜禽粪污种类、工艺参数条件下，N、P 元素的损失率及留存率；同时与《畜禽粪便土地承载力测算方法》（NY/T 3877—2021）中主要粪便处理方式养分留存率推荐数据进行对比，详见表 4-20。

表 4-20 常见畜禽粪污肥料化处理工艺下 N、P 元素损失及留存率

粪污处理方式	物料	工艺条件	发酵周期或堆肥贮存天数、水力停留时间（d）	氮素		磷素	
				损失率（%）	留存率（%）	损失率（%）	留存率（%）
堆肥发酵	生猪粪便（李来华等，2020）	好氧发酵桶仓	42	39.96	60.04	20	80
	奶牛粪便（朱新梦等，2017）	好氧堆肥反应槽	64	25.1	74.9	—	—
	NY/T 3877—2021 推荐值	—	—	—	68.5	—	76.5
厌氧发酵	鸡粪污（陈芬等，2021）	自制厌氧反应器，高温（55℃）发酵，固体质量分数为 10	68	9.18	90.82	—	—
	猪粪污（陈芬等，2021）			9.50	90.5	—	—
	牛粪污（陈芬等，2021）			7.31	92.69	—	—
	猪粪污（靳红梅等，2012）	CSTR 反应器，中温 [（37±2）℃] 发酵，固体质量分数为 3	130	12.2	87.8	—	—
	牛粪污（靳红梅等，2012）			11.5	88.5	—	—
	猪粪污（付广青等，2013）	CSTR 反应器，中温 [（37±2）℃] 发酵，固体质量分数为 3	130	—	—	2.96	97.04
	牛粪污（付广青等，2013）			—	—	2.44	97.56
	NY/T 3877—2021 推荐值	—	—	—	95.0	—	75.0
固体贮存	蛋鸡粪便（李路路，2017）	干有机玻璃桶内密封贮存，采用空压机供气	77	24	76	—	—
	肉鸡粪便（李路路，2017）			20	80	—	—
	奶牛粪便（朱新梦等，2017）	干反应槽内贮存，不翻堆、不通风、不覆盖	64	27.9	72.1	—	—
	生猪粪便（贾玉川，2020）	干塑料桶中自然贮存	28	0.9	91.1	1.38	98.62
	奶牛粪便（卢健，2013）	干塑料桶中自然贮存	25	—	—	堆体全磷含量较为稳定，波动幅度不大	—
	NY/T 3877—2021 推荐值	—	—	—	63.5	—	80.0

（续）

粪污处理方式	物料	工艺条件	发酵周期或贮存天数、水力停留时间 (d)	氮素 损失率 (%)	氮素 留存率 (%)	磷素 损失率 (%)	磷素 留存率 (%)
沼液贮存	鸡粪沼液（王静蕾等，2023）	自然条件下，密闭贮存	90	50.16	49.84	—	—
	猪粪沼液（张丽萍等，2018）	自然条件下，密闭贮存	28	40.9~46.31	53.69~59.1	35.62~53.61	46.39~64.38
	牛粪沼液（冯露，2021）	自然条件下，露天贮存	180	67.41	32.59	—	—
	牛粪沼液（丁京涛等，2016）	自然条件下，聚乙烯桶中贮存	90	—	—	61.28	38.72
	鸡粪沼液（丁京涛等，2016）		90	—	—	71.30	28.70
	NY/T 3877—2021 推荐值	—	—	—	75.0	—	90.0
氧化塘	奶牛粪污（赵佳浩，2021）	固液分离＋三级沉淀	3~4个月	14.88	85.12	30.18	69.82
	奶牛粪污（倪茹，2016）	固液分离	30~120d	—	—	6.06~41.1	58.9~93.94
	生猪粪污（Liu et al.，2014）	厌氧消化	54d	—	—	44	56
	NY/T 3877—2021 推荐值	—	—	—	75.0	—	75.0

总体来看，各处理方式下，畜禽粪污中氮、磷转化途径相似，氮元素主要包括氨化、硝化与反硝化、同化与吸收；磷元素主要包括同化与吸收、吸附与沉淀。从表 4 - 20 中可以看出，不同处理方式下，氮、磷养分留存率差异显著，即便是处理方式相同，也会由于畜禽粪污种类、粪污的处理周期、贮存方式、工艺参数等因素的不同而有较大差异。因此，在氮磷养分流向分析中应考虑上述差异性，以提高土地承载力核算的科学性。

　　同时，文献调研资料中的养分留存率，总体上与 NY/T 3877—2021 中推荐值相近，但是 NY/T 3877—2021 中沼液贮存方式磷的留存率推荐值较高。从土地承载养分安全角度考虑，在环境影响评价阶段，宜选取留存率较高的数值进行土地面积折算。同时，应进一步对基于不同畜禽种类、粪污处理方式、工艺条件等情景下的养分留存率进行科学研究，为土地承载力核算提供有力技术支撑。

5 畜禽养殖项目环境影响评价关键技术研究

5.1 选址的环境合理性分析

畜禽养殖项目选址的环境合理性,是开展环境影响评价的前提和基础,也是环境影响评价程序的第一步,是"一票否决项"。对于养殖种类、规模、工艺、污染处理方式等完全相同的建设项目,不同的选址,其环境敏感性不同,环境影响也不同。如果选址不具备环境合理性,即使采取相应污染防治措施,能够做到污染物达标排放,也可直接判定该项目环境不可行。因此,选址的环境合理性分析很必要,也很重要。

选址的环境合理性分析角度上至法律法规、相关规划与区划,再到依法划定的禁养区、"三线一单",还包括环评预测分析中设置的大气环境防护距离等。本节结合不同分析角度,剖析畜禽养殖项目选址的环境合理性。

5.1.1 符合法律法规相关要求

从环境合理性的角度,国家层面中畜禽养殖相关的法律法规对项目选址提出了一定的要求。主要要求如表 5-1。

表 5-1 国家畜禽养殖相关法律法规对选址的主要要求

现行法律法规名称、制修订时间	主要条款及其要求
《中华人民共和国环境保护法》(2014 年 4 月 24 日修正)	第四十九条:选址应符合有关法律法规规定
《中华人民共和国畜牧法》(2022 年 10 月 30 日修正)	第三十七条:国土空间规划编制中应考虑畜禽养殖用地需求
	第四十条:畜禽养殖场的选址应当符合国土空间规划、遵守有关法律法规;不得选址在禁养区
《中华人民共和国城乡规划法》(2019 年 4 月 23 日修正)	第十八条:乡规划、村庄规划的内容应当包括养殖场所建设的用地布局
《中华人民共和国水污染防治法》(2017 年 6 月 27 日修正)	第六十五~六十七条:规定了饮用水水源一级、二级保护区及准保护区内建设项目的选址要求
《畜禽规模养殖污染防治条例》(国务院令第 643 号)	第十一条:规定了禁止建设畜禽养殖场、养殖小区的区域,是畜禽养殖禁养区主要划分依据
《中华人民共和国自然保护区条例》(2017 年 10 月 7 日修正)	第三十二条:规定了自然保护区内建设项目的选址要求
《风景名胜区管理条例》(2006 年 12 月 1 日起施行)	第三十条:规定了风景名胜区内建设项目的选址要求

上述法律法规中关于畜禽养殖场选址要求主要包括以下两方面：

(1) 符合国土空间规划 2019 年 5 月 23 日发布的《中共中央 国务院关于建立国土空间规划体系并监督实施的若干意见》中提出了建立国土空间规划体系的要求。2022 年新修订的《中华人民共和国畜牧法》明确了国土空间规划中应根据本地情况，安排畜禽养殖用地，为畜禽养殖业提供用地保障。因此，畜禽养殖项目选址必须符合所在地国土空间规划。

目前，我国正推进在城镇开发边界外的乡村地区编制"多规合一"的实用性村庄规划。由于畜禽养殖项目均位于城镇开发边界外，因此，村庄规划是畜禽养殖项目与国土空间规划符合性分析的重要依据。

根据自然资源部办公厅"关于印发《国土空间调查、规划、用途管制用地用海分类指南（试行）》的通知"（自然资办发〔2020〕51 号），"畜禽养殖设施建设用地"属于"农业设施建设用地"中 4 个二级类之一，其用地分类代码为 0603。畜禽养殖设施建设用地指对地表耕作层造成破坏的，经营性畜禽养殖生产及直接关联的圈舍、废弃物处理、检验检疫等设施用地，不包括屠宰和肉类加工场所用地等。

以天津市某村村庄规划（2020—2035 年）中划定的村域国土空间规划图为例（图 5 - 1），其中包含设施农用地。因此，该村在建设畜禽养殖项目时，应按照该规划要求，于相应规划设施农用地范围内选址。

(2) 避让自然保护区、水源保护区等环境敏感区域 《中华人民共和国水污染防治法》、《中华人民共和国自然保护区条例》、《风景名胜区管理条例》中分别提出了对饮用水源保护区、自然保护区、风景名胜区等环境敏感区域的保护要求。《畜禽规模养殖污染防治条例》中明确了禁养区域的划分范围。

以上法律法规中关于避让相应环境敏感区的要求应在畜禽养殖项目环境影响评价中严格执行。

5.1.2 符合依法划定的畜禽养殖禁养区要求

为落实《畜禽规模养殖污染防治条例》（国务院令第 643 号）和《水污染防治行动计划》（国发〔2015〕17 号）等相关要求，指导各地科学划定畜禽养殖禁养区，原环境保护部、农业部制定了《畜禽养殖禁养区划定技术指南》（环办水体〔2016〕99 号）。该指南主要以相关法律法规为划定依据，规定饮用水水源保护区、自然保护区的核心区和缓冲区、风景名胜区、城镇居民区、文化教育科学研究区等区域为重点划定范围。

但是，由于畜禽养殖行业属于弱质、低利润行业，部分地方政府为了给经济发展让路，在禁养区划定中进一步扩大了《畜禽养殖禁养区划定技术指南》中规定的禁养区范围，存在超出法律法规的禁养规定和超划的禁养区。鉴于此，生态环境部办公厅联合农业农村部办公厅出台的"关于进一步规范畜禽养殖场禁养区划定和管理促进生猪生产发展的通知"（环办土壤〔2019〕55 号）中明确提出："国家法律法规和地方法规之外的其他规章和规范性文件不得作为禁养区划定依据"。可见，畜禽养殖禁养区域必须是严格按照《中华人民共和国畜牧法》、《畜禽规模养殖污染防治条例》等法律法规要求依法划定的区域，这将有利于畜禽养殖行业的健康、有序发展。

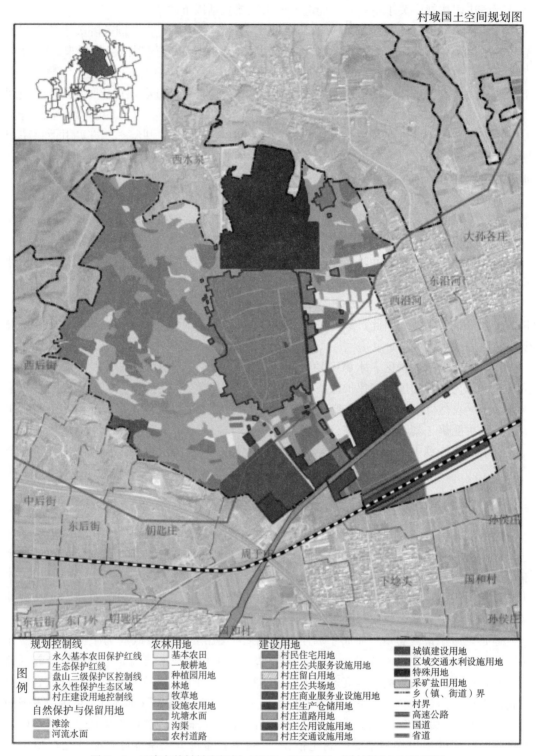

图5-1 天津市某村村庄规划（2020—2035年）中村域国土空间规划

根据"十三届全国人大五次会议第0509号建议的答复"（农办议〔2022〕100号），

2019 年以来，农业农村部会同生态环境部成立规范禁养区划定和管理工作专班专项部署工作，组成 20 个调研组赴全国相关地区开展调研与指导调整工作，累计排查禁养区 7 107 个，实地核查禁养区 530 个。截至目前，全国共依法划定禁养区 8.6 万个、面积 121.2 万 km^2，调整减少无法律法规依据划定的禁养区 1.41 万个、面积 12.9 万 km^2。

综上，畜禽养殖项目环境影响评价，应严格执行相关法律法规划定的有效禁养区范围及其管理要求。

5.1.3　与其他相关规划、区划相协调

根据《环境影响评价技术导则　总纲》（HJ 2.1—2016），要将分析判定项目选址与相关规划的符合性，作为开展环境影响评价工作的前提和基础。

畜禽养殖项目选址除须符合国土空间规划外，还需与所在区域主体功能区规划、环境功能区划、畜牧业发展规划、畜禽养殖污染防治规划等规划相协调。

目前，国家层面的相关规划、区划包括《全国主体功能区规划》《全国生态功能区划（修编版）》《"十四五"全国畜牧兽医行业发展规划》等。部分省份也发布了相关规划、区划。本书搜集了我国 31 个省份畜禽养殖相关规划、区划，供畜禽养殖环境影响评价工作参考，见附录 5。

需要说明的是，环境影响评价工作在搜集资料阶段，应通过资料检索、生态环境等相关主管部门咨询等方式，获取具有时效性的相关规划、区划，进行对照分析。

5.1.4　满足"三线一单"要求

"三线一单"生态环境分区管控要求是畜禽养殖项目选址的重要依据。

根据项目涉及环境管控单元的生态环境准入清单（包括区域总体管控要求和单元管控要求），结合空间布局约束要求，对选址进行生态环境准入清单管控要求的符合性分析。

针对畜禽养殖项目，应重点关注选址区域是否位于水环境农业重点管控单元，周边是否涉及大气环境布局重点敏感管控单元或大气受体敏感管控单元。若涉及，应结合项目特点、粪污处理及资源化利用方式、防护距离设置等情况进行重点分析。

5.1.5　满足大气环境防护距离要求

在畜禽养殖项目场界废气污染物预测浓度满足相应场界浓度限值的前提下，当场界外大气污染物短期贡献浓度超过环境质量浓度限值时，可以自场界向外设置一定范围的大气环境防护区域，以保证大气环境防护区域外的污染物贡献浓度满足相应环境质量标准要求。大气环境防护距离内不应有长期居住的人群，并作为养殖场选址以及周边规划控制的依据。

现行《畜禽养殖业污染防治技术规范》（HJ/T 81—2001）中 3.1.2 规定：禁止在城市和城镇居民区，包括文教科研区、医疗区、商业区、工业区、游览区等人口集中地区建设畜禽养殖场；且畜禽养殖场场界与上述禁建区距离不小于 500m。该规范属于推荐性的环境保护技术规范类标准。因此，不能将该规范作为大气环境防护距离设置的强制依据，仅可作为一项参考依据。需要说明的是，畜禽养殖项目位于乡村地区，乡村地区的村屯居民区不属于城市和城镇居民区。

畜禽养殖项目环境影响评价中，养殖场与环保目标之间环境防护距离的设置，应按照《关于做好畜禽规模养殖项目环境影响评价管理工作的通知》（环办环评〔2018〕31 号）的要求，根据当地的地理、环境、气象、大气无组织排放源强等因素，按照《环境影响评价技术导则　大气环境》要求计算大气环境防护距离。

总之，畜禽养殖项目，应结合法律法规、划定的禁养区、相关规划与区划、"三线一单"、大气环境防护距离设置等方面，综合分析选址的环境合理性。

5.2　养殖规模、工艺及环保措施与相关法规政策等要求符合性分析

畜禽养殖项目养殖规模、工艺及环保措施与法律法规、标准、政策、规范、相关规划、畜牧业发展规划、环境影响评价结论及其审查意见、"三线一单"管控要求等要求符合性分析，是开展环境影响评价的前提和基础，也涉及"一票否决项"。其中，相关法律法规、强制标准、"三线一单"管控等要求具有强制性，必须执行；相关政策、推荐性标准与规范等要求虽然不具备强制性，但是具有很强的导向性，宜与之相符合，并作为筛选污染防治对策的重要依据。当与之不符时，应结合不同地域特点、主管部门要求及环境影响预测结论，进行重点分析。因此，与相关法规政策等要求符合性分析很必要，也很重要。

需要说明的是，畜禽养殖项目涉及相关政策，数量很多，且涉及不同主管部门，应着重对最新的政策进行对照分析。

5.2.1　与"三线一单"管控要求符合性分析

5.2.1.1　"三线一单"概况

2018 年 6 月中共中央、国务院出台的《关于全面加强生态环境保护坚决打好污染防治攻坚战的意见》中首次明确提出"三线一单"生态环境分区管控要求。目前，全国 31 个省份和新疆生产建设兵团均已完成省级"三线一单"成果发布工作，生态环境分区管控体系初步建立，全面进入了落地实施应用及动态优化调整阶段。

"三线一单"是基于环境资源承载能力，以生态保护红线、环境质量底线、资源利用上线为基础，编制生态环境准入清单，力求用"线"管住空间布局、用"单"规范发展行为，构建生态环境分区管控体系的环境管理机制。其中，生态保护红线是在生态空间范围内具有特殊重要生态功能、必须强制性严格保护的区域，目前已经完成全国范围内生态保护红线的划定；环境质量底线是结合环境质量现状和相关规划、功能区划要求，确定的分区域、分阶段环境质量目标及相应的环境管控、污染物排放控制等要求；资源利用上线是以保障生态安全和提高环境质量为目的，结合自然资源开发管控，提出的分区域、分阶段的资源开发利用总量、强度、效率等上线管控要求；生态环境准入清单是指基于环境管控单元，统筹考虑"三线"的管控要求，提出的空间布局、污染物排放、环境风险、资源开发利用等方面禁止和限制的环境准入要求。

实施"三线一单"生态环境分区管控制度，在生态环境源头预防制度体系中起到基础性作用，是贯彻落实习近平生态文明思想、深入打好污染防治攻坚战、加强生态环境源头

防控的重要举措。畜禽养殖项目环境影响评价应论证是否符合项目所在区域生态环境准入清单，对不符合要求的，应依法不予审批。

5.2.1.2 评价目的

将畜禽养殖项目规模、性质和工艺路线等与"三线一单"生态环境分区管控要求进行对照分析，充分论证是否符合生态环境分区管控要求，以此作为开展环境影响评价工作的前提和基础。如在污染物排放管控方面，环境影响评价工作应根据污染物排放管控要求采取相应的治理手段或执行相应的污染物排放标准。

5.2.1.3 评价原则

坚守底线，科学评价。坚持"三线一单"生态环境分区管控要求，科学评价畜禽养殖项目是否违反生态环境准入清单的相关规定，确保生态功能不降低、环境质量不下降、资源环境承载能力不突破。

促进高质量发展。将"三线一单"生态环境分区管控要求推动产业准入清单在具体区域和单元落实落地，优化产业布局，助力经济社会高质量发展。

推进高水平保护。将"三线一单"生态环境分区管控确定的分区域、分阶段环境治理目标作为基本要求，在功能受损的优先保护单元优先开展生态保护修复活动，恢复生态系统服务功能；在重点管控单元有针对性地加强污染物排放控制和环境风险防控，重点解决生态环境质量不达标、生态环境风险高等突出问题，推动生态环境质量持续提高。畜禽养殖项目的建设不应与上述要求相违背。

5.2.1.4 评价要点

（1）明确建设项目与环境管控单元位置关系 以图示形式清晰展示建设项目与环境管控单元的位置关系，识别项目涉及的环境管控分类、管控单元编码、管控单元名称及管控要素分类等信息，说明环境管控单元的基本情况。

（2）符合性分析主要内容 根据建设项目涉及环境管控单元的生态环境准入清单（包括区域总体管控要求和单元管控要求），从空间布局约束、污染物排放管控、环境风险防控、资源开发效率4个维度，根据建设项目类型、规模、工艺流程、污染物排放等特点，对应相应生态环境准入清单的管控要求，论述项目与之符合性（表5-2）。

表5-2 项目与"三线一单"管控要求的符合性分析

环境管控单元名称			项目对应情况说明	符合性分析结论
管控层级要求	管控类型	管控要求		
区域总体管控要求	空间布局约束			
	污染物排放管控			
	环境风险防控			
	资源开发效率			
单元管控要求	空间布局约束			
	污染物排放管控			
	环境风险防控			
	资源开发效率			

根据《"生态保护红线、环境质量底线、资源利用上线和环境准入负面清单"编制技术指南（试行）》（环办环评〔2017〕99号），环境管控单元分类如表5-3。

表 5-3 环境管控单元分类

生态环境空间分区	管控单元分区		一般管控
	优先保护	重点管控	
生态空间分区	生态保护红线	其他生态空间	
水环境管控分区	水环境优先保护区	工业污染重点监控区 城镇生活污染重点监控区 农业污染重点监控区（以农业面源污染为主的超标控制单元）	其他区域
大气环境管控分区	大气环境优先保护区	高排放重点监控区 布局敏感重点监控区 弱扩散重点监控区 受体敏感重点监控区	
土壤污染风险管控分区	农田优先保护区	农用地污染风险管控分区（农用地严格管控类和安全利用类区域） 建设用地污染风险管控分区	
自然资源管控分区	—	生态用水补给区 地下水开采重点管控区 土地资源重点管控区（生态保护红线集中、重度污染农用地或污染地块集中区） 高污染燃料禁燃区 自然资源重点管控区	

对于畜禽养殖项目，应重点关注涉及的所有优先保护单元及重点管控单元中的农业污染重点监控区、弱扩散重点监控区、受体敏感重点监控区、农用地污染风险管控分区、地下水开采重点管控区、土地资源重点管控区（表 5-4）。

表 5-4 环境准入负面清单相关主要管控要求指引及畜禽养殖项目相应评价重点

管控类型	管控单元	相关主要管控要求指引	相应评价重点
空间布局约束	生态保护红线	1. 严禁不符合主体功能定位的各类开发活动 2. 严禁任意改变用途 3. 已经侵占生态保护红线的，应建立退出机制、制定治理方案及时间表 4. 生态保护红线正面清单管控	应从选址上避让；在相应评价范围内时，应作为环境保护目标并重点保护
	其他生态空间	1. 避免开发建设活动损害其生态服务功能和生态产品质量 2. 已经侵占生态空间的，应建立退出机制、制定治理方案及时间表	
	水环境优先保护区	1. 避免开发建设活动对水资源、水环境、水生态造成损害 2. 保证河湖滨岸的连通性，不得建设破坏植被缓冲带的项目 3. 已经损害保护功能的，应建立退出机制、制定治理方案及时间表	
	农田优先保护区	1. 严格控制新建有色金属冶炼、石油加工、化工、焦化、电镀、制革等具有有毒有害物质排放的行业企业 2. 应划定缓冲区域，禁止新增排放重金属和多环芳烃、石油等有机污染物的开发建设活动 3. 现有相关行业企业加快提标升级改造步伐，并应建立退出机制、制定治理方案及时间表	涉及时，应作为土壤环境保护目标并重点保护

（续）

管控类型	管控单元	相关主要管控要求指引	相应评价重点
污染物排放管控	水环境农业污染重点管控区	1. 应科学划定畜禽、水产养殖禁养区的范围，明确禁养区内畜禽、水产养殖退出机制 2. 应对新建、改扩建规模化畜禽养殖场（小区）提出雨污分流、粪便污水资源化利用等限制性准入条件 3. 对于水环境质量不达标的管控区，应提出农业面源整治要求	应结合禁养区划定范围、雨污分流、粪污资源化利用方式等予以重点评价
环境风险管控	农用地污染风险重点管控区	1. 分类实施严格管控：对于严格管控类，应禁止种植食用农产品；对于安全利用类，应制定安全利用方案，包括种植结构与种植方式调整种植替代、降低农产品超标风险 2. 对于工矿企业污染影响突出、不达标的牧草地，应提出畜牧生产的管控限制要求 3. 禁止建设向农用水体排放含有毒、有害废水的项目	涉及向农田渠道排放污水时，重点关注废水处理设施事故状态下的风险防控及对策
资源开发效率要求	生态用水补给区	1. 应明确管控区生态用水量（或水位、水面） 2. 对于新增取水的建设项目：应提出单位产品或单位产值的水耗、用水效率、再生水利用率等限制性准入条件 3. 对于取水总量已超过控制指标的地区：应提出禁止高耗水产业准入的要求	重点关注养殖用水来源、单位耗水量、废水循化利用率等要求符合性
	地下水开采重点管控区	1. 应划定地下水禁止开采或者限制开采区，禁止新增取用地下水 2. 应明确新建、改扩建项目单位产值水耗限值等用水效率水平 3. 对于高耗水行业：应提出禁止准入要求，建立现有企业退出机制并制定治理方案及时间表	

5.2.2　与相关法规、政策与规范符合性分析

为规范畜禽养殖业生产经营行为，防治畜禽养殖污染，推进畜禽养殖废弃物的综合利用和无害化处理，促进畜禽养殖业持续健康发展，我国出台了《中华人民共和国畜牧法》、《畜禽规模养殖污染防治条例》等法律法规以及《畜禽养殖业污染防治技术规范》（HJ/T 81—2001）、《畜禽养殖业污染治理工程技术规范》（HJ 497—2009）、《畜禽粪便无害化处理技术规范》（GB/T 36195—2018）、《关于进一步明确畜禽粪污还田利用要求强化养殖污染监管的通知》（农办牧〔2020〕23号）等一系列污染防治规范与政策，规定了畜禽养殖场的场区布局与清粪工艺、畜禽粪便贮存、污水处理、病死畜禽尸体处理与处治、粪便无害化处理等要求，同时明确了畜禽粪污还田利用有关标准和要求。

对照上述法律法规、规范与政策文件，应根据建设项目选址、场区布局、清粪工艺、废水处理、固体粪便处理、病死畜禽尸体处理与处置、恶臭控制等特点选择相关要求，论述其符合性（表5-5）。

表5-5　建设项目与现行相关法规、政策与规范符合性分析主要依据

类型	名称	主要要求
法规	《畜禽规模养殖污染防治条例》（国务院令第643号）	第十三条、第十八条、第十九条、第二十条、第二十一条

（续）

类型	名称	主要要求
政策	《国务院办公厅关于加快推进畜禽养殖废弃物资源化利用的意见》（国办发〔2017〕48号）	建设现代化装备，推广干清粪、微生物发酵等技术，实现源头减量
	《关于做好畜禽规模养殖项目环境影响评价管理工作的通知》（环办环评〔2018〕31号）	合理布置养殖区；加强粪污减量控制，促进畜禽养殖粪污资源化利用；强化粪污治理措施，做好污染防治
	《关于进一步明确畜禽粪污还田利用要求强化养殖污染监管的通知》（农办牧〔2020〕23号）	鼓励畜禽粪污还田资源化利用；明确了畜禽粪污应执行的标准规范；粪污贮存设施建设要求
规范	《畜禽养殖业污染防治技术规范》（HJ/T 81—2001）	场区布置与清粪工艺、畜禽粪便的贮存、污水处理、固体粪肥的处理利用、饲料和饲养管理、病死禽畜尸体的处理与处置
	《畜禽养殖业污染治理工程技术规范》（HJ 497—2009）	粪污收集与贮存、废水处理、固体粪便处理、病死畜禽尸体处理与处置、恶臭控制
	《畜禽粪便无害化处理技术规范》（GB/T 36195—2018）	粪便收集、贮存和运输，粪便处理等要求

5.2.3 与相关规划符合性评价

在5.1选址的环境合理性分析的基础上，还应结合建设项目规模、性质和工艺路线等情况，分析与区域畜牧业发展规划、畜禽养殖污染防治规划等相关规划的符合性，建设项目应与上述畜禽养殖相关规划相协调。

5.2.3.1 与区域畜牧业发展规划符合性

目前，全国各省份及部分地级市已经发布了"十四五"畜牧业发展规划。环境影响评价分析要点如下：

（1）与主要发展指标符合性 重点关注指标包括畜禽规模化养殖比重、粪污综合利用率、病死畜禽专业无害化处理率及主要畜禽产品产量规模。需要说明的是，规划中的约束性指标应严格执行，预期性指标属于导向性指标。

（2）与产业布局符合性 立足区域自然资源禀赋和现有产业基础，在核算土地对畜禽粪污承载能力的基础上，结合人口结构变化和市场消费升级，为满足人民群众对美好生活的需求，区域畜牧业发展规划中一般以生猪、家禽、奶牛和地方特色畜禽等为重点，兼顾饲料兽药行业发展，提出不同区域优化的区域布局以及产品结构改进的具体产业布局。

建设项目从选址、规模方面，应与上述产业布局相协调。

（3）与推进畜禽养殖业绿色发展要求符合性 重点关注养殖工艺（如取水用水和计量监测，节水型自动饮水装置、均衡营养、节水减排、臭气减控等），清粪方式，是否有可以依托的病死畜禽区域无害化处理中心，饲料添加剂安全使用，畜禽粪污资源化利用及其配套管网、储存池，降低"双碳"排放等相关要求。

建设项目养殖工艺、粪污处置等均不应与上述要求相违背。

5.2.3.2 与畜禽养殖污染防治规划符合性

目前，全国大部分省份及部分地级市已经发布了"十四五"畜禽养殖污染防治规划。环境影响评价分析要点如下：

（1）与主要规划指标符合性 重点关注指标包括畜禽粪污综合利用率、畜禽规模养殖场粪污处理设施装备配套率、设排污口的规模化畜禽养殖场自行监测覆盖率、大型规模养殖场氨排放总量削减比例。需要说明的是，规划中的约束性指标应严格执行，预期性指标属于导向性指标。

(2) 与重点任务符合性 应结合畜禽种类、养殖规模、环境质量管控目标、社会经济条件、粪污消纳用地配套情况以及人居环境影响等因素，重点对照规划中关于优化畜禽养殖空间布局、推进粪污资源化利用、提升污染防治水平、加强养殖环境管理、严格畜禽养殖污染防治监管等相关要求，进行符合性分析。

对于与重点任务中要求相冲突的内容，应结合项目特点调整方案；对于现阶段尚未纳入项目方案的要求，应结合项目特点对方案进行优化。

5.3 环境影响识别与评价因子筛选

5.3.1 环境影响因素识别

识别的目的：应筛选出畜禽养殖项目显著的、可能影响项目环境可行性和管理措施的、需要进一步深度评价的主要环境影响。同时，为筛选评价因子及环境影响评价重点提供依据。同时也作为环境影响评价后续程序中评价等级、现状监测、环境影响预测与评价等章节的工作基础。

识别的工作基础：①初步工程分析，明确畜禽养殖项目直接和间接环境影响等各种行为；②初步环境现状调查，了解建设项目所在区域畜牧业发展规划、环境保护规划、环境功能区划、畜禽养殖污染防治规划及环境质量现状情况。

识别的阶段：一般分为建设期、生产期、服务期满后3个阶段。对于畜禽养殖行业，一般服务期满后，需对场区设施进行拆除，并按照相关要求进行土地复垦。在做好养殖相关遗留设施拆除环保工作的基础上，服务期满后不再有新的污染物产生，该阶段对环境基本无影响。因此，畜禽养殖行业重点识别建设阶段和生产运行两个阶段。

识别的内容：畜禽养殖项目直接和间接影响环境的各种行为，可能受影响的环境要素间的作用效应关系及影响性质、范围、程度等。对于畜禽养殖行业，主要影响的环境要素为大气、水、声、土壤，兼顾占地范围内可能涉及的陆生生物、水生生物。

识别的方法：可采用矩阵法、网络法、地理信息系统支持下的叠加图法等。畜禽养殖项目重点是污染影响，且占地范围有限，常用的识别方法为矩阵法。

识别的结果：定性分析畜禽养殖项目对各环境要素可能产生的污染类与生态类影响的性质，主要包括有利还是不利影响、长期还是短期影响、可逆还是不可逆影响、直接还是间接影响、累积还是非累积影响，重点是识别出长期、不可逆的不利影响。

5.3.1.1 环境影响性质识别

在影响识别中对影响性质应作出初步判断，为影响预测评价奠定基础。主要识别如下几类性质：

(1) 有利与不利影响 有利与不利影响是环境影响性质识别中的主要识别性质。以生态环境质量的变化为评判标准，改善为有利影响，变差则为不利影响。生态环境质量改善或变差的判别标准可与建设项目未实施时（即"零方案"）生态环境质量状况进行对比分析。

畜禽养殖项目对生态环境的影响主要表现为不利影响，如施工期填挖土方、物料堆存、材料运输和建筑施工过程对大气、声、土壤和生态影响，营运期畜禽养殖、粪污处置、废气排放、废水排放、噪声排放等过程中对大气、水、声、土壤环境的影响等。

畜禽养殖项目对生态环境的有利影响主要体现在畜禽粪污作为有机肥农田施用后，部分替代了化肥，可解决化肥过量施用带来土壤酸化和周边地表水体富营养化的问题。同时，有机肥中有机质含量丰富，可改善土壤环境。

(2) 可逆与不可逆影响　可逆与不可逆影响的识别，主要为筛选重点评价因子服务。

可逆影响是指停止或中断某环境影响因素后，环境质量可以恢复的影响。比如畜禽养殖行业硫化氢、氨气等异味物质（属于非持久性污染物）产生的大气污染，可在空气中稀释扩散与降解。

不可逆影响是指即便停止或中断环境影响因素后，环境质量或生态状况仍不可以恢复至以前状态的影响，比如施工期占地建设造成的原始植被破坏等。

(3) 累积与非累积影响　累积影响是指某项活动在过去、现在及可以预见的将来，其影响会产生累积效应，或多项活动可能产生的叠加影响。对于畜禽养殖行业，主要环境影响以非累积影响为主。但是，营运期畜禽粪污农田利用不科学，会造成重金属在农田的累积，当超过了土壤动容量时，会影响土壤环境质量。

(4) 直接与间接影响　直接影响与畜禽养殖活动同步产生；间接影响则在时间上有推迟、在空间上较远，但均在合理预见的范围内。对于畜禽养殖行业，主要环境影响以直接影响为主。但是，营运期畜禽粪污农田利用不科学造成土壤环境质量发生改变，进而间接影响周边农田生态系统。

(5) 长期与短期影响　按环境影响时间长短可分为长期与短期影响。一般地，施工期的大气、噪声等影响随着施工期结束会消失，属于短期影响。营运期可能涉及的大气、废水、噪声等环境影响将随着项目的运营而长期存在，属于长期影响。

5.3.1.2　环境影响程度识别

环境影响强度可从作用因素或污染源的强度识别。主要考虑因素包括：工程类型、规模、可能对环境敏感区的影响等。

结合畜禽养殖行业工程及环境影响特点，工程对环境影响的大小程度，可按照 3 个等级来定性，并按照下列指标进行识别（生态环境部环境工程评估中心，2022）。

(1) 较大环境影响

①在畜禽养殖某活动作用下，某个环境因子受到严重而长期的损害或损失，需要较长时间和较高费用进行代替、恢复及重建，甚至可能造成无法替代、恢复和重建的损失。

②项目选址临近环境敏感区（如居民区、水源保护区等），且对环境敏感区可能产生较大影响，并须采取昂贵的环保对策。

③容易引起跨行政区的环境影响。

(2) 一般环境影响

①在畜禽养殖某活动作用下，某个环境因子受到损害和破坏，其有可能替代或恢复，但恢复过程存在一定困难，需要付出较高的代价。

②在畜禽养殖某活动作用下，某个环境因子受到轻微的损害或暂时的破坏，在时间充

裕的条件下能够再生、恢复与重建。

③对环境敏感区的影响不大，但须采取一定的环保对策。

（3）较小环境影响

①在畜禽养殖某活动作用下，某个环境因子受到暂时的破坏或干扰，并能够较为快速地自动恢复或再生，或较为容易地替代与重建。

②对环境敏感区域影响轻微或无影响。

5.3.1.3　环境影响识别矩阵建立

矩阵法由清单法发展而来，是清单法的特殊综合表现形式，具有影响识别和影响综合分析评价的功能。把拟建项目的各项"活动"和受影响的环境要素组成一个矩阵，在拟建项目的各项"活动"和环境影响之间建立起直接的因果关系，通过定性或半定量的方式直观地反映出"活动"对于环境要素造成的影响性质及影响程度。可以通过多种符号来表示环境影响的各种属性。

当某项"活动"可能对某一环境要素产生影响时，则应在矩阵相应交叉的格点处将环境影响性质标注出来。

此外，为了客观反映各个环境要素在环境系统中的重要性，还可采用加权的方法，对不同的环境要素赋予不同的权重。

需要说明的是，每项畜禽养殖项目因养殖工艺、粪污处理方式、环境敏感性及环境状况不同，相应的环境影响要素、程度是不同的，在每个项目的评价中要有针对性地进行识别。

畜禽养殖项目环境影响识别矩阵表可参照表 5-6 的格式编制。

表 5-6　畜禽养殖项目环境影响识别矩阵（样表）

时期	可能的工程作用因素	可能的环境要素					
		大气环境	地表水环境	地下水环境	声环境	土壤环境	生态环境
施工期	填挖土方						
	物料堆存						
	材料及废物运输						
	建筑施工						
	施工人员生活						
营运期	畜禽养殖						
	粪污处置						
	产品运输						
	废气排放						
	废水排放						
	噪声排放						
	固体废物暂存与处置						

注：各种环境影响表示方式：有利与不利影响可用"＋"、"－"；可逆与不可逆影响可用"R"、"I"；长期与短期影响可用"L"、"S"；直接与间接影响可用"D"、"E"；累积与非累积影响可用"A"、"N"；影响程度可用数字"1"、"2"、"3"。

5.3.2 评价因子筛选

评价因子筛选是在对畜禽养殖项目环境影响全部要素及相关因子识别的基础上，根据各相关环境要素导则中评价因子筛选原则，结合所在区域生态环境功能要求、环境保护目标、评价标准中相关指标等情况，经过比较分析确定出受工程影响的环境要素及相关因子，并将重点环境要素确定为评价重点。筛选目的是突出评价工作的重点，使工程的环境影响预测和评价及环境保护措施更具针对性。可根据环境要素或环境因子受影响的生态环境敏感度和受关注的程度，确定重点评价因子，以在环境现状调查与预测评价中突出重点，提高评价的客观性与科学性。

畜禽养殖项目重点影响的环境要素有大气环境、地下水环境、土壤环境。对于涉及废水排放的还应重点考虑地表水环境。根据识别的重点环境要素，再识别相应的重点评价因子。

5.3.2.1 大气环境评价因子

(1) 恶臭污染物 现行《畜禽养殖业污染物排放标准》（GB 18596—2001）规定畜禽养殖业恶臭污染物排放控制指标为臭气浓度。

根据本书 3.4.3 "养殖场恶臭源特性"分析，从对畜禽养殖恶臭贡献程度来看，主要包括硫化氢、甲硫醇、氨气、对甲酚等指标，其中甲硫醇为猪场的较典型污染物。单一臭气浓度指标代表性不足。

因此，结合现行《恶臭污染物排放标准》（GB 14554—93）中规定的恶臭污染物种类，可主要选取臭气浓度、硫化氢、氨气 3 项特征因子进行恶臭排放控制指标评价。此外，猪场项目环评中，尤其是选址环境敏感性较强时，建议适当考虑增加甲硫醇特征因子。

(2) 温室气体 畜禽养殖过程中的温室气体排放主要包括反刍动物肠道发酵的甲烷排放、动物粪便管理的甲烷和氧化亚氮排放。其所产生的温室气体，目前绝大部分没有集中收集利用，以无组织排放形式为主，无法直接计量或监测。

根据《2021 中国温室气体公报》，至 2021 年，甲烷和氧化亚氮在全部长寿命温室气体浓度升高所产生的总辐射强迫中的贡献率分别为 16%、7%。同时，鉴于目前国家相关标准中已对甲烷排放进行控制，尚未对氧化亚氮排放进行控制。因此，畜禽养殖项目应重点对甲烷的环境影响进行分析。

甲烷的全球增温潜势（global warming potential，GWP）大约是二氧化碳的 25 倍（未来 100 年破坏能力），且具有大气寿命较长的特性，已经成为全球气候变化重点关注的重要温室气体。

根据《2021 中国温室气体公报》，2021 年北京上甸子、浙江临安、黑龙江龙凤山、云南香格里拉、湖北金沙和新疆阿克达拉站大气 CH_4 年平均浓度分别为（2 040±1.9）nl/L、（2 076±2.3）nl/L、（2 042±1.4）nl/L、（1 949±0.9）nl/L、（2 076±5.7）nl/L 和（2 003±4.3）nl/L，约 0.000 2%。

根据董红敏等（2006）研究，由于猪舍不同季节通风要求不同，猪舍内甲烷浓度有明显季节变化，冬季远高于夏季，最高浓度可达 36.49mg/m³，折合 55.8nl/L（0.005 58%），其中环境背景值占比 3.6%。根据浙江省生态环境厅《畜禽养殖污染物排放标准（征求意见稿）编制说明》（2022），典型规模化牛舍内甲烷浓度平均值为 30.42±3.25nl/L，其中环境背景值占比 6.7%。可见，养殖舍内甲烷浓度主要由猪、牛等畜禽贡献。但是，畜禽舍内甲烷浓度经过稀释扩散到舍外后会降低。同时，结合目前国家污染物排放标准中涉及甲烷的相关限值要求，《城镇污水处理厂污染物排放标准》（GB 18918—2002）中规定厂区最高允许体积浓度一级标准限值（0.5%）为现阶段排放限值的最严格值。可见，养殖舍内甲烷体积浓度均远小于上述限值。

畜禽养殖业排放的甲烷大部分来自于反刍动物养殖舍，现阶段可通过优化饲料配方等措施对其进行控制。对于粪污处置过程中的甲烷排放，现阶段应加大粪污资源化利用，特别是发挥能源替代的作用。一方面可减少用于粪污处理的能耗，并替代部分正常能源的使用；另一方面排放温室气体种类由甲烷变为燃烧后的二氧化碳，在增温潜势系数上有明显的下降，也能够减少温室气体排放的当量。

综上，畜禽养殖产生的甲烷未对场区环境产生显著不利影响。结合当前畜禽养殖整体经济技术水平，宜通过调控饲料配方、鼓励粪污资源化（重点是能源化）进行减排控制，可暂不考虑对温室气体排放浓度设置限值。但是，鉴于畜禽养殖行业总体温室气体排放量较大，宜结合"双碳"目标，在新、改、扩建项目的环境影响评价中，设置不同阶段温室气体总量减排指标。

（3）其他污染因子 涉及产生沼气并燃烧利用的畜禽养殖项目，应考虑沼气燃烧废气中的颗粒物、二氧化硫、氮氧化物 3 项评价因子。涉及食堂炊事的，应考虑将食堂油烟作为评价因子。

5.3.2.2 地下水环境评价因子

粪污中有机、无机类污染指标及残留的饲料中带来而不能消化的重金属，可能会对地下水环境产生一定影响。

由于饲料添加剂和抗生素的使用，畜禽养殖废水呈现高铜、高锌的特征。"十二五"时期，国家开始明确提出需要严格控制饲料中锌、铜等重金属使用量。2017 年农业部修订的《饲料添加剂安全使用规范》，对锌、铜等微量元素的限量进一步收严。2019 年农业农村部办公厅与生态环境部办公厅联合发布的《关于促进畜禽粪污还田利用 依法加强养殖污染治理的指导意见》中，也明确提出了源头减少粪污中重金属残留的要求。国家《畜禽养殖业污染物排放标准》（二次征求意见稿，2014）及上海、江苏、浙江和广东已经发布或征求意见中的畜禽养殖业污染物排放标准中，均将总铜、总锌纳入控制指标。《农用沼液》（GB/T 40750—2021）、《沼肥》（NY/T 2596—2022）、《有机肥料》（NY/T 525—2021）、《畜禽粪便堆肥技术规范》（NY/T 3442—2019）等畜禽粪污资源化利用相关标准，也将总镉、总砷作为粪肥质量控制指标。此外，《中共中央 国务院关于深入打好污染防治攻坚战的意见》（2021）中也提出"实施农用地土壤镉等重金属污染源头防治行动"的新要求。可见，畜禽粪污中铜、锌、镉和砷等重金属残留污染风险已经从关注迈入环境管控阶段。

据董元华等（2015）研究，对照农业部有机肥标准和国家农用污泥标准，畜禽粪便中 Zn、Cu、As、Cd 超标较严重：Zn 超标率超过了 30%，Cu 超标率接近 30%，As 超标率超过了 10%，Cd 超标率接近 10%；Cu 的残留量猪粪＞鸡粪、牛粪，肉猪粪＞母猪粪，Zn 的残留量猪粪＞牛粪，且差异均达到显著水平（p＜0.05）；Cr 的残留量鸡粪高于猪粪、牛粪，但统计检验不显著，蛋鸡粪显著高于肉鸡粪，统计检验达显著水平（p＜0.05）；其他重金属元素在不同种类畜禽粪便之间统计检验差异不显著。

以生猪、奶牛为例，根据董元华等（2015）对我国典型区域畜禽粪便中重金属残留状况调查与分析结果，采用"粪污全量收集还田利用"模式，估算粪污中 Zn、Cu、As、Cd 4 种典型污染物浓度，并选用标准指数法将其与《地下水环境质量标准》进行分析，结果如表 5-7、表 5-8。

表 5-7　生猪"粪污全量收集还田利用"模式下粪污污染物浓度与相关标准对比分析

污染物	日产生量（kg）	含水率	干粪含量（mg/kg）	单位粪污日产量（m³）	粪污浓度（mg/L）	与地下水标准对比	
						Ⅳ类标准限值	标准指数
铜	1.24	0.8	446.25	0.01	11.067	1.5	7.38
锌	1.24	0.8	743.11	0.01	18.429	5	3.69
砷	1.24	0.8	15.75	0.01	0.391	0.05	7.81
镉	1.24	0.8	3.39	0.01	0.084	0.01	8.41

表 5-8　奶牛"粪污全量收集还田利用"模式下粪污污染物浓度与相关标准对比分析

污染物	日产生量（kg）	含水率	干粪含量（mg/kg）	单位粪污日产量（m³）	粪污浓度（mg/L）	与地下水标准对比	
						Ⅳ类标准限值	标准指数
铜	25.71	0.75	70.82	0.055	8.276	1.5	5.52
锌	25.71	0.75	244.81	0.055	28.609	5	5.72
砷	25.71	0.75	3.46	0.055	0.404	0.05	8.09
镉	25.71	0.75	0.97	0.055	0.113	0.01	11.34

从上述两个表格可以看出，对于生猪、奶牛粪污，Zn、Cu、As、Cd 污染物浓度均超标，标准指数在 3.69～11.34 之间。其中，砷、镉均是标准指数排名前两位的指标。因此，应根据养殖种类、所在区域、饲料成分、粪污处理模式、保护对象等区别选取相应的地下水环境重点评价因子。

此外，根据农业农村部管理要求，自 2020 年 7 月 1 日起，饲料生产企业要停止生产含有促生长类药物饲料添加剂（中药类除外）的商品饲料。这意味着全面"禁抗"时代的到来，有利于解决畜禽粪污抗生素污染问题。同时，由于抗生素浓度的检测对于检测设备、检测方法、检测人员的技术水平要求都比较高，日常检测抗生素浓度的难度较大。综合以上因素，建议暂不将抗生素纳入污染控制因子考虑。

综上，按照现行《环境影响评价技术导则　地下水环境》（HJ 610—2016）相关要求，结合畜禽养殖行业污染特点，畜禽养殖项目地下水环境评价特征因子可根据养殖废水成分确定，主要包括 pH、SS、BOD_5、COD_{Cr}、氨氮、总磷、粪大肠菌群及总砷、总镉。

5.3.2.3　地表水环境评价因子

对于涉及养殖废水排放至地表水体或作为农田灌溉水回用的情况，应设地表水环境评价因子。

（1）养殖废水重金属指标浓度水平　根据《畜禽养殖业污染物排放标准（二次征求意

见稿）编制说明》（2014）中对分布东北、华北、华东、华南、西南地区的 15 个畜禽养殖场废水的监测结果，其中总铜浓度最大为 0.864mg/L、总锌浓度为 17.6mg/L，超过了《地表水环境质量标准》（GB 3838—2002）V 类浓度限值要求。

废水中重金属浓度受到饲料水平、清粪方式等因素影响。以下分为全量粪污收集方式、干清方式，分别对养殖废水重金属污染物水平进行估算。

①全量粪污收集方式。以生猪、奶牛为例，根据《中国畜禽养殖业产生的环境问题与对策》中畜禽粪便中重金属残留状况调查与分析结果，采用"粪污全量收集还田利用"模式，估算粪污中 Zn、Cu、As、Cd 4 种典型污染物浓度，并选用标准指数法将其与《农田灌溉水质标准》对比分析，结果如表 5-9、表 5-10。

表 5-9　生猪"粪污全量收集还田利用"模式下粪污污染物浓度与相关标准对比分析

污染物	日产生量（kg）	含水率	干粪含量（mg/kg）	单位粪污日产量（m³）	粪污浓度（mg/L）	与农灌标准对比 农灌标准	标准指数
铜	1.24	0.8	446.25	0.01	11.067	0.5	22.13
锌	1.24	0.8	743.11	0.01	18.429	2	9.21
砷	1.24	0.8	15.75	0.01	0.391	0.05	7.81
镉	1.24	0.8	3.39	0.01	0.084	0.01	8.41

表 5-10　奶牛"粪污全量收集还田利用"模式下粪污污染物浓度与相关标准对比分析

污染物	日产生量（kg）	含水率	干粪含量（mg/kg）	单位粪污日产量（m³）	粪污浓度（mg/L）	与农灌标准对比 农灌标准	标准指数
铜	25.71	0.75	70.82	0.055	8.276	0.5	16.55
锌	25.71	0.75	244.81	0.055	28.609	2	14.30
砷	25.71	0.75	3.46	0.055	0.404	0.05	8.09
镉	25.71	0.75	0.97	0.055	0.113	0.01	11.34

从上述两个表格可以看出，对于生猪、奶牛粪污，Zn、Cu、As、Cd 污染物浓度均超标，标准指数在 7.81~22.13 之间。与《农田灌溉水质标准》进行对照，铜、锌均是标准指数排名前两位的指标。可见，全量粪污收集方式废水中重金属浓度较高，应在地表水评价因子中予以考虑。

②干清粪收集方式。鉴于猪、牛养殖废水产生量、环境影响远大于禽类，本书重点对猪场、牛场废水中重金属含量进行分析。2017 年农业部修订的《饲料添加剂安全使用规范》规定了铜、锌推荐添加量和最高限值，该规范中对于猪、牛饲料添加剂使用规定见表 5-11。

表 5-11　现行《饲料添加剂安全使用规范》中关于猪、牛饲料添加剂中铜、锌含量规定

元素	来自化合物名称		在配合饲料或全混合日粮中的推荐添加量（以元素计，mg/kg）	在配合饲料或全混合日粮中的最高限量（以元素计，mg/kg）
铜	硫酸铜	$CuSO_4 \cdot H_2O$	猪 3~6；牛 10	仔猪（≤25kg）125；其他猪 25；开始反刍前的犊牛 15；其他牛 30
		$CuSO_4 \cdot 5H_2O$		
	碱式氯化铜	$Cu_2(OH)_3Cl$	猪 2.6~5	

（续）

元素	来自化合物名称		在配合饲料或全混合日粮中的推荐添加量（以元素计，mg/kg）	在配合饲料或全混合日粮中的最高限量（以元素计，mg/kg）
锌	硫酸锌	$ZnSO_4 \cdot H_2O$ $ZnSO_4 \cdot 7H_2O$	猪 40～80；肉牛 30；奶牛 40	仔猪（≤25kg）110；母猪 100；其他猪 80；犊牛代乳料 180
	氧化锌	ZnO	猪 43～80；肉牛 30；奶牛 40	
	蛋氨酸锌络合物	$Zn(C_5H_4NO_2S)_2$ $(C_5H_4NO_2SZn)HSO_4$	猪 42～80；肉牛 30；奶牛 40	

按照上述规范中规定的饲料中重金属最大限量，在干清粪方式且清出的粪便不与废水混合的情况下，估算猪场废水中重金属浓度，详见表 5-12。

表 5-12　每只瘦肉型生长育肥猪（60～90kg）**进入粪便的金属量及干清粪的废水浓度估算**

金属	采食量（kg/d）	最高限量添加量（mg/kg）	进入生猪体内金属总量（mg/d）	成年猪对金属吸收率（%）	排入粪便的金属量（mg/d）	进入废水的金属量**（mg/d）	排水量***（m³/d）	废水浓度（mg/L）
铜	2.5*	25	62.5	5～10	56.3～59.4	5.63～5.94	0.012	0.47～0.50
锌		80	200	7～15	170～186	17～18.6		1.4～1.6

注：* 数据来源于《猪饲养标准》（NY/T 65—2004）。

　　** 按粪便中铜、锌 10%进入废水计。

　　*** 参照《畜禽养殖业污染物排放标准》（GB 18596—2001）中猪场干清粪冬季最高日排水量指标。

可见，在干清粪方式且粪便不与废水混合的情景下，畜禽养殖废水中铜、锌排放浓度可以达到《地表水环境质量标准》（GB 3838—2002）Ⅳ类浓度限值。但是，在粪便与废水混合后进行固液分离的废水中，重金属浓度会远高于上述情景。因此，应根据粪污处理方式、排放去向、受纳水体环境敏感性等因素，酌情考虑是否将重金属指标作为地表水评价因子。如当粪便与废水混合后进行固液分离、受纳水体环境敏感时，应将铜、锌作为地表水环境评价因子。

（2）评价因子筛选原则　应根据清粪方式、养殖种类、所在区域、饲料成分、粪污处理模式、保护对象等分别选取相应的地表水环境重点评价因子。

按照现行《环境影响评价技术导则　地表水环境》（HJ 2.3—2018）中 5.1.2 款要求，地表水环境评价因子筛选建议按表 5-13 中原则进行。

表 5-13　畜禽养殖项目地表水环境影响评价因子筛选

导则要求	畜禽养殖项目评价因子筛选原则
按照污染源源强核算技术指南，开展建设项目污染源与水污染因子识别，结合建设项目所在水环境控制单元或区域水环境质量现状，筛选出水环境现状调查评价与影响预测评价的因子	目前，畜禽养殖行业尚未制定污染源源强核算技术指南。根据畜禽养殖废水特征，应重点考虑有机污染类（如 BOD_5、COD_{Cr}）、无机类（如氨氮、总磷）及菌类指标（如粪大肠菌群、蛔虫卵数），并兼顾重金属类特征指标

（续）

导则要求	畜禽养殖项目评价因子筛选原则
行业污染物排放标准中涉及的水污染物应作为评价因子	对于排放至环境地表水体的，应包含《畜禽养殖业污染物排放标准》（GB 18596—2001）表 5 中的全部控制指标（包括 SS、BOD_5、COD_{Cr}、氨氮、总磷、粪大肠菌群、蛔虫卵数）。对于作为农田灌溉水回用的，应增加《农田灌溉水质标准》（GB 5084—2021）中的相关控制指标（主要为 pH、全盐量，并兼顾总铜、总锌等）
在车间或车间处理设施排放口排放的第一类污染物应作为评价因子	畜禽养殖项目可不考虑
水温应作为评价因子	水温应作为评价因子
面源污染所含的主要污染物应作为评价因子	畜禽养殖项目废水通过废水排放口统一排放时，视为点源污染
建设项目排放的，且为建设项目所在控制单元的水质超标因子或潜在污染因子（指近三年来水质浓度值呈上升趋势的水质因子），应作为评价因子	经调查，建设项目所在控制单元存在水质超标因子或潜在污染因子的，如果属于畜禽养殖项目排放的因子，即使排放量不很大，为使流域水环境质量不降低，也应作为评价因子
建设项目可能导致水体富营养化，还应包括与富营养化有关的因子	畜禽养殖项目排水可能导致其水体富营养化的（如受纳水体为湖、库时），应增加与富营养化有关的因子（叶绿素 a 等）

5.3.2.4　土壤环境评价因子

土壤环境评价因子筛选应结合评价范围内的土地利用类型选取执行的农用地或建设用地土壤环境质量标准中的基本因子，并增加基于建设项目特性的特征因子。

一般地，土壤环境评价特征因子选取宜主要考虑以下因素：

①在土壤环境内残留可能性大的污染物，如重金属、挥发性有机物、半挥发性有机物、多环芳烃等。

②我国污染地块环境调查阶段土壤样品中检出率较高的污染物，如重金属、挥发性有机物、半挥发性有机物、多环芳烃、邻苯二甲酸酯类、有机农药类、石油烃等。

③毒性高、移动性强的污染物，如多氯联苯类、二噁英类、部分多环芳烃、甲基汞等。

④地方土壤标准普遍关注的污染物，如重金属、挥发性有机物、半挥发性有机物、多环芳烃、邻苯二甲酸酯类、石油烃等。

畜禽养殖项目对土壤环境的可能影响，主要来自于粪污中残留饲料带来的不能完全消化的重金属。

以生猪、奶牛为例，根据董元华等（2015）对我国典型区域畜禽粪便中重金属残留状况调查与分析结果，选用标准指数法将其与《土壤环境质量　农用地土壤污染风险管控标准（试行）》（GB 15618—2018）进行对比分析（以 6.5＜pH≤7.5 范围、其他类用地的筛选值为例），结果如表 5 - 14、表 5 - 15。

表 5 - 14　生猪干粪污染物浓度与相关标准对比分析

污染物	干粪含量（mg/kg）	与土壤标准对比	
		6.5＜pH≤7.5 范围筛选值（mg/kg）	标准指数
铜	446.25	100	4.5

（续）

污染物	干粪含量（mg/kg）	与土壤标准对比	
		6.5＜pH≤7.5 范围筛选值（mg/kg）	标准指数
锌	743.11	250	3.0
砷	15.75	30	0.5
镉	3.39	0.3	11.3

表 5 - 15　奶牛干粪污染物浓度与相关标准对比分析

污染物	干粪含量（mg/kg）	与土壤标准对比	
		6.5＜pH≤7.5 范围筛选值（mg/kg）	标准指数
铜	70.82	100	0.7
锌	244.81	250	1.0
砷	3.46	30	0.1
镉	0.97	0.3	3.2

从上述两个表格可以看出，生猪干粪中 Zn、Cu、Cd 污染物浓度均超标，标准指数在 3.0～11.3 之间；奶牛干粪中仅 Cd 污染物浓度超标，标准指数为 3.2。生猪干粪相较于奶牛干粪污染物标准指数更高，且二者 Cd 均超标。

根据《江苏省畜禽养殖业污染物排放标准（征求意见稿）编制说明》（2021），江苏省环境监测中心对畜禽养殖场周围土地监测情况显示，总镉、总砷有一定程度超标。顾静等（2020）通过对养猪场和养鸡场周边土壤及养殖小区堆粪坑中重金属调查表明，畜禽养殖区外围土壤中的 Hg、As、Cu、Zn、Ni 5 种重金属元素含量均高于北京市土壤背景值，且部分点位 Cu、Zn 含量超过《土壤环境质量　农用地土壤污染风险管控标准》（试行）（GB 15618—2018）中农用地土壤风险筛选值标准，养殖场产生的动物粪便增加了其外围土壤中的重金属含量。本书编制组对天津市某运行 10 余年的奶牛场土壤现状监测结果也表明，虽然各点位现状暂未超过《土壤环境质量　农用地土壤污染风险管控标准》（试行）（GB 15618—2018）中农用地土壤风险筛选值，但典型粪污处理装置区 Cu、Zn 等重金属含量相对于背景点明显升高，最大增幅为 55%，说明畜禽粪污中重金属会对土壤环境产生一定的累积影响。

综上，根据土壤评价因子筛选原则，结合畜禽养殖行业污染特性及涉及的农用地土壤标准中的指标，畜禽养殖项目土壤环境评价因子包括铜、锌、铅、镉、铬、砷、汞、镍。重点评价因子可依据不同畜禽养殖种类、规模化养殖水平、地域特征、饲料成分、粪污处理模式、保护对象等情况选取。

5.3.2.5　生态环境评价因子

按照现行《环境影响评价技术导则　生态环境》（HJ 19—2022）附录 A 要求，畜禽养殖项目生态环境评价因子可通过表 5 - 16 进行筛选。

表 5 - 16 生态影响评价因子识别

工程内容及影响	受影响对象及评价因子						
	物种：分布范围、种群数量、种群结构、行为	生境：生境面积、质量、连通性	生物群落：物种组成、群落结构	生态系统：植被覆盖度、生产力、生物量、生态系统功能	生物多样性：物种丰富度、均匀度、优势度	生态敏感区：主要保护对象、生态功能	自然景观：景观多样性、完整性
施工期	工程永久与临时占地 土石方工程 建构筑物 工程 ……						
运营期	畜禽养殖 粪污无害化、资源化 粪污还田 利用 ……						

可用如下字符进行影响程度判定：
1. 环境效益："+"表示正效益，"－"表示负效益
2. 影响性质：表中"D"表示短期可逆影响，"C"表示长期不可逆影响
3. 影响方式：表中上角标"Z"表示直接影响，"J"表示间接影响，"L"表示累积影响
4. 影响程度：表中数字表示影响的相对程度，"0"表示无影响，"1"表示影响较弱，"2"表示影响中等，"3"表示影响较强

5.3.2.6 粪污资源化利用评价因子

对于不涉及废水排放、以粪污资源化利用的畜禽养殖项目，重点在于是否可以做到粪污安全施用。根据 3.3"畜禽粪污减排、处理与利用"分析，其主要评价因子为营养元素（全氮、全磷）和重金属。其中，重金属可参照识别的土壤环境影响重点评价因子。

5.4 评价执行标准分析

5.4.1 生态环境质量标准

分类：分为国家生态环境质量标准和地方生态环境质量标准。地方生态环境标准在发布该标准的省、自治区、直辖市行政区域范围或者标准指定区域范围执行。

执行优先顺序：由于地方生态环境质量标准是对国家相应标准中未规定的项目作出补充规定，或对国家相应标准中已规定的项目作出更加严格的规定。因此，有地方生态环境质量标准的，应优先执行地方生态环境质量标准；没有地方生态环境质量标准的，应执行国家生态环境质量标准。

以下对畜禽养殖项目涉及的生态环境质量标准按环境要素分别进行分析。

5.4.1.1 大气环境质量标准

畜禽养殖项目涉及的大气环境评价因子执行的大气环境质量标准选取原则如下：

①SO_2、NO_2、PM_{10}、$PM_{2.5}$、TSP：执行《环境空气质量标准》（GB 3095—2012 及其修改单），并依据地方规定的环境空气功能区划执行相应类别限值。若项目所在区域尚未划分环境空气功能区划，可根据 GB 3095—2012 中第 4 部分的原则要求确定。需要说明的是，GB 3095—2012 中规定一类区（包括自然保护区、风景名胜区和其他需要特殊保护的区域），属于相关法律规定的畜禽养殖禁养区，但是大气评价范围内可能涉及上述一类区。因此，应结合项目所在区域周边现状调查情况，确定应执行的相应环境空气功能区划。

②NH_3 和 H_2S：可参照《环境影响评价技术导则　大气环境》（HJ 2.2—2018）附录 D。

③臭气浓度：目前暂无评价标准，可参照执行《恶臭污染物排放标准》（GB 14554—93）厂界标准值。

④以上各评价因子有地方环境质量标准的，从其规定。

本书列出部分常用的大气环境质量标准值供参考，见表 5-17。

表 5-17　畜禽养殖项目执行的环境空气质量标准（节选）

污染物	浓度限值（mg/m³）				标准依据
	8h 平均	1h 平均	24h 平均	年平均	
PM_{10}	—	—	0.15	0.07	
$PM_{2.5}$	—	—	0.075	0.035	
SO_2	—	0.50	0.15	0.06	
NO_2	—	0.20	0.08	0.04	
TSP	—	—	0.30	0.20	GB 3095—2012（二级）
CO	—	10	4	—	
O_3	0.16	0.2	—	—	
NO_x	—	0.25	0.1	0.05	
NH_3	—	0.2	—	—	HJ 2.2—2018 附录 D
H_2S	—	0.01	—	—	
臭气浓度	—	20（无量纲）	—	—	GB 14554—93 厂界标准值

5.4.1.2 声环境质量标准

畜禽养殖项目位于乡村地区，所在区域声环境执行《声环境质量标准》（GB 3096—2008），并依据地方规定的声环境功能区划执行相应类别限值。若项目所在区域尚未划分声环境功能区划，应采用地方生态环境主管部门确定的标准或根据《声环境质量标准》（GB 3096—2008）中 7.2 款的原则要求确定。

本书列出部分常用的声环境质量标准值供参考，见表 5-18。

表 5－18　畜禽养殖项目执行的声环境质量标准

单位：dB（A）

类别	昼间	夜间	备注
1 类	55	45	养殖场周边村庄原则上执行 1 类
2 类	60	50	养殖场及养殖场周边的村庄如果工业活动较多或有交通干线经过可执行 2 类
4a 类	70	55	交通干线一定区域内，依据交通干线类型选取
4b 类	70	60	

5.4.1.3　地下水环境质量标准

畜禽养殖所在区域地下水环境质量执行《地下水质量标准》（GB/T 14848—2017），并依据地方规定的地下水环境功能区划或水功能区划执行相应类别限值。对于《地下水质量标准》（GB/T 14848—2017）中没有的特征指标，可参考《地表水环境质量标准》（GB 3838—2002）、《生活饮用水卫生标准》（GB 5749—2022）、《地下水水质标准》（DZ/T 0290—2015）。对于尚未划分地下水环境功能区划的区域，可参照地下水的使用功能进行分类。若无使用功能，可参照执行《地下水质量标准》（GB/T 14848—2017）Ⅳ类或仅给出各指标能够达到的相应类别即可。有地方环境质量标准的，从其规定。

本书列出部分常用的地下水环境质量标准值供参考，见表 5－19。

表 5－19　畜禽养殖项目执行的地下水质量标准（节选）

标准	指标	Ⅰ类	Ⅱ类	Ⅲ类	Ⅳ类	Ⅴ类
《地下水质量标准》（GB/T 14848—2017）	pH		6.5～8.5		5.5～6.5 8.5～9	<5.5，>9
	氯化物（mg/L）	≤50	≤150	≤250	≤350	>350
	总硬度（以 $CaCO_3$ 计）（mg/L）	≤150	≤300	≤450	≤650	>650
	溶解性总固体（mg/L）	≤300	≤500	≤1 000	≤2 000	>2 000
	氨氮（NH_4）（mg/L）	≤0.02	≤0.10	≤0.50	≤1.50	>1.50
	亚硝酸盐（以 N 计）（mg/L）	≤0.01	≤0.10	≤1.00	≤4.80	>4.80
	耗氧量	≤1.0	≤2.0	≤3.0	≤10	>10
	硝酸盐（以 N 计）（mg/L）	≤2.0	≤5.0	≤20	≤30	>30
	总大肠菌群（MPN/100ml）	≤3.0	≤3.0	≤3.0	≤100	>100
	细菌总数（CFU/ml）	≤100	≤100	≤100	≤1 000	>1 000
	砷（As）（mg/L）	≤0.001	≤0.001	≤0.01	≤0.05	>0.05
	汞（Hg）（mg/L）	≤0.000 1	≤0.000 1	≤0.001	≤0.002	>0.002
	镉（Cd）（mg/L）	≤0.000 1	≤0.001	≤0.005	≤0.01	>0.01
	铬（六价）（Cr^{6+}）（mg/L）	≤0.005	≤0.01	≤0.05	≤0.1	>0.1
	铅（Pb）（mg/L）	≤0.005	≤0.005	≤0.01	≤0.1	>0.1
	铜（Cu）（mg/L）	≤0.01	≤0.05	≤1.0	≤1.5	>1.5

（续）

标准	指标	I 类	II 类	III 类	IV 类	V 类
《地下水质量 标准》（GB/T 14848—2017）	锌（Zn）（mg/L）	≤0.05	≤0.5	≤1.0	≤5.0	>5.0
	镍（Ni）（mg/L）	≤0.01	≤0.05	≤0.2	≤0.5	>0.5
	氟化物（mg/L）	≤1.0	≤1.0	≤1.0	≤2.0	>2.0
	铁（Fe）（mg/L）	≤0.1	≤0.2	≤0.3	≤2.0	>2.0
	锰（Mn）（mg/L）	≤0.05	≤0.05	≤0.1	≤1.5	>1.5
	挥发酚（以苯酚计）（mg/L）	≤0.001	≤0.001	≤0.002	≤0.01	>0.01
	氰化物（mg/L）	≤0.001	≤0.01	≤0.05	≤0.1	>0.1
	硫酸盐（mg/L）	≤50	≤150	≤250	≤350	>350
	阴离子表面活性剂（mg/L）	不得检出	≤0.1	≤0.3	≤0.3	>0.3
	硫化物（mg/L）	≤0.005	≤0.01	≤0.02	≤0.1	>0.1
	碘化物（mg/L）	≤0.04	≤0.04	≤0.08	≤0.5	>0.5
《地表水环境 质量标准》（GB 3838—2002）	总氮（mg/L）	≤0.2	≤0.5	≤1.0	≤1.5	≤2.0
	BOD_5（mg/L）	≤3	≤3	≤4	≤6	≤10
	石油类（mg/L）	≤0.05	≤0.05	≤0.05	≤0.5	≤1.0
	总磷（mg/L）	≤0.02	≤0.1	≤0.2	≤0.3	≤0.4
	COD_{Cr}（mg/L）	≤15	≤15	≤20	≤30	≤40

5.4.1.4 土壤环境质量标准

《中华人民共和国畜牧法》（2022 年 10 月 30 日修正）第三十七条明确"畜禽养殖用地按照农业用地管理"。根据《土地利用现状分类》（GB/T 21010—2017），畜禽养殖用地属于"设施农用地"，而"设施农用地"属于农用地范畴。2020 年 11 月 17 日，自然资源部办公厅印发的《国土空间调查、规划、用途管制用地用海分类指南（试行）》（自然资办发〔2020〕51 号）中，将设施农用地列为一级类，名称调整为"农业设施建设用地"，其二级类中含畜禽养殖设施建设用地。

此外，自然资源部与农业农村部联合发布的《关于设施农业用地管理有关问题的通知》（自然资规〔2019〕4 号）中，也明确提出"设施农业属于农业内部结构调整"。

综上，畜禽养殖用地属于农用地范畴。但是，《土壤环境质量　农用地土壤污染风险管控标准（试行）》（GB 15618—2018）适用于 GB/T 21010 中的 01 耕地、02 园地和 04 草地三大类用地土壤污染风险筛查与分类。而设施农用地未列入 GB 15618—2018 使用的土地类别。依据《建设项目环境影响评价导则　土壤环境（试行）》（HJ 964—2018）中 7.5.2.1 条要求，"土地利用类型无相应标准的可只给出现状监测值"。

根据《自然资源部　农业农村部　国家林业和草原局关于严格耕地用途管制有关问题的通知》（自然资发〔2021〕166 号），要严格控制新增畜禽养殖设施等农业设施建设用地使用一般耕地。确需使用的，应经批准并符合相关标准。对耕地转为其他农用地及农业设施建设用地实行年度"进出平衡"。同时，《自然资源部　农业农村部关于设施农业用地管理有关问题的通知》（自然资规〔2019〕4 号）中明确提出"设施农业用地不再使用的，必须恢复原用途"。

综上，为便于土壤环境质量执行标准的衔接性及土壤污染风险管控，对于畜禽养殖用地执行的土壤环境质量标准，宜结合原有用地性质确定。若为 GB/T 21010 中的 01 耕地、02 园地和 04 草地三大类用地性质，应执行《土壤环境质量 农用地土壤污染风险管控标准（试行）》（GB 15618—2018），对于该标准中没有的特征因子可只给出现状监测值；除上述三大类用地性质之外的其余非建设用地性质，可只给出现状监测值。

农用地土壤环境质量标准风险筛选值如表 5-20。

表 5-20 农用地土壤环境质量标准风险筛选值

单位：mg/kg

序号	项目		风险筛选值			
			pH≤5.5	5.5＜pH≤6.5	6.5＜pH≤7.5	pH＞7.5
1	镉	水田	0.3	0.4	0.6	0.8
		其他	0.3	0.3	0.3	0.6
2	汞	水田	0.5	0.5	0.6	0.6
		其他	1.3	1.8	2.4	3.4
3	砷	水田	30	30	25	20
		其他	40	40	30	25
4	铅	水田	80	100	140	240
		其他	70	90	120	170
5	铬	水田	250	250	300	350
		其他	150	150	200	250
6	铜	果园	150	150	200	200
		其他	50	50	100	100
7	镍		60	70	100	190
8	锌		200	200	250	300

5.4.1.5 地表水环境质量标准

畜禽养殖项目涉及向周边地表水体排放废水时，受纳水体环境质量应执行《地表水环境质量标准》（GB 3838—2002），并依据地方规定的地表水环境功能区划或水功能区划、水环境保护目标等水环境质量管理要求执行相应类别限值。有地方环境质量标准的，从其规定。未划定水环境功能区或水功能区的水域，由地方人民政府生态环境主管部门确认应执行的环境质量要求（表 5-21）。

表 5-21 畜禽养殖项目执行的地表水环境质量标准（节选）

序号	项目	单位	Ⅰ类	Ⅱ类	Ⅲ类	Ⅳ类	Ⅴ类
1	pH	无量纲			6～9		
2	水温	℃		人为造成的环境水温变化限制在：周平均最大温升≤1；周平均最大温降≤2			
3	COD	mg/L	15	15	20	30	40

（续）

序号	项目	单位	Ⅰ类	Ⅱ类	Ⅲ类	Ⅳ类	Ⅴ类
4	高锰酸盐指数	mg/L	2	4	6	10	15
5	BOD_5	mg/L	3	3	4	6	10
6	氨氮	mg/L	0.15	0.5	1.0	1.5	2.0
7	总磷	mg/L	0.02（湖、库 0.01）	0.1（湖、库 0.025）	0.2（湖、库 0.05）	0.3（湖、库 0.1）	0.4（湖、库 0.2）
8	粪大肠菌群	个/L	200	2 000	10 000	20 000	40 000
9	石油类	mg/L	0.05	0.05	0.05	0.5	1.0
10	铜	mg/L	0.01	1.0	1.0	1.0	1.0
11	锌	mg/L	0.05	1.0	1.0	2.0	2.0
12	阴离子表面活性剂	mg/L	0.2	0.2	0.2	0.3	0.3

5.4.2 污染物排放标准

5.4.2.1 标准分类及选取原则

（1）分类

①按执行区域划分。分为国家排放标准和地方排放标准两类。地方污染物排放标准在发布该标准的省、自治区、直辖市行政区域范围或者标准指定区域或流域（海域）范围内执行。

②按环境要素划分。包括大气污染物排放标准、水污染物排放标准、固体废物污染控制标准、环境噪声排放控制标准等。

③按适用对象划分。水和大气污染物排放标准，根据适用对象分为行业型、综合型、通用型、流域（海域）或者区域型污染物排放标准。

其中，行业型污染物排放标准针对于特定行业或者产品相应污染源的排放控制；综合型污染物排放标准针对于尚未制定行业型污染物排放标准的其他行业污染源的排放控制；通用型污染物排放标准适用于跨行业通用生产工艺、设备、操作过程或者特定污染物、特定排放方式的排放控制；流域（海域）或者区域型污染物排放标准针对于特定流域（海域）或者区域范围内的污染源排放控制。

（2）执行优先顺序　按照现行《生态环境标准管理办法》（生态环境部令第 17 号）等相关要求，污染物排放标准应按照表 5-22 中优先顺序执行。

表 5 - 22　污染物排放标准优先执行顺序选取原则要求

优先顺序	执行区域	适用对象	示例	备注
1	地方	流域（海域）或者区域型	《小东江流域水污染物排放标准》（DB 44/2155—2019）、《鄱阳湖生态经济区水污染物排放标准》（DB 36/852—2015）	1. 地方污染物排放标准未规定的项目，应当执行国家污染物排放标准的相关规定
2		行业型	《畜禽养殖业污染物排放标准》（DB 31/1098—2018）、《畜禽养殖业污染物排放标准》（DB 44/613—2009）	2. 流域（海域）或者区域型污染物排放标准未规定的项目，应当执行行业型或者综合型污染物排放标准的相关规定；流域（海域）或者区域型、行业型或者综合型污染物排放标准均未规定的项目，应当执行通用型污染物排放标准的相关规定
3		综合型或通用型	《恶臭污染物排放标准》（DB 12/059—2018）、《恶臭（异味）污染物排放标准》（DB 31/1025—2016）	3. 标准适用范围或要求中有明确规定的从其要求
4	国家	行业型	《畜禽养殖业污染物排放标准》（GB 18596—2001）	行业型或者综合型污染物排放标准未规定的项目，应当执行通用型污染物排放标准的相关规定
5		综合型或通用型	《恶臭污染物排放标准》（GB 14554—1993）	

5.4.2.2　各环境要素适用标准分析

以下按环境要素，分别对畜禽养殖项目应执行的污染物排放标准进行分析。

(1) 废水排放　应根据畜禽废水排放去向的不同，执行相应的排放标准。对于国家和地方排放标准中未包括的评价因子，可由地方生态环境主管部门确定应执行的污染物排放要求。主要确定原则详见表 5 - 23。

表 5 - 23　畜禽养殖项目废水排放标准确定原则

排放方式	适用情景	执行排放标准	备注
间接排放	1. 进入城镇污水集中处理设施；2. 进入其他单位废水处理设施；3. 进入工业废水集中处理设施；4. 其他间接进入环境水体的排放方式	排污单位可与污水集中处理设施责任单位协商排放控制值	一般执行污水集中处理设施的纳管标准
直接排放	1. 直接进入江河、湖、库等水环境；2. 直接进入海域；3. 进入城市下水道，再排入江河、湖、库或沿海海域；4. 其他直接进入环境水体的排放方式	向地表水环境排放的，执行《畜禽养殖业污染物排放标准》（GB 18596）和地方有关排放标准；排入农田灌溉渠道的，排放口下游最近的灌溉取水点水质执行《农田灌溉水质标准》（GB 5084）	农田灌溉渠道可分为干渠、支渠、斗渠、农渠、毛渠等五级。一般直接或通过泵站、水闸、倒虹吸等水工设施与周边环境水体进行水力联通

①《畜禽养殖业污染物排放标准》（GB 18596—2001）。该标准适用于集约化的畜禽养殖场或小区。畜禽养殖业废水不得排入敏感水域和有特殊功能的水域，排放去向应符合国家和地方相关法律法规和标准的有关规定。原则上禁止直接排入《地表水环境质量标准》（GB 3838—2002）中的Ⅰ、Ⅱ类水域和Ⅲ类水域中划定的保护区及 GB 3097 中的一

类海域。

畜禽养殖业水污染物排放限值见表 5-24、表 5-25。

表 5-24　集约化畜禽养殖业不同清粪工艺条件下的最高允许排水量

清粪工艺条件		猪 ［m³/（百头·d）］		鸡 ［m³/（千只·d）］		牛 ［m³/（百头·d）］	
		冬季	夏季	冬季	夏季	冬季	夏季
水冲工艺	标准值	2.5	3.5	0.8	1.2	20	30
干清粪工艺	标准值	1.2	1.8	0.5	0.7	17	20

注：表中百头、千只均指畜禽存栏数。季度废水最高允许排放量按当季平均值计算。

表 5-25　集约化畜禽养殖业水污染物最高允许日均排放浓度

控制项目	BOD₅ （mg/L）	COD （mg/L）	SS （mg/L）	氨氮 （mg/L）	总磷 （以P计） （mg/L）	粪大肠 菌群数 （个/100ml）	蛔虫卵 （个/L）
标准值	150	400	200	80	8.0	1 000	2.0

②《农田灌溉水质标准》（GB 5084—2021）。向农田灌溉渠道排放未综合利用的畜禽养殖废水时，应保证其下游最近的灌溉取水点水质符合该标准的要求。

需要说明的是，该标准规定的监控点位是养殖场场区废水排放口下游最近的灌溉取水点，非养殖场场区废水排放口。环评中可酌情考虑该距离范围内的横向、垂向扩散，非持久性污染物的降解，氮磷的沉降，重金属的泥沙冲淤、吸附解析等因素影响。此外，该标准与《畜禽养殖业污染物排放标准》（GB 18596—2001）仅适用于集约化的畜禽养殖场或小区不同，不仅适用于规模化畜禽养殖场，也适用于规模以下的畜禽养殖场。

该标准中对灌溉水田、旱地和蔬菜的水质分别提出了污染物的限值要求。畜禽养殖项目应根据用于灌溉农田的作物种类执行相应标准，若同时作为不同作物种类的灌溉用水，应从严执行。部分农田灌溉水质控制项目限值见表 5-26。

表 5-26　农田灌溉水质控制项目限值（节选）

序号	污染物名称	作物种类		
		水田作物	旱地作物	蔬菜
1	pH（无量纲）		5.5～8.5	
2	CODCr（mg/L）	150	200	100ᵃ, 60ᵇ
3	BOD₅（mg/L）	60	100	40ᵃ, 15ᵇ
4	SS（mg/L）	80	100	60ᵃ, 15ᵇ
5	粪大肠菌群数（MPN/L）	40 000	40 000	20 000ᵃ, 10 000ᵇ
6	蛔虫卵数（个/10L）		20	20ᵃ, 10ᵇ
7	铜（mg/L）	0.5		1
8	锌（mg/L）		2	

（续）

序号	污染物名称	作物种类		
		水田作物	旱地作物	蔬菜
9	全盐量（mg/L）	1 000（非盐碱土地区），2 000（盐碱土地区）		
10	阴离子表面活性剂（mg/L）	5	8	5
11	石油类	5	10	1
12	氯化物（以Cl⁻计）（mg/L）	350		

注：a. 加工、烹调及去皮蔬菜；b. 生食类蔬菜、瓜类和草本水果。

（2）废气排放

①恶臭污染物。

a. 场界臭气浓度。现行《畜禽养殖业污染物排放标准》（GB 18596—2001）中规定的畜禽养殖业恶臭污染物排放限值见表5-27。

表5-27 集约化畜禽养殖业恶臭污染物排放标准

控制项目	标准值
臭气浓度（无量纲）	70

需要说明的是，在《畜禽养殖产地环境评价规范》（HJ 568—2010）、《畜禽场环境质量标准》（NY/T 388—1999）中规定了畜禽养殖场场区臭气浓度限值为50（无量纲），较《畜禽养殖业污染物排放标准》（GB 18596—2001）中规定的臭气浓度标准值更为严格。因此，畜禽养殖环评中无组织排放的臭气浓度场界控制值宜为50（无量纲）。有地方标准的从其规定。

b. 其他污染物及有组织排放的臭气浓度。畜禽养殖项目其他恶臭主要污染物包括氨、硫化氢，此外猪场可酌情考虑甲硫醇。由于《畜禽养殖业污染物排放标准》（GB 18596—2001）未对上述指标和有组织排放的臭气浓度的排放标准进行规定，属于行业型污染物排放标准未规定的项目，应当执行通用型污染物排放标准——《恶臭污染物排放标准》（GB 14554—1993）的相关规定。有地方标准的从其规定。

该标准中对氨、硫化氢、甲硫醇的厂界标准值及排放标准值规定见表5-28、表5-29。

表5-28 国家通用型恶臭污染物厂界标准值

控制项目	单位	二级	
		新扩改建	现有
氨	mg/m³	1.5	2.0
硫化氢	mg/m³	0.06	0.10
甲硫醇	mg/m³	0.007	0.010

注：现行GB 3095—2012不设三类环境空气功能区，该表不再列出恶臭污染物在三类区的排放标准。同时一类区内不得建新的排污单位，属于禁养区范畴，因此畜禽养殖项目恶臭污染物场界也不涉及一级标准，本书相应不再列出。

表 5 - 29　恶臭污染物有组织排放标准值（节选）

控制项目	排气筒高度（m）	排放量（kg/h）
硫化氢	15	0.33
	20	0.58
	25	0.90
	30	1.3
氨	15	4.9
	20	8.7
	25	14
	30	20
甲硫醇	15	0.04
	20	0.08
	25	0.12
	30	0.17
臭气浓度（无量纲）	15	2 000
	25	6 000
	35	15 000

②沼气燃烧废气。

a. 沼气锅炉燃烧废气。沼气锅炉燃烧废气中污染物排放执行《锅炉大气污染物排放标准》（GB 13271—2014）中关于燃气锅炉相关规定，有地方标准的从其规定。

2014 年 7 月 1 日起，新建锅炉大气污染物排放浓度限值执行该标准中表 2 的规定。其中，重点地区锅炉执行大气污染物特别排放限值。执行大气污染物特别排放限值的地域范围、时间，由国务院生态环境主管部门或者省级人民政府规定，如环境保护部在 2013 年 14 号《关于执行大气污染物特别排放限值的公告》基础上，又于 2018 年第 9 号《关于京津冀大气污染传输通道城市执行大气污染物特别排放限值的公告》进一步扩大了执行大气污染物特别排放限值的区域（表 5 - 30）。

表 5 - 30　新建沼气锅炉大气污染物排放标准

污染物	允许排放浓度（mg/m³）	
	非重点地区	重点地区
二氧化硫	20	20
颗粒物	50	50
氮氧化物	200	150
烟气黑度（格林曼，级）	≤1	≤1

b. 沼气火炬燃烧废气。沼气火炬燃烧废气可参照执行《大气污染物综合排放标准》（GB 16297—1996）中新污染源的要求。具体限值见表 5 - 31。

表 5 - 31 新污染源大气污染物排放限值（节选）

污染物	最高允许排放浓度（mg/m³）	最高允许排放速率（kg/h）	
		排气筒高度（m）	二级
二氧化硫	550	15	2.6
		20	4.3
氮氧化物	240	15	0.77
		20	1.3
颗粒物	120	15	3.5
		20	5.9

③食堂油烟。设有员工食堂的畜禽养殖场食堂油烟的排放参照执行《饮食业油烟排放标准（试行）》（GB 18483—2001），详见表 5 - 32。

表 5 - 32 饮食业单位的油烟最高允许排放浓度和油烟净化设施最低去除效率

规模	小型	中型	大型
基准灶头数	≥1，<3	≥3，<6	≥6
对应灶头总功率（10⁸J/h）	≥1.67，<5.00	≥5.00，<10	≥10
对应排气罩灶面总投影面积（m²）	≥1.1，<3.3	≥3.3，<6.6	≥6.6
最高允许排放浓度（mg/m³）		2.0	
净化设施最低去除效率（%）	60	75	85

(3) 噪声排放

①施工期噪声。施工期噪声排放执行《建筑施工场界环境噪声排放标准》（GB 1253—2011）：施工场界环境噪声排放限值为：昼间 70dB（A）、夜间 55dB（A）。

②营运期噪声。营运期噪声排放执行《工业企业厂界环境噪声排放标准》（GB 12348—2008），依据地方政府部门划定的声环境功能区划执行相应类别限值，并与声环境质量功能区划类别相对应。常用排放限值见表 5 - 33。

表 5 - 33 畜禽养殖企业常用厂界环境噪声排放限值

单位：dB（A）

厂界外执行的声环境功能区类别	时段	
	昼间	夜间
1	55	45
2	60	50
4	70	55

(4) 污染物控制

①畜禽粪污。畜禽粪污经无害化处理后还田利用的具体要求及限量应符合《畜禽养殖业污染物排放标准》（GB 18596—2001）、《畜禽粪便无害化处理技术规范》（GB/T 36195—2018）和《畜禽粪便还田技术规范》（GB/T 25246—2010）的相关要求。现行主要控制要求如表 5 - 34、表 5 - 35。

表 5-34 固态畜禽粪便无害化主要卫生学要求

项目	含量限值
蛔虫卵	死亡率≥95%
粪大肠菌群数	≤100 个/g 或 100 个/ml
粪大肠菌值	$10^{-1} \sim 10^{-2}$
苍蝇	堆体周围不应有活的蛆、蛹或新羽化的成蝇

表 5-35 液态畜禽粪便无害化主要卫生学要求

项目	含量限值
蛔虫卵	死亡率≥95%
粪大肠菌群数	常温沼气发酵≤10^5个/L；高温沼气发酵≤100 个/L
粪大肠菌值	$10^{-1} \sim 10^{-2}$
钩虫卵	在使用粪液中不应检出活的钩虫卵
蚊子、苍蝇	粪液中不应有蚊蝇幼虫，池的周围不应有活的蛆、蛹或新羽化的成蝇

作为商品化肥料使用的，还应同时满足《肥料中有毒有害物质的限量要求》（GB 38400—2019）中对"其他肥料"的相关要求。主要要求如表 5-36。

表 5-36 畜禽粪污商品化肥料有毒有害物质限量要求（节选）

项目	含量限值
蛔虫卵	死亡率 95%
粪大肠菌群数	≤100 个/g 或 100 个/ml
总镉（mg/kg）	≤3
总汞（mg/kg）	≤2
总砷（mg/kg）	≤15
总铅（mg/kg）	≤50
总铬（mg/kg）	≤150
总铊（mg/kg）	≤2.5

②病死畜禽和分娩废物。病死畜禽和分娩废物处置参照执行现行《畜禽养殖业污染防治技术规范》（HJ/T 81—2001）、《病死及病害动物无害化处理技术规范》（农医发〔2017〕25 号）等相关要求。

③废弃防疫药物及其包装。废弃防疫药物及其包装属于危险废物，执行现行《危险废物贮存污染控制标准》（GB 18597—2023）。

5.5 环境影响评价等级、范围与相应环境保护目标分析

各环境要素、各专题评价工作等级根据畜禽养殖项目的工程特点、所在地区的环境特征、相关法律法规、标准及规划、环境功能区划等情况，根据各环境要素或专题环境影响

评价技术导则确定。

环境影响评价范围指畜禽养殖项目实施后可能对环境造成的影响范围，根据各环境要素和专题环境影响评价技术导则确定。环境影响评价技术导则中未明确具体评价范围，仅提出原则要求的，应根据建设项目可能影响范围确定。需要说明的是，评价范围不等同于影响范围，一般评价范围要大于实际影响范围，以便在现状调查与影响预测时至少涵盖实际的影响范围。

环境保护目标是指环境影响评价范围内的环境敏感区及需要特殊保护的对象。依据环境影响因素识别结果，应附图并列表说明评价范围内各环境要素涉及的环境敏感区、需要特殊保护对象的名称、功能、与建设项目的位置关系以及环境保护要求等。

5.5.1 大气环境

(1) 评价工作等级 大气环境评价工作等级应结合畜禽养殖项目初步工程分析中正常状况下的各污染源（含无组织排放面源和有组织排放点源）主要污染物排放源强及排放参数，采用《环境影响评价技术导则 大气环境》（HJ 2.2—2018）中附录 A 推荐的估算模型，分别计算各污染源、各污染物的下风向最大落地浓度、相应浓度占标率及污染物的地面浓度达标准 10% 时所对应的最远距离 $D_{10\%}$，然后按导则中的评价工作分级判据确定。

大气评价工作分级判据见表 5-37。

表 5-37 大气评价工作分级判据

评价工作等级	评价工作分级判据
一级	$P_{max} \geqslant 10\%$
二级	$1\% \leqslant P_{max} < 10\%$
三级	$P_{max} < 1\%$

第 i 个污染物的最大地面浓度占标率 P_i 按下式计算：

$$p_i = \frac{C_i}{C_{0i}} \times 100\% \tag{5-1}$$

式（5-1）中，C_i 为采用估算模式计算的第 i 个污染物的最大落地影响浓度，mg/m³；C_{oi} 为第 i 个污染物的《环境空气质量标准》（GB 3095）中的 1h 平均浓度限值，mg/m³。对于没有小时浓度限值的污染物，可取日平均浓度限值的 3 倍值、8h 平均浓度限值的 2 倍值、年平均浓度限值的 6 倍值。

估算模型预测所需参数表见表 5-38。

表 5-38 估算模型参数表（样表）

参数	取值
城市/农村选项 *	城市/农村
	人口数（城市选项时）
最高环境温度（℃）	
最低环境温度（℃）	

（续）

参数		取值	
土地利用类型			
区域湿度条件			
是否考虑地形	考虑地形	□是	□否
	地形数据分辨率（m）		
是否考虑岸线熏烟**	考虑岸线熏烟	□是	□否
	岸线距离（km）	—	
	岸线方向（°）	—	

* 当项目周边 3km 半径范围内一半以上面积属于城市建成区或者规划区时，选择城市，否则选择农村。

**当污染源附近 3km 范围内有大型水体（海或湖）时，需选择岸线熏烟选项。

各污染源参数调查清单详见表 5-39、表 5-40、表 5-41。

表 5-39 点源调查参数表（样表）

名称	排气筒底部中心坐标（经纬度）		排气筒底部海拔高度	排气筒高度	排气筒内径	烟气出口速度	烟气出口温度	年排放小时数	排放工况	评价因子源强
	X	Y	（m）	（m）	（m）	（m/s）	（K）	（h）		（kg/h）
P1										
P2										
…										

表 5-40 矩形面源参数表（样表）

编号	面源名称	面源中心坐标（经纬度）		海拔高度（m）	面源长度（m）	面源宽度（m）	与正北方向夹角（°）	面源有效排放高度（m）	年排放小时数（h）	排放工况	排放速率（kg/h）
		X	Y								
1											
…											

表 5-41 某主要污染源估算模型计算结果表（样表）

下风向距离（m）	污染源 1		污染源 2	
	预测质量浓度（μg/m³）	占标率（%）	预测质量浓度（μg/m³）	占标率（%）
50				
100				
…				
下风向最大质量浓度及占标率（%）				
$D_{10\%}$ 最远距离（m）				

根据大气评价工作分级判据，结合估算结果，确定项目大气评价等级。一般在目前经济技术水平条件下，畜禽养殖项目无组织恶臭污染物排放源占标率较高，大气评价等级不宜低于二级。

(2) 评价范围

①一级评价：一般以项目厂址为中心区域，自场界外延畜禽养殖项目排放污染物的最远影响距离（$D_{10\%}$）的矩形区域。当 $D_{10\%}$ 超过 25km 时，评价范围取边长 50km 的矩形区域；当 $D_{10\%}$ 小于 2.5km 时，评价范围边长直接取 5km。

②二级评价：以项目厂址为中心区域、边长取 5km 的矩形区域。

(3) 环境空气保护目标 环境空气保护目标指评价范围内按 GB 3095 规定划分为一类区（包括自然保护区、风景名胜区和其他需要特殊保护的区域）的全部区域及二类区中的居住区、文化区和农村地区中人群较集中的区域。

应对项目大气环境评价范围内主要环境空气保护目标进行调查。在带有地理信息的底图中标注，并列表给出环境空气保护目标的相关信息，具体样表如表 5 - 42。

表 5 - 42 环境空气保护目标样表

名称	坐标（m）		保护对象	保护内容	规模	环境功能区	方位	距厂界最近距离（m）
	X	Y						

5.5.2 地表水环境

5.5.2.1 评价工作等级

畜禽养殖项目运营期废水包括养殖废水和生活污水，属于水污染影响型建设项目。根据《环境影响评价技术导则 地表水环境》（HJ 2.3—2018），评价等级的判定依据见表 5 - 43。

表 5 - 43 水污染影响型建设项目评价等级判定

评价等级	判定依据	
	排放方式	废水排放量 Q（m^3/d）；水污染物当量数 W（无量纲）
一级	直接排放①	$Q \geq 20\ 000$ 或 $W \geq 600\ 000$
二级	直接排放①	其他
三级 A	直接排放①	$Q < 200$ 或 $W < 6\ 000$
三级 B	间接排放②	—

注：①直接排放指直接进入江河、湖、库等水环境；直接进入海域；进入城市下水道，再入江河、湖、库或沿海海域；其他直接进入环境水体的排放方式。②间接排放指进入城市污水处理厂、进入其他排污单位、进入工业废水集中处理厂，以及其他间接进入环境水体的排放方式。

畜禽养殖项目应根据废水排放去向或利用方式的不同进行相应地表水环境评价等级判定。经处理后向环境水体排放的，按照上表中关于"直接排放"的排水量或水污染当量数确定评价等级；向集中污水处理设施排放的，属于间接排放，评价等级为三级 B。作为肥料农田资源化利用、不排放到外环境的，可参照 HJ 2.3—2018 表 1 中注 10 的规定，评价等级为三级 B。

对于用于农田灌溉的，应重点结合场区至农田的输送方式，确定排放方式。如果灌溉用水通过专用输送管道或罐车转运，并配套非灌溉季节所需必要贮存设施的，做到不直接排放到外环境，可视为间接排放；如果灌溉用水首先排放至周边的渠道，再将渠道内的水用于农田灌溉的，当渠道与周边河道具有一定的连通性时，则应视为直接排放。此外，对于排水水质优于受纳地表水体环境功能区相应环境质量标准的，可对环境水体产生正环境效益，从改善地表水环境角度出发，建议将该情形视为间接排放。

5.5.2.2 评价范围

水污染影响型畜禽养殖建设项目评价范围，根据评价等级、工程特点、影响方式及程度、地表水环境质量管理要求等确定。

（1）一级、二级及三级 A 评价 应根据主要污染物在地表水体中的迁移转化状况，至少需涵盖建设项目污染影响所涉及的水域。当影响范围涉及水环境保护目标时，评价范围还应至少扩大到水环境保护目标内受到影响的水域。根据受纳水体的不同，按照以下原则确定评价范围：

①受纳水体为河流时，应覆盖对照断面、控制断面与削减断面等关心断面。其中，对照断面是为了解流入监测河段前的水体水质污染状况而设置；控制断面是为评价监测河段汇入污染源对水体水质影响程度和变化情况而设置；削减断面是指河流受纳污水后流经一定距离达到最大程度混合，再经稀释扩散和自净作用，污染物浓度明显降低的断面（图 5 - 2）。

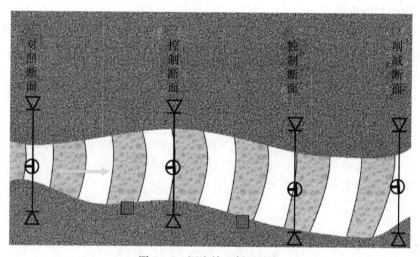

图 5 - 2 河流关心断面示意

②受纳水体为湖泊、水库时：一级、二级、三级评价时，评价范围宜不小于以入湖（库）排放口为中心，半径分别为 5km、3km、1km 的扇形区域。

③受纳水体为入海河口和近岸海域时，评价范围按照 GB/T 19485 执行。

此外，同一建设项目有两个及两个以上废水排放口，或排入不同地表水体时，按各排放口及所排入地表水体分别确定评价范围；有叠加影响的，叠加影响水域应作为重点评价范围。

（2）三级 B 评价　应满足其依托污水处理设施环境可行性分析的要求。当涉及地表水环境风险时，评价范围应覆盖环境风险影响范围所涉及的水环境保护目标水域。

5.5.2.3　水环境保护目标

水环境保护目标是基于保护水质和生态流量需要，主要包括：各级饮用水水源保护区、饮用水取水口，涉水的自然保护区、风景名胜区、重要湿地、重点保护与珍稀水生生物的栖息地、重要水生生物的自然产卵场及索饵场、越冬场和洄游通道，天然渔场等渔业水体，以及水产种质资源保护区等。需要说明的是，上述水环境保护目标之外的、已划分地表水环境功能区划的地表水体，不属于水环境保护目标，但应预测对该地表水环境功能区的环境影响。

环评中应图示各水环境保护目标的地理位置、四至范围，并列表给出水环境保护目标内主要保护对象和保护要求，以及与建设项目占地区域的相对距离、坐标、高差，与排放口的相对距离、坐标等信息，同时说明与建设项目的水力联系。

5.5.3　声环境

（1）评价工作等级　畜禽养殖项目噪声环境影响评价工作等级根据评价范围内的声环境功能区、项目建设前后评价范围内声环境保护目标噪声级增量及受影响人口数量等确定。具体详见《环境影响评价技术导则　声环境》（HJ 2.4—2021）5.1 中的规定，本书不再赘述。

鉴于畜禽养殖项目选址区域声环境功能区一般为 1 类、2 类地区，因此，声环境评价等级一般不低于二级。

（2）评价范围　畜禽养殖项目以固定声源为主，其评价范围确定原则如下：

一级评价一般以畜禽养殖项目边界向外扩 200m。二级、三级评价可根据建设项目所在区域和相邻区域的声环境功能区类别及声环境保护目标等实际情况适当缩小。

（3）声环境保护目标　声环境保护目标是依据法律、法规、标准政策等确定的需要保持安静的建筑物及建筑物集中区，如医院、学校、科研单位、住宅等建筑物及建筑物集中区。需要说明的是，如果评价范围内涉及主要保护对象为野生动物及其栖息地的生态敏感区，可不作为声环境保护目标，但应从优化工程设计和施工方案、采取降噪措施等方面强化控制要求。

环评中应给出评价范围内声环境保护目标的名称、地理位置、行政区划、所在声环境功能区、不同声环境功能区内人口分布、与建设项目的空间位置关系、建筑高度等情况。

5.5.4　地下水环境

5.5.4.1　评价工作等级

畜禽养殖项目地下水环境影响评价工作等级依据《环境影响评价技术导则 地下水环境》（HJ 610—2016）对项目分类和地下水环境敏感程度分级进行判定。

（1）建设项目分类　根据现行《环境影响评价技术导则　地下水环境》（HJ 610—

2016）中地下水环境评价行业分类表，"年出栏生猪 5 000 头（其他畜禽种类折合猪的养殖规模）及以上或涉及环境敏感区的"的报告书项目，为 III 类地下水项目。上述关于报告书项目规模规定门槛与现行规定基本相同，因此需履行环评审批程序的畜禽养殖项目环评地下水项目类别全部为 III 类。

（2）地下水环境敏感程度　畜禽养殖项目的地下水环境敏感程度按照保护的重要性可分为敏感、较敏感、不敏感三级，如集中式饮用水水源地准保护区属于敏感，而集中式饮用水水源地准保护区以外的补给径流区及分散式居民饮用水水源属于较敏感。具体分级见 HJ 610—2016 中表 1 地下水环境敏感程度分级表。

环评过程中应结合项目所在地及周边地下水环境调查，分析项目地下水影响范围内是否涉及上述敏感区，进而判断项目地下水环境的敏感程度。

（3）工作等级划分　地下水环境评价工作等级主要依据地下水环境敏感程度进行判定。详见表 5 - 44。可见，畜禽养殖项目地下水评价等级不涉及一级评价，仅可能涉及二、三级评价两类。

表 5 - 44　畜禽养殖项目地下水评价工作等级划分表

环境敏感程度	评价等级
敏感	二
较敏感或不敏感	三

5.5.4.2　评价范围

畜禽养殖项目地下水环境现状调查评价范围应以满足地下水环境影响预测和评价为基本原则，可以反映调查评价区地下水基本流场特征，说明地下水环境的现状，并不可遗漏与项目相关的地下水环境保护目标。

具体评价范围应根据地下水流向，重点考虑地下水流向的下游，兼顾项目场地两侧及地下水流向上游，一般不超过所处水文地质单元边界，可采用公式计算法、查表法和自定义法确定。当项目所在地水文地质条件相对简单，且能够获取公式计算法所需参数时，应采用公式计算法确定；当不满足公式计算法的要求时，可采用查表法确定。自定义法是根据所在地水文地质条件确定，并需说明具体确定的理由。具体详见现行《环境影响评价技术导则　地下水环境》（HJ 610—2016）中 8.2 节，本书不再赘述。

5.5.4.3　地下水环境保护目标

畜禽养殖项目地下水环境保护目标包括：①潜水含水层；②可能受项目影响且具有饮用水开发利用价值的含水层；③集中式饮用水水源和分散式饮用水水源地；④《建设项目环境影响评价分类管理名录》中所界定的涉及地下水的环境敏感区（如地下水饮用水源保护区、重要湿地等）。

5.5.5　土壤环境

5.5.5.1　评价工作等级

畜禽养殖项目土壤环境影响类型主要为污染影响型，其评价等级的判定依据项目类别、土壤敏感程度和占地规模 3 个因素进行划分。

(1) 项目类别的判定　畜禽养殖项目类别按表 5－45 确定。

表 5－45　畜禽养殖项目涉及土壤环境影响评价项目类别

项目类别		
Ⅱ类	Ⅲ类	Ⅳ类
年出栏生猪 10 万头及以上（其他畜禽种类折合猪的养殖规模）畜禽养殖场或养殖小区	年出栏生猪 5 000 头及以上畜禽养殖场或小区，其他畜禽种类按折合猪的养殖规模后确定	其他

注：来源于现行《环境影响评价技术导则　土壤环境（试行）》（HJ 964—2018）附录 A。

(2) 土壤环境敏感程度的判定　建设项目的土壤环境敏感程度分为敏感、较敏感、不敏感三级，如耕地、饮用水水源地、居民区、学校等属于"敏感"，文物保护单位、重要湿地等属于"较敏感"。具体分级原则见 HJ 964—2018 中表 3 污染影响型敏感程度分级表。

应结合项目所在地及周边环境调查，分析项目土壤影响范围内是否涉及上述敏感目标，进而判断项目土壤环境敏感程度。

(3) 占地规模　项目占地主要为永久占地，项目占地规模划分：$\geqslant 50 hm^2$ 为大型、$\leqslant 5 hm^2$ 为小型，其余为中型。需要说明的是，永久占地面积仅统计本项目涉及部分，如对于扩建畜禽养殖项目，若不涉及现有工程，则不考虑现有工程占地面积。

(4) 工作等级划分　畜禽养殖项目评价工作等级涉及二级、三级评价，具体按表 5－46 进行划分。

表 5－46　畜禽养殖项目评价工作等级划分表

敏感程度	占地规模					
	Ⅱ类			Ⅲ类		
	大	中	小	大	中	小
敏感	二级	二级	二级	三级	三级	三级
较敏感	二级	二级	三级	三级	三级	可不开展
不敏感	二级	三级	三级	三级	可不开展	可不开展

5.5.5.2　评价范围

根据污染特征，畜禽养殖项目排放的废气，不涉及《土壤环境质量　农用地土壤污染风险管控标准（试行）》（GB 15694—2018）中规定的重金属污染物和持久性污染物，大气沉降作用对土壤环境的影响甚微。养殖场均应设雨污分流设施，且一般不存在露天渣场、固体废物露天暂存区等可能造成的地面漫流影响。因此，对周边土壤的环境影响途径主要为垂直下渗影响。

畜禽养殖项目土壤环境影响评价范围可根据污染途径、地形地貌、水文地质条件等综合确定。可参照表 5－47 确定评价范围。

表 5－47　畜禽养殖项目不同评价等级对应评价范围

涉及的评价工作等级	评价范围	
	占地范围内	占地范围外
二级	项目全部占地范围，对于改扩建项目还应兼顾现有工程占地	200m 范围内
三级		50m 范围内

5.5.5.3　土壤环境敏感目标

指可能受人为活动影响的、与土壤环境相关的敏感区或对象，主要包括：耕地、园地、牧草地、饮用水水源地、居民区、学校、医院、疗养院、养老院、文物保护单位、重要湿地等。

5.5.6　环境风险

（1）评价等级　基于风险调查，分析建设项目物质及工艺系统危险性和环境敏感性，判断风险潜势，再确定畜禽养殖项目的风险评价等级。

畜禽养殖项目可能涉及的危险物质包括沼气工程产生沼气中的甲烷、应急发电用柴油以及消毒剂次氯酸钠、过氧乙酸等。根据《建设项目环境风险评价技术导则》（HJ 169—2018）附录 C，结合项目涉及上述危险物质的最大存在量，计算危险物质数量与临界量比值 Q（表 5－48）。

表 5－48　建设项目 Q 值计算（样表）

序号	危险物质名称	CAS 号	最大存在总量 q_n（t）	临界量 Q_n（t）	该种危险物质 Q 值
1					
2					
3					
…					
ΣQ					

一般地，畜禽养殖项目 $Q<1$，则其环境风险潜势为 I，环境风险等级直接判定为"简单分析"，对危险物质理化特性、环境影响途径、环境危害后果、环境风险防范措施等给出定性的说明即可。若核算后的 $Q\geqslant1$，应按照《建设项目环境风险评价技术导则》（HJ 169—2018）要求进行环境风险等级判定。

需要说明的是，对于改扩建项目，应计算所涉及的每种危险物质在场区内的最大存在总量，并据此计算 Q 值。如当改扩建涉及内容与现有项目风险物质、工艺属于同一风险单元时，则应叠加考虑。

（2）评价范围　对于环境风险等级为"简单分析"的，不需给出评价范围。

对于评价等级为一、二、三级的，应按照现行《建设项目环境风险评价技术导则》（HJ 169—2018）中 4.5 节要求给出相应评价范围。

（3）环境敏感目标　对于环境风险等级为"简单分析"的，应给出项目周围主要环境敏感目标分布情况。其中大气环境敏感目标建议给出周边 3km 范围内的，地表水环境敏感目标参照 HJ 2.3 确定，地下水环境敏感目标参照 HJ 610 确定。

对于评价等级为一、二、三级的，应按照相应评价范围，给出环境风险敏感目标。

5.5.7 生态环境

5.5.7.1 评价等级

依据建设项目影响区域的生态敏感性和影响程度，生态环境影响评价等级分为一级、二级和三级三类。畜禽养殖项目生态环境影响评价等级主要判定原则如下：

①涉及国家公园、自然保护区、世界自然遗产、重要生境时，评价等级为一级。

②涉及自然公园时，评价等级为二级。

③涉及生态保护红线，或根据 HJ 964 判断土壤影响范围内分布有天然林、公益林、湿地等生态保护目标，或工程占地规模大于 20km² 时（包括永久和临时占用陆域和水域）的建设项目，评价等级不低于二级。改扩建项目的占地范围以新增占地确定。

除上述以外的情形，评价等级为三级。当评价等级判定同时符合上述多种情形时，应采用其中最高的评价等级。

此外，建设项目涉及经论证对保护生物多样性具有重要意义的区域时，可适当提高评价等级。当项目同时涉及陆、水生生态影响时，可针对陆生生态、水生生态分别确定评价等级。另外，符合"三线一单"生态环境分区管控要求且位于原场界范围内的改、扩建项目，可不确定评价等级，直接进行生态影响简单分析即可。

讨论：上述判定原则中的"涉及"指占用或有环境影响。对于畜禽养殖项目，即使避让了饮用水水源保护区、风景名胜区、自然保护区的核心区和缓冲区等依法划定的畜禽养殖禁养区范围，但当畜禽养殖项目与其距离较近时，也可能产生一定的环境影响。因此，畜禽养殖项目宜优化选址、远离生态环境敏感区，更有利于建设项目的"早开工、早建设、早投产、早见效"，也可减少由于选址的环境敏感而导致的高额环保投入。

5.5.7.2 评价范围

生态环境影响评价范围应依据建设项目对生态因子的影响方式（分为直接、间接、累积影响）、影响程度（可分为强、中、弱、无 4 个等级）和生态因子之间的相互影响及依存关系确定（成文连等，2010）。涉及占用生态敏感区时，应考虑生态敏感区的结构、功能及主要保护对象，合理确定评价范围。

畜禽养殖项目主要属于污染影响类建设项目，其生态影响评价应能够充分体现生态完整性和生物多样性保护要求，涵盖评价项目直接占用区域以及污染物排放产生的间接生态影响区域。其中，间接生态影响包括废水排放对受纳水体中鱼类产卵场、索饵场和越冬场等敏感保护目标的影响，粪污资源化利用过程中铜、锌等重金属对土壤生态环境的累积影响等。

5.5.7.3 生态保护目标

基于生态完整性和生物多样性保护要求，生态保护目标包括受影响的重要物种、生态敏感区以及其他需要保护的物种、种群、生物群落及生态空间等。重要物种和生态敏感区定义参见《环境影响评价技术导则　生态影响》（HJ 19—2022）中"3. 术语与定义"，根据《国家重点保护野生动物名录》、《国家重点保护野生植物名录》、《中国生物多样性红色名录》及依据法律法规、政策等规范性文件划定或确认的生态敏感区等确定。

5.6 工程分析

畜禽养殖项目工程分析要全面，以畜禽养殖工艺及粪污无害化全过程为重点进行分析，在此基础上进行环境污染影响因素识别分析及污染源源强核算。

5.6.1 建设项目概况

规模化畜禽养殖项目环评概况介绍中应明确拟建项目工程内容组成、建设地点、原辅料及能源消耗、养殖技术与工艺、主要生产设备、产品方案、平面布局、建设总投资、初步设计中环境保护设施投资概算、建设周期等。

此外，对于改扩建及异地搬迁建设项目，按照"以新带老"的原则，还应结合本评价时段的法律法规、标准等最新要求，对现有工程的基本情况、污染物排放及达标情况进行分析，进而明确现有工程存在的环境保护问题及拟采取的整改方案，并与拟建项目同步进行整改。

5.6.1.1 工程内容组成

畜禽养殖项目工程组成分为主体工程、辅助工程、公用工程、储运工程以及环保工程等。部分品种畜禽养殖建设项目可能涉及的主要工程内容组成见表5-49至表5-53。具体可根据建设单位提供的工艺设计资料进行增删，确保不遗漏主要工程内容，特别是涉及产排污等环保相关工程内容。

表5-49 养猪场建设项目可能涉及的主要工程内容组成

工程组成	主要设施
主体工程	空怀配种猪舍、妊娠猪舍、分娩哺乳舍、保育舍、生长猪舍、育肥猪舍、种公猪舍（或有）及其配套设施
辅助工程	装卸猪台、场区道路、维修间及淋浴消毒室、兽医化验室、病死猪处理间、病猪隔离舍及其配套设施
储运工程	饲料库、物料库、车库
公用工程	变配电室、发电机房、锅炉房、水泵房、蓄水构筑物及办公用房、食堂、宿舍、门卫值班室、场区厕所
环保工程	粪污贮存及无害化处理设施、废气处理设施、固废暂存设施、隔声降噪设施

表5-50 奶牛场建设项目可能涉及的主要工程内容组成

工程组成	主要设施
主体工程	泌乳牛舍、特需牛舍、综合牛舍（或有）、青年牛舍、挤奶厅、运动场（或有）及其配套设施
辅助工程	维修间、饲料加工、淋浴消毒室、兽医化验室、病死牛处理间、病牛隔离舍及其配套设施
储运工程	饲料库、干草棚、青贮窖、物料库、车库、药品储存室

（续）

工程组成	主要设施
公用工程	变配电室、发电机房、锅炉房、水泵房、蓄水构筑物及办公用房、食堂、宿舍、门卫值班室、场区厕所
环保工程	粪污贮存及无害化处理设施、废气处理设施、固废暂存设施、隔声降噪设施

表 5-51 肉牛场建设项目可能涉及的主要工程内容组成

工程组成	主要设施
主体工程	单纯育肥场有育肥牛舍、运动场（或有）及其配套设施 母牛繁育场有单独母牛舍、犊牛舍、育成舍、育肥牛舍、运动场及其配套设施
辅助工程	维修间、饲料加工及淋浴消毒室、兽医化验室、病死牛处理间、病牛隔离舍及其配套设施
储运工程	饲料库、干草棚、青贮窖、物料库、车库、药品储存室
公用工程	变配电室、发电机房、锅炉房、水泵房、蓄水构筑物及办公用房、食堂、宿舍、门卫值班室、场区厕所
环保工程	粪污贮存及无害化处理设施、废气处理设施、固废暂存设施、隔声降噪设施

表 5-52 肉鸡场建设项目可能涉及的主要工程内容组成

工程组成		主要设施
主体工程	种鸡场	鸡舍、种蛋处置室及其配套设施
	孵化厂	种蛋处置与消毒室、孵化室、移盘室、出雏室、雏鸡处置室及其配套设施
	商品肉鸡场	鸡舍
辅助工程		维修间、解剖室、饲料加工、种蛋贮存室及淋浴消毒室、兽医化验室、病死鸡处理间、病鸡隔离舍及其配套设施
储运工程		饲料库、物料库、车库、药品储存室
公用工程		变配电室、发电机房、锅炉房、水泵房、蓄水构筑物及办公用房、食堂、宿舍、门卫值班室、场区厕所
环保工程		粪污贮存及无害化处理设施、废气处理设施、固废暂存设施、隔声降噪设施

表 5-53 蛋鸡场建设项目可能涉及的主要工程内容组成

工程组成	主要设施
主体工程	育雏舍、育成舍、产蛋鸡舍及其配套设施
辅助工程	维修间、饲料加工及淋浴消毒室、兽医化验室、病死鸡处理间、病鸡隔离舍及其配套设施
储运工程	饲料库、蛋库、物料库、车库、药品储存室
公用工程	变配电室、发电机房、锅炉房、水泵房、蓄水构筑物及办公用房、食堂、宿舍、门卫值班室、场区厕所
环保工程	粪污贮存及无害化处理设施、废气处理设施、固废暂存设施、隔声降噪设施

5.6.1.2 总平面布置

畜禽养殖项目应结合环境保护、防疫、卫生等相关要求优化养殖场区内部总平面布置。

在环境影响评价中，应根据气象、水文等自然条件分析项目场区内各功能区布置是否满足《畜禽养殖业污染防治技术规范》（HJ/T 81—2001）等相关要求。其主要要求如下：

①畜禽养殖区及畜禽粪污贮存、处理和畜禽尸体无害化处理等养殖场产生恶臭影响的主要设施，为避免其对场区内办公生活区造成影响，应将上述设施布置于养殖场区主导风向的下风向位置。同时，上述设施应尽量远离养殖场周边环境保护目标布置，尤其在环保目标与场区距离较近时，宜优先优化场区平面布局。

②畜禽粪便贮存设施防渗措施失效的非正常工况下，粪污中污染物可能会下渗入地下水环境，并在地下水与地表水发生水力联系的情况下，对地表水体环境产生不利影响。因此，畜禽粪便贮存设施在场区平面布局中，应远离各类功能地表水体［现行《地表水环境质量标准》（GB 3838—2002）划分了五类地表水的水域功能］，并不小于 400m，即对于已经划分水环境功能区或水功能区的各类地表水体 400m 范围内不应建设畜禽粪便贮存设施。

5.6.2 影响因素分析

5.6.2.1 分析原则

按照原辅料减量、节约能源及污染物减量化、资源化等清洁生产理念，从生产、装卸、储存、运输等全过程进行主要产污节点识别，对可能产生较大影响的主要环境影响因素进行深入分析，重点关注采取环境不友好的工艺（如非干清粪工艺等）、水资源消耗大及饲料添加剂安全水平低（如重金属等微量元素含量较高）的工艺环节、粪污资源化利用水平低末端治理措施，从污染源头预防、过程控制和末端治理等全过程对污染物进行控制，客观评价项目产排污强度与总量。

此外，可能发生突发性事件或事故，引起有毒有害、易燃易爆等物质泄漏，进而对环境及人身造成影响乃至损害的建设项目，应开展建设和生产运行过程的风险因素识别。对于涉及沼气工程的畜禽养殖项目，重点关注运行期的沼气环境风险事故。

5.6.2.2 主要产污环节

畜禽养殖项目主要产污环节包括畜禽养殖、粪污处置工程、饲料加工，此外奶牛养殖项目还涉及挤奶设施。其中饲料加工工序可能涉及加工粉尘，粪污处理工程主要涉及异味。具体涉及的产污环节根据项目原料、养殖种类、养殖工艺不同而有区别。

产污环节除考虑正常工况外，还需考虑非正常工况。非正常工况主要为废气、废水污染防治设施故障、事故、维护，其中，故障是指设备故障需要停机维修；事故是指因事故造成的非正常排放，例如暴雨导致的超过污染防治设施处理能力的废水排放；维护是指设备日常保养或大修等。

本书对常见畜禽养殖过程中典型工艺及其产污环节进行分析。

（1）生猪 为了提高生猪肉质水平、适应性、繁殖性、瘦肉率及市场竞争力，一般外购优良种猪资源。种猪群的配种怀孕、分娩哺乳一般采取全进全出的转栏饲养模式，并采取早期（约3周）断奶和保温设施，以提高母猪的年产仔胎数及产仔成活率。生猪具体养殖流程如下：

①配种怀孕：当母猪出现发情症状时，由公猪或人工对其进行受精，配种受孕后的母猪继续在母猪限位栏中饲养约114d，而后转移至产房待产。

②分娩哺乳：怀孕母猪在产房分娩后，应由饲养员对初生仔猪进行断脐、称重、打耳号、断尾、注射疫苗、阉割等处理（刘定发，2017）。哺乳3周后断奶，断奶后的母猪转移回母猪圈舍，仔猪转移至保育舍保育。

③保育：同批仔猪断奶后，同期转入仔猪保育舍，并在保育舍饲养约30d，体重达到15～30kg后，再转到育肥舍。

④育肥：保育后的仔猪转入育肥舍饲养，饲养约130d体重达到100kg以上后作为商品猪外售（图5-3）。

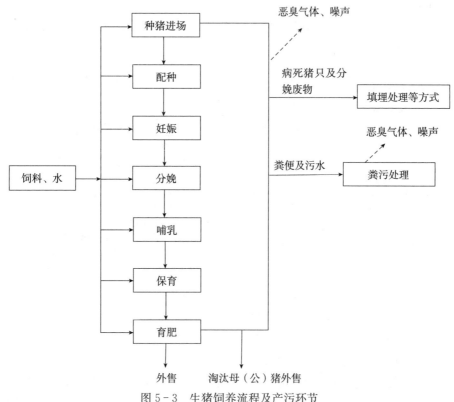

图5-3　生猪饲养流程及产污环节

主要饲养工艺如下：

①喂养方式：猪只养殖所用饲料主要成分为玉米、豆粕，其中还包含少量微生物添加剂、微量元素添加剂、氨基酸添加剂等。设全自动配送上料系统和限位猪槽，机械化操作，定时定量供应饲料，在确保猪只饮食需求的同时，也减少了饲料浪费，节约人力，并可降低成本。

②饮水方式：一般采用自动饮水器供水，保证猪只随时饮用新鲜水，同时利于节水。

③清粪方式：育肥舍一般采用"漏粪板＋机械刮板"模式，猪排泄的粪尿落入漏粪板下方，粪便由刮粪板刮至单元外部，尿液和粪便均通过清粪通道输送至集粪池暂存，再由潜污泵喷洒后可在异位发酵床进行发酵处理，发酵床产生的有机肥可外售。育肥舍一般不用水冲洗，平时仅对刮粪机进行简单清洁，仅在猪出栏时进行全面冲洗 1 次。

④采暖与通风：一般采用自然通风与辅助机械通风方式。冬季采用保温灯采暖，夏季采用湿帘降温。

生猪养殖过程主要产污环节如下：

废气：生猪粪污在猪舍、转运、粪污处理过程中散发的异味。

废水：各猪舍中生猪排泄物（尿液）及猪舍冲洗废水。

噪声：各猪舍中猪只叫声及排风扇，物料转输水泵、运输车，粪污处理过程中的水泵、风机等设备噪声。

固体废物：各猪舍中生猪粪便、病死猪只，饲料库的废饲料包装袋，粪污处理工程的污泥，防疫废弃物等。

(2) 奶牛 奶牛饲养主要包括牛群的饲喂、产奶与产犊、挤奶、牛舍清理等部分。主要流程见图 5-4。

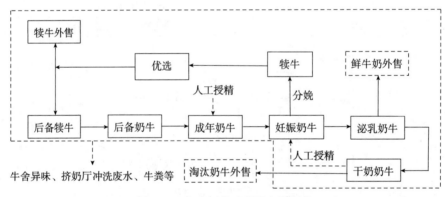

图 5-4 奶牛饲养流程及产污环节

①饲喂过程。一般采用"全混合日粮（TMR）加料法"喂养，TMR 即根据奶牛所需营养配方，将切割好的粗饲料及蛋白饲料、能量饲料、矿物质、维生素等各种添加剂在饲料喂养车内充分混合，而得到的一种营养平衡日粮（也称"全价日粮"）（唐一国，2004）。再使用 TMR 设备，将成品粮运到牛舍饲喂。

②产奶与产犊。后备犊牛饲养至 6 月龄后转入育成牛舍内成为后备奶牛，后备奶牛饲养至 19 月龄成为成年奶牛，成年奶牛经人工授精手段成功配种后，再经 280d 的孕期产犊，同时开始产奶，产奶周期约 305d，然后进入干奶期（约 60d）。成年奶牛每次产犊后，经过 60～90d 再次进行配种。

奶牛场的生产过程就是不断重复"配种—妊娠—产犊"的犊牛生产过程和"泌乳—干奶—泌乳"的牛奶生产过程。一般每头奶牛的最优生产性能在前 3 个胎次，因此，一般单头奶牛产犊 3 胎后将被淘汰。

③挤奶过程。挤奶厅挤奶采用机器挤奶的方式。挤奶系统由真空系统和挤奶系统两部

分组成。其中，真空系统主要包括真空泵、真空罐、真空调节器、真空压力表等；挤奶系统主要由挤奶桶、搏动器、挤奶杯等组成（李景峰，2010）。乳汁由挤奶杯通过挤乳器，由密闭管道直接流入贮奶罐，整个过程中牛奶不与外界接触，避免受到污染。

消毒方法：用消毒液浸沾乳房，用毛巾擦干净后，再上乳杯挤奶。挤奶完毕后用乳头消毒液浸泡乳头数秒。

挤奶厅一般采用直冷式奶罐加冷排的方式；挤奶完成后通过自动隔离门，选择进入服务区或回牛舍。直冷式奶罐为内外两层复合结构（外壳＋内胆），罐体为全封闭式常压容器；外壳与内胆之间设有隔热性能良好的保温材料，在额定容量下24h内罐内牛奶温升不超过2℃。

④牛舍清理。牛舍宜采用干清粪工艺，牛粪和牛尿通过刮粪板进入设置在一旁的粪沟内，粪沟内设置推粪装置，采用链条传输，将牛粪由粪沟汇至集污池，一般进行固液分离。分离后的固体部分经腐熟杀菌、晾晒后，可部分回用作牛床垫料；污水进入废水处理系统进行处理。

奶牛养殖过程中主要产污环节如下：

废气：奶牛粪污在牛舍与运动场暂存、转运、粪污处理过程中散发的异味，锅炉烟气等。

废水：各牛舍中牛尿，挤奶厅地面与设备清洗废水，牛舍喷淋废水，青贮窖渗滤液等。

噪声：各牛舍中牛只叫声及排风扇，物料转输水泵、运输车，粪污处理过程中的水泵、风机等设备噪声。

固体废物：各牛舍中牛粪、病死牛，饲料库的废饲料包装袋，粪污处理工程的污泥，防疫废弃物等。

（3）肉牛　对于外购母牛进行肉牛饲养的养殖项目，主要分为母牛受精、妊娠、分娩哺乳、仔牛育成、育肥5个生产阶段。一般母牛的繁殖周期为450d，其中产后泌乳为60d，配种及空怀观察期为90d，妊娠期为300d。

配种阶段：此阶段是从母牛产后90d开始进行第一次受精，受精后经妊娠诊断入妊娠牛舍之前，持续时间30d，最终确定受精成功。

妊娠分娩阶段：妊娠阶段是指从配种牛舍转入妊娠牛舍至分娩前的时间。分娩前1周转入产房产仔。

哺乳阶段：此阶段是产后开始至仔牛断奶为止，时间为60d。仔牛断奶后，母牛转入配种牛舍配种，断奶仔牛转入断奶犊牛牛舍培育，培育时间为60d。

仔牛育成阶段：此阶段是断奶仔牛从产房转入到仔牛育成牛舍开始至离开仔牛育成牛舍止，时间约为365d。随后育成牛转入生产育肥牛舍饲养达到体重300～400kg。

育肥阶段：育成仔牛经过育肥以后成年，进入育肥舍开始饲养至体重达出栏结束为生产育肥阶段。育肥饲养期为90d，肉牛达600kg体重出栏。

肉牛采用精饲料和干草相结合的模式进行饲喂，同奶牛类似，一般也采用TMR饲养技术。清粪工艺宜采用机械刮板干清粪方式。

肉牛养殖工艺流程图见图5-5。

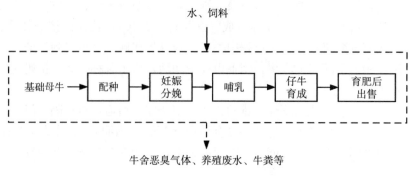

图 5-5　肉牛养殖工艺流程

肉牛养殖过程中主要产污环节如下：

废气：肉牛粪污在牛舍与运动场暂存、转运、粪污处理过程中散发的异味等。

废水：各牛舍中牛尿液，牛舍喷淋废水，青贮窖渗滤液等。

噪声：各牛舍中牛只叫声及排风扇，物料转输水泵、运输车，粪污处理过程中的水泵、风机等设备噪声。

固体废物：各牛舍中牛粪、病死牛，饲料库的废饲料包装袋，粪污处理工程的污泥，防疫废弃物等。

(4) 肉鸡　对于外购雏鸡的肉鸡养殖项目，一般采取"全进全出"的方式。主要养殖流程如下：

雏鸡育雏阶段：需要保证鸡舍的温度在 31～32℃，使用当地相应可利用、符合环保要求的能源为鸡舍供热。为保证鸡舍内湿度，需定期在鸡舍内喷水增湿。

肉鸡喂养阶段：给肉鸡喂养水和全价饲料直至出栏。

雏鸡从育雏至出栏共计约 45d，鸡舍温度由最初的 31～32℃以每周 2～3℃的速度降至 20℃左右。

肉鸡出栏后，人工对鸡舍进行清洗、消毒。再空舍 1～2 周后进下批次雏鸡。

典型肉鸡养殖项目工艺流程及产污节点如图 5-6 所示。

肉鸡养殖过程中主要产污环节如下：

废气：肉鸡鸡粪在鸡舍暂存、转运、粪污处理过程中散发的异味等。

废水：各鸡舍出栏后冲洗废水等。

噪声：各鸡舍中鸡只叫声及排风扇，物料转输水泵、运输车，粪污处理过程中的水泵、风机等设备噪声。

固体废物：各鸡舍中鸡粪、病死鸡，饲料库的废饲料包装袋，污水处理工程的污泥，防疫废弃物等。

(5) 蛋鸡　蛋鸡养殖项目一般采取规模化、集群化、密闭式"全进全出"式、立体分层笼养饲养模式。采取全自动机械化喂料、捡蛋、清粪，使用电脑自动控制鸡舍内的温度、通风、光照等环境参数；鸡蛋采取全机械化输送至蛋库车间，进行鸡蛋清理、分级、打码、包装。

对于外购雏鸡的蛋鸡养殖项目，一般经过育雏、育成、产蛋、淘汰 4 个阶段。

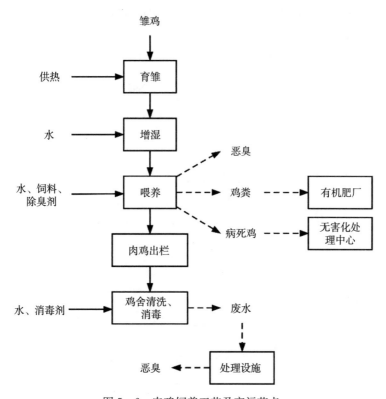

图 5-6　肉鸡饲养工艺及产污节点

①蛋鸡喂养与淘汰。一般育雏期 30d、育成期 75d，育成后从育雏舍专栏进入蛋鸡舍。育雏舍清空后进行冲洗消毒。

蛋鸡转产蛋舍开始产蛋，每天收集所产的鸡蛋送往储蛋库，蛋鸡则被淘汰出售。产蛋鸡的更新周期为 55 周，55 周后蛋鸡将被淘汰外售。蛋鸡舍空舍后立即进行熏蒸消毒工作，消毒蛋鸡空舍 5 周后方重新接纳新鸡群。

②喂料设备。每栋鸡舍外部配料塔，加料时将料车的管子放到料塔上料口，采用下料绞龙把料送入料塔中，再使用链条式自动喂料机将饲料送至鸡舍内。采用自动喂料行车，应保证料槽内一直有饲料。

③消毒。实施严格的兽医卫生消毒、免疫程序，利于鸡群健康。所有与外界接触进出口均设有消毒池，人员进入更衣室要洗手、更换外套、戴上防护帽及口罩并套上一次性鞋套。

鸡只出栏空舍后采用熏蒸法对鸡舍进行全面消毒。消毒前，预先要密封鸡舍的所有门窗、墙壁及其缝隙等，再将高锰酸钾药品放入消毒容器内，置于鸡舍的不同部位，将福尔马林全部倒入相应的、盛有高锰酸钾的消毒容器内，然后全部人员迅速撤离，并把鸡舍门关严，密封 2～3d 后打开即完成消毒。

④鸡舍通风降温。夏季采用水帘降温系统，可以使鸡舍降温 7～8℃。冬季采用屋檐下的小窗进风，采用大流量风机排气。

⑤清粪设施。一般鸡粪日产日清，并采用输送带自动清粪。鸡舍内包括水平清粪系统

和清粪带升降机等。由每层笼下部的水平传粪带将鸡粪输送至鸡舍端部，鸡舍内鸡粪出鸡舍后一般生产有机肥。

蛋鸡生产过程中产污节点如图5-7。

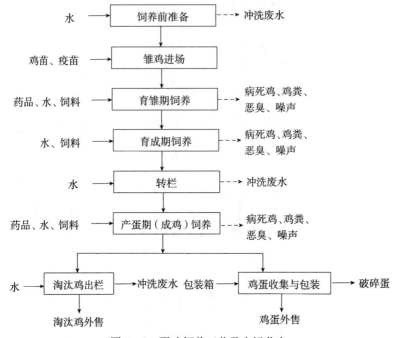

图5-7 蛋鸡饲养工艺及产污节点

蛋鸡养殖过程中主要产污环节如下：

废气：蛋鸡鸡粪在鸡舍暂存、转运、有机肥生产发酵过程中散发的异味等。

废水：各鸡舍冲洗废水等。

噪声：各鸡舍中鸡只叫声及排风扇，物料转输水泵、运输车，粪污处理过程中的水泵、风机等设备噪声。

固体废物：各鸡舍中鸡粪、破碎蛋、病死鸡，饲料库的废饲料包装袋，污水处理工程的污泥，防疫废弃物等。

5.6.3 污染源强核算

根据污染物产生环节、产生方式识别、拟采取的环保治理措施及其处理效率，对项目有组织与无组织、正常工况与非正常工况下的污染物产生和排放情况分别进行核算，并给出各污染因子及其产生和排放的方式、浓度、数量及其变化量。

对改、扩建项目，还应进行"三本账"分析，分别按现有工程、在建工程、改扩建项目实施后等情形分别汇总污染物排放量，核算改扩建项目建成后全场整体的污染物排放量。其中，现有工程污染物情况可采用排污许可执行报告、例行监测等数据进行核算；在建工程污染物情况可采用其环境影响评价报告或排污许可报告中的数据，对于依法不需履行环境影响评价或排污许可审批程序的，可采用畜禽养殖行业产排污系数进行估算。

畜禽养殖项目具体源强核算方法参见本书第四章。

5.7 现状调查与分析

5.7.1 调查原则与方法

(1) 调查原则 根据畜禽养殖项目各环境要素的评价等级和评价范围，结合所在地区的环境特征，确定各环境要素的现状调查范围，原则上现状调查范围应不小于评价范围。

调查资料应满足相应评价等级要求，并具有时效性、代表性。本着现状调查高效、经济的目的，应首先充分收集和利用评价范围内各例行环境监测点、断面或站位的近三年环境监测资料或背景值调查资料。当现有资料不能满足要求时，应进行补充现场调查或环境监测。现状监测和观测布点应结合项目周边环境特征，根据各环境要素环境影响评价技术导则的原则要求科学布设，并兼顾均布性和代表性的原则。

环境现状调查中，各环境要素调查的深度不完全一样，应重点调查的环境要素包括：①已与项目有密切关系；②项目涉及且环境容量有限甚至已经没有环境容量。

畜禽养殖项目重点环境要素是大气、地下水环境，如果涉及向环境水体排放废水，应将地表水环境也作为重点环境要素，并应给出各环境要素的定量数据。

(2) 调查方法 畜禽养殖项目环境现状调查的常用方法及其优缺点如表 5-54。

表 5-54 畜禽养殖项目环境现状调查的常用方法及其特点

名称	优点	缺点	适用范围
收集资料法	应用范围广，相对节省人力、物力和时间	只能获得第二手资料，一般不能完全符合要求，需要其他方法作补充	优先通过此方法获得现有的各种有关资料
现场调查与监测法	可直接获得第一手的数据和资料	工作量较大，需要花费较多的人力、物力和时间，还可能受季节、仪器设备条件等因素制约	现有资料不能满足评价等级或时效性、代表性等要求时
无人机或卫星遥感遥测法	通过判读和分析无人机或已有的航空卫星相片，可从整体上了解一个区域的环境特点，弄清人类无法到达地区的地表环境情况	不宜用于微观环境状况的调查	一般只为辅助性调查，常被用于生态或地表水现状调查

5.7.2 调查与评价内容

5.7.2.1 自然环境现状调查与评价

畜禽养殖项目一般需对地形地貌、气候与气象、地质、水文、大气、声、地下水、土壤等自然环境现状情况进行详细调查。若涉及向地表水体直接排放污水，应对地表水环境进行详细调查。若涉及生态敏感区，则应对其生态环境状况进行详细调查。具体根据各环境要素评价等级设置，按相应要素导则要求进行调查。

部分主要环境要素现状调查要点如下：

(1) 气候与气象 主要是项目区域所属地带性气候类型、气温、降水量、暴雨历时、强度、湿度、蒸发量、日照、风速、风向等基本气象要素与气候特征和分布。

(2) 水文 主要是项目区域河流集水面积、水位、流量、径流量，水资源分布及开发利用情况。

(3) 地表水环境 重点对涉及地表水的水环境功能区或水功能区类别及其相关水环境管理要求进行调查。现行《水功能区划分标准》(GB/T 50594—2010) 将水功能区划为两级体系。具体详见图 5-8。

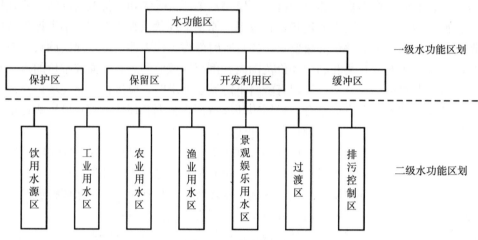

图 5-8 水功能区划

对于未划定水环境功能区划的，可结合划定的水功能区划，依据《地表水环境质量标准》(GB 3838—2002) 中划分的五类水域功能，确定相应的水环境功能区类别。如水功能区为工业用水区时，则执行《地表水环境质量标准》(GB 3838—2002) 中的Ⅳ类。

(4) 地下水环境 主要为水文地质条件调查。应在充分收集地质勘查等资料的基础上，根据建设项目特点和水文地质条件复杂程度，开展相应深度的调查工作。

主要调查内容包括：包气带岩性、厚度、分布及垂向渗透系数等；含水层岩性、分布、厚度、埋藏条件、渗透性、富水程度等；隔水层（弱透水层）的岩性、厚度、渗透性；地下水类型、地下水补径排条件；地下水水位、水温、地下水化学类型；集中供水水源地和水源井的分布情况；现状地下水监测井的深度、结构、成井历史、使用功能等（图 5-9）。

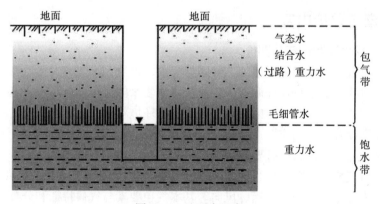

图 5-9 地下水组成

(5) 土壤环境 主要进行土壤理化特性调查。应在充分收集资料的基础上，根据评价等级要求及评价需要，有针对性地选择土壤理化特性调查内容。调查方法包括资料搜集及实验室测试。

主要调查内容包括：土体构型、土壤结构、土壤质地、阳离子交换量、氧化还原电位、饱和导水率、土壤容重、孔隙度等。其中，土体构型、土壤结构、土壤质地可以查阅相关资料得出；阳离子交换量、氧化还原电位、饱和导水率、土壤容重、孔隙度等需要实验室测试得出。

5.7.2.2 环境质量调查与评价

根据畜禽养殖项目特点、可能产生的环境影响和当地环境特征选择针对性的环境要素进行调查与评价。同时，说明相应要素生态环境质量的变化趋势，并分析区域存在的环境问题及成因。对于存在现状环境问题的畜禽养殖项目，应结合区域周边污染源分布及历史使用、环保措施等情况，分析可能的产生原因。

如果属于与拟建项目有关的原因，应提出相应"以新带老"的环保措施。如对于改、扩建畜禽养殖项目，当现状地下水防渗措施不到位而导致下游地下水水质指标劣于上游水质乃至超标时，环评中应提出针对现有工程的防渗措施方案，并列入本项目环保投资，与本项目"同时设计、同时施工、同时运营"。

如果由于区域周边污染源产生的环境问题，应结合区域环保整治方案对污染源进行削减，确保本项目建成后区域生态环境质量得到改善。

各环境要素现状调查主要要求见表5-55。其他要求可参见相应环境要素导则。

表5-55 畜禽养殖项目各环境要素不同评价等级的现状调查主要要求

环境要素	一级评价	二级评价	三级评价	备注
大气环境	1. 调查区域环境质量达标情况。2. 项目特征因子（主要为氨气、硫化氢、臭气浓度）调查或补充监测。3. 补充监测应结合项目建设性质及环保目标分布情况，在场址及主导风向下风向（以包括静风频率在内的近20年统计的当地主导风向为轴向）5km范围内共设置1~2个监测点		调查区域环境质量达标情况	1. 规模化畜禽养殖项目评价等级一般宜不低于二级。2. 臭气浓度虽然没有环境空气质量标准，但是鉴于畜禽养殖项目恶臭成分的复杂性，氨气和硫化氢的代表性较差，为了全面反映区域环境现状，并留作背景值，应对臭气浓度进行调查或监测
地表水环境	1. 应充分收集现状资料。2. 如果现状调查资料不足，需按照相应评价等级对应评价时期要求，重点针对对照断面、控制断面及环保目标所在水域的监测断面开展补充监测。3. 三级B评价不涉及向环境地表水体直接排放污染物，可不进行水环境质量调查			1. 主要针对于向地表水体排放污水的情况。2. 一、二级评价还应调查分析受纳水体近三年的水环境质量及其变化趋势
声环境	1. 对评价范围内代表性的声环境保护目标的声环境质量现状，应进行现场调查或监测，其余声环境保护目标的声环境质量现状可通过类比或现场监测结合模型计算给出。2. 评价范围内没有明显的现状声源时，可选择有代表性的区域布设测点		畜禽养殖项目一般不涉及	代表性声环境保护目标选择原则建议如下：1. 拟建项目建成后，会同时收到既有声源和拟建项目声源影响的声环境保护目标。2. 声环境敏感目标密集分布时，布置在可反映一定区域声环境质量现状处。3. 满足现场监测结合模型计算法（如果采用）需要。4. 根据评价范围内固定声源或移动声源噪声衰减特点布置

（续）

环境要素	一级评价	二级评价	三级评价	备注
地下水环境	畜禽养殖项目不涉及	监测点布设应控制性与功能性相结合，主要布设在拟建项目场地内、周围环境敏感点、地下水污染源以及地下水数值预测所需边界条件确定有控制意义的地点		1. 现状监测井布置应兼顾营运期跟踪监测计划，尽量予以保留。2. 控制性监测点布设主要依据地下水的补给排条件，在上下游及两侧布点以反映可能影响范围；功能性布点主要考虑地下水污染源、环境敏感点等分布情况。3. 可通过自然资源、城市建设、水资源管理等部门搜集相关工程地质勘探资料和水文地质勘探资料
土壤环境	畜禽养殖项目不涉及	1. 布点原则兼顾均布性和代表性相结合。2. 评价范围内的每种土壤类型至少设一个表层样点位作为背景点。3. 在主要入渗影响装置区设柱状样，且采样深度不低于装置深度。4. 现状监测点位应兼顾跟踪监测计划		1. 重点考虑入渗途径影响。2. "均布性"原则主要由于每个土壤监测点位只能反映其周边一定范围内的现状；"代表性"原则主要体现在反映每种土地利用类型及可能的污染范围。3. 畜禽养殖改、扩建类型项目占地范围的土壤环境已存在污染风险的，应结合用地历史资料和现状调查情况，在可能受影响最重的地下装置区布设监测点，其监测因子须包括但不限于土壤环境质量标准中的基本项目，取样深度不低于装置深度。4. 涉及粪肥用于租赁或自有农田的，宜调查施用范围内农田的土壤环境主要评价因子现状情况
生态环境	1. 引用的生态现状资料调查时间宜在5年以内。2. 引用资料不能满足评价要求时，应开展现场调查，遵循全面性、代表性和典型性原则。3. 工程永久占用或施工临时占用区域应在收集资料基础上开展详细调查	以收集有效资料为主，并结合必要的遥感调查或现场校核		1. 如果引用的生态现状资料调查时间超过5年，应充分说明其代表性。2. 涉及环境敏感区时，应进行专题重点调查

5.7.2.3 区域污染源调查

区域污染源调查应结合评价范围，主要调查拟建项目涉及的常规与特征污染因子及影响评价区域环境质量的主要污染因子和特殊污染因子。对于不同污染源，应分类进行调查。

各环境要素区域污染源调查主要原则见表5-56。其他要求可参见相应要素导则。

表5-56 畜禽养殖项目各环境要素对应不同评价等级的区域污染源调查主要原则

环境要素	一级评价	二级评价	三级评价	备注
大气环境	调查评价范围内与拟建项目排放污染物有关的其他在建项目、已批复环评文件的拟建项目等污染源情况	调查本项目现有及新增污染源和拟被替代的污染源	调查本项目新增污染源和拟被替代的污染源	1. 已建污染源应采用满负荷工况或折算至满负荷工况下的监测数据。2. 如有替代污染源，应调查其地理位置、排放的污染物及排放量、拟被替代时间等

（续）

环境要素	一级评价	二级评价	三级评价	备注
地表水环境	以收集利用排污许可证登记数据、环评及环保验收数据及既有实测数据为主，并辅以现场调查及现场监测。应开展内源调查	主要收集利用排污许可证登记数据、环评及环保验收数据及既有实测数据，必要时补充现场监测。应开展内源调查	三级 A 评价可不进行现场调查及现场监测，主要搜集资料；三级 B 评价可不开展区域污染源调查	1. 调查与项目排放同类污染物，或有关联的已建项目、已批复在建项目、拟建项目等污染源。2. 一、二级评价应开展水体内源调查。3. 面源调查以搜集资料为主。4. 需要有替代源的，应对替代项目开展污染源调查
声环境	调查评价范围内有明显影响的现状声源的名称、类型、数量、位置、源强等情况。评价范围内现状声源源强调查应采用现场监测法或收集资料法确定	畜禽养殖项目一般不涉及		分析现状声源的构成及其影响，对现状调查结果进行评价
地下水环境	畜禽养殖项目不涉及	1. 调查评价区内与拟建项目产生或排放同种特征因子的地下水污染源。2. 改、扩建项目二级评价时，应在可能造成地下水污染的主要装置或设施（重点为粪污处理区地下构筑物及发生过泄漏事故区域）附近开展包气带污染现状调查，并设清洁对照点，对包气带进行分层取样。样品进行浸溶试验，测试分析浸溶液成分，与清洁背景点进行对照，判定包气带是否受到污染及其污染范围		对于包气带污染调查，一般在 0～20cm 埋深范围内取一个样品，其他取样深度应根据重点装置或设施埋深及包气带岩性、结构特征等情况综合确定，并应调查至最大影响范围处
土壤环境	畜禽养殖项目不涉及	对于改、扩建项目，应调查现有工程采取的土壤环保措施，并重点调查粪污处理区地下构筑物及发生过泄漏事故区域附近的土壤污染现状	—	对于现有工程土壤环境保护措施不到位的，应结合土壤污染现状调查情况，提出相应"以新带老"的措施
生态环境	调查区域是否存在水土流失、荒漠化、石漠化、盐渍化等主要生态问题。调查已经存在的、对生态保护目标产生不利影响的干扰因素			对于一、二级评价，应分析评价范围内的生态系统结构与功能状况及变化趋势

需要说明的是，地下水和土壤二级评价的改、扩建畜禽养殖项目，均需要判断包气带的污染现状，但两者考虑角度、测定指标、评价方法等均有不同，主要区别汇总如表 5-57。

表 5-57　地下水和土壤二级评价的改、扩建畜禽养殖项目包气带调查主要区别汇总

类别	目的	主要筛选指标	测定方法	评价方法
地下水评价中测定包气带浸出液成分	基于地下水环境保护要求，通过浸溶将包气带中的污染物溶出，可判断包气带中污染物可能对地下水环境的最大影响	地下水环境评价主要特征因子，如 BOD_5、COD_{Cr}、氨氮、总磷、粪大肠菌群及总铜、总锌等	1. 首先进行浸溶试验，浸溶方法：无机污染物参照《固体废物有机物的提取 加压流体萃取法》（HJ 782），有机污染物参照《固体废物 浸出毒性浸出方法 水平振荡法》（HJ 557）。2. 对浸溶液成分按照地下水环境质量标准中推荐分析方法进行测定	与清洁点对照分析，不需对标分析

（续）

类别	目的	主要筛选指标	测定方法	评价方法
土壤评价中测定包气带土壤	基于土壤环境保护要求，调查包气带土壤中污染物含量	土壤环境评价主要特征因子，如铜、锌等	按照相应土壤环境质量标准中规定的分析方法进行测定	对照土壤环境相关标准进行评价

5.8 环境影响预测与评价

5.8.1 预测与评价原则

各环境要素应结合项目特点，按照工程分析确定的源强和气象、水文、地质等自然环境条件，对照相应要素导则要求进行预测与评价。

对于拟建项目的环境影响预测结果，一般应将其与相应环境质量背景值进行叠加。除此之外，大气、地表水环境影响还应将其与评价范围内在建、拟建项目同类污染物环境影响进行叠加，并扣除区域削减源（如果涉及）的环境影响。根据叠加与扣除结果进行环境影响评价。

一般地，对于环境质量现状满足环境功能区划和环境质量目标要求的区域，项目实施后环境质量应仍满足上述相关要求。对于环境质量现状不能满足要求或环境质量改善目标（如大气污染物环境减排目标等）的区域，应通过强化项目污染防治措施，并结合区域有效的削减措施或达标规划，对环境影响进行预测与分析，力争达到改善区域环境质量的目的，确保不因项目的建设而使生态环境质量下降。

5.8.2 预测与评价因子筛选

畜禽养殖项目环境影响预测和评价的因子重点为体现建设项目特点的常规污染因子、特征污染因子和生态因子。畜禽养殖项目环境影响评价主要预测与评价因子可参考表 5-58。

表 5-58 畜禽养殖项目环境影响评价主要预测与评价因子

环境要素	施工期	运营期	备注
大气环境	TSP、CO、NOx 等（主要来源于施工扬尘、机械尾气）	臭气浓度、氨、硫化氢（主要来源于养殖和粪污处理异味）；PM_{10}、二氧化硫、氮氧化物（主要来源于沼气锅炉、饲料粉碎）	其中沼气锅炉废气及饲料粉尘根据涉及的工程内容产排污分析情况确定
地表水	COD、BOD_5、氨氮、SS、石油类等（主要来源于施工车辆冲洗废水、人员生活污水）	SS、BOD_5、COD_{Cr}、氨氮、总磷、粪大肠菌群、蛔虫卵数、水温等（主要来源于畜禽尿液、冲洗废水、生活污水等）	1. 对于粪污非完全资源化利用时需进行评价。2. 项目所在控制单元的水质超标因子或潜在污染因子（指近三年来水质浓度值呈上升趋势的水质因子），应作为评价因子。3. 宜考虑特征因子总铜、总锌等

（续）

环境要素	施工期	运营期	备注
声环境	等效连续A声级（主要来源于施工机械噪声、交通噪声）	等效连续A声级（主要来源于各类机械设备等运行噪声、畜禽叫声）	
固体废物	施工场地清理与平整的弃土弃渣、施工人员生活垃圾	畜禽粪便、病死畜禽、饲料包装袋、医疗废物、生活垃圾、餐厨垃圾等	
土壤环境	—	重点从铜、镍、铅、镉、砷、汞、铬、锌等指标中筛选关键预测因子	可按照不同畜禽种类垂直入渗源（主要为粪污处理设施）中污染物浓度与相应土壤环境质量标准限值的比值大小排序进行筛选
地下水	—	重点从高锰酸盐指数、氨氮、BOD_5、总磷、总氮、总砷、总镉等指标中筛选预测因子	可按照不同畜禽种类地下水影响源（主要为粪污处理设施）中污染物浓度与相应环境质量标准限值的比值大小排序进行筛选
生态环境	生态系统植被覆盖度、功能；物种分布范围及行为；生态敏感区生态功能及主要保护对象等	物种分布范围及行为；生态系统功能；生态敏感区生态功能及主要保护对象等	具体根据项目涉及的环境敏感区类型、土地利用现状、动植物类型等情况，通过识别筛选确定
环境风险	—	沼气（沼气工程产生），次氯酸钠（消毒用），柴油（燃料）等	根据项目涉及环境风险物质确定评价因子

此外，基于保护生态环境质量的目的，对于项目涉及的且可反映区域生态环境质量状况的主要污染因子、特殊污染因子也应作为预测与评价因子。如对于镉土壤超标区，即使经分析镉不属于拟建项目主要特征因子，也应考虑将其作为预测与评价因子。

5.8.3　预测与评价方法

畜禽养殖项目环境影响预测与评价方法主要包括数学模式法、类比分析法等，可结合各环境要素或专题环境影响评价技术导则的原则要求、项目特点、环境特征等因素确定（表5-59）。

表5-59　畜禽养殖项目各环境要素主要预测与评价方法选择

环境要素	一级评价	二级评价	三级评价	备注
大气环境	对于氨气、硫化氢采用数学模式法；对于臭气浓度采用类比分析等方法	只对污染物排放量进行核算	不需进一步预测与评价	数学模式法可模拟各种气象、地形条件下的污染物在大气环境中的输送、扩散、转化等过程。常采用导则推荐的AERMOD、ADMS模型（基于高斯扩散模型），但须按照导则8.5.2节要求进行模型的适用性判断

（续）

环境要素	一级评价	二级评价	三级评价	备注
地表水环境	除三级 B 评价不需进行水环境影响预测外，一般采用数学模式法（通常采取水动力模型及水质模型）进行定量预测			根据评价等级要求、受纳水体类型水力学特征及水环境特点，选取适宜的预测模型
声环境	常采用数学模式法		畜禽养殖项目一般不涉及	根据导则附录 A 中的模型计算室外噪声削减情况；参照导则附录 B 中的工业噪声预测计算模型计算室内噪声削减情况
地下水环境	畜禽养殖项目不涉及	常用解析法、数值法等数学模式法	常用解析法或类比分析法	对于二级评价项目，当水文地质条件复杂且可采用数值法预测时，宜优先采用数值法
土壤环境	畜禽养殖项目不涉及	数学模式法或类比分析法	定性分析或类比分析法	
生态环境	图形叠置法、类比分析法等			宜尽量采用定量方法进行描述和分析
环境风险	数学模式法		可定性分析	环境风险等级为"简单分析"的，可定性分析

5.8.4 预测与评价重点

5.8.4.1 大气环境影响分析

畜禽养殖项目产生的恶臭对大气环境的影响易引发环境污染纠纷，应将其作为环境影响评价的重点。主要评价因子包括 NH_3、H_2S 及臭气浓度。需要说明的是，用于预测的大气排放源强应首先满足有组织（若涉及）与无组织相应排放标准限值要求。

（1）NH_3、H_2S 按照《环境影响评价技术导则 大气环境》（HJ 2.2—2018）中 AERSCREEN 估算模型确定的大气环境影响评价等级分别进行相应深度的大气环境影响预测与评价。其中，一级评价项目应采用进一步预测模型开展预测与评价；二级、三级评价项目无需进行进一步预测与评价。NH_3、H_2S 一级大气评价预测所需主要基础数据与参数要求见表 5-60。

表 5 - 60　NH₃、H₂S 一级大气评价预测所需主要基础数据与参数要求

	技术要求	数据来源
气象数据	1. 地面气象数据：选择与拟建项目距离最近或气象特征基本一致的气象站的全年逐时地面气象数据（应至少包括风速、风向、总云量和干球温度等要素） 2. 高空气象数据：根据预测模型需要，选择所需观测或模拟的气象数据（至少包括一天早晚两次不同等压面上的气压、离地高度和干球温度等，其中离地高度 3 000m 以内的有效数据层数应不少于 10 层）	1. 附近气象站 2. 生态环境部环境工程评估中心
地形数据	原始地形数据分辨率不得小于 90m	可采用 "SRTM 90m Digital Elevation Data"，并利用 AERMAP 地形处理模式对地形数据进行处理
地表参数	ADMS 根据项目周边 3km 范围内占地面积最大的土地利用类型来确定。AERMOD 一般根据项目周边 3km 范围内的土地利用类型进行划分；所需区域湿度条件可根据中国干湿地区划分进行选择	现场调查＋遥感影像调查

鉴于 NH₃、H₂S 可参照执行的环境空气质量标准目前仅为小时平均质量浓度，因此，可采用进一步预测模式预测网格点及关心环保目标的短期浓度值。由于 NH₃、H₂S 仅有短期浓度限值，仅对短期浓度进行预测。结合不同畜禽养殖项目所处区域、建设性质、区域削减替代、区域达标及规划等情况，NH₃、H₂S 主要预测情景见表 5 - 61。

此外，虽然 NH₃、H₂S 对于养殖场场界排放浓度须满足场界排放限值，但是，由于场界排放限值一般高于相应环境质量浓度限值，因此，在场界外一定范围内可能出现超过相应环境质量浓度限值的情况。为了从源头上避免可能对周围大气环保目标的影响，确保大气环境防护区域外的污染物贡献浓度满足相应环境质量标准，对于场界外环境中 NH₃、H₂S 短期贡献浓度超过相应环境质量浓度限值的，应自场界向外设置一定范围的大气环境防护区域，该防护距离内不应有长期居住的人群。大气环境防护距离应选取按 NH₃、H₂S 分别核算的大气环境防护距离中的最大值。

需要说明的是，对于拟建项目场界污染物浓度超过污染物场界浓度限值的，应首选与建设单位协商削减排放源强或调整场区布局，待满足场界浓度限值后，才能核算大气环境防护距离。另外，现行《环境影响评价技术导则　大气环境》（HJ 2.2—2018）中大气环境防护距离仅考虑由于项目建成后全厂对外界环境空气的影响（包括拟建项目、现有工程的所有有组织和无组织排放源的叠加影响），而不考虑由于环境背景值的影响。

表5-61 NH₃、H₂S采用进一步预测模式预测的主要情景

评价对象	污染源		污染源排放形式	预测内容	评价内容
不达标区评价项目	现状浓度超标的污染物	新增污染源	正常排放		最大浓度占标率
		无法获得规划达标年的区域污染源清单或预测浓度场景时：新增污染源—"以新带老"污染源（如有）—区域削减污染源（如有）＋其他在建、拟建污染源（如有）	正常排放	小时平均质量浓度	评价短期浓度达标情况
		可获得规划达标年的区域污染源清单或预测浓度场景时：新增污染源—"以新带老"污染源（如有）—区域削减污染源（如有）	正常排放		叠加达标规划目标浓度的短期浓度达标情况
	现状浓度达标的污染物	新增污染源—"以新带老"污染源（如有）—区域削减污染源（如有）＋其他在建、拟建污染源（如有）	正常排放	小时平均质量浓度	叠加环境质量现状浓度后的短期浓度达标情况
		新增污染源	非正常排放		最大浓度占标率
达标区评价项目		新增污染源	正常排放		最大浓度占标率
		新增污染源—"以新带老"污染源（如有）＋其他在建、拟建污染源（如有）	正常排放	小时平均质量浓度	叠加环境质量现状浓度后的短期浓度达标情况
		新增污染源	非正常排放		最大浓度占标率
大气环境防护距离		新增污染源—"以新带老"污染源（如有）＋全厂现有污染源（针对改、扩建项目）	正常排放	小时平均质量浓度	大气环境防护距离

注：达标区判定根据国家或地方生态环境主管部门公布的城市环境空气质量达标情况（评价指标包括 SO_2、NO_2、$PM_{2.5}$、PM_{10}、CO、O_3 6 项污染物）。

（2）臭气浓度

①恶臭强度分级。臭气浓度属于感官指标，是将恶臭气体用无臭空气稀释到刚好无臭时所需的稀释倍数。不同国家和地区对于臭味强度的分类有一定差异。

我国多采用日本恶臭对策委员会恶臭强度分级方法，分为 0~5 级共 6 级（表 5 - 62）。

表 5 - 62　臭气强度的感官描述

臭气强度	描述
0	无臭
1	气味似有似无
2	微弱的气味，但是能确定什么样的气味
3	能够明显地感觉到气味
4	感觉到比较强烈气味
5	非常强烈难以忍受的气味

从上表可知，随着臭气强度等级的提高，臭味使人感觉到的不适性越来越强烈。通常恶臭气体对人体产生的生理影响与其浓度成正比，而恶臭给人的感觉量（恶臭强度）与对人的刺激量（恶臭物质浓度）的对数成正比（张超，2009）。《恶臭污染物排放标准》（GB/T 14544—93）涉及的 8 种恶臭气体的强度等级与浓度的关系见表 5 - 63。

表 5 - 63　8 种恶臭污染物质浓度与恶臭强度的关系

恶臭污染物	恶臭强度等级（浓度单位：$\mu l/L$）						
	1	2	2.5	3	3.5	4	5
氨	0.1	0.6	1.0	2.0	5.0	10.0	40.0
硫化氢	0.000 5	0.006	0.02	0.06	0.2	0.7	3.0
甲硫醇	0.000 1	0.000 7	0.002	0.004	0.01	0.03	0.2
甲硫醚	0.0001	0.002	0.01	0.04	0.2	0.8	2
二甲二硫醚	0.000 3	0.003	0.009	0.03	0.1	0.3	3
三甲胺	0.000 1	0.001	0.005	0.02	0.07	0.2	3
乙醛	0.002	0.01	0.05	0.1	0.5	1	10
苯乙烯	0.03	0.4	0.4	0.8	2	4	2

从表 5 - 63 可以看出，在 8 种恶臭污染物中，在相同体积浓度的情况下，甲硫醇对人体的影响是敏感的，即使在 $0.2\mu l/L$ 浓度下已达到 5 级，能使人感到无法忍受。

②预测模型。臭气浓度扩散规律与大气稳定度、风速、温度和空气相对湿度等气象环境因素有关，但是不能直接用针对单一组分的高斯扩散模型进行预测。Schulte 等（2007）运用 AERMOD 模型模拟猪舍的恶臭扩散规律，恶臭浓度的模拟结果均低于现场监测值，最大校正系数达 3.12；魏波（2011）采用 AERMOD 模型预测集约化猪场场区外臭气浓度扩散规律，在未考虑堆肥车间、污水池等的恶臭排放源的情况下，恶臭强度预测值显著

低于现场实测值，平均校正系数高达 47.32。

张燕云等（2015）利用氨气和硫化氢两种因子的质量浓度，估算总臭气强度值，再利用强度分级估算臭气浓度的环境影响。但是由于畜禽粪污中恶臭物质较为复杂，不仅限于氨气和硫化氢两种因子，Schiffman 等（2001）指出，猪粪中含有 330 余种能引起臭味的物质，包括 NH_3、H_2S、VOCs、对甲酚、二乙酰、吲哚、粪臭素等，有的异味因子排放量很小，但是嗅阈值很低，如甲硫醇。因此，臭气浓度预测分析若仅考虑氨气和硫化氢两种因子，其代表性不足。

综上，综合考虑畜禽养殖项目恶臭组分的复杂性、气象条件的多样性、恶臭排放源高度相对较低等因素，现阶段采用模型准确预测臭气浓度扩散规律较为困难。建议国家和地方加大对畜禽养殖项目臭气浓度扩散规律研究，以便更加科学地指导臭气浓度环境影响预测与评价。

③预测方法。现阶段，臭气浓度环境影响预测方法建议如下：

a. 类比分析法。类比在养殖产品种类、工艺、规模、清粪方式、粪污控制措施、管理水平、气象条件、地形条件等方面具有相同或类似特征的污染源，利用其场界、敏感点的环保验收、例行监测等相关监测资料，分析拟建项目与其可类比性，进而确定拟建项目的臭气浓度影响程度与范围。

b. 扩散断面现场监测结合模型计算法。随着距养殖场恶臭排放源下风向距离的增大，距恶臭排放源的距离对下风向恶臭强度的影响逐渐显著（郑芳等，2010）。Pan 等（2007）研究表明，臭气强度与距恶臭排放源的距离呈指数函数关系衰减，如当恶臭组成物质浓度下降 90% 时，人为恶臭感觉仅下降 50%。

按照指数函数的基本方程式：

$$y = a \times \exp bx \qquad (5-2)$$

式（5-2）中，y 为距恶臭排放源下风向一定距离处的臭气浓度，无量纲；x 为距恶臭污染源的排放距离，m；a、b 为常数。

对上述公式（5-2）两边取自然对数，可转换为：

$$\ln y = bx + \ln a \qquad (5-3)$$

扩散断面现场监测结合模型计算法估算流程如下：

ⓐ筛选可类比性养殖场。该养殖场类比条件可参照类比分析法的类比条件。

ⓑ对具有可类比性的养殖场，在养殖场下风向一定范围内布点并进行代表性点位的现场监测。同时，为减小由于气象条件变化对模型计算结果的影响，应对相似气象条件下的不同监测点位进行监测，并宜同步监测。具体技术要点如下：

Ⅰ. 监测断面选取原则：养殖场下风向处，紧邻粪污处理区，场界外尽量为空地，以使异味扩散受建构筑物、地形等外界因素影响很小。

Ⅱ. 气象条件：宜选取最不利扩散条件（如大气稳定度高、静风等）和一般扩散条件（大气稳定度中等、年平均风速）两种情景分别监测。

Ⅲ. 监测点位设置：宜分别在距离规模化养殖场的场界 50m、100m、200m 和 300m 等处设置监测点位。养殖规模很大的，可适当扩大监测点位与场界距离。

Ⅳ、采样和监测方法：执行《环境空气和废气　臭气的测定　三点比较式臭袋法》

（HJ 1262）、《恶臭污染环境监测技术规范》（HJ 905）。

ⅴ．监测频次：监测1d，宜每天不少于3次，并选取每天臭气浓度影响较大时段。

ⓒ模型回归分析与检验：将两种气象条件下实测臭气浓度与距离分别带入上述公式（5-3）进行回归分析，确定b、$\ln a$。经检验相关系数R^2达到0.9以上即说明显著相关，可据此估算不同距离处环保目标的恶臭浓度影响值。

ⓓ臭气浓度影响估算：将关心点与养殖场距离带入经过回归分析与检验的方程，可估算关心点处的臭气浓度。

（3）恶臭环境防护距离确定与管理要求　现行《畜禽养殖业污染防治技术规范》（HJ/T 81—2001）属于推荐性行业技术规范，其3.1.2条规定畜禽养殖场场界与禁建区距离不小于500m。该规范未考虑畜禽养殖场养殖规模、气象条件、地形条件等的差异性，且随着养殖工艺清洁生产水平的提高及污染控制经济技术水平的进步，已经不能适应当前畜禽养殖场精细化环境管理的要求。建议将该规范作为恶臭防护距离确定的参考依据。

考虑到臭气浓度影响物质的复杂性，为了科学设置畜禽养殖恶臭环境防护距离，宜由氨气、硫化氢与臭气浓度环境影响综合确定大气环境防护距离，即取氨气、硫化氢分别核算的大气环境防护距离及按照臭气浓度预测分析稀释扩散到20（无量纲）的防护距离这3个核算距离中的最大值。

经综合确定的恶臭环境防护距离，应作为养殖场选址环境合理性判定以及周边国土空间规划控制的重要依据，可从源头上避免养殖场的异味扰民与投诉，服务我国乡村人居环境整体提升。

恶臭环境防护距离内不应有长期居住的人群，如医院、居民区等敏感目标。若存在，环评编制技术单位应在与项目建设单位充分沟通的基础上，按照如下优先顺序采取相应对策：

①优化场区布局，如将粪污处理区、养殖区等主要恶臭源尽量远离环保目标，而将饲料库、办公区等区域尽量靠近环保目标。

②在充分经济技术可行性分析基础上强化恶臭防控措施，削减恶臭排放源强，优化相关排放参数，减少恶臭对周围环境的影响。

③适当降低养殖规模。

④若居住人群本身用地不符合村庄规划要求或属于撤销村庄的，可协调当地政府部门，使项目的建设时序与敏感目标的搬迁时间相协调，可避免项目对敏感目标的影响。

⑤提出调整项目选址或对长期居住人群进行搬迁的建议。

需要说明的是，采取上述5种对策中的前3种时，应按照调整后的情况重新进行恶臭污染源预测分析与评价。

5.8.4.2　水环境影响分析

规模化畜禽养殖场，会产生畜禽粪尿及栏舍的冲洗废水、生活污水等废水，尤其对于奶牛场和猪场，会产生大量废水。这些废水未经处理排入外环境，会造成地表水体污染；此外，废水中有机质和氮磷钾等植物所需营养物质含量高，宜对其进行资源化利用。目前，畜禽养殖废水的处理主要包括粪肥利用、灌溉回用和达标排放 3 种模式。以下分别对其预测和评价重点进行分析。

（1）粪肥利用模式 粪肥利用方式分为作为商品有机肥外售及养殖场业主承包或自有的农田利用两种，应重点从粪肥加工设施可行性、粪肥转运污染控制措施有效性及粪肥安全还田施用可靠性等角度进行分析。

①粪肥加工设施可行性分析。

a. 分析目的：评价粪肥加工工艺是否符合畜禽粪污无害化、资源化的相关要求。

b. 分析方法：将项目粪肥加工工艺技术资料与《畜禽粪便无害化处理技术规范》（GB/T 36195—2018）、《畜禽粪便还田技术规范》（GB/T 25246—2010）等相关技术规范中关于加工工艺要求进行对照分析，重点考虑设计粪肥加工能力与粪污产生量的匹配性、加工工艺的可行性。对于没有明确工艺技术规范要求的，可采取类比调查法，可类比同类粪污采用同类肥料化工艺的已有企业在粪水还田前的监测数据。

c. 主要技术要求：液态畜禽粪便无害化处理方法包括固液分离、厌氧发酵、好氧或其他生物处理等单一或组合技术。主要无害化技术要求见表 5 - 64。

表 5 - 64　畜禽粪污主要无害化技术要求

无害化方式		主要技术要求	备注
厌氧发酵	常温	水力停留时间不应少于 30d	按 NY/T 1220.1、NY/T 1222 设计
	中温	水力停留时间不应少于 7d	
	高温	发酵温度维持（53＋2）℃时间应不少于 2d	
贮存发酵	敞口	贮存周期依据当地气候条件与农林作物生产用肥最大间隔期确定，推荐贮存周期最少在 180d 以上。对于辅助其他无害化设施达到还田安全指标的，可适当缩短贮存周期	该方式异味影响较大，项目选址环境敏感时不宜选用
	密闭（地下贮存池、黑膜池等）	根据当地气候状况与土地作物用肥最大间隔期确定贮存周期（宜不少于 90d）。对于辅助其他无害化设施达到安全还田要求的，可适当缩短贮存周期	应采用加盖、覆膜等方式。做好防渗
异位发酵床工艺		发酵床建设容积一般不小于 0.2（生猪）、0.003 3（肉鸡）、0.006 7（蛋鸡）或 0.013（鸭）（m³/头、羽）×设计存栏量（头、羽）	—

粪肥安全利用分类管控要求：根据粪肥利用不同途径，对控制指标进行分类管控。用作商品有机肥的，应满足《肥料中有毒有害物质的限量要求》（GB 38400—2019）、《有机肥料》（NY/T 525—2021）中相关要求。仅用作养殖场业主承包或自有的农田粪肥且不外售的，应满足《畜禽粪便还田技术规范》（GB/T 25246—2010）、《畜禽粪便无害化处理技术规范》（GB/T 36195—2018）中相关要求；但是，当消纳粪污的农用地含有基本农田保护区时，基于对基本农田的特殊保护，宜从严要求，达到《肥料中有毒有害物质的限量要求》（GB 38400—2019）、《有机肥料》（NY/T 525—2021）相关要求（表 5 - 65）。

表 5 - 65 基于粪肥不同利用途径的分类管控要求

用途	主要控制指标	执行标准	备注
用作商品有机肥外售的或用于基本农田保护区内耕地利用的	蛔虫卵、粪大肠杆菌、镉、汞、砷、铅、铬、铊	《有机肥料》（NY/T 525—2021）及《肥料中有毒有害物质的限量要求》（GB 38400—2019）中"其他肥料"限量要求	在有机肥标明总氮含量时需对缩二脲进行控制
仅用作养殖场业主承包或自有的农田利用、不涉及基本农田保护区内耕地且不外售的	蛔虫卵、粪大肠杆菌等	《畜禽粪便还田技术规范》（GB/T 25246—2010）、《畜禽粪便无害化处理技术规范》（GB/T 36195—2018）相关要求	

②粪肥暂存与转运污染控制措施有效性分析。粪肥转运可采用管道或密闭罐车，转运全过程须实现"四不"，即：不外排、不露天、不下渗、不外溢。

畜禽养殖项目环评中应对液体粪肥暂存容积的有效性进行评价。暂存容积应根据粪肥的产生数量、储存时间、利用方式、利用周期、当地降水量与蒸发量综合确定，储存时间应不低于涉及土地种植农作物的用肥最大间隔期和每年的不适宜施肥期（如冬季封冻期或雨季最长降水期）。对于封闭式储存池，应不小于最大利用间隔期（以当地农作物生产用肥的最大间隔时间或冬季冰封期计算）内的粪肥产生量。对于开放式储存池，还需进一步考虑粪肥储存期最长期限内的降水量所需容积。可视情况采取养殖场区内暂存池与田间暂存池相结合的方式。

可参照《畜禽养殖污水贮存设施设计要求》（GB/T 26624）对贮存池设计容积进行校核，公式如下：

$$V = L_w + R_o + P \tag{5-4}$$

式（5-4）中，L_w 为液体粪肥体积，m^3；R_o 为降雨体积（采用开放式贮存池时应考虑），m^3，按 25 年来该贮存设施每天能够收集的最大雨水量（m^3/d）与平均降雨持续时间（d）计算；P 为预留体积，m^3，建议预留 0.9m 高的空间。

其中，L_w 计算公式为：

$$L_w = N \times Q \times D \tag{5-5}$$

式（5-5）中，N 为设计动物存栏数量；Q 为单位畜禽每天液体粪污产生量，$m^3/$（单位畜禽·d），可参照《畜禽养殖场（户）粪污处理设施建设技术指南》附件 1 中相关数据；D 为液体粪肥暂存时间，d，依据后续粪肥农田利用的时间要求确定。

③粪肥安全还田施用可靠性分析。

a. 安全施用量核算。液体肥安全还田施用应能保证在常年施用情况下的农田生态安全。一方面要防止土壤中氮磷元素超出植物生长所需量而造成面源污染；另一方面，要防止畜禽粪肥中的重金属元素在土壤中积累，破坏土壤生态环境质量。畜禽粪污安全施用应考虑的评价因子为营养元素（全氮、全磷）和重金属（根据粪肥中重金属含量、使用土地重金属背景值、土壤重金属标准等因素综合确定）。

畜禽养殖项目环境影响评价中，应结合消纳农田特征（包括地理位置、气候类型、灌溉条件、农田坡度和面积、土壤类型、土壤肥力水平、土壤重金属质量现状等情况）、农田作物特征（包括种植作物的品种、农作制度、农艺措施、预期产量、施肥时间等情况）及液体粪肥情况（包括粪肥产生量及养分、重金属含量等情况），核算消纳畜禽养殖项目粪肥所需农田的最小面积，以判断项目建设单位所自有或承包农田面积的可靠性。

具体核算方法详见本书"3.3 畜禽粪污减排、处理与利用"章节。

b. 科学施用方法。粪肥宜做基肥使用，在播种前一次性施入且均匀施肥、及时旋耕。液体粪肥做追肥时，按需稀释施用，避免烧苗现象。

鼓励应用液体粪肥收集运输施用多功能车辆、铺设还田管网、喷灌、滴灌等措施，提高粪肥还田的机械化程度，提高粪肥还田效率和可控性。

c. 监测与管理要求。施用前应按照施用去向相关要求，对粪肥中蛔虫卵死亡率、粪大肠菌值等控制指标进行监测。此外，为提高粪肥还田的精准性、安全性，建议对还田前粪肥中 N、P、K 和有机质等关键指标进行检测，并结合还田地块的养分背景值、土壤墒情，以及栽培作物需肥规律，确定粪肥的施用量。

同时，还田过程设记录台账，并宜保留相关环节视频记录。

（2）灌溉回用模式 灌溉回用模式指不设排污口，废水不直接排入环境水体，直接回用于农田灌溉。应重点从废水处理工艺可行性、灌溉水暂存与转运污染控制措施有效性等角度进行分析。

①废水处理工艺可行性分析。

a. 分析目的：判定废水处理后各水质指标是否满足《农田灌溉水质标准》（GB 5084—2021）的相关要求。

b. 分析方法：将项目废水处理技术资料与《畜禽养殖业污染治理工程技术规范》（HJ 497—2009）、《规模畜禽养殖场污染防治最佳可行技术指南（试行）》（HJ-BAT-10）等相关技术规范中工艺要求进行对照分析，重点考虑设计废水处理能力与废水产生量的匹配性、处理工艺的可行性。对于没有明确工艺技术规范要求的，可采取类比调查法，类比同类废水采用同类处理工艺的已有企业的监测数据。

c. 典型处理工艺：可采用"固液分离＋厌氧发酵＋好氧＋深度处理"等组合技术。具体工艺应根据项目所在地的自然地理条件、灌溉土地作物类型、畜禽养殖清洁生产水平等综合因素，因地制宜选择净化处理工艺。

②灌溉水暂存与转运污染控制措施有效性分析。灌溉水可采用渠道、管道或罐车转运，避免跑冒滴漏。

畜禽项目环评中应对灌溉水暂存池容积的有效性进行评价。暂存容积应根据灌溉水的产生数量、储存时间、利用方式、利用周期、当地降水量与蒸发量综合确定，应不低于灌溉土地种植作物生产用水最大间隔期和冬季封冻期或雨季最长降水期。可视情况采取养殖场区内暂存池与田间暂存池相结合的方式。

贮存容积可参照《畜禽养殖污水贮存设施设计要求》（GB/T 26624）对设计容积进行校核，公式如下：

$$V=L_w+R_o+P \tag{5-6}$$

式（5-6）中，L_w 为灌溉水暂存体积，m^3；R_o 为降雨体积，m^3，按 25 年来该贮存设施每天能够收集的最大雨水量（m^3/d）与平均降雨持续时间（d）计算；P 为预留体积，

m³，宜预留 0.9m 高的空间，预留体积按照设施的实际长、宽以及预留高度进行计算。

其中，L_w 计算公式为：

$$L_w = N \times Q \times D \qquad (5-7)$$

式（5-7）中，N 为设计动物存栏数量，其中，猪和牛的单位为百头，鸡的单位为千只；Q 为畜禽养殖项目废水处理设施每天灌溉水产生量，猪和牛场的单位为 m³/（百头·d）；鸡场的单位为 m³/（千只·d）。鉴于废水处理设施每天灌溉水产生量具有一定波动，宜取废水处理设施设计处理能力，也可参考 GB 18596—2001 第 3.1.2 条最高允许排水量指标；D 为灌溉水暂存时间，d，依据后续农田灌溉利用的时间要求确定。

③灌溉水农田完全利用可靠性分析。根据项目所在区域气候条件，涉及农田的作物类型、灌溉与栽培方式，结合地方发布的农业用水定额或同类农田年用水情况，确定涉及农田可利用灌溉水总量。若可利用灌溉水总量大于产生的灌溉水量，则可做到完全利用。

（3）达标排放模式 畜禽养殖项目采取废水达标排放模式的，其预测与评价内容应根据不同评价等级要求设置。其中，三级 B 评价内容主要包括水污染控制、水环境影响减缓措施有效性评价及依托污水处理设施的环境可行性评价；一级、二级及三级 A 评价主要内容包括水污染控制措施有效性评价及水环境影响定量预测与评价。

①水污染控制措施有效性评价。水污染控制减缓措施有效性评价中，措施技术可行是前提，达标排放是目标。

a. 措施筛选。应结合自然环境条件、受纳水体环境质量达标情况、排放标准、废水水质等情况，采取不同的污染防治技术。其中，水环境达标区选用行业污染防治可行技术指南中的可行技术即可；而对于不达标区，为最大限度降低对受纳水体水环境质量的影响，应选用行业污染防治可行技术指南中的最佳可行技术。此外，为了降低养殖企业的污水处理成本，宜采用干清粪方式，从源头上降低养殖废水中污染物浓度。

目前，尚未制定国家层面的畜禽养殖行业污染防治可行技术指南，现阶段达标区可参考《排污许可证申请与核发技术规范 畜禽养殖行业》中的推荐可行技术。对于不达标区，宜在可行技术基础上增加膜分离等深度处理工艺，确保废水污染物达到最低排放强度和排放浓度，且环境影响可以接受。待畜禽养殖行业污染防治可行技术指南发布后，可参考其相应要求（表 5-66）。

表 5-66 规模畜禽养殖场废水达标排放模式可参考的典型处理工艺

排放方式	养殖规模	典型可行技术
间接排放	大型	固液分离＋厌氧（UASB、CSTR）＋好氧（接触氧化）
	中型	固液分离＋厌氧（USR、UASB）＋好氧（完全混合活性污泥法、接触氧化）
	小型	固液分离＋厌氧（USR）＋好氧（完全混合活性污泥法、MBR）
直接排放	大型	固液分离＋厌氧（UASB、CSTR）＋好氧（接触氧化）＋自然处理（人工湿地、氧化塘）
	中型	固液分离＋厌氧（USR、UASB）＋好氧（完全混合活性污泥法、接触氧化）＋自然处理（人工湿地、氧化塘）
	小型	固液分离＋厌氧（USR）＋好氧（完全混合活性污泥法、MBR）＋自然处理（人工湿地、氧化塘）

（续）

排放方式	养殖规模	典型可行技术

养殖规模划分：大型为存栏大于等于 10 000 头生猪、中型为存栏 2 000～9 999 头生猪、小型为存栏 500～1 999 头生猪。其他养殖品种依据其存栏规模折算成生猪

b. 达标排放分析。对照废水排放标准，从处理能力匹配性（应有一定设计余量，设计能力应大于废水产生量）、工艺参数可行性（重点是水力停留时间、发酵温度、有机负荷等）、设计处理效率可达性（结合设计规范及同类项目处理效率监测结果）、处理效果稳定性（结合废水水质、水量的变化及调节池设置情况）等角度，综合分析废水中各污染指标达标排放的可行性。

畜禽养殖废水达标排放模式常用处理工艺参数如表 5 - 67。

表 5 - 67　畜禽养殖废水达标排放模式常用处理工艺参数参考

类别		主要工艺参数	备注
水解酸化		水力停留时间宜为 12～24h	作为厌氧工序的预处理
厌氧处理		水力停留时间不宜小于 5d；采取常温发酵的，温度不低于 20℃	以产沼气为目的的，应根据区域气候特点，设置罐体保温材料及必要的料液加热设施
好氧处理		污泥负荷一般为 0.05～0.1kgBOD$_5$/kgMLVSS · d，污泥浓度一般为 2.0～4.0gMLSS/L	
自然处理	人工湿地	表面流湿地水力负荷宜为 2.4～5.8cm/d；BOD$_5$ 表面负荷率为 0.73kg/（hm^2 · d），水力停留时间（HRT）至少为 12d	适用于常年气温适宜地区
	稳定塘	BOD$_5$ 表面负荷率：兼性塘 30～100kg/（hm^2 · d）、好氧塘 10～30kg/（hm^2 · d）	当地年平均气温越高，负荷率取值越大

养殖废水达标排放分析过程中，应关注两个方面的问题：

ⓐ鉴于生物处理工艺受温度影响较大，北方地区应重点考虑冬季不利时期实现达标排放的可行性。

ⓑ如果畜禽粪污可能受雨水冲刷形成径流，应对初期雨水进行收集与处理，并从暂存设施有效容积及处理设施处理能力的可靠性等角度进行充分论证。

②水环境影响评价。畜禽养殖项目地表水环境影响评价预测情景设置，应结合工程特点、环境特征、污染防治设施、地方环境保护要求等情况，重点考虑排污工况、污染控制优化方案及受纳环境水体水质改善要求（表 5 - 68）。

污染物排放量核算：间接排放建设项目污染源排放量核算根据依托污水处理设施的控制要求确定。直接排放项目按区域水环境现状不达标区或达标区相应要求进行评价，其中达标区应满足相应水环境质量标准与安全余量要求；不达标区应将包括本项目在内的区（流）域污染源排放量调减至满足区（流）域水环境质量改善目标要求。

表5-68 养殖废水排放水环境影响预测与评价主要情景、内容

评价对象	污染源	污染源排放形式	评价时期	预测内容	主要评价内容
受纳水体环境质量不达标区评价项目	新增污染源—"以新带老"污染源（如有）—区域替代污染源（如有）+评价范围内其他在建、拟建污染源（如有）	正常排放、非正常排放	a) 受纳水体为河流、湖库的，一级评价至少丰、枯水期；二级及三级A评价至少枯水期 b) 受纳水体为入海河口（感潮河段）、近岸海域的，按HJ 2.3要求确定	a) 控制断面、取水口、污染源排放核算断面等涉及的各关心断面的水质预测因子浓度及变化 b) 对水环境保护目标污染物贡献浓度 c) 各污染物最大影响范围 d) 涉及湖泊、水库及半封闭海湾受纳水体时，还需分析富营养化状况与水华、赤潮等 e) 排放口混合区范围	a) 混合区是否位于达标控制断面以外水域 b) 水环境功能区或水环境功能区水质达标情况 c) 水环境保护目标水域是否满足水环境质量要求 d) 水环境控制断面或断面水质是否达标 e) 重点水污染物排放总量是否满足总量控制指标要求 f) 排污口设置合理性评价* g) "三线一单"管理要求
	新增污染源（采取必要的污染控制措施优化方案后）—"以新带老"污染源（如有）—区域替代污染源（如有）+评价范围内其他在建、拟建污染源（如有）	正常排放、非正常排放			
受纳水体环境质量达标区评价项目	新增污染源—"以新带老"污染源（如有）+评价范围内其他在建、拟建污染源（如有）	正常排放、非正常排放			
	新增污染源（采取必要的污染控制措施优化方案后）—"以新带老"污染源（如有）+评价范围内其他在建、拟建污染源（如有）	正常排放、非正常排放			

注：* 如果环评阶段已经完成入河排污口设置审批程序，排污口设置合理性分析可参照该项目"入河排污口设置论证报告"。

达标区与非达标区污染物排放量核算方式的差异示意如图 5-10。

5.8.4.3 地下水环境影响分析

畜禽养殖项目对地下水环境重点影响源为粪污在养殖场内可能存在的全部环节，包括粪污暂存、输送及处理。

畜禽粪污中含有大量菌类及含氮化合物。其中，含氮化合物在土壤微生物的作用下，通过氨化、硝化等化学反应可形成 NH_4-N、NO_2-N 和 NO_3-N 下渗入地下水，可能造成地下水中硝酸盐含量增高。根据顾静等（2020）对北京市某长期运行畜禽养殖场对下水污染影响的调查结果，养殖场周边地下水中总大肠菌群、菌落总数和硝酸盐均有不同程度的超标。可见，养殖场在长期运行下，具有污染地下水环境的隐患。

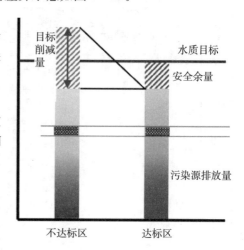

图 5-10　达标区与非达标区污染物排放量核算方式

在畜禽养殖项目设计方案或可研报告中，废水管道、处理设施一般会按照相关设计规范要求采取一定的防腐、防渗措施。畜禽养殖项目环评中应在上述地下水污染防控措施的基础上，根据评价工作等级、工程特征与环境特征，结合当地地下水环境功能区划等相关要求，预测建设项目对地下水水质产生的直接影响，重点预测对地下水环境敏感目标（如集中式地下水饮用水水源、分散式地下水饮用水水源地、饮用水源保护区、重要湿地等）的影响。

需要说明的是，从环境管理角度考虑，地下水环境影响分析中不需考虑对地下水环境的间接影响。如畜禽养殖废水排入地表水体中后，也可能渗漏至地表水体底部、进而影响地下水水质，但是在满足废水排放标准及水污染物排放总量控制管理要求、对地表水环境影响可接受的前提下，地下水环境影响分析中不需再考虑其对地下水环境的间接影响。又如畜禽养殖废水达到《农田灌溉水质标准》要求作为灌溉水回用时，地下水环境影响分析中不需再考虑其对地下水环境的间接影响。因此，地下水环境影响分析聚焦于直接影响，有利于抓住主要环境问题，也符合环境管理"放管服"改革的总体要求。

(1) 预测情景　鉴于畜禽养殖项目在设计或可研中一般会对地下水影响源按 GB 50069、GB 50141、GB 50268、GB 50010 等规范设置一定的防渗措施，可不进行正常状况（养殖、粪污处理等工艺设备及其防渗系统均达到设计要求且完好）情景下的预测，主要对项目地下水环境保护措施因老化、腐蚀等原因致使防护效果达不到设计要求时的非正常运行状况情景进行预测。非正常运行状况预测情景体现的是长期的可能影响，不同于事故性情景。如沼液罐车发生破裂事故后渗入地下水环境，不在地下水环境影响中考虑，可在环境风险章节中酌情考虑。

畜禽养殖项目预测渗漏源可结合厂区布局、地下水流向及地下水环境敏感目标分布情况，选取污染物浓度高、能反映对地下水环境（尤其是对地下水环境敏感目标）产生最大影响的地下构筑物。粪污处理设施一般采取地下或半地下方式，其中固液分离前的粪污收集池中污染物浓度很高，应予以重点关注。

（2）预测因子　畜禽养殖项目地下水环境影响因子可分为重金属类（如总砷、总镉）和非持久性污染物（如高锰酸盐指数、氨氮、BOD$_5$、总磷、总氮、总大肠菌群、菌落总数）两类。

预测因子应根据环境影响识别的特征因子，按照重金属和非持久性污染物进行分类，并对每一类别中的各项因子分别采用标准指数法（渗漏源中污染物浓度与相应地下水环境质量标准限值的比值）进行排序，各取标准指数最大的因子作为预测因子，即预测因子应为两个（重金属和非持久性污染物各一个）。此外，国家和地方有明确要求控制的污染物，也应作为预测因子。

（3）预测源强　非正常状况下，预测源强可依据粪污输送管线或粪污处理池因系统老化或腐蚀程度等情况，由单位时间渗漏量和渗漏周期相乘确定。

①渗漏周期：根据发现渗漏的难易确定。若容易发现（如出现大量渗漏情况），一般结合日常巡检与维修时间确定；若不易发现，可结合地下水跟踪监测井的监测频次确定。

②单位时间渗漏量：通常情况下，可以取正常状况渗漏量的 10～100 倍。

根据现行《给水排水构筑物工程施工及验收规范》（GB 50141—2008），钢筋混凝土池体满水试验验收合格标准为 2L/（m^2·d），砌体结构水池渗水量验收合格标准为 3L/（m^2·d）；无压管渠闭水试验时，允许渗水量按下式计算：

$$Q_2 = 1.25 \sqrt{D_i} = 1.25 \sqrt{\frac{S}{\pi}} \qquad (5-8)$$

式（5-8）中，Q_2 为无压管渠允许渗水量，m^3/（24h·km）；D_i 为管道内径，mm；S 为管渠的湿周周长，mm。

对于粪污输送管线，正常状况渗漏量可参照无压管渠闭水试验允许渗水量确定。对于粪污处理池，正常状况渗漏量可依据相应池体材料下池体满水试验验收合格标准确定，并可根据采取的防渗措施不同选取系数（一般 0.1～1.0 之间）。

5.8.4.4　土壤环境影响分析

畜禽粪污中含有一定的铜、锌、铅、镉、铬、砷、汞等重金属，如果在其产生、转运、资源化过程中防渗措施不到位的话，会对土壤环境造成一定的垂直入渗影响。同时，随着粪污施用会给农田带入一定的重金属，除农田作物吸收、土壤流失与淋失等因素外会使土壤中的重金属具有一定的残留率，进而在农田施用过程中产生一定的重金属累积风险。

（1）预测因子　畜禽养殖项目土壤环境影响因子主要是重金属类。可采用标准指数法（入渗源中污染物浓度与相应土壤环境质量标准限值的比值）进行排序，选取标准指数最大的指标作为预测因子。

根据董元华等（2015）对畜禽粪便农用在土壤重金属污染累积预测研究的结果，汞、砷、铅累积影响不大；铜、锌、铬在粪肥使用量较大的情况下，有一定的累积风险；但是，镉的施用量不论高低，农田土壤均会受到不同程度的污染风险。因此，宜对镉进行重点关注。

（2）预测情景　畜禽养殖项目大气环境污染物主要为恶臭物质，不涉及对土壤环境的影响。同时，新、改、扩建畜禽养殖项目应按照《畜禽规模养殖污染防治条例》要求设置雨污分流设施，在做好雨污分流（接触畜禽粪污的径流雨水也应视为污水）的前提下，可不再考虑地面漫流影响。因此，畜禽养殖项目土壤影响途径主要为垂直入渗影响。已经按相关要求采取防渗措施、并完好的，对土壤环境影响不大。因此，建议主要考虑如下预测情景：

①非正常或事故状况：防渗措施老化、腐蚀或地下粪污处理池体破损，造成粪污中污染物垂直下渗，对土壤环境造成影响。

②正常状况：粪污还田利用过程中，粪污中污染物垂直下渗，产生重金属累积，对土壤环境造成影响。对于作为商品有机肥外售的，由于环保责任主体发生变化，可不再对还田利用土壤环境影响进行预测。

(3) 预测方法 评价工作等级为二级时，非正常或事故状况的预测方法可采用土壤环境导则推荐的一维非饱和溶质运移模型，或进行类比分析；正常状况的预测方法可采用基于土壤重金属负载容量的粪肥核算法。评价工作等级为三级时，可采用定性描述或类比分析法。

基于土壤重金属负载容量的粪肥最大施用量核算法是针对不同畜禽粪便中不同典型重金属元素，采用下式计算畜禽粪便年可施用量。若粪肥产生量小于计算的可施用量，则重金属风险可控；否则重金属风险不可控，应采取相应改进策略，保证粪污安全施用。

$$H = \frac{Q_{in}}{W_i} \times 10^3 \qquad (5-9)$$

式（5-9）中，H 为根据土壤重金属负载容量测算出的粪肥年施用量，t/（hm²）；Q_{in} 为土壤重金属 i 的年平均负载容量，kg/（hm²）；W_i 为畜禽粪便中重金属 i 的平均含量，mg/kg。

相应参数的确定：

$$Q_{in} = 2.25(S_i - C_i K^n) \frac{1-K}{K(1-K^n)} \qquad (5-10)$$

式（5-10）中，S_i 为根据 GB 15618 确定的土壤重金属 i 的筛选值，mg/kg；K 为土壤重金属 i 的残留率，与植物吸收、土壤中的流失与淋失等因素有关，一般取 0.90；C_i 为施用范围土壤重金属 i 含量，mg/kg，可取施用范围土壤重金属 i 监测或调查的平均值；n 为控制年限，一般根据 10 年、30 年、50 年计算，可根据养殖场土地承包或租赁年限选取。

5.8.4.5 声环境影响分析

(1) 基本原则 畜禽养殖项目一般施工期工期较短，施工期环境影响不显著，重点在于营运期。营运期一般不涉及强噪声源，主要噪声污染源包括畜禽叫声，粪污处理设施水泵、风机，饲料加工设备等噪声。鉴于畜禽养殖场一般设置一定的环境防护距离，该范围内不应有长期居住的人群。因此，畜禽养殖项目声环境影响评价不属于其环境影响评价的重点内容，以场界达标排放分析为主。

部分畜禽建筑（如牛舍）可能采用开放式或半开放式，粪污处理设施也可能设于室外，总体上涉及室外噪声源种类较多。同时，畜禽养殖项目主要噪声源为粪污处理设施配套水泵、风机,而粪污处理设施一般布置于常年主导风向下风向或侧风向且临近场界处。因此,临近粪污处理设施的场界应作为预测与评价重点区域。

(2) 声源数据 声环境影响预测所需声源资料应按照室内和室外声源进行区分。其中室内声源所需资料包括声源种类(以点声源为主)、数量、空间位置、声级、发声持续时间和作用时间段等,此外还应给出建筑物门、窗、墙等围护结构的隔声量和室内平均吸声系数等参数。

(3) 预测与评价内容 主要预测建设项目运营期场界噪声贡献值及所有声环境保护目标处的噪声贡献值与预测值,评价其超标和达标情况。存在超标的,应分析超标原因,明确引起超标的主要声源。

为了明确噪声源对评价范围内声环境尤其是声环境敏感目标的影响,一级评价时,应给出噪声贡献值等声级线图;二级评价时,如果评价范围内声环境敏感目标距离较近,宜给出噪声贡献值等声级线图。

5.8.4.6 固废环境影响分析

畜禽养殖行业产生的固体废物从来源看,属于农业固体废物范畴。

(1) 固体废物类别、特性及去向 所有畜禽养殖项目均涉及的固体废物类别主要包括畜禽排泄的粪便,病死畜禽尸体、疫病防治过程中产生的医疗废物(如注射器、输液管、玻璃药剂瓶等废弃的一次性治疗器具)、生活垃圾。此外,因粪污处理方式、养殖工艺等不同产生其他固废,如:利用粪污生产沼气或发酵的有沼渣产生,采用达标排放模式的有污泥产生,采用垫草垫料工艺的有垫料产生,涉及分娩的会产生分娩废物,采用废气处理设施的会产生废吸附填料或吸收废液等,涉及机械维修的会产生废油、废沾染废物。

畜禽养殖项目涉及的固体废物中,危险废物主要包括疫病防治过程中产生的医疗废物及机械维修产生的废油、废沾染废物,可委托有相应资质的单位处理处置。病死畜禽尸体按照《中华人民共和国动物防疫法》要求管理,不宜将其纳入危险废物范畴,可因地制宜自行或委托专业单位进行深埋、化制、焚烧等无害化处理。其余固体废物也不纳入危险废物管理,其中生活垃圾可由当地生活垃圾管理部门统一清运处置,畜禽粪污经无害化与资源化处理,包括储存农业利用、堆肥农业利用、生产沼气、生产有机肥、生产基质等,不排至外环境。

(2) 固体废物特点

①数量大。畜禽粪污产生数量与养殖模式的清洁生产水平、用水量及饲料添加剂水平等有关。虽然我国畜禽养殖业绿色发展水平在不断提高,但是其粪污产生数量仍巨大。

根据《2021年中国生态环境统计年报》,2021年全国各行业一般工业固体废物总产生量为39.7亿t。根据《"十四五"畜禽粪肥利用种养结合建设规划》,2020年全国畜禽粪污年产生量与2015年相比降幅达19.7%,但是仍高达30.5亿t,占全国各行业一般工业固体废物总产生量比例高达77%。

②资源与废物的相对性。畜禽养殖污染物中含有大量的有机质、氮、磷、钾等营养元素,可被资源化利用。但同时含有大量寄生虫卵、病原微生物等病原体,若处理利用不当,易导致人畜疾病传播,并可导致环境二次污染。因此,应达到无害化与资源化相关要求后才能农业利用。

③产生二次污染的潜在风险较大。畜禽粪污在暂存、处置过程中，如果废气治理措施或防渗措施不到位，会对大气、土壤、地下水环境均产生一定影响。此外，在农业利用过程中，如果超过了受纳农田的承载能力，可能对消纳农田土壤及周边地表水环境造成一定的影响。因此，应该从粪污产生、处置与利用全链条进行污染风险管控。

（3）环境影响分析重点 对于畜禽养殖项目产生的危险废物，应对照《危险废物收集贮存 运输技术规范》（HJ 2025）等相关要求，进行收集、贮存、运输等全过程污染控制的规范性分析。

对于畜禽粪污，可分为自行资源化利用、资源化外售、委托第三方处置等三种方式，各方式均应具备规范的暂存设施，3种方式评价重点如下：

①自行资源化利用的。

a. 暂存设施设置可行性分析：参照《畜禽养殖场（户）粪污处理设施建设技术指南》等相关要求，重点从暂存设施设计有效容积及防雨、防渗、防溢流措施等方面进行分析，应做到与养殖规模、粪污产生量、粪污转运利用时间等相匹配，并保证固体粪污储存时间大于外运周期最大间隔期。

b. 无害化要求符合性分析：对照《畜禽粪便还田技术规范》（GB/T 25246—2010）、《畜禽粪便无害化处理技术规范》（GB/T 36195—2018）等相关要求，主要从无害化工艺可行性及粪污中蛔虫卵、粪大肠杆菌等相关指标达标性进行分析。

c. 配套土地消纳可行性分析：重点分析是否配套与养殖规模相匹配的固体粪污消纳土地。消纳土地的最小面积可参照《畜禽粪便安全还田施用量计算方法》（NY/T 3956—2021）等相关规定，从畜禽粪污氮磷养分、典型重金属特征因子等两个方面进行校核，并取两方面所测算的最大面积作为项目可消纳的最小面积。

其中，典型重金属特征因子应综合养殖种类、所在区域、饲料成分、粪污处理模式、施用农田土壤污染物现状等情况进行筛选。

②资源化外售的。畜禽粪污经资源化后外售的，如农场、农业合作社等，分析重点如下：

a. 暂存设施设置可行性分析：详见"自行资源化利用的"方式相应分析重点。

b. 无害化要求符合性分析：对照《畜禽粪便还田技术规范》（GB/T 25246）、《畜禽粪便无害化处理技术规范》（GB/T 36195）及《肥料中有毒有害物质的限量要求》（GB 38400）中相关要求，主要从无害化工艺可行性及粪污中蛔虫卵、粪大肠杆菌、镉、汞、砷、铅、铬等相关指标达标性等角度进行分析。

c. 外售可行性分析：主要从外销合同或协议的完备性进行分析。由于粪污资源化利用责任主体转移，可不进行配套农田消纳可行性分析，但需在外销合同或协议中约定资源化的粪污在运输、利用过程中的污染防治要求，做到运输过程避免跑冒滴漏、使用过程安全使用。

③委托第三方处置的。养殖企业委托第三方（如有机肥加工厂等）代为利用或者处理的，在被委托单位相关设施满足相关环保要求的前提下，养殖企业可不自行建设粪污处理或利用设施。其分析重点如下：

a. 暂存设施可行性分析：详见"自行资源化利用的"方式相应分析重点。

b. 委托处置可行性分析：重点从与第三方合同或协议的完备性、环保手续合法性、处理能力可行性等角度进行分析。应在委托合同或协议中约定粪污在运输、处置、利用过程中的污染防治要求，做到运输过程避免跑冒滴漏、处置过程符合环保要求、利用过程安全使用。

5.8.4.7　其他环境影响分析

（1）**环境风险**　畜禽养殖项目一般不涉及重大危险源，进行简单分析即可，主要结合识别的环境风险物质、影响途径及环境敏感目标分布等情况，分析应采取的风险防范措施和应急对策。

畜禽养殖项目可能涉及的危险物质主要包括沼气中含有的 CH_4、H_2S；原辅材料中的柴油、酸性洗涤剂（含硫酸、磷酸）、酒精；粪污处理区 COD_{Cr} 浓度＞10 000mg/L 的高浓度有机废水；火灾、爆炸产生的次生污染物 CO 等。应结合项目特点进行识别。

此外，为规范企事业单位环境应急管理工作，根据《突发环境事件应急管理办法》（原环境保护部令第 34 号）、《企业事业单位突发环境事件应急预案备案管理办法（试行）》（环发〔2015〕4 号）等相关规定和要求，对于涉及环境风险的养殖企业，环评报告中应提出企业组织编制突发环境事件应急预案的要求，并向当地生态环境主管部门备案，且应急预案应与所在区域、各相关企业应急系统衔接。

（2）**生态影响**　对于在原场界内进行改扩建的畜禽养殖项目，生态环境影响进行定性分析即可，主要关注施工期的施工活动可能对周边可能涉及的重要物种及生态敏感区的影响。

对于新建的畜禽养殖项目，由于涉及所占用土地类型的变化，结合不同评价等级相应评价深度要求及涉及的生态敏感区保护要求，重点对土地利用类型或功能改变引起的重要物种的活动、分布及重要生境变化、生态系统结构和功能变化、生物多样性变化等开展预测与评价。

5.9　环境保护措施及其可行性论证

5.9.1　分析原则

（1）**论证重点**　根据畜禽养殖行业产排污特性，在达标排放分析及环境影响预测与评价的基础上，应重点针对畜禽粪污全过程处置、废气处理等环保措施，从技术可行性、经济合理性和长期稳定运行的可靠性，并满足所在区域生态环境质量改善、总量控制管控要求等方面进行分析与论证。

（2）**论证深度**　因措施的成熟性与可靠性而不同。如果采取的措施属于行业污染防治可行技术指南或相关规范中推荐的可行技术，且满足适用条件的，则可以简化分析，否则应进行详细论证与分析。

目前，畜禽养殖行业尚未制定污染防治可行技术指南，其环境保护可行技术可参考《畜禽粪便无害化处理技术规范》（GB/T 36195—2018）、《畜禽养殖业污染治理工程技术规范》（HJ 497—2009）、《畜禽养殖场（户）粪污处理设施建设技术指南》（农办牧〔2022〕19 号）等相关规范或指南，并宜优先参考可反映最新环保要求的文件。

（3）**论证方法**　主要为标准规范对照法、类比分析法。其中，标准规范对照法主要将项目设计工艺、技术参与相关标准与规范的规定进行对比分析；类比分析法是以同类或相同措施的实际运行效果为依据进行分析。如果采用标准规范对照法分析结果均满足标准规范要求，可直接判定措施有效；否则，应辅以类比分析法。需要说明的是，同类或相同措施的实际运行效果应以有效且具有代表性监测数据为主要依据，如一次监测数据的代表性不强。

5.9.2　分析内容

①结合项目设计等相关资料，重点提出针对生产运行阶段拟采取的具体污染防治、环境风险防范等环境保护措施，并对措施的有效性进行分析。同时，兼顾项目建设阶段的污染防治、生态保护措施。对于服务期满后，主要做好建构筑物、设施等拆除过程中的污染防治，如粪污、固废等的合理处置。

②分析各项生态环境保护措施落实的可行性：各项污染防治、生态保护等环境保护措施和环境风险防范措施应有明确的责任主体、实施时段，环境保护投入应有明确资金来源。其中，环境保护投入主要包括环保措施和设施的建设费用、运行维护费用，直接为建设项目服务的环境管理与监测费用。

③核算环保投入比例，其中建设费用可与项目总投资对比分析，运行费用可与畜禽产品销售收入对比分析。由于畜禽养殖行业属于弱质行业，自身资金积累能力差，很难承受较高的环保投入，因此，如果环境保护投入过高，尤其是运行期投入占畜禽产品销售收入比例过高时，则应对环保措施的经济合理性进行重点分析，为避免环保设施"建而不用、时开时停"提供科学依据。

5.9.3　推荐可行措施

5.9.3.1　畜禽粪污

（1）处理模式　畜禽粪污应优先考虑对其进行综合利用，不能综合利用时，以达标排放为底线。要按照固体废物减量化、资源化、无害化的处置原则，统筹考虑区域环境敏感性、环境质量改善要求，养殖类型、结构和空间布局，周边种植类型与规模、耕地质量及其消纳能力，人居环境影响及能源需求等因素，从实际出发，合理规划、防治结合、综合管理、因地制宜、分区施策，选取粪污肥料化、能源化、基质化等模式，宜肥则肥、宜气则气、宜电则电，推进畜禽养殖行业投入品减量化、生产绿色化、废弃物资源化、产业生态化，提高畜禽养殖业可持续发展能力。

环评报告中应明确营运期畜禽养殖粪污处理的主体单位，以便于进行环境监管。若依托符合环保要求的专业化粪污集中处理单位或第三方代为处理的，畜禽养殖企业可不自行建设粪污处理设施。

以下分为资源化利用和达标排放两种方式进行分析：

①资源化利用。畜禽粪污禁止未经处理直接施用于农田，其含有大量的易滋生蝇虫的微生物，且含有一定的重金属，因此，须进行无害化处理后方可还田资源化利用。

无害化处理后粪污、沼渣、沼液中控制指标根据利用方式、去向等综合确定。用于自用的，控制指标以菌类指标为主，应当满足《畜禽粪便无害化处理技术规范》（GB/T 36195—2018）、《畜禽粪便还田技术规范》（GB/T 25246—2010）；用于肥料外售的，控制指标还应在菌类指标基础上增加相关重金属，并应当满足《肥料中有毒有害物质的限量要求》（GB 38400—2019）等相关要求。

畜禽养殖场产生的液体粪污通过氧化塘等敞口式自然贮存设施发酵处理的，应配套输送、搅拌等必要辅助设施与设备，贮存设施贮存周期依据当地气候条件与农林作物生产用肥最大间隔期等因素综合确定，为确保充分发酵腐熟，推荐贮存周期最少在 180d 以上。有条件的畜禽养殖场宜设置两个以上敞口贮存设施交替使用。

畜禽养殖场产生的液体粪污通过密闭式自然贮存设施厌氧处理的，应配套必要的输送、搅拌、气体收集处理或燃烧火炬等设施设备。该贮存设施贮存周期依据当地气候条件与农林作物生产用肥最大间隔期等因素综合确定，推荐贮存周期最少在 90d 以上，确保充分发酵腐熟。有条件的畜禽养殖场宜建设两个以上密闭贮存设施交替使用。

②达标排放。对于畜禽养殖废水采取达标排放模式的，为降低污水处理设施建设与运营成本，宜采取干清粪的方式。可根据排放去向，选择相应组合式可行处理技术。各处理单元主要控制参数可参见本书 3.3 "畜禽粪污减排、处理与利用" 章节。

（2）利用途径 为了确保资源化利用有效实施，如何解决畜禽粪污利用的 "最后一公里" 问题，避免产生二次污染，应在环境影响评价中予以关注，并明确可行的利用途径。

畜禽养殖粪污作为肥料由养殖场还田资源化利用时，应明确养殖场与还田利用的林地或农田等土地之间的输送系统及其环境管控措施。可采用管道或密闭罐车运输，对于罐车运输的应设台账记录；同时，应加强管道的检修及运输人员的环境教育与培训，禁止肥水输送沿途直接弃、撒，严格控制肥水输送沿途的跑冒滴漏，避免污染外部环境水体。

养殖污水作为农田灌溉用水、不排入外环境时，在养殖场与还田利用的土地之间应建立有效的污水输送系统，可通过车载或管道形式转运处理后的污水；同时，要加强环境管理，防止直接进入外部环境水体（周能芹等，2007）。

此外，用于灌溉的水及用于肥料的液体肥应在场区内或田间配套设置足够有效容积的储存池（总容积不得低于当地农林作物生产用肥或灌溉的最大间隔时间及冬季封冻期内畜禽养殖场排放灌溉水或液体肥的总量，露天设置的，还应满足雨季最长降水期的暂存要求），以解决在消纳土地非施肥或非灌溉期间的出路问题（孔祥国等，2016）。

项目环评中应分析畜禽粪污利用途径是否符合上述要求，并应该提出明确的环境管理要求。环评中还应明确营运期畜禽养殖粪污资源化利用的主体。若委托第三方代为利用的，可不自行建设粪污利用设施。

5.9.3.2 恶臭

畜禽养殖行业恶臭控制应着眼于养殖场异味全过程产生源及其扩散渠道。

氨气作为恶臭因子之一，可能与空气中的气态硫酸、硝酸反应，生成硫酸铵、硝酸铵颗粒物，这些二次颗粒物的产生对 $PM_{2.5}$ 污染和雾霾的形成起着重要的作用（钱翌等，2018）。同时，氮属于营养成分，氨气排放量降低可提高粪肥回田利用中的氮养分含量。因此，国家层面对畜禽养殖氨气减排工作越来越重视。《中共中央 国务院关于深入打好污染防治攻坚战的意见》（2021 年 11 月 2 日）对京津冀及周边地区大型规模化养殖场氨排放总量减排提出了更高要求（2025 年比 2020 年下降 5%）。

养殖场尺度的恶臭控制应基于饲料管理、畜禽饲舍粪污清理方式与频率、饲舍粪污管理、粪污转输、粪污堆放管理以及粪污处理等环节的全链条。

参考《畜禽养殖业污染治理工程技术规范》（HJ 497—2009）、《规范畜禽粪污处理降低养分损失技术指导意见》（农业农村部，2021 年）、《规模化畜禽养殖场氨减排技术指南》（TACEF 018—2020）、《规模化畜禽养殖场氨排放控制要求》（TACEF 017—2020）等相关文件，目前可行的恶臭防控措施见表5-69。

表5-69　畜禽养殖项目恶臭控制可行技术

主要生产设施		主要控制措施	备注
养殖栏舍	源头控制	控制饲养密度，降低粪污排泄量	—
		科学饲喂、优良育种、科学配料、使用无公害绿色添加剂，改变饲料品质及物理形态等措施，提高畜禽饲料的利用率	参照《仔猪、生长育肥猪配合饲料》（GB/T 5915）和《产蛋鸡和肉鸡配合饲料》（GB/T 5916）选取饲料
	过程控制	改善舍内通风	有效排出舍内水汽，减少水汽溶解氨和硫化氢量，并减缓厌氧发酵造成的恶臭物质产生
		猪舍、牛舍采用漏缝地板；鸡舍采用传送带清理粪便。及时清运粪污，每天至少清理一次，夏季加大清运频次	
		定期投加或喷洒除臭剂	
	末端控制（主要针对机械通风的密闭式畜禽舍）	向主要粪污区投加或铺放异味吸附剂	可选用沸石、锯末、膨润土以及秸秆等纤维素和木质素含量较多的吸附材料
		集中通风排气经处理（喷淋法、生物洗涤法、吸收法等）后无组织排放，如在排风风机外侧安装喷淋装置、湿帘等湿式净化设施，通过喷洒弱酸性或含有次氯酸钠等氧化剂的液体（其中酸性洗涤液 pH 控制在6以下）进行处理；或通过生物质填料（由木屑、秸秆等制成）进行处理	主要针对猪舍和鸡舍。酸性条件可抑制氨气的形成。可降低臭气浓度50%以上
		集中收集气体经处理（生物过滤法、生物洗涤法、吸收法等）后由排气筒有组织排放	主要针对猪舍和鸡舍
固体粪污处理工程	源头控制	采用好氧堆肥方式，通过添加辅料或调理剂，调节碳氮比（C/N）、含水率和堆体孔隙度等参数，使堆体处于好氧状态	可加入约2%的沸石
		采用反应器堆肥和膜堆肥等密闭堆肥方式	
	过程控制	及时清运固体粪污	
		定期喷洒除臭剂	
		集中收集气体经处理（生物过滤法、生物洗涤法、吸收法等）后由排气筒有组织排放	
		集中通风排气经处理（喷淋法、生物洗涤法、吸收法等）后无组织排放	
	末端控制	采用堆肥生物基除臭技术：在条垛式、槽式好氧堆肥密闭车间，通过排风风机将空气送入生物基滤床底部，经过水分膜吸收以及微生物作用等过程实现排出空气净化。生物基滤床一般采用堆肥腐熟产品和木屑等生物质材料制成，含水量50%～65%	在净化空气的同时实现氮素回收，可降低臭气排放强度90%以上

主要生产设施		主要控制措施	备注
液体粪污处理工程	源头控制	酸化贮存技术：通过添加酸化剂（硫酸、过磷酸钙等，pH 调节至 5.5～6.5）降低液体粪污 pH，将氮素以较稳定的铵盐形态保留在粪污中	当粪污 pH 值调节至小于 6 时，可减少氮元素损失 50%以上
	过程控制	覆盖贮存技术：包括固定式覆盖贮存和漂浮式覆盖贮存。其中，固定式覆盖指加膜或覆膜，并配备气体通风口或气体回收处理装置，以防止易燃气体的积聚；漂浮式覆盖采用几何形状的塑料覆盖片、蛭石等可漂浮物	漂浮式覆盖贮存宜用于降水较少区域表面积较大的液体粪污贮存设施。加膜覆盖方式可参照 CJJ/T 54 执行
	末端控制	定期喷洒除臭剂	
		集中收集气体经处理（生物过滤法、生物洗涤法、吸收法等）后由排气筒有组织排放	
废水处理工程	过程控制	定期喷洒除臭剂	
		处理设施加盖或加罩	加膜覆盖方式可参照 CJJ/T 54 执行
	末端控制	集中收集气体经处理（生物过滤法、生物洗涤法、吸收法等）后由排气筒有组织排放	
场区	过程控制	及时清扫场区道路，并定期洒水抑尘	
		粪液采取暗沟传输，暗沟采取全覆盖硬化	
		加强场区绿化，宜优先种植具有吸附恶臭功能的绿色植物	利用绿色植物吸收作用，减少恶臭气体逸散

5.9.3.3 病死畜禽尸体

对于染疫畜禽、染疫畜禽排泄物、染疫畜禽产品和非染疫的病死畜禽，均应当按照有关法律、法规和农业农村主管部门的规定进行无害化处理，不得随意处置。如果处置不当，可能会对土壤环境、地下水环境、大气环境等产生不利影响。此外，从具体管控要求来看，有一定的差异。

（1）染疫畜禽以及染疫畜禽排泄物、染疫畜禽产品 按照《中华人民共和国动物防疫法》（2021 年 1 月 22 日修订）相关要求，畜禽养殖场动物染疫或者疑似染疫时，应立即履行向当地动物防疫主管部门报告制度，并及时采取隔离等控制措施；当认定发生一、二、三类动物疫病时，应按照主管部门要求分别采取控制措施。发生人畜共患传染病时，卫生健康主管部门应依法采取相应的预防、控制措施。

按照《病死畜禽和病害畜禽产品无害化处理管理办法》（2022 年 7 月 1 日起施行）要求，当发生重大动物疫情时，应当根据动物疫病防控要求开展病死畜禽和病害畜禽产品无害化处理。

总体上，染疫畜禽主要按照农业农村、卫生健康部门要求做好管控与无害化。

（2）非染疫的病死畜禽 对于非疫情原因病死的畜禽尸体，畜禽养殖单位应做组织好无害化工作。

①无害化处理方式。《病死畜禽和病害畜禽产品无害化处理管理办法》（2022 年 7 月 1 日起施行）提出：病死畜禽和病害畜禽产品无害化处理坚持集中处理与自行处理相结合的原则，省级人民政府农业农村主管部门结合本行政区域畜牧业发展规划和畜禽养殖、疫病

发生、畜禽死亡等情况，编制病死畜禽和病害畜禽产品集中无害化处理场所建设规划，合理布局病死畜禽无害化处理场。

因此，当畜禽养殖场选址在集中无害化处理场所服务范围内的区域时，原则上应委托区域集中无害化处理场集中处理。若不在集中无害化处理场所服务范围内，可结合项目特点及区域自然环境等情况，参照《病死及病害动物无害化处理技术规范》（农医发〔2017〕25号）相关要求，自行采取适宜的无害化处理方式。

现有畜禽养殖单位已经采取未纳入《病死及病害动物无害化处理技术规范》（农医发〔2017〕25号）的处理方法时，在符合国家和地方环保、安全等相关管理规定，且可确认消灭病死及病害动物所携带的病原体、并消除其危害时，仍可以继续使用；若不符合生态安全和动物防疫等要求的，应进行技术升级和改造（朱舜芳等，2020）。对于新、改、扩建畜禽养殖项目，宜优先从《病死及病害动物无害化处理技术规范》（农医发〔2017〕25号）中选取无害化处理方法。

在《病死及病害动物无害化处理技术规范》中，规定了病死畜禽无害化常用处理工艺、适用范围及其污染控制要求，处理方法包括焚烧法、化制法、高温法、深埋法、化学处理法，具体要求本书中不再赘述。

②其他要求。自行处理病死畜禽和病害畜禽产品的畜禽养殖场，无害化处理场所应当符合动物防疫条件要求，且不得处理本场外的病死畜禽和病害畜禽产品。

委托病死畜禽无害化处理场处理的畜禽养殖场，应当签订委托合同，并明确双方的权利、义务。同时，畜禽养殖场应当采取必要的冷藏冷冻、清洗消毒等措施；具有病死畜禽和病害畜禽产品专用输出通道；并及时通知无害化处理场进行收集，或自行送至指定地点。

5.9.3.4　地下水及土壤污染防控

地下水及土壤保护措施与对策应聚焦地下饮用水水质安全和土壤环境保护，符合《中华人民共和国水污染防治法》和《中华人民共和国土壤污染防治法》的相关要求，体现"源头控制，分区防控，污染监控，应急响应"的原则。

（1）地下水

①源头控制。对畜禽粪污涉及储存、输送管道及处理构筑物，从源头上采取相应防止或降低污染物的跑、冒、滴、漏的措施。

②分区防控。结合畜禽养殖项目养殖区、粪污处理区涉及管道、建构筑物、设施等的布局，重点考虑畜禽粪污涉及地面全部区域、危废间、无害化处理区，划分相应污染防治区，提出针对不同区域的防渗方案（结合养殖场设计资料给出的拟采取的防渗措施，明确需予以优化调整的建议或加强的防渗材料）及防渗标准要求。

防渗措施设置一般以水平防渗为主。鉴于目前尚未颁布针对畜禽养殖行业的防渗要求，畜禽养殖项目防控措施可参照以下要求：

a. 危废间严格执行 GB 18597 相关要求。

b. 其他区域防渗要求可根据两种方式确定：Ⅰ. 根据地下水环境影响预测结果和项目场地包气带特征及其防污性能；Ⅱ. 根据场地天然包气带的防污性能、污染控制难易程度和污染物特性，其中前两个指标分级方法及防渗分区设置可参照《环境影响评价技术导

则　地下水环境》（HJ 610）。

　　c. 地下水污染监控。为方便及时发现可能存在的泄漏问题，并及时采取应急措施，应建立健全场地地下水环境监控体系，包括监控制度、环境管理体系、监测计划及检测仪器和设备配备等情况。

　　d. 制定地下水风险事故响应应急预案，明确风险状况下应采取的封闭、截流等措施。发生事故时，应立即启动应急预案，采取措施控制地下水污染，并防止受污染的地下水进一步扩散，对受污染的地下水及时治理。

（2）土壤污染防控

　　①土壤环境保护措施与对策应包括：保护的敏感目标、具体措施及其预期效果等，在此基础上估算环境保护投资，并编制环境保护措施布置图。

　　②在建设项目可研或初设等提出的影响防控对策基础上，结合建设项目特点、调查评价范围内的土壤环境质量现状，根据土壤环境影响预测与评价结果，进一步提出合理、可行的土壤环境影响防控措施。

　　③改、扩建项目应针对现有工程引起的土壤环境影响问题，提出"以新带老"措施，有效减轻影响程度或控制影响范围，防止土壤环境影响加剧。

　　④当施工期涉及取土时，所取土壤应满足项目农用地土壤环境标准要求，并应说明其来源。

5.10　环境影响经济损益分析

5.10.1　分析内容

　　将畜禽养殖项目实施后的环境影响预测结果与环境质量现状情况进行对比分析，从环境影响的正效应与负效应两方面，对项目的直接和间接环境影响后果进行货币化经济损益核算，据此估算项目环境影响的经济价值。

5.10.2　分析要点

5.10.2.1　环境效益分析

　　畜禽养殖项目可能的主要环境效益体现在如下方面：

　　（1）推进构建种养结合、农牧循环发展新格局　对于采用粪污资源化利用还田利用模式的畜禽养殖项目，由于粪肥中的有机质和微量元素较丰富，合理施用的前提下，能够提升农田土壤有机质含量，增加土壤氮、磷等养分，提升耕地质量，改善农作物的产量与品质，并可显著减少耕地化肥使用量。这样既解决了养殖场粪污染，又使得周围农田土壤得以改良，符合"农业—养殖业—农业"持续发展的生态链建设，将实现现代农业的良性循环，提高生态保护能力、资源利用率，增强竞争能力和可持续发展能力，实现畜禽养殖业基于种养循环结合的高效、生态与绿色发展。

　　（2）改善区域环境质量　对于环境质量现状不能满足要求或环境质量改善目标（如大气污染物环境减排目标等）的区域建设项目，应通过强化项目污染防治措施，并结合区域有效的削减措施或达标规划，对环境影响进行预测与分析，力争达到改善区域环境质量的目的，确保不因项目的建设而使生态环境质量下降，这样才能满足环境可行性。

(3) 缓解地下水资源紧缺 对于畜禽养殖废水作为农田灌溉水利用的，可以减少取用地下水资源量，尤其对于缺水且存在地下水漏斗的区域，可以减缓地下水资源紧缺压力，也有利于减少由于地下水水位变化可能带来的生态环境问题。

5.10.2.2 环境损失分析

可采用环境资源价值评估中的防护费用法（即减免工程对环境的不利影响所采取的保护措施费用）与恢复或重置费用法（即恢复环境功能所采取的补偿措施费用）来计算工程影响的环境损失值。在畜禽养殖项目环境损失核算中，能够货币化体现的主要为环境保护措施与补偿费用。因此，可以用项目环境保护投资估算值近似作为本工程环境影响的损失值。

5.10.2.3 环境影响损益分析

综合项目建成前后环境质量变化及环境效益、环境损失情况，进一步核算环保设施建设费用，可与项目总投资对比分析，运行费用可与畜禽产品销售收入对比分析。由于畜禽养殖行业属于弱质行业，自身资金积累能力差，很难承受建设期或运营期较高的环保投入。因此，如果项目所需环境保护投入较高，尤其是运行期投入占畜禽产品销售收入比例过高时，应重点分析环保措施的经济合理性，为从源头上避免环保设施"建而不用、时开时停"提供科学依据，实现社会、经济与环境效益的协调发展。

5.11 环境管理与监测计划

5.11.1 环境管理

5.11.1.1 环境管理要求

各项处理设施应当按照相关标准和技术规范等要求运行良好，加强日常维护和管理，确保各设施正常运行。此外，处理设施启动前应做好检查和准备工作。具体环境管理要求如下：

(1) 粪污处理

①各种设施和设备应做好清污处理、保持整洁，经常检查设备的油封、水封等，避免水、泥、气泄漏；相关管道应定期清理，保持通畅。

②实行严格的雨污分流措施。

③加强养殖节水管理。规模化养殖场（小区）宜将水冲粪、水泡粪清粪方式逐步改为干清粪方式，实现源头减排。

④粪污处理区应具备事故应急处理能力。发现异常情况时，应及时采取相应解决措施；保持环境整洁，杜绝粪便遗撒与污水横流；夏季应采取灭蝇措施；不得有粪污直排、直卸、洒漏等情况发生。

(2) 废气处理 应保持恶臭收集系统、除臭系统的工作状态良好。采用物理化学除臭系统时，吸收塔内的吸附剂应定期再生；化学除臭剂使用过程中不得对环保设备造成腐蚀；采用生物除臭系统时应定期投加营养物质，保证微生物活性达到设计要求。

(3) 粪污还田利用 制定畜禽粪污资源化利用年度计划（包括粪污产生、排放和综合利用等情况），于每年1月底前报当地县级生态环境部门备案，并抄送当地农业农村部门。同时，建立畜禽粪污资源化利用台账，及时准确记录有关信息（包括施用量、施用时间、施用者、施用方式、施用土地面积等），确保畜禽粪污去向可追溯。委托第三方代为实现粪污资源化利用时，也应及时准确记录有关信息。

5.11.1.2　环境管理制度

畜禽养殖场应建立日常环境管理制度、组织机构和环境管理台账相关要求，明确各项环境保护设施和措施的建设、运行及维护费用保障计划。

（1）管理制度　畜禽养殖场应按照相关技术标准、规范，制定针对各项环保设施的全面的运行管理、维护保养制度和安全操作规程，并建立明确的岗位责任制，各类设施、设备应按照设计的工艺要求使用。运行管理人员上岗前均应进行相关法律法规和专业技术、安全防护、紧急处理等理论知识和操作技能培训，熟悉处理工艺和设施、设备的运行要求与技术指标。

（2）组织机构　畜禽养殖场应设置由专职环保人员组成的环境管理机构，负责日常环保监督管理工作。为保证工作质量，专职环保人员应定期参加国家或地方生态环境主管部门的培训或考核。环境管理机构应履行的主要职责如下：

①组织学习并贯彻国家和地方的环境保护相关法规、政策、标准、规范，加强环保知识教育。

②组织编制、修订单位的环境保护管理规章制度，并监督执行。

③根据国家、地方和行业主管部门等规定的环境管理要求，结合单位实际情况制定并组织实施各项环境保护规划。

④检查项目环境保护设施运行状况、排污口规范化情况，配合企业日常环境监测，记录环保管理台账，确保各污染物控制措施可靠、有效。

⑤对可能造成的环境污染及时向上级汇报，并提出防治、应急措施。

⑥组织开展本单位的环境保护专业技术培训，强化职工的环保意识。

⑦接受当地生态环境管理部门的业务指导和监督，按其要求上报各项管理工作的执行情况及有关环境数据。

⑧推广使用环境保护先进技术和经验。

5.11.1.3　环境管理台账

应建立环境管理台账记录制度，落实台账记录的责任部门和责任人，明确工作职责，并负责台账的真实性、完整性和规范性。养殖场一般按日进行记录，发生异常情况时随时进行记录。

管理台账包括电子台账和纸质台账两种形式。

记录内容主要包括：养殖场基本信息、养殖设施与污染防治设施运行管理信息、监测记录信息及其他环境管理信息。对于申领排污许可证的，生产设施、污染防治设施、排放口编码应与排污许可证中载明的编码保持一致。

5.11.2　监测计划

须申领排污许可证的，应按照排污许可证载明的要求开展废气、废水、噪声以及对周边环境质量影响的自行监测；不须申领排污许可证、全部采用资源化利用模式处理畜禽养殖废弃物的规模化畜禽养殖企业，应按照《排污单位自行监测技术指南　畜禽养殖行业》

（HJ 1252）等相关要求开展废气、噪声以及对周边环境质量影响的自行监测。对于规模以下畜禽养殖场，目前暂未强制要求开展自行监测，但须采取环保措施、防止污染环境。此外，涉及粪肥还田利用的，还应对粪肥质量制订监测计划。

（1）污染源监测计划 为了检验环保设施的治理效果、考察污染物的排放情况，养殖场应定期组织对环保设施的运行效果情况和污染物排放情况进行自行监测。依法开展自行监测是规模化畜禽养殖排污单位应履行的义务。通过监测也可发现环保设施运行过程中存在的问题，以便进行改进。

依据《排污单位自行监测技术指南　畜禽养殖行业》（HJ 1252—2022）、《排污许可证申请与核发技术规范　畜禽养殖行业》（HJ 1029—2019）等相关技术要求，建议畜禽养殖场运营期污染源监测计划见表 5 - 70。

表 5 - 70　废气、噪声污染源监测计划

监测内容	监测点位	监测指标	最低监测频次	监测时段要求	其他要求
废气	排气筒	NH₃、H₂S、臭气浓度	年	为了使监测结果可反映养殖场最大排污状况，奶牛场和蛋鸡场在养殖存栏数量稳定、可以反映代表性养殖规模时可以开展；肉牛、育肥猪和肉鸡养殖场，宜选取畜禽出栏前 1～2 周排放量最高的时段	符合监测所需气象要求（风速 1～3m/s、大气稳定度为 D、E 或 F）；对于群众投诉较多的，应提高监测频次
	场界	NH₃、H₂S、臭气浓度	半年		
噪声	四侧厂界	等效 A 声级	季度	主要噪声源开启状态下	监测点位选取在临近主要噪声源场界处

对于设有污水排放口的规模化畜禽养殖场，目前已纳入重点排污单位管理范围，其废水排放监测计划见表 5 - 71。

表 5 - 71　废水排放监测点位、监测指标及最低监测频次

监测点位	监测指标	最低监测频次		备注
		直接排放	间接排放	
废水总排放口	流量、化学需氧量、氨氮	自动监测		①化学需氧量、氨氮原则上需开展自动监测，若地方环境管理有特殊规定的，可从其规定。②应按 HJ/T 355 的有关规定做好废水在线监测系统的运行与维护
	总磷、总氮	月		总磷、总氮总量控制区域，宜适当增加监测频次
	悬浮物、五日生化需氧量、粪大肠菌群、蛔虫卵	季度	半年	

此外，申领的排污许可证、执行的污染物排放标准、审批的环境影响评价文件及其批复及相关生态环境管理规定明确要求的污染控制指标，也应纳入自行监测计划。

（2）环境质量监测计划 依据《排污单位自行监测技术指南　畜禽养殖行业》（HJ 1252—2022）、《地下水环境监测技术规范》（HJ 164—2020）等相关要求，结合法律法规要求、项目涉及环境保护目标分布及可能产生环境影响的情况，可参照表 5 - 72 筛选制定

环境质量计划。

表 5-72 周边环境质量影响监测计划

环境要素	监测点位	监测因子	最低监测频次	备注
地表水 海水	水环境保护目标处	化学需氧量、氨氮、总磷、总氮、悬浮物、五日生化需氧量、粪大肠菌群、蛔虫卵	年 年	宜在地表水影响范围内有水环境保护目标时监测
地下水	场地潜水含水层上、下游	耗氧量、氨氮、溶解性总固体、总大肠菌群	上游对照监测点不少于每年1次（宜选取枯水期）；下游监测点不少于每年两次（宜枯、丰水期各一次）	地下水三级评价至少在下游设1个扩散跟踪监测井；二级评价应不少于3个监测井，其中上下游各不少于1个，且下游点位应临近粪污处理区
大气	临近环境空气敏感点	氨气、硫化氢、臭气浓度	年	当环境敏感点距离较近时宜进行监测
土壤	粪污处理区及邻近土壤环境敏感目标	铜、锌、铅、镉、铬、砷、汞、镍	五年（土壤二级评价时）	土壤三级评价的，在做好分区防渗、地下水监测未发现污染的，可不进行监测
	施用粪肥的农田		五年	在粪肥全部或部分自用时进行监测

(3) 粪肥还田监测计划 为保证还田粪肥不对农田造成污染，应加强对粪肥质量的监测。依据现行《畜禽粪便还田技术规范》（GB/T 25246—2010）、《畜禽粪水还田技术规程》（NY/T 4046—2021）等标准规范，建议监测指标如表 5-73 所示。

表 5-73 粪肥施用质量监测计划

监测内容		主要监测指标	监测频次	执行标准	适用的监测情形
卫生学指标	固体粪肥	粪大肠菌群数		≤10^5个/kg	出养殖场施用前均需进行监测
		蛔虫卵死亡率		≥95%	
	液体粪肥	粪大肠菌群数	施用前监测1次	常温厌氧发酵≤10^5个/L；高温厌氧发酵≤100个/L	
		蛔虫卵死亡率		≥95%	
重金属		总镉	施用前监测1次	≤3mg/kg	用作商品有机肥外售的或用于基本农田保护区内耕地利用时
		总汞		≤2mg/kg	
		总砷		≤15mg/kg	
		总铅		≤50mg/kg	
		总铬		≤150mg/kg	
		总铊		≤2.5mg/kg	

注：液体粪污中重金属含量体积浓度与质量浓度之间按以下公式换算。

$$\rho_v = \rho_m \times TS \tag{5-11}$$

式（5-11）中，ρ_v 为重金属体积浓度的数值，mg/L；ρ_m 为重金属质量浓度的数值，以烘干基计，mg/kg；TS 为粪水中总固体浓度的数值，kg/L。

5.12　公众参与

按照环评现行规定，为保障公众环境保护的知情权、参与权、表达权和监督权，对于编制畜禽养殖项目环境影响报告书的建设项目，建设单位应在环境影响报告书编制过程中，同步组织开展公众参与，对环境影响报告书反馈意见，形成单独成册的环境影响评价公众参与说明。

虽然，建设项目环境影响报告书中已经取消了"公众参与"章节设置要求，但是，建设单位应组织环境影响报告书编制单位根据公众参与反馈意见对环境影响报告书进行必要的修改完善，并在环境影响评价总结论中明确公众意见采纳情况。

可见，公众参与工作是编制畜禽养殖项目环境影响报告书的必要程序，且须与环境影响报告书的内容保持联动，二者不能脱节，应保证程序的合规性，尤其对于环境敏感性强的畜禽养殖项目，更应高度重视公众参与工作。

5.12.1　公参对象

畜禽养殖项目公参对象主要是大气环境影响评价范围内的公民、法人和其他组织等利益相关方，也鼓励对环境影响评价范围之外的公民、法人和其他组织进行更广泛的公参。

5.12.2　公参内容

公参内容针对建设项目环境影响评价相关情况，如环境影响预测结论、环境保护措施、环境风险防范措施及环境影响评价采用的技术方法、导则等。

对于涉及征地拆迁、财产、就业等非环保相关的意见或者诉求，不纳入建设项目环境影响评价公众参与的内容。相关利益方可以依法另行向其他有关主管部门反映。如对于畜禽养殖防疫相关意见或诉求，相关利益方应向农业农村主管部门反映。

5.12.3　公参程序

按照现行《环境影响评价公众参与办法》要求，对于编制环境影响报告书的畜禽养殖项目，一般需要进行 6 次公示。当环境影响方面的公众质疑性意见多时，还需增加一次深度公众参与公示。

畜禽养殖项目环境影响评价参与程序及相关要求汇总如表 5-74：

为了强化规划环评与项目环评的联动，简化环评工作流程，对位于依法批准设立的农业产业园区内的畜禽养殖项目，若该产业园区已依法开展了规划环境影响评价公众参与，且该园区产业规划包括畜禽养殖产业、项目规模等符合经生态环境主管部门组织审查通过的产业园区规划环境影响报告书及其审查意见时，畜禽养殖项目环境影响评价公众参与可按照以下方式予以简化：

表5-74 畜禽养殖项目环境影响评价公众参与程序及相关要求

环评阶段	公示过程	公示方式	主要公示内容	与报告书内容联动	备注
项目承接	首次	网络平台	1. 项目和现有工程（针对改建、扩建、迁建项目）基本情况；2. 建设单位和报告书编制单位名称；3. 建设单位联系方式；4. 公众意见表的获取方式及提交方式与途径	不涉及	环评合同签订后7个工作日内开展，不需明确征求意见截止时间，环评报告编制过程中均可反馈意见
报告书征求意见	第二次	1. 网络平台；2. 项目所在地公众易于接触的报纸（应是在当地发行量较大的报纸）；3. 项目所在地周边公众易于知悉的场所张贴公告（如村委会宣传栏等）	1. 环境影响报告书电子版和纸质版的获取方式和途径；2. 所征求意见的公众范围；3. 公众意见表的获取方式及提交方式与途径、起止时间	不涉及	不得少于10个工作日；其中报纸公示2次
	第三次	1. 建设单位网站、建设项目所在地公共媒体网站或者建设项目所在地相关政府网站；2. 项目所在地周边公众易于知悉的场所张贴公告（如村委会宣传栏等）	会议召开的时间、地点、主要内容和可以参加的公众范围、参加办法	根据采纳的公众意见修改完善报告书	针对因环境影响方面公众质疑性意见多而开展座谈会、听证会，或专家论证会等形式深度公参的建设项目
报告书报批前	第四次	网络平台	拟报批的环评报告全文及公众参与说明	同步公示	暂未规定公示期限
报告书报批	第五次		1. 环境影响报告书全文；2. 公众参与说明；3. 公众提出意见的方式和途径	同步公示	生态环境主管部门受理报告书后开展；不少于10个工作日
	第六次	生态环境主管部门网站或者其他方式	1. 建设项目名称、建设地点；2. 建设单位名称；3. 报告书编制单位名称；4. 项目概况、主要环境影响和环保对策、措施；5. 建设单位开展的公众参与情况；6. 公众提出意见的方式和途径	不涉及	生态环境主管部门对报告书作出审批决定前；不少于5个工作日

注：上表中"网络平台"指建设单位网站、建设项目所在地公共媒体网站或者建设项目所在地相关政府网站。

①免于表5-74中第一次的公开程序，相关应当公开的内容纳入第二次的公开内容一并公开。

②第二次公示期限减为5个工作日，并可免于第二次公示过程中的张贴公告。

5.12.4 公参反馈意见的处理

对于收到的公众意见，畜禽养殖单位应组织环境影响报告书编制单位或者其他有能力的单位，对所有意见进行汇总、整理，进行专业分析后，针对与环境保护相关的有效性意见，提出采纳或者不采纳的建议。

建设单位应当综合考虑项目情况、周边环境特征、环境影响报告书编制单位或者其他有能力的单位的建议、技术经济可行性等因素，采纳与项目环境影响有关的合理化意见，并根据采纳的意见组织环境影响报告书编制单位对报告书进行修改完善。

对未采纳的意见，在公参说明中应当说明未采纳的理由。同时，当未采纳的意见由提供有效联系方式的公众提出时，建设单位应当通过其联系方式，向其说明未采纳的具体理由。

上述情况均应该在公参说明中予以明确。

6 畜禽养殖项目环境影响评价典型案例分析

6.1 某奶牛养殖场扩建项目

该项目位于天津市，属于扩建项目。现有工程始建于 2009 年，粪污处理采取"自行预处理＋依托区域集中资源化处理中心"相结合的方式。为了适应行业发展要求，项目单位拟于现有场区内实施扩建项目。主要工程内容为取消运动场，将其改造为牛舍；同时，对现有工程粪便储存间进行改造，对异味处理设施进行改进提升。

本书结合该项目环评案例，对典型的评价内容进行节选与点评。

6.1.1 总论

6.1.1.1 评价标准

(1) 环境质量标准 环境质量标准的选取要结合项目所在区域的环境功能区划。

①项目所在地属于环境空气二级功能区。SO_2、NO_2、PM_{10}、$PM_{2.5}$、CO、O_3 执行《环境空气质量标准》（GB 3095—2012）及其修改单中二级标准；NH_3、H_2S 参照执行《环境影响评价技术导则 大气环境》（HJ 2.2—2018）附录 D 中的浓度限值；养殖场臭气浓度执行《畜禽养殖产地环境评价规范》（HJ 568—2010）中限值，环境空气保护目标处臭气浓度参照执行《恶臭污染物排放标准》（DB 12/059—2018）表 2 中臭气浓度限值。

②项目所在区域尚未划分声环境功能区，参照《声环境质量标准》（GB 3096—2008）中 7.2 款关于乡村地区声环境功能确定原则，并结合当地生态环境主管部门意见，综合确定项目所在区域属于 2 类声环境功能区。声环境质量执行《声环境质量标准》（GB 3096—2008）2 类标准。

③项目地下水环境现状评价执行《地下水质量标准》（GB/T 14848—2017），该标准中未包括的因子参照执行《地表水环境质量标准》（GB 3838—2002）。由于项目所在区域未进行地下水水环境功能区划分，且浅层地下水不具备饮用水功能，因此，仅评价各监测指标可以达到的水质类别，并对照浅层地下水上下游水质间的差异，识别现有工程可能对地下水环境的影响。

④项目用地性质均为设施农业用地，土壤环境质量参照执行《土壤环境质量 农用地土壤污染风险管控标准》（试行）（GB 15618—2018）中"其他"风险筛选值评价。上述标准中未包括的特征因子石油烃（C_{10}-C_{40}）参照《土壤环境质量 建设用地土壤污染风险管控标准》（试行）（GB 36600—2018）第一类用地要求进行评价。

(2) 污染物排放标准 污染物排放标准的选择，原则上应按照相关污染物排放标准执行的优先顺序选取。如地方标准优先于国家标准，地方流域（海域）或者区域型标准优先于地方行业标准、综合型或通用型标准。标准适用要求中有明确规定的从其要求。

①恶臭污染物排放标准。项目有组织排放的 NH_3、H_2S、臭气浓度和无组织排放的 NH_3、H_2S 执行天津市《恶臭污染物排放标准》（DB 12/059—2018）；场界臭气浓度执行《畜禽养殖业污染物排放标准》（GB 18596—2001）和《畜禽养殖产地环境评价规范》（HJ 568—2010）中的严格值，即 50（无量纲）。

需要说明的是，按照地方标准《恶臭污染物排放标准》（DB 12/059—2018）优先于国家标准《畜禽养殖业污染物排放标准》（GB 18596—2001）的原则，场界臭气浓度应执行《恶臭污染物排放标准》（DB 12/059—2018）。但是，《恶臭污染物排放标准》（DB 12/059—2018）中前言部分已经明确指出"国家或天津市已发布的行业污染物排放标准中规定的恶臭排放控制要求按其规定执行；未规定的恶臭排放控制要求按照本标准执行"。因此，对于天津地区畜禽养殖项目，臭气浓度无组织排放限值按国家行业标准执行，有组织排放控制要求国家行业标准未规定，按《恶臭污染物排放标准》（DB 12/059—2018）执行。

②液体肥还田标准。项目粪污无害化处理后作为肥水资源化还田利用，其卫生学指标执行《畜禽粪便无害化处理技术规范》（GB/T 36195—2018）、《畜禽粪便还田技术规范》（GB/T 25246—2010）中限值要求。

③噪声排放标准。施工期场界噪声排放执行《建筑施工场界环境噪声排放标准》（GB 12523—2011）：昼间 70dB（A），夜间 55dB（A）。

运营期四侧边界噪声排放限值执行《工业企业厂界环境噪声排放标准》（GB 12348—2008）2 类标准。

④固体废物相关标准。

a. 生活垃圾执行《天津市生活废弃物管理规定》、《天津市生活垃圾管理条例》中相关要求。

b. 病死牛尸体的处理与处置执行《畜禽养殖业污染防治技术规范》（HJ/T 81—2001）、《农业部关于印发〈病死及病害动物无害化处理技术规范〉的通知》（农医发〔2017〕25 号）的规定。

c. 畜禽养殖业固体废物在场内贮存、处置参照执行《一般工业固体废物贮存和填埋污染控制标准》（GB 18599—2020）有关要求。

d. 危险废物收集、贮存、运输执行《危险废物收集 贮存 运输技术规范》（HJ 2025—2012），其中场区内贮存还应执行《危险废物贮存污染控制标准》（GB 18597）的有关规定。

e. 医疗废物收集、贮存、运输执行《医疗废物管理条例》（2011 年修订）、《医疗废物专用包装袋、容器和警示标志标准》（HJ 421—2008）等相关要求。

f. 项目牛粪经好氧发酵无害化处理后农田利用，利用前其卫生学指标执行《畜禽粪便无害化处理技术规范》（GB/T 36195—2018）、《畜禽粪便还田技术规范》（GB/T 25246—2010）中标准限值。

需要说明的是，现行粪肥还田相关标准较多，包括国家标准、农业行业标准、地方标准等，其无害化控制指标包括蛔虫卵死亡率、粪大肠菌群数及总镉、总砷等重金属。在选择执行标准时，应根据无害化工艺及执行的产品标准等情况确定。如以畜禽粪污等农业有机废弃物为主要原料，通过沼气工程充分厌氧发酵产生，经无害化和稳定化处理，以有机液肥、水肥和灌溉水等方式用于农田生产的液态发酵残余物，还应满足《农用沼液》（GB/T 40750—2021）的要求；如果粪肥作为商品化肥料外售，还应满足《肥料中有毒有害物质的限量要求》（GB 38400—2019）中表1其他肥料限值要求。

6.1.1.2 环境影响评价等级与范围

（1）大气环境 依据《环境影响评价技术导则　大气环境》（HJ 2.2—2018）中5.3评价等级的判定相关要求，根据预测结果，项目大气污染源排放的污染物最大落地浓度值占标率中最大值 $P_{max}=7.01\%$，$1\% \leqslant P_{max} < 10\%$。可知项目大气评价等级为二级。

根据《环境影响评价技术导则　大气环境》（HJ 2.2—2018），二级大气环境影响评价等级时，大气环境评价范围为以项目厂址为中心，边长为5km的矩形区域。

（2）地表水环境 项目生产废水和生活污水经自建污水处理站处理后，依托区域粪污集中处理中心进行贮存，无害化处理后作为肥料资源化利用。根据《环境影响评价技术导则　地表水环境》（HJ 2.3—2018）对水污染影响型建设项目评价等级判定的原则要求，本项目废水经处理后作为液体肥利用，不排放到外环境，故地表水评价等级为三级B。

评价范围为评价至依托的区域粪污集中处理中心。

（3）声环境 本项目所在区域执行2类声环境功能区要求，项目建成后，评价范围内敏感目标噪声级增高量小于3dB（A），且受建设项目影响人口数量变化不大。根据《环境影响评价技术导则　声环境》（HJ 2.4—2021）关于评价等级判定原则要求，本项目声环境影响评价工作等级为二级，评价至项目场界外200m范围。

（4）地下水环境

①评价工作等级。根据《环境影响评价技术导则　地下水环境》（HJ 610—2016）附录A，本项目地下水环境影响评价项目为Ⅲ类。

经调查，本项目用水依托周边北侧地下水井，该井深约200m，养牛场养殖、生活和绿化等使用该井水，属于分散式饮用水源地。地下水敏感程度综合判定为较敏感。

根据地下水评价工作等级划分表，综合确定项目地下水环境影响评价工作等级判定为三级。

②评价范围。项目位于平原地区，调查评价区内无相对完整的水文地质单元，潜水含水层的水文地质条件相对简单。采用公式计算法确定下游迁移距离。

$$L = \alpha \times K \times I \times T / n_e \qquad (6-1)$$

式（6-1）中，L 为下游迁移距离，m；α 为变化系数，$\alpha \geqslant 1$，一般取2；K 为渗透系数，m/d，项目潜水含水层岩性以黏土、粉土为主，抽水试验显示渗透系数平均值为0.46m/d；I 为水力坡度，无量纲，根据区域资料，结合本次水位测量，平均水力坡度为0.064%；T 为质点迁移天数，取值7 300d；n_e 为有效孔隙度，无量纲，结合含水层岩性并参考导则 HJ 610—2016 附件 B.2，综合取值0.1。

经计算 $L=42.98$m。调查评价区向场区四周各延伸50m，形成的范围作为本次调查评价区，调查评价区范围0.076km²，见图6-1所示。

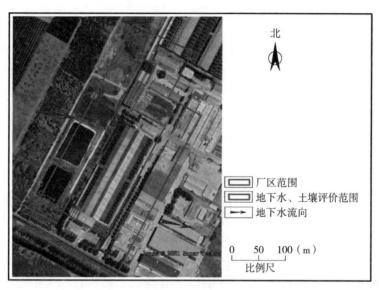

图 6-1 地下水、土壤环境影响评价范围

（5）土壤环境

①评价工作等级。项目污染物可能通过大气沉降和垂直入渗方式对土壤环境造成一定影响。根据《环境影响评价技术导则 土壤环境（试行）》（HJ 964—2018），土壤环境影响类型属于污染影响型。项目属于该导则规定的Ⅲ类项目，项目所在地周边为一般耕地，土壤环境敏感程度为敏感，本项目占地面积为 22 310.3m²，属于小型项目，综合确定土壤环境影响评价工作等级为三级。

②评价范围。依据《环境影响评价技术导则 土壤环境（试行）》（HJ 964—2018），本项目土壤调查评价范围为场区占地范围外 50m 范围内，调查评价区面积 0.076km²。调查评价范围见图 6-1。

（6）环境风险 项目不涉及沼气工程，对照《建设项目环境风险评价技术导则》（HJ 169—2018）附录 B，涉及的危险物质为过氧乙酸、磷酸。根据相应危险物质的临界量，定量核算危险物质数量与临界量的比值（Q）（表 6-1）。

表 6-1 建设项目 Q 值确定表

序号	危险物质名称	CAS号	厂区最大存在总量 q_n（t）	临界量 Q_n（t）	该种危险物质 Q 值
1	过氧乙酸	79-21-0	0.198	5	0.039 6
2	磷酸	7664-38-2	0.036	10	0.003 6
		项目 Q 值			0.043 2

本项目扩建后全场危险物质总量与其临界量比值 $Q=\sum q_i/Q_i \approx 0.04 < 1$，环境风险潜势为 I，开展环境风险简单分析即可。主要调查养殖场周边 3km 范围内的环境敏感目标。

需要说明的是，对于改扩建项目，为了体现本项目与现有工程的联动，分析可能引发的最大环境风险影响，如果改扩建涉及内容与现有项目风险物质、工艺属于同一风险单元，则应叠加现有工程与本项目综合确定危险物质总量，并据此核算危险物质总量与其临界量比值。

（7）生态环境

①评价工作等级。项目选址：ⓐ不涉及国家公园、自然保护区、世界自然遗产、重要生境；ⓑ不涉及自然公园；ⓒ不涉及生态保护红线；ⓓ不属于水文要素影响型且地表水评价等级为三级B；ⓔ地下水水位或土壤影响范围内未分布天然林、公益林、湿地等生态保护目标；ⓕ工程占地规模小于20km²。

根据现状调查、走访咨询及资料调查，调查范围内未发现国家重点保护野生植物及珍稀濒危植物分布，植物分布和结构较为均一，现状主要以人工林地、农作物为主；项目区及周边野生动物密度相对较低，常见的野生动物中主要为一些常见的鸟类、哺乳动物，无《国家重点保护野生动物名录》（国家林业和草原局、农业农村部）中重点保护野生动物存在。项目施工期对植被及植物多样性、野生动物及鸟类的影响均较小；营运期主要为污染影响，生态影响较小。综合分析，项目生态环境影响评价等级为三级。

②评价范围。根据《环境影响评价技术导则　生态影响》（HJ 19—2022）中生态环境影响评价范围的确定原则要求，本项目的生态评价范围为本项目占地范围外扩500m。

6.1.2　现有工程概况

6.1.2.1　现有工程概况

现有工程始建于2009年10月，占地面积22 310.3m²，总建/构筑物面积16 759.61m²。场区建有泌乳牛舍（配套运动场），以及挤奶厅（含待挤厅）、精料库、办公用房等生产生活辅助设施，同时配套建有供电系统、给排水系统、消防系统等公用设施。场区目前奶牛存栏量为200头，均为成年母牛，每年为市场提供优质鲜牛奶1 525t。

6.1.2.2　现有工程环保设施及产排污情况

（1）废气　现有工程废气主要为恶臭气体，来源于牛舍及粪污处理工程（固液分离间、污水处理站、粪便储存间），均为无组织排放。根据建设单位提供资料，现有泌乳牛舍采取干清粪，每天清理2~3次；母牛日粮中添加益生素、酶抑制剂等；牛舍内定期喷洒除臭剂等措施，减少了因粪便堆积而挥发的恶臭气体。粪污处理工程未设置集中异味处理装置，仅通过场区绿化除臭。场界处恶臭气体排放情况引用企业例行监测报告，无组织排放的氨、硫化氢场界处浓度均满足《恶臭污染物排放标准》（DB 12/059—2018）中表2恶臭污染物、臭气浓度周界环境空气浓度限值要求；臭气浓度满足《畜禽养殖产地环境评价规范》（HJ 568—2010）浓度限值要求。

（2）废水　建设单位于2015年8月投资349.2万元建设粪污治理工程项目，主要建设匀浆池、沉降Ⅰ～Ⅲ区、水解酸化池、好氧反应池、二沉池、肥水储存池、稳定塘各1座，固液分离机基础1座以及粪便储存间1座，设计污水处理能力（含预留）为80m³/d。

现有工程废水主要为养殖废水和生活污水。其中，养殖废水包括挤奶厅废水（挤奶厅地面冲洗、设备清洗废水），牛舍及运动场内牛粪、牛尿液、喷淋废水及粪沟冲洗废水。生活污水经化粪池截留沉淀后经污水暗管输送至集污池；挤奶厅废水（挤奶厅地面冲洗、设备清洗废水）经污水暗管进入集污池；牛舍内牛粪、牛尿液及喷淋废水经刮粪板刮至牛舍粪沟，粪沟冲洗废水直接进入粪沟，粪沟内设置推粪装置，采用链条传输，将粪污由粪沟汇至集污池,废水经"固液分离＋三级沉降＋A/O＋二沉池＋稳定塘"工艺处理后,依托区域粪污集中处理中心氧化塘贮存,无害化处理后作为肥水资源化利用。现有工程无外排废水。具体工艺如图6-2所示。

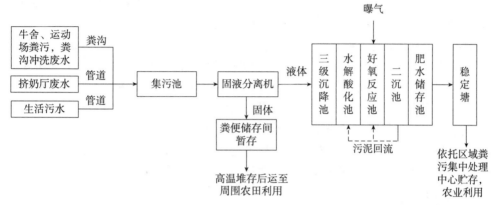

图6-2 现有工程粪污处理工艺流程

处理工艺说明:

经固液分离机分离后的液体部分通过重力作用自流进入三级沉降池,进一步降低悬浮物浓度;出水进入水解酸化池,经过水解酸化菌的作用,大分子物质水解酸化为小分子物质,提高了污水的可生化性;水解酸化池的出水自流入好氧反应池,好氧菌在曝气的条件下把有机物分解成CO_2和H_2O;出水经管道自流进入二沉池,沉降后的上清液流入肥水储存池;储存稳定后经稳定塘进一步处理,去除废水中的溶解性有机物,出水依托区域粪污集中处理中心进行贮存,贮存时间不少于180d,无害化处理后作为肥料资源化利用。

根据依托的区域粪污集中处理中心肥水无害化效果监测报告,无害化处理的肥水卫生学指标蛔虫卵死亡率满足《畜禽粪便无害化处理技术规范》(GB/T 36195—2018)、《畜禽粪便还田技术规范》(GB/T 25246—2010)中标准限值,粪大肠菌值也满足《粪便无害化卫生要求》(GB 7959—2012)中表2兼性厌氧发酵粪便产物中粪大肠菌值(≥10^{-4})标准限值。

讨论:如果依托的区域粪污集中处理中心能够满足无害化要求,且具备足够的农田消纳畜禽粪肥的话,现有工程自建的废水处理站可不再运行。一方面可为农田提供更多氮磷营养元素,另一方面可降低污水站运行带来的环保成本。

(3) 噪声 现有工程主要噪声源为饲喂设备、牛只叫声及各类水泵。根据建设单位开展的例行监测,现有工程东、西、南、北四侧厂界处噪声值均满足《工业企业厂界环境噪声排放标准》(GB 12348—2008)2类限值要求。

(4) 固体废物 现有工程产生的固废包括牛粪,废弃一次性治疗器具、包装和过期药物,病死牛和胎衣,废包装物,污水处理站污泥以及生活垃圾。牛粪在粪便储存间暂存,高温堆存后运至周围农田利用;废包装物(废塑料桶、编织袋等)由物资部门回收再利用;生活垃圾由城管委定期清运;废弃一次性治疗器具、包装和过期药物属于危险废物,暂存至危废暂存间,定期交由某环保科技有限公司处置;病死牛和胎衣在场内填埋井中填埋;污水处理站污泥暂存于粪便储存间,堆存后运至周围农田利用。

综上所述，现有工程各类固体废物均有合理的处理处置去向。

6.1.2.3 存在的主要环境问题及拟采取的整改方案

现有工程存在的主要环境问题如下：

①建设单位未严格按照《排污单位自行监测技术指南 畜禽养殖行业》（HJ 1252—2022）的频次等相关要求开展废气、噪声自行监测。

②现有工程粪污处理工程（固液分离间、污水处理站、粪便储存间）未采取恶臭气体收集、治理措施，不符合《畜禽养殖业污染治理工程技术规范》（HJ 497—2009）相关要求。

根据"以新带老"的原则，建设单位拟将粪污处理工程（固液分离间、污水处理站、粪便储存间）恶臭气体的收集、治理纳入报告书评价内容。

讨论：一般养殖场粪污处理工程临近场界，为确保场界异味因子稳定达标，应结合周边环境保护目标分布、养殖种类与规模、粪污处理工艺等情况设置必要的异味控制措施，对粪污处理单元等重点恶臭排放源宜进行收集与处理，并有组织排放。

6.1.3 工程分析

6.1.3.1 建设项目概况

（1）工程内容组成

①工程建设内容。本项目为扩建项目，拟投资 380 万元，依托现有建筑、供排水系统、供电系统、仓储设施、粪污处理系统及办公室、值班室等办公生活设施，主要建设内容为：a. 将养殖场内现有泌乳牛舍运动场改造为牛舍，并配套购置安装饲养设施；b. 改造现有工程粪便储存间为封闭堆粪车间，用于生产再生垫料及粪肥；c. 新增污泥浓缩池、污泥压滤间，同时对粪污处理工程（集污池、固液分离间、污水处理站、堆粪车间、密闭发酵罐）恶臭气体进行收集与处理。

本项目不新增占地面积，主要建设内容见表 6-2。

表 6-2 主要建设内容一览表

序号		建筑物名称	建构筑面积（m²）	层数、结构类型、高度/深度	备注
1		泌乳牛舍	11 136	一层，钢结构，4.8m	改造现有泌乳牛舍运动场为牛舍
2	粪污处理区	污泥浓缩池	16	地下钢砼结构，3.0m	新增
3		污泥压滤间	16	地上钢结构，3.0m	新增
4		堆粪车间	540	一层，砖混结构，3.5m	改造现有粪便储存间
		合计	11 708	—	—

项目扩建前后，全场工程内容如表 6-3 所示。

需要说明的是，工程内容应对主体工程、辅助工程、公用工程、办公生活设施、环保工程等分别进行介绍。作为改扩建项目，如果涉及依托现有工程内容，应重点说明依托的可行性，尤其是依托涉及产排污的工艺环节、环保设施等，重点关注依托设施的处理余量、可靠性。如根据《标准化养殖场 奶牛》（NY/T 2662—2014），"采用自由散栏饲养的牛舍建筑面积，成母牛 10m²/头以上"，本项目仅养殖成母牛，建成后奶牛存栏量达

800 头，泌乳牛舍建筑面积 11 136m²，可满足上述养殖规模下奶牛所需建筑面积。

此外，现有工程生活污水和养殖废水混合后进行固液分离，分离后部分筛上物作为垫料回用，存在一定的人畜共患病风险。因此，本项目通过生活污水管道改造，直接进入污水处理站，避免了人畜共患病风险。

表 6-3 改扩建前后全场工程内容情况一览表

类别	名称	现有工程内容	本项目工程内容	扩建后全场工程内容
主体工程	牛舍	1 栋，配套运动场（设可移动式顶棚），钢结构，场区中部	改造运动场为牛舍，新增存栏奶牛 600 头	养殖规模为存栏奶牛 800 头
	挤奶厅	1 栋，场区南侧，与办公用房相邻，建筑面积 852m²。内置快放式挤奶机	依托现有	依托现有
	隔离舍	1 栋，一层砖混结构，位于场区北侧，建筑面积 288m²，设 4 个栏位用于病牛隔离	依托现有建筑，新增 12 个栏位用于病牛隔离	设 16 个栏位用于病牛隔离
辅助工程	储粪间	1 栋，砖混围墙＋混凝土地面＋防雨罩棚结构，位于场区北侧，建筑面积 540m²。用于牛粪的暂存	改造为堆粪车间，用于牛粪的暂存及好氧发酵	
	饲料贮存区	1 栋，位于场区东北侧，建筑面积 256m²。用于存储精料	依托现有	依托现有
		1 栋，位于场区北侧，租赁紧邻公司闲置厂房，建筑面积 1 800m²。用于储存外购干草、青贮料	依托现有	依托现有
	仓库	位于办公用房内，建筑面积约为 100m²，用于储存防疫物资、复合微生物菌剂等	依托现有	依托现有
	防疫沟	位于场区东侧墙外，防疫沟上口宽 3m，深 1.5m，长度约 180m。雨水排入防疫沟内	依托现有	依托现有
公用工程	供水	依托北侧紧邻公司地下水井	生活用水来源于区域供水管道；畜牧用水依托北侧紧邻公司地下水井	
	排水	雨污分流。雨水经雨水管道排到场外；养殖废水与生活污水进入集污池，经固液分离后进入污水处理站，处理后上清液依托区域粪污集中处理中心贮存，无害化后作为肥料资源化利用	雨污分流。雨水排放依托现有；养殖废水进入集污池，经固液分离后进入污水处理站，生活污水经化粪池截留沉淀后，进入污水处理站。经污水站处理后，上清液依托区域粪污集中处理中心贮存，无害化后作为肥料资源化利用	
	供电	挤奶厅内设配电室一间	依托现有	依托现有
	采暖/制冷	牛舍采用自然通风和电风扇辅助喷淋设施降温；挤奶厅采用电风扇通风降温；办公用房夏天制冷和冬季取暖采用分体空调	新增牛舍采用自然通风和电风扇辅助喷淋设施降温；其余依托现有	

（续）

类别	名称	现有工程内容	本项目工程内容	扩建后全场工程内容
	办公及生活设施	1栋，位于场区南侧。内设办公室、会议室、值班室、仓库等	依托现有	依托现有
环保工程	废水处理	养殖废水和生活污水进入污水处理系统，采用"集污池＋固液分离＋三级沉降＋A/O＋二沉池＋稳定塘"处理工艺，出水依托区域粪污集中处理中心，无害化后作肥料资源化利用	养殖废水进入集污池，经固液分离后进入现有污水处理站，生活污水经化粪池截留沉淀后，进入现有污水处理站处理，出水依托区域粪污集中处理中心进行贮存，贮存时间不少于180d，无害化处理后作为肥料资源化利用	
	废气处理	固液分离间、污水处理站恶臭气体无组织排放	固液分离间、污泥压滤间密闭，集污池、污水处理单元加盖密闭，产生的恶臭气体经负压换气收集后通过"生物滴滤塔＋UV光氧＋活性炭"装置（TA001）进行处理，尾气通过15m高排气筒P1排放	
		粪便储存间恶臭气体无组织排放	堆粪车间密闭，恶臭气体经负压换气收集后通过"生物滴滤塔＋UV光氧＋活性炭"装置（TA002）进行处理，尾气通过15m高排气筒P2排放	
		牛舍：采用干清粪工艺，及时清除粪便；加强牛场环境综合管理，对牛舍外定期喷洒复合微生物除臭剂；加强绿化，发挥绿色植物的吸收作用	牛舍：通过选用低蛋白、优质易消化料、添加益生素、酶抑制剂的膨化饲料；采用干清粪工艺，对粪污日产日清；牛舍外定期喷洒复合微生物除臭剂；依托场区处具有吸附恶臭功能的绿色植物	
	降噪	选用低噪声设备，采取隔声、减振等措施	选用低噪声设备，采取隔声、减振等措施	
	固废防治	牛舍采用干清粪工艺，固液分离出的固体粪便经清粪车转运至粪便储存间暂存，暂存后运至周围农田利用	牛舍采用干清粪工艺，固液分离出的固体粪便经清粪车转运至堆粪车间发酵，回用作牛床垫料，多余部分作为农肥用于农田	
		污水处理站污泥经脱水后，暂存于粪便储存间，高温堆存后运至周围农田利用	污水处理站污泥经脱水后，清运至堆粪车间好氧发酵，作为农肥用于农田	
		设有3个填埋井，用于填埋因一般疾病致死的牛	依托现有填埋井	
		在生活区设置垃圾桶用于集中收集生活垃圾	依托现有	依托现有
		设有畜禽养殖业固体废物暂存处，用于暂存废包装物	依托现有	依托现有
		在办公用房内设置1间危险废物暂存间，面积约4m²，用于暂存项目产生的医疗废物	依托现有	依托现有
	绿化	项目区四周、道路两侧及场区空地，1 000m²	依托现有	依托现有

②建设规模。本项目建成后，新增存栏奶牛600头，均为成年母牛，奶牛存栏量达800头，每年为市场提供鲜牛奶6 100t。单头奶牛产犊3胎后将被淘汰外售，养殖场定期

外购成年母牛更新成乳牛群，母牛所生犊牛全部外售。

③原辅料。本项目所需原料主要为饲料、饲草以及兽药等，消耗情况见表6-4。

表6-4 主要原料和能源消耗部分情况

序号	原料名称		性状	单位	扩建前消耗量	本项目消耗量	扩建后全场消耗量	包装方式	包装规格
1	饲料、饲草	泌乳牛精料补充料	粉状	t/a	1 342	4 026	5 368	袋装	50kg/袋
2		干奶牛精料补充料	粉状	t/a	264	792	1 056	袋装	50kg/袋
3		全株玉米青贮料	秆状	t/a	2 628	7 884	10 512	捆装	—
4		进口苜蓿	秆状	t/a	657	1 971	2 628	捆装	—
5	兽药	恩诺沙星	液体	支/a	10	30	40	水针	10ml/支
6		复合维生素B注射液	液体	支/a	10	30	40	水针	10ml/支
7		维生素C注射液	液体	支/a	10	30	40	水针	10ml/支
8		氯化钠注射液	液体	瓶/a	30	90	120	瓶装	500ml/瓶
9		注射用青霉素钠	粉末	瓶/a	10	30	40	瓶装	2.4g/瓶
10	挤奶设备清洗剂	酸性清洁剂	液体	t/a	0.29	0.85	1.14	桶装	30kg/桶
11		碱性清洁剂	液体	t/a	0.18	0.54	0.72	桶装	32kg/桶
12	防疫	生石灰	粉末	t/a	1.2	3.6	4.8	袋装	50kg/袋
13		99%过氧乙酸	液体	t/a	0.2	0.6	0.8	桶装	200kg/桶
14	牛舍除臭	复合微生物除臭剂	液体	t/a	0.05	0.15	0.2	桶装	200kg/桶
15	污泥浓缩	PAC	粉末	t/a	—	0.3	0.3	袋装	50kg/袋
16		PAM	粉末	t/a	—	9	9	袋装	50kg/袋
17	消毒剂	碘制剂	液体	t/a	0.4	1.2	1.6	桶装	25kg/桶

④主要生产及辅助设备。本项目扩建前后，涉及主要生产及辅助设备见表6-5。

表6-5 主要生产和辅助设备部分情况

功能区		名称	现有工程	本项目扩建	扩建后全场
生产区	饲喂设备	TMR饲料搅拌车	1台	1台	2台
		拖拉机牵引车	1辆	1辆	2辆
		饲料装载机	1台	—	1台
		叉车	1辆	—	1辆
		小四轮拖拉机	2辆	—	2辆
		电子地磅	2台	—	2台
	原奶生产与运输设备	青贮取料机	1台	—	1台
		挤奶厅系统	1套	—	1套
		挤奶厅收奶系统	1套	—	1套
		软件管理系统	1套	—	1套
		计步器/项圈	200个	600个	800个
		电加热锅炉	1台	—	1台

（续）

功能区		名称	现有工程	本项目扩建	扩建后全场
生产区	牛群生产管理类	直冷式奶罐	1台	1台	2台
		人工授精用仪	1套	—	1套
		修蹄架	1台	—	1台
		兽医诊断处置设备	1套	—	1套
		高低压配电设备	1套	—	1套
	能源动力通信设备	电视监控系统	1套	—	1套
		供水设备	1套	—	1套
		网络通信系统	1套	—	1套
		场内对讲机	8个	—	8个
		防疫消毒设备	1套	—	1套
	牛舍内主要养殖设备	饮水槽	18个	54个	72个
		风机	20台	40台	60台
		喷淋	80m	320m	400m
		围栏	300m	1 200m	1 500m
		刮粪板	1套	1套	2套
粪污处理区	集污池	进料泵	1台	—	1台
		搅拌机	1台	—	1台
	固液分离系统	固液分离机	1台	—	1台
	三级沉降池	排泥泵	—	3台	3台
	好氧反应池	潜水搅拌机	1台	—	1台
		鼓风机	1台	—	1台
		污泥回流泵	1台	—	1台
	二沉池	污泥回流泵	1台	—	1台
		排泥泵	—	1台	1台
	污泥浓缩池	污泥提升泵	—	2台（1用1备）	2台（1用1备）
	污泥压滤间	叠螺污泥脱水机	—	2套	2套
	稳定塘	消纳泵	1台	—	1台
	高温好氧发酵罐		—	1套	1套
	废气治理设施		—	2套	2套

⑤用水及污水产生情况。

a. 养殖用水及废水产生情况。

Ⅰ. 牛饮用水和牛尿。本项目建成后，奶牛常年存栏量为800头，均为成年母牛。根据建设单位多年运行经验，成年奶牛饮水量大约75L/（头·d），则全场牛群饮用水量为60m³/d（21 900m³/a）。

根据现有工程生产经验，每头成年奶牛每天产生尿液13.19L，则尿液产生总量为10.552m³/d（3 851.48m³/a）。尿液在牛舍内的挥发量约20%，余下部分（约8.44m³/d，合3 081.18m³/a）收集至粪污处理工程内进行资源化处理。

Ⅱ. 牛粪带入水。根据环评中"牛粪中干物质及水去向分析"可知，由牛粪带入集污池的水量为7 133m³/a（19.54m³/d），经固液分离后，进入污水处理站的水量为5 262.3m³/a（14.42m³/d）。

Ⅲ. 夏季喷淋用水。牛舍夏季降温采用电风扇辅助喷淋设施。喷淋器安装在牛舍上方，为减少耗水量且保持降温效果，喷淋器采取间断而频繁的运行方式，一般每天喷淋5～6次，隔1h喷淋1次。项目建成后，全场喷淋用水约为10m³/d，用水时间按3个月计，则全年用水量为900m³。由于夏季温度高，加之辅助电风扇降温，喷淋水在牛舍内蒸发量约20%，其余80%（约8m³/d，720m³/a）进入粪污处理区进行处理。

Ⅳ. 挤奶厅地面冲洗、设备清洗用水与排水。项目挤奶厅地面和挤奶设备清洗用水为新鲜水。根据现有工程运行经验，挤奶厅地面每次清洗用水量约为1.33m³，每天清洗3次，清洗用水量为4m³/d，废水产生量按用水量的80%计，则地面清洗废水产生量为3.2m³/d，折合1 168m³/a。

挤奶设备清洗采用酸性清洁剂、碱性清洁剂、清水各清洗一遍的方式，每天清洗3轮，无消毒剂。其中，酸性清洁剂有效成分为磷酸，与水稀释比例为1：300，项目扩建后全场酸性清洁剂用量为1.14t/a，则稀释用水量为342t/a；碱性清洁剂有效成分为NaOH，与水稀释比例为1：200，项目扩建后全场碱性清洁剂用量为0.72t/a，则稀释用水量为144t/a；清水清洗每次用水量为0.67m³，每天清洗3次，则清洗用水量为2m³/d（730m³/a），以上清洗废水中约有10%蒸发，其余90%（约3m³/d，1 096.07m³/a）与地面清洗废水一同经管道进入粪污处理区进行处理。

Ⅴ. 除臭系统补水。本项目设2套"生物滴滤塔＋UV光氧＋活性炭"装置用于净化粪污处理过程中的恶臭气体。生物滴滤塔液气比为2L/m³，设计风量分别为8 000m³/h、20 000m³/h，则以上两装置循环水量分别为16m³/h（循环水池容积为3.6m³）、40m³/h（循环水池容积为9m³），补水量按循环水量的0.1%计，则两系统补水量为1.34m³/d（490.6m³/a）。

Ⅵ. 消毒用水。消毒间内设有消毒池，消毒池内消毒液为经稀释的过氧乙酸（初始浓度99%），用于进出养殖区人员的喷洒消毒，消毒池内水不外排，定期补充配置好的消毒液；经稀释的过氧乙酸同时用于牛舍、牛槽及场区的喷洒消毒，该部分消毒用水自然挥发。全场消毒剂过氧乙酸（初始浓度99%）年用量0.8t，配置消毒剂（0.3%）的总用水量约为0.72m³/d。

Ⅶ. 粪沟冲洗用水与排水。本项目采用干清粪工艺，牛舍粪污采用自动刮粪板刮至粪沟，牛舍内部无需清洗，仅定期对粪沟进行冲洗，冲洗用水为新鲜水。每次清洗用水量为 $4m^3$，冲洗频次为每天 2 次，则冲洗用水量为 $8m^3/d$（$2\,920m^3/a$），废水产生量按用水量的 80% 计，则粪沟冲洗废水产生量为 $6.4m^3/d$（$2\,336m^3/a$）。

Ⅷ. 饲料加工补水。奶牛日粮的含水量要求在 50% 左右，为解决日粮中水分不足的问题，TMR 饲料搅拌车加工时，需补充 10%~20% 水分，按中间值 15% 计，全场饲料、饲草消耗量为 $19\,564t/a$，则饲料加工补水量为 $2\,934.6m^3/a$。

b. 生活用水及污水产生情况。全场工作人员总数为 26 人，不设置食堂，生活用水主要为职工饮用水以及盥洗、冲厕等清洁用水，来源于场区内村镇自来水供水管道。场区设淋浴，根据《建筑给水排水设计标准》（GB 50015—2019），取用水定额 90L/（人·d），则平均生活用水 $2.34m^3/d$（$854.1m^3/a$）；排水系数按 90% 计，则排水量为 $2.11m^3/d$（$768.7m^3/a$），生活污水经化粪池截留沉淀后，经管道直接输送至污水处理站。

c. 绿化用水。场区总绿化面积为 $1\,000m^2$，绿化用水指标按照 $1.5L/（m^2·d）$ 计，用水期春、夏、秋共三季 225d，用水量 $1.5m^3/d$，折合年绿化用水量 $337.5m^3$。绿化用水全部蒸发或被植物吸收。

根据以上分析，本项目建成后，全场总用水量为 $33\,276m^3/a$（$99.27m^3/d$），其中，生活用水 $854.1m^3/a$ 来源于区域供水管道，其余用水依托紧邻公司地下水井；进入集污池废水总量为 $15\,534.25m^3/a$（$48.58m^3/d$），废水中 $1\,870.7m^3/a$（$5.12m^3/d$）经固液分离后堆肥发酵，其余 $13\,663.55m^3/a$（$45.66m^3/d$）与经化粪池截留沉淀的生活污水 $768.7m^3/a$（$2.11m^3/d$）一同进入污水处理站进行处理。项目水平衡图如图 6-3～图 6-5 所示。

(2) 总平面布置分析 为满足科学饲养要求，项目场区规划因地制宜，设管理区、生产区和粪污处理区 3 个功能区。场区南侧布置为生活管理区，西侧布置为粪污处理区，中部为生产区，生产区北侧为干草、青贮料、精料储存区。整个场区设置两个出入口，南侧设置办公出入口，北侧设置饲料区出入口以及粪污区出入口。具体厂区布置见图 6-6。

项目按主导风向为西南风设计场区布局，生活管理区布置在场地的南侧，该处位于常年主导风向（西南风）的上风向，生活管理区的布置符合《畜禽养殖业污染防治技术规范》（HJ/T 81—2001）要求。生产区布置在场区的中部，从主导风向来说，处于常年主导风向（西南风）的下风向，生产区不易对生活管理区造成污染；项目堆粪车间位于场区西北侧，处于生产区、生活管理区的侧风向，且堆粪车间距最近功能地表水体距离约为 1.6km，超过 400m，满足《畜禽养殖业污染防治技术规范》（HJ/T 81—2001）的要求。

综上，项目场区总平面布局设计上体现了功能合理分区、方便生产的原则，符合《畜禽养殖业污染防治技术规范》（HJ/T 81—2001）的要求。场区平面布局基本合理。

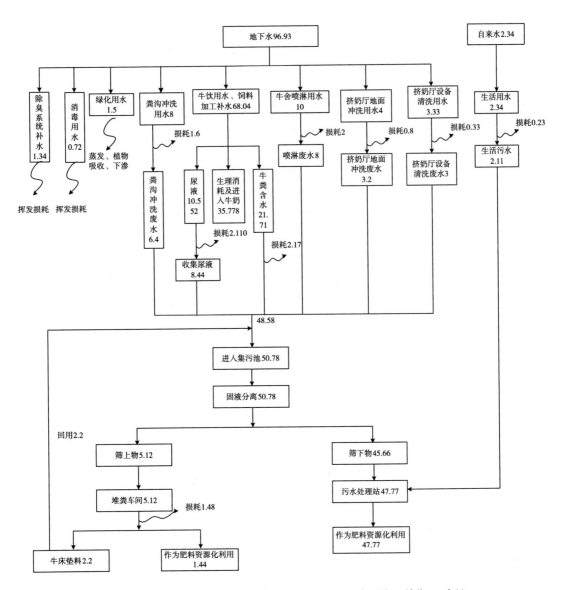

图 6-3　全场夏季水平衡图/全场用排水量最大日水平衡（单位：m³/d）
注：牛舍喷淋用水按 3 个月计，绿化用水仅考虑春、夏、秋三季。

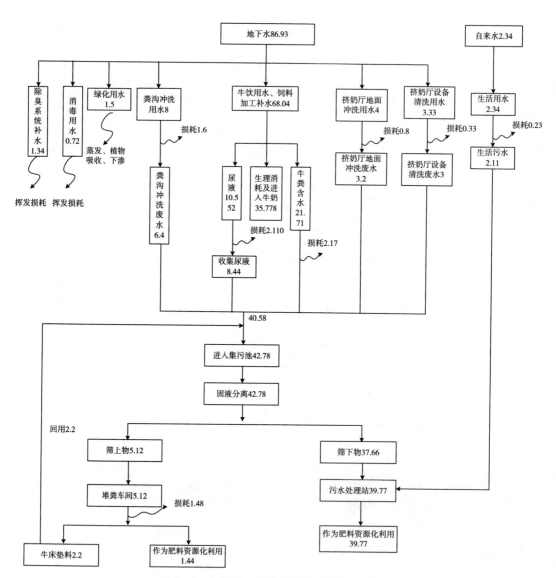

图 6-4　全场春、秋季水平衡（单位：m³/d）

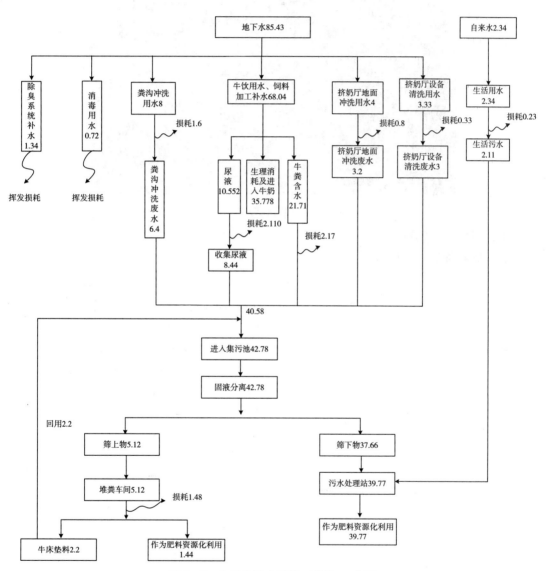

图6-5　全场冬季水平衡（单位：m³/d）

图 6-6 项目场区平面布置

6.1.3.2 影响因素分析

(1) 饲料加工 参见图 6-7。

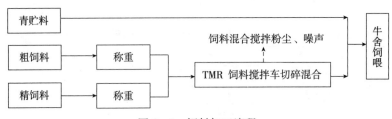

图 6-7 饲料加工流程

(2) 奶牛饲养 参见图 6-8。

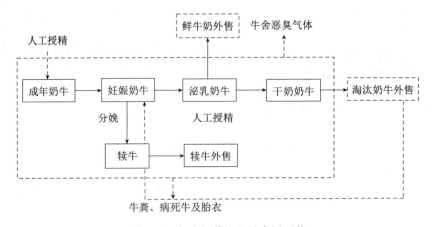

图 6-8 奶牛饲养流程及产污环节

(3) 粪污处理 牛舍采用干清粪工艺，粪便和污水分别收集、处理和利用。进入粪污处理区的废水主要包括挤奶厅废水（挤奶厅地面冲洗、设备清洗废水），牛舍内牛粪、牛尿液、喷淋废水及粪沟冲洗废水，生活污水。其中，挤奶厅废水（挤奶厅地面冲洗、设备清洗废水）经污水暗管进入集污池；牛舍内干清粪频次为每天一次，牛粪、牛尿液及喷淋废水经刮粪板刮至牛舍粪沟，粪沟冲洗废水直接进入粪沟，粪沟内设置推粪装置，采用链条传输，将粪污由粪沟汇至集污池；生活污水经化粪池截留沉淀后，经污水暗管直接输送至污水处理站。

本项目粪污处理工艺如图6-9所示。

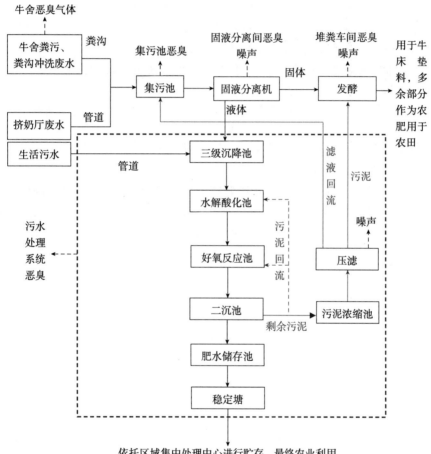

依托区域集中处理中心进行贮存，最终农业利用

图6-9 本项目粪污处理工艺流程

项目粪污处理工程包括固液分离、液体肥无害化和粪污堆肥发酵工程三部分。其中，液体肥无害化采用"三级沉降＋水解酸化/好氧＋二沉池＋稳定塘"处理工艺；粪污好氧发酵采用密闭式滚筒好氧发酵罐。

6.1.3.3 污染源强核算

（1）牛粪中干物质及水流向分析 本项目建成后奶牛常年存栏量为800头，均为成年母牛。根据《第一次全国污染源普查畜禽养殖业源产排污系数手册》中华北区奶牛养殖产污系数，计算全场鲜牛粪产生情况如表6-6所示。

表 6-6 鲜牛粪产生情况一览表

牛种类	数量（头）	平均鲜粪量 [kg/（头·d）]	天数（d）	产生量（kg/d）	总产生量（t/a）
成母牛	800	32.86	365	26 288	9 595.12

【讨论】

从农业统计规定来看，各类畜禽存栏数不区分畜禽大小，粪便统计产生系数一般为各类养殖畜禽群的平均数。该项目养殖奶牛均为成年母牛，不涉及犊牛的饲喂，因此粪便单位产生量要高于混合饲养群的产生系数。报告中采用《第一次全国污染源普查畜禽养殖业源产排污系数手册》中华北区专门针对产奶牛的粪便产生量系数进行核算。

鲜牛粪干物质浓度（TS%）取 17.4%，即 26.288t/d×17.4%=4.57t/d，鲜牛粪自牛体排出至清粪过程有约 10%的水分挥发，则需清理的鲜牛粪为（26.288t/d −4.57t/d）×（1−10%）+4.57t/d=24.12t/d。

项目采用干清粪工艺，牛舍内粪污经粪沟运至粪污处理区，经固液分离机分离后进入污水处理站处理。根据水平衡分析可知，进入固液分离单元除牛粪含水外的其他各股废水（牛尿、喷淋废水、粪沟冲洗废水、挤奶厅废水）水量为 8 401.25t/a，则粪污总量为 8 401.25t/a+24.12t/d×365d=17 205.05t/a，因此，固液分离处理前粪污含固率（a_1）= 9 595.12t/a×17.4%÷17 205.05t/a=9.7%。

根据建设单位多年运行经验，经固液分离机处理后的污水含固率（a_2）约为 3%，粪便含水率（a_3）约为 60%。粪污水固形物去除率 $Q=$ [（1−a_3）×（a_1−a_2）] / [a_1（1−a_2−a_3）] =74.7%，综上得出：

①进入粪便中的干物质及水量。

a. 经固液分离出的粪便干物质量=9 595.12t/a×17.4%×74.7%=1 247.1t/a。

b. 粪便含水量=1 247.1t/a÷（1−60%）×60%=1 870.7t/a。

c. 粪便总量=1 247.1t/a+1 870.7t/a=3 117.8t/a。

②进入污水中的干物质及水量。

a. 进入污水中干物质含量=9 595.12t/a×17.4%×（1−74.7%）=422.4t/a。

b. 污水中粪便带入水量=9 595.12t/a×（1−17.4%）×（1−10%）−1 870.7t/a= 5 262.3t/a。

综上，牛粪中干物质及水去向平衡见图 6-10。

筛上物经分离后进入堆粪车间进行发酵，强制通风堆肥法干物质的降解率取 12.5%，干物质转化为氨、水和二氧化碳（戴芳等，2005）。

牛卧床采用发酵后的牛粪作为垫料，随着牛的活动，部分垫料被牛携带至牛卧床外部，与牛舍内的鲜牛粪一起进行处理。根据建设单位提供的资料，损失的牛垫料约为 4t/d，其含水率约为 55%（2.2t/d），干物质含量为 45%（1.8t/d），则好氧发酵罐所产粪肥中4t/d用于补充损失的牛床垫料，多余部分作为农肥用于农田施用。

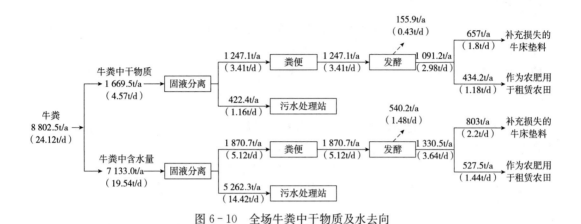

图6-10 全场牛粪中干物质及水去向

【讨论】

本项目部分牛粪回用于牛舍作为垫料自用，其余部分无害化后用作周边农田利用，相对于粪便无害化后全部农田利用的养殖场，牛粪的干物质流向较为复杂。通过了解粪污尤其是粪便中干物质的去向、作为垫料的可回用量，可为分析粪污去向及农田安全施用可行性提供基础数据。因此，在畜禽粪污中干物质流向复杂时，宜在环评中进行干物质流向分析。

(2) 大气污染源

①饲料加工粉尘。奶牛日粮的含水量要求在50%左右，因此在TMR饲料搅拌车加工时，需补充10%~20%水分，可有效抑制粉尘；同时，TMR混料箱为封闭式，在粗饲料的切断以及同精饲料的混合过程中，粉尘的逸出量很小。此外，饲料加工在饲料库内进行，库内设排风系统。因此，不再对TMR饲料搅拌饲喂车拌料过程产生的粉尘进行进一步分析与评价。

②牛舍恶臭。牛舍恶臭主要来源是牛粪尿腐败分解后产生NH_3、H_2S气体等恶臭有害气体。且在未及时清除或清除后不能及时处理的情况下，会使臭味成倍增加。项目牛舍屋顶结构为双坡式，牛舍开放程度为敞棚式，棚舍四周无墙，仅用围栏围护，有利于通风采光，恶臭排放方式为无组织排放。

a. 氨气。环评报告中采用产污系数法确定了氨气产生源强。

根据原环境保护部2021年第24号《关于发布〈排放源统计调查产排污核算方法和系数手册〉的公告》，天津地区规模化奶牛场粪污中总氮产污系数 [73.090kg/（头·a）]；根据刘东（2007）对我国奶牛粪尿氨（NH_3）挥发的评价研究，集约化养殖条件下奶牛舍总氮转化成氨气的挥发系数为8%。则粪污中NH_3产生量为73.090kg/（头·a）×800头/（365d×24h/d）×8%＝0.53kg/h。

【讨论】

氨气产污系数可采用《大气氨源排放清单编制技术指南（试行）》（原环境保护部公告 2014 年第 55 号）的核算方式。相关参数选取优先采用实测数据，无实测数据的宜采用原环境保护部 2021 年第 24 号《关于发布〈排放源统计调查产排污核算方法和系数手册〉的公告》中的最新统计数据。

b. 硫化氢。目前硫化氢的产生源强没有相对可靠的产污系数。环评中采用同类项目牛舍通风口 NH_3 排放浓度与 H_2S 排放浓度的实测值比值进行折算。

【讨论】

采用牛舍通风口 NH_3 与 H_2S 排放浓度实测值比值进行折算硫化氢源强的方式，应注意监测值的代表性，主要体现在：Ⅰ. NH_3 与 H_2S 释放量可能因饲料氮和硫含量、湿度、温度、清粪方式等因素而不同，宜选取 H_2S 与 NH_3 比值的最大值折算；Ⅱ. NH_3 与 H_2S 的监测值应扣除区域环境背景值。

为了有效降低 NH_3、H_2S 的排放源强，项目拟采取的环境管理与技术措施如下：ⓐ选用低蛋白、优质易消化料、添加益生素、酶抑制剂的膨化饲料，减少粪尿氮排出量；ⓑ采用干清粪工艺，及时清除粪便，做到粪污日产日清，保持牛舍环境卫生；ⓒ加强牛场环境综合管理，对牛舍外定期喷洒复合微生物除臭剂，减少恶臭污染物的蓄积；ⓓ依托牛舍及场界处具有吸附恶臭功能的绿色植物，减轻恶臭等对周围环境的影响（蔡晓霞，2018）。

上述恶臭无组织排放控制措施均为《排污许可证申请与核发技术规范　畜禽养殖行业》（HJ 1029—2019）中表 7 所列污染防治可行技术。环评报告中结合相关文献中报道的 NH_3、H_2S 减排效率，核算了牛舍 NH_3、H_2S 无组织排放源强。

c. 粪污处理恶臭

Ⅰ. 集污池、污水处理站。集污池汇集进行固液分离前的粪污，是牛场内主要恶臭排放源之一。污水处理站处理工艺为"三级沉降＋A/O＋二沉池＋稳定塘"，运行过程中由于微生物、原生动物、菌股团等生物的新陈代谢而产生恶臭污染物（林长植，2009），恶臭主要来源于厌氧发酵、污泥浓缩、污泥压滤等工段。

项目集污池、沉降Ⅰ区～Ⅲ区、水解酸化池、好氧反应池、二沉池、肥水储存池、污泥浓缩池均拟加盖密闭，且污泥压滤间设密闭间。污水处理系统恶臭污染物主要为 H_2S 和 NH_3，根据美国 EPA 对城市污水处理厂恶臭污染物产生情况的研究，处理 1g 的 BOD_5 可产生 0.003 1g 的 NH_3 和 0.000 12g 的 H_2S。环评根据计算的污水处理站中削减的 BOD_5 的量，核算出污水处理站 H_2S 和 NH_3 的产生情况。

Ⅱ. 固液分离间恶臭。固液分离间内进行粪污筛分，是恶臭污染物的重点排放部位之一。

环评报告采用产污系数法确定氨气产生源强。根据单德鑫（2006）对牛粪发酵过程中的碳、氮、磷转化研究结果，奶牛粪便中 NH_3 的释放高峰期在 $1\sim14d$，在第二天出现最大值 $14.1mg/（kg \cdot h）$，$14d$ 后释放量开始下降，在 $30d$ 后释放基本完成。环评中取粪便 NH_3 的最大释放速率 $14.1mg/（kg \cdot h）$ 进行估算。采用同类项目粪污处理区 NH_3 排放浓度与 H_2S 排放浓度的实测值比值对硫化氢产生速率进行折算。

项目拟将固液分离间密闭，产生的恶臭气体经负压收集后与集污池、污水处理站恶臭气体一同进入一套"生物滴滤塔＋UV光氧＋活性炭"装置（TA001）进行处理，处理后由1根15m高排气筒P1外排。

环评报告臭气浓度排放源强采用类比分析法确定。在与类比对象的存栏规模、异味产生节点、异味治理措施等情况进行类比可行性分析的基础上，预测了臭气浓度有组织排放源强。

Ⅲ．堆肥车间恶臭。经固液分离产生的牛粪及脱水污泥进入堆肥车间密闭式好氧发酵罐中，发酵过程中产生恶臭，污染因子主要为 H_2S 和 NH_3。

环评报告采用产污系数法确定氨气产生源强。参照《第二次全国污染源普查产排污量核算系数手册——2625 有机肥料及微生物肥制造行业（初稿）》"农业废弃物、加工副产品罐式发酵工艺中氨的产污系数为 $0.01kg/t$ 产品（有机肥、生物有机肥）"。采用同类项目堆肥间 NH_3 排放浓度与 H_2S 排放浓度的实测值比值对硫化氢产生速率进行折算。

环评报告中臭气浓度排放源强采用类比分析法确定。在与类比对象的发酵原料种类、堆肥工艺、发酵规模、单批次生产规模等情况进行类比可行性分析的基础上，预测了臭气浓度有组织排放源强。

【讨论】

臭气浓度类比分析应重点关注类比对象的可行性与可靠性。其中，可行性体现在工艺、规模、处理工艺等的相似性；可靠性体现在引用类比对象工艺及环保设施等运行稳定工况下的数据，确保有效性，宜优先引用环保验收监测数据。

（3）水污染源　全场产生的废水主要包括养殖废水（包括牛尿、牛粪含水，牛舍喷淋废水，粪沟冲洗废水，挤奶厅地面冲洗、设备清洗废水）及生活污水。污水处理站采用"三级沉降＋A/O＋二沉池＋稳定塘"处理工艺，设计处理能力为 $80m^3/d$。

项目建成后，挤奶厅废水，牛舍内牛粪、牛尿液、喷淋废水及粪沟冲洗废水分流收集后进入场内集污池，污水构成与现有工程相似。依托的污水处理站处理工艺无变化。因此，扩建后污水处理站进出水水质均类比现有工程例行监测报告数据。

（4）噪声污染源　本项目新增噪声源主要为牛只叫声、饲料搅拌车、牛舍通风风机、污泥泵、污泥脱水机及废气处理装置风机，其声级在 $60\sim85dB（A）$ 之间，各种设备均选用低噪声设备。其中，TMR 饲料搅拌车采取基础安装减振器、建筑物隔声；污泥脱水机采取基础安装减振器、建筑物（设有隔音岩棉）隔声；各污泥泵采取基础减振、水下隔声；风机采取基础安装减振器、设置隔声罩。

（5）固体废物

①牛床垫料及粪肥

a. 牛粪。根据环评报告中"牛粪中干物质及水去向分析",项目建成后全场鲜牛粪产生量约为 26.288t/d,牛粪自产生至清理阶段会有一部分水分蒸发损失,则需清理的鲜牛粪为 24.12t/d。项目采用干清粪工艺,牛粪经刮粪板收集至牛舍端头粪沟,经粪沟运至集污池,集污池内的粪污通过泵提升至固液分离机,分离出的固体粪便 8.53t/d(3 117.8t/a)经清粪车转运至堆粪车间好氧发酵,发酵产物部分用于补充损失的牛床垫料,多余部分作为农肥施用于农田。

b. 污水处理站污泥。环评报告参考《排污许可证申请与核发技术规范 水处理(试行)》(HJ 978—2018)中污水处理污泥产生量核算公式:

$$E_{产生量}=1.7\times Q\times W_{深}\times 10^{-4} \tag{6-2}$$

式(6-2)中,$E_{产生量}$ 为污水处理过程中产生的污泥量,以干泥计,t;Q 为核算时段内废水排放量,m^3;$W_{深}$ 当有深度处理工艺(添加化学药剂)时按 2 计,无深度处理工艺时按 1 计,量纲一。本项目取 2。

根据"用水及污水产生情况",本项目建成后全场污水处理量为 14 432.25m^3/a,则根据上式计算得出污泥产生量为 4.9t/a,以干泥计。根据建设单位提供的设计资料,污水处理污泥采用叠螺脱水机脱水后含水率约 60%,则脱水污泥量为 12.25t/a,清运至堆粪车间好氧发酵,发酵产物作为农肥用于农田。

综上,经固液分离产生的牛粪及脱水污泥进入堆粪车间密闭式好氧发酵罐中分别发酵,发酵罐处理量为 3 117.8t/a+12.25t/a=3 130.05t/a,可以产生粪肥 3 130.05t/a×40%×(1-12.5%)÷45%=2 434t/a,其中 1 460t/a 用于补充损失的牛床垫料,其余 974t/a 作为农肥用于农田。

②病死牛及胎衣。项目建成后全场因伤病致死的牛平均每年约 6 头,重量为 2.7t;母牛分娩后,胎衣产生量约为 1.8t/a。本项目依托现有闲置填埋井,用于处理因一般疾病致死的牛只;若发生重大动物疫病或人畜共患病导致牛只死亡,则需立即上报当地畜牧主管部门,死亡牛只交由当地专业处理场所处理,不在场区进行填埋。

③废包装物。废弃包装物主要包括废塑料袋、废纸箱、编织袋等包装物,全场产生废包装材料约 0.3t/a,外售给物资回收部门处理。

④废弃一次性治疗器具、包装和过期药物。牛群防疫过程中产生少量注射器、针头、针筒以及过期药物等医疗废物,属危险废物,废物类别 HW01(代码 841-001-01),产生量约 0.1t/a,暂存至危废暂存间,交由有资质单位处理处置。

⑤废 UV 灯管、废紫外灯管。废 UV 灯管产生于废气净化设备,废紫外灯管产生于消毒间。全场 UV 灯管、紫外灯管使用 1 年更换一次,预计废 UV 灯管、废紫外灯管产生量为 0.01t/a。

废 UV 灯管、废紫外灯管属于危险废物,废物类别 HW29(代码 900-023-29),暂存至危废暂存间,交由有资质单位处理处置。

⑥废活性炭。废气净化设备在更换活性炭时会产生废活性炭。预计活性炭一年更换一次,故废活性炭产生量为 0.75t/a,属于危险废物,废物类别 HW49(代码 900-039-49),暂存至危废暂存间,交由有资质单位处理处置。

⑦生活垃圾。扩建后全场劳动定员 26 人,按人均产生垃圾量 0.5kg/d 计,生活垃圾

产生量约 4.75t/a，由当地城管部门定期清运。

6.1.4 环境质量现状调查与分析

6.1.4.1 环境空气质量现状调查、监测与评价

（1）区域常规环境空气因子质量现状调查 为了解项目所在地区的环境空气质量现状，评价引用《2021 年天津市生态环境状况公报》中所在区域的环境空气质量数据。

（2）区域特征环境空气因子质量现状调查 为了解项目拟建地点环境空气特征因子现状水平，本项目委托某环境检测技术有限公司对项目所在地及主导风向下风向最近环境空气保护目标进行了大气环境现状监测。

①监测项目。小时值监测项目：NH_3、H_2S、臭气浓度（一次浓度）。

②监测时间及频次。监测时间为 2021 年 5 月 19～25 日，连续监测 7d，每天监测 4 次。采样同时记录风向、风速、气压、气温等常规气象要素。

③评价结果。环境空气质量现状监测与评价结果见表 6-7。

表 6-7 其他污染物环境质量现状监测与评价结果

监测点位	污染物	平均时间	评价标准（mg/m³）	监测浓度范围（mg/m³）	最大浓度占标率（%）	超标率（%）	达标情况
1♯项目区域内	NH_3	1h	0.2	0.02～0.04	20	0	达标
	H_2S	1h	0.01	0.002～0.007	70	0	达标
	臭气浓度（无量纲）	一次浓度	50	11～15	30	0	达标
2♯环保目标	NH_3	1h	0.2	0.02～0.04	20	0	达标
	H_2S	1h	0.01	0.002～0.007	70	0	达标
	臭气浓度（无量纲）	一次浓度	20	11～15	75	0	达标

由上表数据可看出，在监测期内，项目区域、环保目标处的 NH_3、H_2S 均可满足《环境影响评价技术导则　大气环境》（HJ 2.2—2018）附录 D 中规定的环境恶臭污染物控制标准值要求；项目所在地内臭气浓度满足参考《畜禽养殖产地环境评价规范》（HJ 568—2010）要求，环保目标臭气浓度满足参考《恶臭污染物排放标准》（DB 12/059—2018）中表 2 中臭气浓度限值要求。

6.1.4.2 声环境现状监测与评价

本项目场区周围 200m 范围内没有村庄等噪声敏感点。为了解项目建设地点声环境现状水平，环评报告引用建设单位委托某环境检测技术有限公司开展的例行监测数据。

（1）监测布点 养殖场东、西、南、北四侧场界各设一个监测点位。

（2）监测时间及频率 2021 年 11 月 21～22 日连续监测 2d，每天昼间 2 次，夜间 1 次。

（3）监测方法 按《声环境质量标准》（GB 3096—2008）执行。

（4）噪声现状评价与分析 根据引用结果可知，项目区域昼夜间噪声值均可达到《声环境质量标准》（GB 3096—2008）2 类标准限值要求。

6.1.4.3 地下水环境现状调查、监测与评价

（1）环境水文地质试验

①环境水文地质钻探。按照地下水环境评价等级要求，在场区内施工3眼水质监测井，用于潜水含水层监测。具体布设情况见表6-8。

表6-8 水质监测井布设信息（节选）

监测井编号	深度（m）	井半径（m）	井布设位置	井作用
Q1	12	0.055	西北角（上游）	背景监测井
Q2	12	0.055	集污池附近（中游）	扩散监测井
Q3	12	0.055	东南角（下游）	跟踪监测井

②抽水试验。调查评价区浅层地下水抽水试验统计及计算结果如表6-9所示。

表6-9 评价区浅层地下水抽水试验统计及计算结果

井号	井深（m）	井半径 r（m）	静止水位埋深（m）	抽水降深 S（m）	涌水量 Q（m³/d）	抽水前含水层厚度 H（m）	渗透系数 K（m/d）	影响半径 R（m）
Q2	12	0.055	1.75	4.38	16.58	8.95	0.52	19
Q3	12	0.055	1.92	4.47	14.61	9.38	0.42	18
平均							0.46	18.5

（2）包气带岩性及渗水试验

①包气带岩性及特征。根据地下水调查结果显示，调查评价区内包气带厚度为埋深内1.75～2.44m，平均厚度为1.98m。包气带岩性以素填土、黏土为主。

②渗水试验过程及结果。包气带渗水试验数据如表6-10所示。

表6-10 评价区包气带渗水试验数据统计表

编号	时间 T（h）	渗水层岩性	渗水量 Q（m³/d）	渗水面积 F（m²）	内环水头高度 Z（m）	毛细压力 H_K（m）	渗入深度 L（m）	渗透系数 K (m/d)	渗透系数 K (cm/s)
SH1	4.0	素填土	0.008 4	0.049 1	0.1	0.8	0.47	0.059	6.83×10^{-5}
SH2	4.0	素填土	0.007 7	0.049 1	0.1	0.8	0.41	0.049	5.67×10^{-5}
平均								0.054	6.25×10^{-5}

说明	①渗透系数计算公式：$K = \dfrac{QL}{F(H_K + Z + L)}$ ②渗水环（内环）半径 $R = 0.125m$ ③渗水环（内环）面积：0.049 1m²

按照本次工作调查结果，确定调查评价区第四系包气带厚度为1.98m。其包气带主要岩性为素填土、黏土为主。根据场地包气带渗透试验结果，垂向渗透系数平均为0.054m/d（6.25×10^{-5}cm/s）。总体而言，包气带的防污能力为中。

（3）地下水及土壤环境现状监测

①监测点位布设。为了掌握工作区浅层地下水及土壤环境质量现状，按照地下水环境、土壤环境相应评价导则的要求，项目布设水质监测点 3 个，土壤现状监测点样品 8 个，各监测点基本情况见表 6-11、图 6-11。

表 6-11　地下水环境现状监测方案

水样编号	取样深度	井深	监测层位	监测因子
Q1	水位以下 1m	12m	潜水含水层	K^+、Na^+、Ca^{2+}、Mg^{2+}、CO_3^{2-}、HCO_3^-、Cl^-、SO_4^{2-}、pH、硝酸盐（N）、亚硝酸盐（N）、挥发性酚类、氰化物、溶解性总固体、砷、汞、铬（六价）、总硬度、铅、氟化物、镉、铁、锰、铜、锌、氨氮、耗氧量、阴离子表面活性剂、石油类、化学需氧量、五日生化需氧量、总氮、总磷、硫化物、碘化物、总大肠菌群、菌落总数
Q2	水位以下 1m	12m	潜水含水层	
Q3	水位以下 1m	12m	潜水含水层	

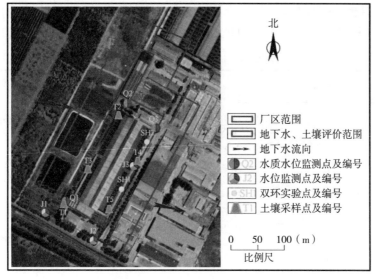

图 6-11　主要实物工作布置图

②监测结果。监测结果显示：3 个监测点中，镉、碳酸根、六价铬、汞、氰化物、硫化物、阴离子表面活性剂均未检出，石油类检出率为 33%，总磷、硝酸盐（以 N 计）、总大肠菌群检出率为 67%，其余监测因子在 3 个监测点均有检出。

③评价方法：单指标分类评价法。

④评价标准：执行《地下水质量标准》（GB/T 14848—2017），石油类、化学需氧量、总磷、总氮、五日生化需氧量参照《地表水环境质量标准》（GB 3838—2002）进行评价。

⑤评价结果。潜水含水层地下水环境中氨氮、总硬度、碘化物、溶解性总固体、硫酸盐、氯化物、菌落总数、总大肠菌群指标属于Ⅴ类，总磷、总氮指标属于劣Ⅴ类，其余指标均低于Ⅴ类指标数值，则该地下水质量综合类别为劣Ⅴ类，劣Ⅴ类指标为总磷、总氮。综合分析，评价区潜水含水层地下水的水质较差。

项目场地潜水含水层的水化学类型为 $HCO_3 \cdot Cl-Na$ 或 $HCO_3 \cdot Cl-Na \cdot Mg$ 型。影

响其环境质量的主要组分中总硬度、溶解性总固体、硫酸盐、氯化物主要是在天然地质环境下形成的，与原生环境有关；项目监测因子中总氮监测数值仅 Q2 监测井中较高，总磷仅 Q3 监测井中较高，可能由于周边农田灌溉及长期施用氮肥、磷肥造成的。建议企业对集污池、牛舍等防渗工程进行检查，发现现有工程防渗层存在破损的，聘请专业施工队伍对防渗层进行修复，并应加强后期地下水总磷、总氮、氨氮等指标的监测。

【讨论】

畜禽养殖项目长期运行状况下，地下水防渗措施可能会失效。因此，应高度重视地下水防渗，并设置必要的地下水观测井，减少可能对地下水环境的影响。

6.1.4.4 土壤环境现状调查评价

（1）样品采集 根据土壤环境评价等级要求，结合浅层地下水流向，项目设置 4 个表层样，1 个柱状样采样点，共采集 8 件土壤样品，参见表 6-12。

表 6-12 土壤环境现状监测方案

序号	布点位置	取样深度	监测因子	选点依据	土地性质
T1	场区西南	0～20cm	pH、镉、汞、砷、铅、铬、铜、镍、锌、石油烃（C_{10}-C_{40}）、氨氮、总磷、总氮、硫化物、六六六、滴滴涕、苯并[a]芘	受人为扰动较少的土壤背景样	农业用地
T2	场区西部	0～50cm、50～150cm、150～300cm、300～400cm	pH、铜、锌、石油烃（C_{10}-C_{40}）、氨氮、总磷、总氮、硫化物	污水处理地埋池体附近	农业用地
T3		0～20cm		牛舍及防疫沟附近	
T4	场区东部	0～20cm			
T5		0～20cm			

（2）评价方法。 采用标准指数法。

（3）评价标准。 镉、汞、砷、铅、铬、铜、锌、镍、六六六、滴滴涕、苯并[a]芘参照农用地土壤环境质量进行评价，石油烃（C_{10}-C_{40}）参照建设用地土壤环境质量进行评价，氨氮、总磷、总氮、硫化物没有土壤质量标准，仅列出现状值，留作背景值，不进行评价。

（4）评价结果。 根据土壤环境质量统计结果，项目土壤样品中的镉、汞、砷、铅、铬、铜、镍、锌、六六六、滴滴涕、苯并[a]芘检测值满足《土壤环境质量 农用地土壤污染风险管控标准》（试行）（GB 15618—2018）中筛选值标准，石油烃（C_{10}-C_{40}）检测值满足《土壤环境质量 建设用地土壤污染风险管控标准》（试行）（GB 36600—2018）中第一类用地筛选值标准。

【讨论】

该养殖场现有工程已经运行 10 余年，虽然各土壤监测点位目前暂未超过《土壤环境质量　农用地土壤污染风险管控标准》（试行）（GB 15618—2018）风险筛选值标准，但典型粪污处理装置区 Cu、Zn 等重金属含量相对于背景点明显升高，最大增幅为 55%，说明了畜禽粪污中重金属会对土壤环境产生一定的累积影响。

6.1.5　环境影响预测与评价

6.1.5.1　大气环境影响分析

项目大气环境影响评价等级为二级，无需设置大气环境防护距离。

环评报告中参照《畜禽养殖业污染防治技术规范》，并结合同类养殖场相关研究结果，综合确定项目环境防护距离为 300m。经现场踏勘，本项目现状周边 300m 范围内无医院、学校、居民区等环境敏感目标，满足 300m 环境防护距离要求。

【讨论】

大气评价等级为二级或三级的畜禽养殖项目，按照现行《环境影响评价技术导则　大气环境》（HJ 2.2—2018）要求，无需设置大气环境防护距离。但是，鉴于畜禽养殖项目会对周围环境产生一定影响，尤其在周边有环保目标时，宜参照《畜禽养殖业污染防治技术规范》设置一定环境防护距离。

6.1.5.2　水环境影响分析

项目建成后，全场产生的废水主要为养殖废水（包括牛尿、牛粪含水，牛舍喷淋废水，粪沟冲洗废水，挤奶厅地面冲洗、设备清洗废水）及生活污水。养殖废水进入集污池，经固液分离后进入污水处理站处理；生活污水经化粪池截留沉淀后，进入污水处理站处理。污水处理站出水依托区域粪污集中处理中心贮存，无害化处理后作为肥料资源化利用。项目没有废水排到外环境。

环评报告中重点对养殖废水无害化可行性及农田消纳可行性进行了分析。

（1）养殖废水无害化可行性分析　《畜禽养殖场（户）粪污处理设施建设技术指南》（农办牧〔2022〕19 号），推荐敞口式贮存周期最少在 180d 以上，确保充分发酵腐熟。徐鹏翔等（2020）综合对比了国内外养殖粪污贮存时间的相关标准和研究结果，认为畜禽粪污贮存 6 个月后可达到无害化要求，可还田施用。

项目依托的区域粪污集中处理中心有效容积为 26 937.6m³，设计处理能力为 120m³/d，设计水力停留时间为 180d。该集中处理中心现状处理量最大约为 72m³/d，剩余处理能力为 48m³/d。本项目建成投产后，新增废水产生量约为 36m³/d，该粪污集中处理中心剩余处理能力可满足本项目新增废水不少于 180d 的贮存需求。

同时，根据依托的区域粪污集中处理中心无害化效果现状监测结果，无害化处理的液体肥料的卫生学指标蛔虫卵死亡率满足《畜禽粪便无害化处理技术规范》（GB/T 36195—2018）、《畜禽粪便还田技术规范》（GB/T 25246—2010）中标准限值，粪大肠菌值也满足《粪便无害化卫生要求》（GB 7959—2012）中表 2 兼性厌氧发酵粪便产物中粪大肠菌值（≥10⁻⁴）标准限值，可达到无害化处理要求。

综上，本项目依托区域粪污集中处理中心，可以满足无害化相关指标要求。

（2）土地承载可行性分析 畜禽粪污土地承载力及规模养殖场所需配套土地面积测算以粪肥氮养分供给和植物氮养分需求为基础。环评报告中经现场调查，项目区域粮食作物以小麦、玉米为主，亩产分别约为 500kg、550kg，则单位面积土地养分需求量见表 6-13。

表 6-13　单位面积土地养分需求量

作物种类	亩产（kg）	形成 100kg 产量需要吸收的氮（N）养分 * （kg）	每亩土地氮（N）养分需求量（kg）
小麦	500	3	15
玉米	550	2.3	12.65

* 数据参照《畜禽粪污土地承载力测算技术指南》（农办牧〔2018〕1 号）中表1。

单位土地粪肥养分需求量计算公式如下：

$$单位土地粪肥养分需求量＝（单位土地养分需求量×$$
$$施肥供给养分占比×粪肥占施肥比例）/粪肥当季利用率 \qquad （6-3）$$

施肥供给养分占比参照氮磷养分 Ⅱ 类水平，取 45%；粪肥占施肥比例按 55% 计；粪肥中氮素当季利用率取 25%。则单位土地粪肥养分需求量计算见表 6-14。

表 6-14　单位土地粪肥养分需求量核算表

作物种类	每亩土地氮（N）养分需求量	施肥供给养分占比（%）	粪肥占施肥比例（%）	粪肥当季利用率（%）	每亩土地粪肥养分的当季需求量
小麦	15kg	45	55	25	14.85kg
玉米	12.65kg			25	12.52kg

根据当地种植习惯，采取小麦—玉米轮作的方式，故单位土地粪肥养分需求量见表 6-15。

表 6-15　小麦—玉米轮作方式单位土地粪肥养分年需求量

作物种类	每亩土地粪肥氮（N）养分年需求量
小麦＋玉米	27.37kg

全场粪肥养分氮供给量＝（13 663.55t/a＋768.7t/a）×1 268.3mg/L（污水处理站出水总氮浓度监测值）＝1 8304.42kg/a。结合区域粪污集中处理中心贮存时间（180d），则消纳项目产生液体肥所需土地面积计算见表 6-16。

表 6-16　消纳本项目产生液体肥所需土地面积

消纳土地类型	液体肥氮（N）养分年总供给量	每亩土地粪肥养分年需求量	消纳全场产生液体肥所需土地面积
小麦＋玉米	18 304.42kg	27.37kg	669 亩

报告中结合依托区域集中粪污中心可用于消纳本项目液体肥的土地面积，进行了土地可承载性分析。

6.1.5.3 地下水环境影响分析

(1) 地下水污染源及排放状况 根据建设项目生产工艺特征、场地水文地质条件等，项目对地下水的影响以污染物通过包气带下渗为主，本节对可能产生废物的排放位置、场所进行分析。

①地下水预测情景设定。根据建设项目工艺特征、场地水文地质条件等，项目对地下水的影响以污染物的渗漏为主，因此本节对集污池中污水的泄漏进行分析。

依据相关国家及地方法律法规，污水处理池会采取一定防渗措施，因此正常情况下对地下水的影响较小。结合实际情况，本次地下水预测内容是非正常状况下本项目集污池中污水发生泄漏对地下水环境的影响程度和范围。

②预测方法。根据地下水环境评价等级要求，三级评价应采取解析法或类比分析法进行地下水环境影响分析及评价。

环评报告综合野外水文地质勘察试验与室内化验分析结果，认为场地内水文地质条件相对较为简单。本项目选址地层较为连续稳定，水文地质条件相对简单，同时项目前期开展了必要的环境水文地质调查及试验，试验结果为评价区潜水含水层的基本参数变化很小，满足解析法预测条件。

③预测范围。为了说明畜禽养殖项目可能对地下水环境的影响，预测范围基于项目现状调查评价区，通过设置不同预测情境对可能产生的地下水污染影响进行预测分析与评价。

④预测时段识别。依据《环境影响评价技术导则 地下水环境》（HJ 610—2016），结合项目服务年限，本次预测时间段为100d、1 000d、3 650d、7 300d。

⑤预测因子及源强。选取污染物浓度较高的集污池作为预测点。预测因子根据标准指数排序，选取标准指数最高的总氮作为预测因子。

(2) 预测模型概化

①非正常状况下概念模型。非正常状况下，主要针对由于基础不均匀沉降等原因引起的防渗功能降低情况下，对地下水环境的影响。一般这种情况下，可能在人工定期检查时发现问题，并进行防渗层的修复等工作，从而切断污染源，在时间尺度上非正常状况可概化为瞬时排放。

因此，非正常状况下概念模型可概化为一维稳定流动二维水动力弥散问题的瞬时注入示踪剂——平面瞬时点源的模型，其主要假设条件为：

a. 潜水含水层等厚、均质，含水层的厚度与其宽度和长度相比可忽略。

b. 定量、定浓度的污水，在极短时间内注入整个潜水含水层的厚度范围。

c. 污水的注入不影响潜水含水层内的天然流场。

②计算模型。本项目预测方法采用解析法，计算公式如下：

$$C_{(x, y, t)} = \frac{m_M/M}{4\pi n \sqrt{D_L D_T} t} e^{-\left[\frac{(x-ut)^2}{4D_L t} + \frac{y^2}{4D_T t}\right]} \qquad (6-4)$$

式（6-4）中：x，y 为计算点处的位置坐标；t 为时间，d；$C_{(x, y, t)}$ 为 t 时刻点 $(x，y)$ 处的污染物浓度，g/L；M 为含水层厚度，m；m_M 为长度为 M 的线源瞬时注入污染物的质量，kg；u 为地下水流速，m/d；n_e 为有效孔隙度，无量纲；D_L 为纵向 x

方向的弥散系数，m^2/d；D_T 为横向 y 方向的弥散系数，m^2/d。

a. 含水层的厚度 M。非正常状况下，项目受到污染的层位为第四系潜水含水层。据现状调查可知，以本次调查结果潜水含水层厚度的平均数作为计算参数，因此本次预测场地内潜水含水层厚度 M 约 9.02m。

b. 单位时间注入示踪剂的质量 m_t。集污池在正常工况下钢筋混凝土池体满水试验验收标准为 2.0L/（$m^2 \cdot d$）[来源于现行《给水排水构筑物工程施工及验收规范》（GB 50141—2008）]。项目在非正常状况下池底出现由防渗层破裂引起的地下水渗漏量按照验收标准的 10 倍计。假设工人发现渗漏及采取有效措施制止渗漏的时间为 10d，根据集污池底面积，则进入含水层中污染物的渗漏量为 2 098.8g。

c. 含水层的平均有效孔隙度 n_e。项目场地内潜水地下含水层为黏土、粉土。参考天津市水文地质条件的经验参数值，有效孔隙度 n_e 值取 0.1。

d. 地下水平均流速 u。根据在项目场地及周边潜水地下含水层中进行的现状抽水试验结果，项目场地潜水地下含水层平均渗透系数 K 为 0.46m/d，工作区地下水水力坡度 I 根据保守原则及区域性资料得到，I 取 0.064%。$u = KI/n_e \approx 0.002\,9$ m/d

e. 纵向 x 方向的弥散系数 D_L。结合地层岩性特征和尺度特征，参考 Xu 等（1995）的拟合结果确定其弥散度 α_m，进而计算弥散系数 D_L。拟合方程式为：

$$\alpha_m = 0.83\,(\lg L_s)^{2.414} \tag{6-5}$$

式（6-5）中：L_s 为污染物运移的距离，m。根据预测要求，以保守情况计算，取污染物的运移距离按 200m 计算。可计算得出潜水含水层弥散度 α_m 为 6.205m。

由此计算场址区（集污池位置处）含水层中的纵向弥散系数：$D_L = \alpha_m \times u \approx 0.018\,m^2/d$。

f. 横向 y 方向的弥散系数 D_T。因为工作区地处平原地带，水力坡度较小，一般取 $D_T = D_L \times 0.1$，因此可求得 $D_T = 0.001\,8\,m^2/d$。

③地下水环境影响预测及分析。将预测所用模型进行转换后可得：

$$\frac{(x-ut)^2}{4D_L t} + \frac{y^2}{4D_T t} = \ln\left[\frac{m_M}{4\pi n \cdot M \cdot C_{(x,\,y,\,t)} \cdot \sqrt{D_L D_T \cdot t}}\right] \tag{6-6}$$

根据水文地质参数及污染源强，利用相应的地下水污染模型进行模拟，主要模拟集污池非正常状况下预测因子对地下水的影响状况。根据所在地区地下水质量及现状情况，确定以预测因子的《地表水环境质量标准》（GB 3838—2002）中的Ⅲ类标准为超标影响限值；以预测因子的检测方法检出限作为影响限值（表 6-17）。

表 6-17　污染预测特征因子源强设定

污染源	特征因子	标准值（mg/L）	检出限（mg/L）
集污池	总氮	1	0.03

表 6-18 给出了总氮在不同预测时间地下水流向轴线上的下游最大超标距离、最大影响距离及中心污染物浓度。图 6-12、图 6-13 提供了相同位置不同浓度地下水流向轴线上总氮弥散浓度图。

表6-18 潜水含水层中污染物运移情况结果汇总

特征因子	预测时间	最大超标距离（m）	最大影响距离（m）	中心污染物浓度（mg/L）
总氮	100d	7.73	10.08	325.29
	1 000d	19.00	25.60	32.53
	10 年	34.54	49.47	8.91
	20 年	49.02	72.57	4.45

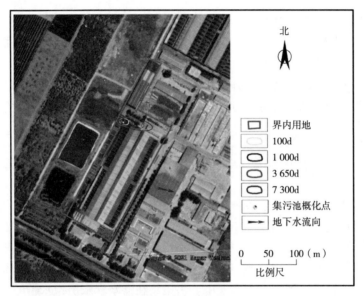

图6-12 非正常状况下不同时间点总氮污染羽（1mg/L）示意

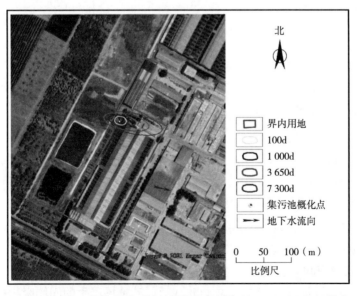

图6-13 非正常状况下不同时间点总氮污染羽（0.03mg/L）示意

经过预测分析，当污染物发生泄漏时，20年时间内污染物超标范围未超出场界，仅影响范围超出场界。根据项目三口监测井中总氮污染物检出值为 $0.55 \sim 5.93\text{mg/L}$，均大于总氮的检出限 0.03mg/L，说明污水泄漏后总氮的影响范围参考意义不大。因此，项目集污池在发生泄漏后，在做好防渗措施的前提下，总氮对潜水含水层的影响可接受。

【讨论】

畜禽养殖项目地下水环境影响因子除非持久性污染物（如高锰酸盐指数、氨氮、BOD_5、总磷、总氮）外，还涉及重金属（主要为铜、锌）。因此，环评报告中应进一步选取标准指数最大的重金属因子作为预测因子。

采用解析法进行污染物迁移预测，关键就在于模型参数的选取是否具备合理性。环评报告中应结合区域水文地质特征，说明各预测参数来源及依据。

6.1.5.4 土壤环境影响分析

根据项目土壤环境影响评价工作等级（三级）要求，环评报告中主要进行了定性分析。

项目在运营期正常状况下，各种地埋池体及粪污输送管道防渗措施满足设计防渗要求后，不会对土壤环境产生影响。

在运营期非正常状况下，可能由于基础不均匀沉降或年久失修，各种地埋池体泄漏难以被发现，其泄漏污水可能对土壤环境产生影响。由于池体埋深均低于场地地下水位埋深，泄漏污水会直接进入到潜水含水层中，污染物在潜水含水层饱水带的运移规律基本符合地下水环境影响预测情景。

【讨论】

畜禽养殖项目土壤环境影响评价应进一步考虑粪污还田利用过程中，粪污中污染物垂直下渗产生重金属累积，可能对土壤环境造成的影响。当评价工作等级为二级的，可采用基于土壤重金属负载容量的粪肥核算法进行预测分析。

6.1.5.5 声环境影响分析

结合项目声源的噪声排放特点，主要选择点声源预测模式，预测噪声源随距离衰减变化的情况。噪声源经过降噪及距离衰减，对四侧厂界处噪声预测值均可满足《工业企业厂界环境噪声排放标准》（GB 12348—2008）2类昼、夜间限值要求。项目周边200m范围内无声环境敏感目标，不会对周边环境造成明显不利影响。

畜禽养殖项目声环境一般影响不显著，本书不再对其进行重点分析。

6.1.5.6 固体废物环境影响分析

（1）固体废物类别及处置措施 项目建成后，养殖场产生的固体废物包括畜禽养殖业固体废物、危险废物及生活垃圾。其中，畜禽养殖业固体废物包括废包装物、污水处理站污泥、牛粪、病死牛及胎衣；危险废物包括废弃一次性治疗器具、包装，过期药物，废UV灯管，废紫外灯管，废活性炭。各固体废物类别及处置情况见表6-19。

表 6-19 项目固体废物类别处置情况一览表

固体废物名称	固废属性	废物类别	废物代码	处置去向
牛粪 牛粪、污水站污泥	畜禽养殖业固体废物	Ⅲ食品、饮料等行业产生的一般固体废物	031-001-33	回用于牛床垫料 作为农肥用于农田
病死牛及胎衣		Ⅲ食品、饮料等行业产生的一般固体废物	031-001-39	一般疾病致死的牛只在场内安全填埋 发生重大动物疫病或人畜共患病导致牛只死亡，须立即上报当地畜牧主管部门，交由当地专业处理场所处理
废包装物		Ⅰ废弃资源	031-001-07	外售给物资回收部门处理
生活垃圾	生活垃圾	—	—	由城管委定期清运
医疗废物	危险废物	HW01	841-001-01	交给有资质单位处置
废紫外灯管 废UV灯管		HW29	900-023-29	
废活性炭		HW49	900-039-49	

（2）粪肥农田消纳可行性分析　牛粪经固液分离后，筛上物发酵后用于补充损失的牛床垫料，其余部分以及经好氧发酵的脱水污泥作为农肥用于公司租赁的600亩农田利用。环评报告中结合项目单位自行租赁农田用于消纳固体肥的土地面积，进行了土地可承载能力分析。

根据《畜禽粪污土地承载力测算技术指南》，粪肥养分供给量核算公式为：

$$粪肥养分供给量 = \sum （各种畜禽存栏量 \times 各种畜禽氮（磷）排泄量）\times 养分留存率 \qquad (6-7)$$

1个猪当量的氮排泄量为11kg；固体粪便堆肥或厌氧发酵后农田利用为主的，粪污收集处理过程中氮留存率推荐值为62%。项目建成后存栏奶牛800头，折合存栏8 000头猪，则项目粪肥养分供给量计算如表6-20所示。

表 6-20 本项目粪污中氮养分供给量一览表

猪当量	1个猪当量氮（N）排泄量	养分留存率	粪肥中氮（N）养分供给量
8 000	11kg	62%	54 560kg

其中，经固液分离后的牛粪中，筛下物进入污水处理系统，最终随液体肥料用于农田；筛上物发酵后用于补充损失的牛床垫料，多余部分作为农肥用于农田。经计算，用于补充牛床垫料的牛粪，即固体粪便作为垫料回用比例约60%。根据物料衡算，则进入固体粪肥中的养分量＝（粪肥养分总供给量－进入液体肥中的养分量）×（1－60%），具体计算如表6-21所示。

表 6-21　固体粪肥中氮养分供给量一览表

养分类别	粪肥养分总供给量 A	经固液分离后进入液体中的养分量 B*	固液分离后进入固体肥中的养分量 C＝（A－B）×（1－60％）
氮（N）	54 560kg	27 054kg	11 002kg

注：* 进入液体肥中的养分量＝13 663.55m³/a×1 980mg/L＝27 054kg。

养殖场所需配套土地面积等于养殖场粪肥养分供给量除以单位土地粪肥养分需求量，则消纳项目产生固体肥所需土地面积核算见表 6-22。

表 6-22　消纳全场产生固体肥所需土地面积

消纳土地类型	粪肥中氮（N）养分总供给量	每亩土地粪肥养分需求量	消纳全场产生固体粪肥所需土地面积（亩）
小麦＋玉米	11 002kg	27.37kg	402

从表 6-22 可知，消纳全场产生的粪肥所需土地面积 402 亩。该公司租赁 600 亩农田，能够实现全场粪肥消纳可承载。

【讨论】

环评报告中主要根据区域作物养分需求核算了基于养分需求的单位土地畜禽粪便年允许施用量。鉴于粪肥中含有一定的重金属，宜采用农田重金属动态容量核算基于重金属安全施用的畜禽粪便年施用量，并取两者中较低值为本区域畜禽粪便单位土地年安全还田施用量。具体以哪种方式核算安全还田施用量，与种植作物类型、农田重金属背景水平、粪肥中重金属含量、施用年限等因素相关。

选取铜、锌、镉等 3 种特征因子。根据报告中实测土壤中重金属铜、锌、镉含量 C_i（选取受人为污染相对较轻的现状监测点位的表层土壤中相应含量代表施用农田土壤重金属含量），按照以下公式计算土壤重金属的年平均动态容量 Q_{in}：

$$Q_{in} = 2.25(S_i - C_i K^n)\frac{1-K}{K(1-K^n)} \tag{6-8}$$

式（6-8）中，S_i 为根据 GB 15618 确定的土壤重金属 i 的筛选值，mg/kg。本区域土壤 pH＞7.5，土地为其他类型；K 为土壤重金属 i 的残留率，与植物吸收、土壤中的流失与淋失等因素有关，一般取 0.90；C_i 为施用范围土壤重金属 i 的含量，mg/kg；n 为粪肥施用年限，一般根据 10 年、30 年、50 年计算。

参照《第一次全国污染源普查畜禽养殖业源产排污系数手册》中华北区奶牛养殖的产污系数，奶牛粪便中重金属 i 的平均含量（以干基计）分别为铜 44.9mg/kg {256.74mg/（头·d）÷[32.86kg/（头·d）×17.4％]}、锌 314.97mg/kg {1 800.9mg/（头·d）÷[32.86kg/（头·d）×17.4％]}；根据董元华等（2015）对畜禽粪便重金属残留状况调查与分析结果，奶牛干粪中重金属镉的含量约为 0.97mg/kg（表 6-23）。

表 6 - 23 畜禽养殖重金属产污系数核算表

牛舍	平均鲜粪量	鲜牛粪中干物质浓度	铜	锌
成母牛	32.86kg/（头·d）	17.4%	256.74mg/（头·d）	1 800.9mg/（头·d）

按照以下公式，得到基于土壤重金属动态容量（10、30 和 50 年）的粪肥年施用量 H，结果见表 6 - 24。

$$H = \frac{Q_{in}}{W_i} \times 10^3 \qquad (6-9)$$

式（6 - 9）中，H 为根据土壤重金属负载容量测算出的粪肥年施用量，t/（hm²）；Q_{in} 为土壤重金属 i 的年平均负载容量，kg/（hm²）；W_i 为施用粪肥中重金属 i 的平均含量，mg/kg。

相应参数的确定：

表 6 - 24 基于土壤重金属动态容量的粪肥年施用量（以干基计，mg/kg）

重金属	筛选值 S_i（mg/kg）	含量 C_i（mg/kg）	年限 n（a）	年平均动态容量 Q_{in}［kg/（hm²·a）］	粪肥年施用量 H ［t/（hm²·a）］
铜	100	29.8	10	34.395	766
			30	25.777	574
			50	25.091	559
锌	300	72.2	10	105.488	335
			30	77.521	246
			50	75.295	239
镉	0.6	0.106	10	0.216	223
			30	0.155	160
			50	0.151	155

项目所用设施农业用地使用年限为 30 年，牛场运营期按 30 年计，经核算，基于土壤重金属动态容量计算的粪肥年施用量最低值为 160t/（hm²·a）。本项目液体肥委托区域集中粪污资源化中心进行资源化利用，仅固体肥施用于建设单位承包的土地中，根据该区域作物 N 需求量计算的固体肥年施用量为 36t/（hm²·a）。经比较，最终选取 36t/（hm²·a）为本区域畜禽粪污的参考施用量。

综上，在现状的土壤重金属背景值水平下，可以主要根据区域作物养分需求核算单位土地畜禽粪便年允许施用量。

6.1.6 环境保护措施及其可行性论证

6.1.6.1 废气污染防治措施

报告依据相关技术规范，对项目采取的废气防治措施进行了对照分析，并结合环保措施的建设费用和运行费用进行了措施的经济合理性分析。

项目恶臭排放控制措施重点对照《排污许可证申请与核发技术规范　畜禽养殖行业》（HJ 1029—2019）中相关要求，进行符合性分析，详见表 6-25。

表 6-25　与《排污许可证申请与核发技术规范　畜禽养殖行业》恶臭控制要求符合性分析

主要环节	主要排放控制要求	本项目采取措施	符合性
养殖栏舍	（1）选用益生菌配方饲料（2）及时清运粪污（3）向粪便或舍内投（铺）放吸附剂减少臭气的散发（4）投加或喷洒除臭剂	（1）选用低蛋白、优质易消化料、添加益生素、酶抑制剂的膨化饲料（2）采用干清粪工艺，及时清除粪便，做到粪污日产日清，保持牛舍环境卫生（3）加强牛场环境综合管理，对牛舍外定期喷洒复合微生物除臭剂，减少恶臭污染物的蓄积（4）依托牛舍及场界处具有吸附恶臭功能的绿色植物，减轻恶臭对周围环境的影响	符合
固体粪污处理工程	（1）定期喷洒除臭剂（2）及时清运固体粪污（3）采用厌氧或好氧堆肥方式（4）集中收集气体经处理（生物过滤法、生物洗涤法、吸收法等）后由排气筒排放	（1）定期喷洒除臭剂（2）采用干清粪工艺，日产日清（3）采用好氧堆肥方式（4）堆粪车间整体密闭，产生的恶臭气体经负压换气收集后通过"生物滴滤塔＋UV光氧＋活性炭"装置（TA002）进行处理，其中，车间内密闭发酵罐产生的恶臭气体经管道引入 TA002 进行处理，最终通过 15m 高排气筒 P2 有组织排放	符合
废水处理工程	（1）定期喷洒除臭剂（2）废水处理设施加盖或加罩（3）集中收集气体经处理（生物过滤法、生物洗涤法、吸收法等）后由排气筒排放	（1）定期喷洒除臭剂（2）废水处理设施加盖密闭（3）固液分离间、污泥压滤间密闭，集污池，污水处理单元沉降Ⅰ区、沉降Ⅱ区、沉降Ⅲ区、水解酸化池、二沉池、污泥浓缩池加盖密闭，产生的恶臭气体经负压换气收集后通过"生物滴滤塔＋UV光氧＋活性炭"装置（TA001）进行处理，尾气通过 15m 高排气筒 P1 有组织排放	符合
其他	（1）固体粪污规范还田利用（2）场区运输道路全硬化、及时清扫、无积灰扬尘、定期洒水抑尘（3）加强场区绿化	（1）牛粪发酵后用于补充损失的牛床垫料，多余部分作为农肥用于农田（2）场区运输道路全硬化、及时清扫、无积灰扬尘、定期洒水抑尘（3）项目区四周、道路两侧及场区空地，1 000m²，种植乔木和草皮	符合

由表 6-25 可知，全场对养殖栏舍、固体粪污处理工程、废水处理工程等均采取了相应的恶臭无组织排放控制，满足 HJ 1029—2019 的相关要求。

项目与《畜禽养殖业污染治理工程技术规范》（HJ 497—2009）中恶臭控制的相关要求符合性分析见表 6-26。

表6-26　与《畜禽养殖业污染治理工程技术规范》恶臭控制要求符合性分析

主要控制要求	本项目采取措施	符合性
粪污处理各工艺单元宜设计为密闭形式，减少恶臭对周围环境的污染	固液分离间、污泥压滤间密闭，集污池、污水处理单元沉降Ⅰ区、沉降Ⅱ区、沉降Ⅲ区、水解酸化池、好氧反应池、二沉池、肥水储存池、污泥浓缩池加盖密闭；堆粪车间整体密闭，并采取负压抽吸，收集的恶臭气体集中处理后达标排放	符合
密闭化的粪污处理厂（站）宜建恶臭集中处理设施，各工艺过程中产生的臭气集中收集处理后排放，排气筒高度不得低于15m	粪污处理单元建设2套"生物滴滤塔＋UV光氧＋活性炭"集中处理设施，由15m高排气筒P1、P2外排	符合
集中式粪污处理厂的卸粪接口及固液分离设备等位置宜喷淋生化除臭剂	对卸粪接口及固液分离设备等位置定期喷洒除臭剂	符合
恶臭污染物的排放浓度应符合GB 18596—2001的规定	预计场界臭气浓度<50（无量纲），满足GB 18596—2001的规定	符合

由表6-26可知，项目恶臭控制措施符HJ 497—2009的相关要求。

6.1.6.2　废水污染防治措施

环评报告中依据相关技术规范，对本项目采取的废水防治措施进行了无害化可行性分析与农田消纳可承载性分析，并结合环保措施的建设费用和运行费用进行了措施的经济合理性分析。

6.1.6.3　地下水、土壤污染防治措施

（1）工艺装置及管道等源头控制　结合调查评价区的水文地质条件，地下水、土壤污染预防关键在于源头控制。源头控制的措施首先是加强安全生产和环境保护意识，将安全生产和清洁生产作为一种自觉的行动，降低甚至杜绝突发事故的发生。

本项目地下水及土壤潜在污染源主要为牛舍、挤奶厅、挤奶通道产生的粪污以及粪沟、污水处理的各种池体。应贯彻"预防为主、防控结合"的方针，具体措施如下：

①项目牛舍、挤奶厅、挤奶通道、粪沟、污水处理的各种池体应加强防渗设计，并加强场区的硬化，避免污染物下渗污染地下水及土壤。

②工作人员应加强场地的查漏、检修，防止渗漏，对地下水及土壤造成污染。

③对管道、设备及相关构筑物采取相应的分区防渗措施，降低污染物的跑、冒、滴、漏；并加强对地下水监测井的定期监测，发现问题及时采取补救措施。此外，管线敷设尽量"可视化"设置，有利于污染物跑冒滴漏的"早发现、早处置"。

（2）防扩散措施

①根据地下水预测结果，在防渗层发生破损等使其性能降低的情况下，项目污染源会对浅层地下水环境造成一定的影响。因此，应对本项目地下水环境设置必要的检漏时间及周期，在一个检漏周期内，对可能有污染物跑冒滴漏等产生的区域进行必要的检漏工作，及时发现污染物渗漏等情况，采取补救措施。

②在场区下游设置专门的地下水污染监控井，以作为日常地下水监控及风险应急状态的地下水监控井。

③根据项目建设运营期环境管理需要，地下水监控井应设置保护罩及安全台或设置单

独保护房，以防止污水漫灌进入环境监测井中。

④涉污的场所尽量减少裸露土壤的面积，做到泄漏时地面有防渗、地面四周有围堰、围堰内侧有导流槽、导流槽连续有高差、导流槽终端有污水收集装置。

(3) 分区防控措施 结合地下水环境影响预测与评价结果，环评报告中针对工程初步设计或可行性研究报告提出的地下水污染防控方案，提出了进一步优化调整的要求。具体分区防渗技术要求确定如下。

①天然包气带防污性能。按照环评中水文地质工作调查结果，项目场地内包气带厚度在 $1.75\sim2.44m$ 之间，平均厚度为 $1.98m$，包气带岩性以素填土、黏土为主，场地包气带垂向渗透系数平均为 $6.25\times10^{-5}cm/s$（$0.054m/d$）。对照地下水环境评价导则中的天然包气带防污性能分级参照表，项目所在场地的包气带防污性能为中（表 6-27）。

表 6-27 项目所在区域天然包气带防污性能分级

分级	判定条件	项目场地包气带防污性能分析
强	岩土层单层厚度≥1.0m，渗透系数≤1× 10^{-6} cm/s，且分布连续稳定	
中	岩土层单层厚度≥0.5m，<1.0m，渗透系数≤1×10^{-6} cm/s，且分布连续稳定；岩土层单层厚度≥1.0m，渗透系数>1×10^{-6} cm/s，≤1×10^{-4} cm/s，且分布连续稳定	项目场地内包气带厚度为 $1.75\sim2.44m$，平均厚度 $1.98m$，包气带岩性以素填土、黏土为主，场地包气带垂向渗透系数平均为 $6.25\times10^{-5}cm/s$（$0.054m/d$），因此确定项目场地包气带防污性能为中
弱	除上述"强"和"中"条件之外的	

②污染物控制难易。根据项目实际情况，按照 HJ 610—2016 要求，对项目场地各设施及建构筑物污染物难易控制程度进行分级。分级情况如表 6-28 所示。

表 6-28 项目污染物控制难易程度分级

污染控制难易程度	主要特征	项目构建筑物分类
难	不能及时发现和处理对地下水环境产生污染的物料或污染物的渗漏情形	粪沟、污水处理的各种地埋池体
易	可及时发现和处理对地下水环境产生污染的物料或污染物的渗漏情形	牛舍等

③污染物类型确定。场区防渗分区划分应根据建设项目场地天然包气带防污性能、污染控制难易程度和污染物类型，参照表 6-29 提出防渗技术要求。

表 6-29 地下水污染防渗分区参照表

防渗区域	天然包气带防污性能	污染控制难易程度	污染物类型	污染防渗技术要求
重点防渗区	弱	难	重金属及持久性有机污染物	等效黏土防渗层厚度≥6.0m，渗透系数≤1×10^{-7} cm/s，危废间参考 GB 18598
	中—强	难		
	弱	易		

（续）

防渗区域	天然包气带防污性能	污染控制难易程度	污染物类型	污染防渗技术要求
一般防渗区	弱	易—难	其他类型	等效黏土防渗层厚度≥1.5m，渗透系数≤1×10^{-7}cm/s，也可参考 GB 16889
	中—强	难	重金属及持久性有机污染物	
	中	易		
	强	易		
简单防渗区	中—强	易	其他类型	一般地面硬化

可见，污染物类型对于确定分区防渗措施很关键。对于重金属、持久性有机污染物可能在地下水环境中产生累积影响，应相对于非持久性污染物提出更严格的防渗要求。环评报告中根据项目粪污中涉及的重金属（总砷、总镉等）和非持久性污染物（高锰酸盐指数、氨氮、BOD₅、总磷、总氮、总大肠菌群、菌落总数等）两类污染物的特性，并结合现有工程地下水环境监测情况，综合确定项目涉及地下水环境的污染物类型包括重金属、其他类型（非持久性污染物）。

④项目防渗分区情况。环评报告中根据实际情况，对防渗分区情况设置见表 6-30。

表 6-30　项目地下水污染防渗分区

编号	单元名称	天然包气带防污性能	污染控制难易程度	污染物类型	污染防治类别	污染防治区域及部位
1	污水处理站各种地埋池体	中	难		重点防渗	池体防渗
2	地下集污池	中	难		重点防渗	池体防渗
3	地埋式粪沟	中	难		重点防渗	管道硬化
4	牛舍	中	易		一般防渗	地面硬化
5	挤奶厅	中	易		一般防渗	地面硬化
6	挤奶通道	中	易	重金属、其他类型	一般防渗	地面硬化
7	办公用房	中	易		一般防渗	地面硬化
8	精料库	中	易		一般防渗	地面硬化
9	堆粪场	中	易		一般防渗	地面硬化
10	固液分离间	中	易		一般防渗	地面硬化
11	防疫沟	中	易		一般防渗	地面硬化
12	危废间	执行《危险废物贮存污染控制标准》（GB 18597）相关要求				

此外，鉴于本项目为扩建的性质，对于各防渗单元的现状防渗措施进行了对照分析，明确了相应改进计划。在充分落实地下水防渗措施的前提下，可达到有效保护地下水环境的目的。

6.2 某种猪场新建项目

该种猪场项目为新建，受养殖用地规模的限制，采用楼房养猪模式。养猪场粪污经固液分离后，固体部分进入好氧发酵罐经无害化处理后制成有机肥外售；液体部分经"预处理＋UASB＋两级 A/O 深度处理＋混凝沉淀＋消毒"工艺处理后，达到《农田灌溉水质标准》（GB 5084—2021）相应要求后用于场区绿化和周边农田灌溉，不排入地表水环境。

本书结合该项目环评案例特点，对有代表性评价内容进行节选、点评。

6.2.1 工程分析

6.2.1.1 建设项目概况

（1）工程建设内容 本项目建设内容包括猪舍、库房、洗车烘干房、门卫地磅房、配电室、锅炉房、外部车辆洗消中心、待售舍、粪污及无害化处理区等，猪场内不设置饲料加工场所。

本项目主要建设内容见表 6-31。

表 6-31 本项目主要组成内容一览表

名称	工程名称	建设内容
主体工程	2#、4#猪舍	2 栋 7 层猪舍，每栋包含分娩舍、培育舍、保育舍、淘汰舍、配怀舍、公猪舍、待售舍等功能区。猪舍带有配套用房，内含员工休息室、淋浴间、消毒间、储藏间和相应料仓
	待售舍	设 1 栋待售舍，位于场区东侧，用于生猪和种猪的当天出售
辅助工程	病死猪无害化处理设备	粪肥车间内设一套一体化病死猪无害化处理设备，采用高温分解、灭菌＋生物发酵分解复合处理技术，处理后产生的油脂外售，骨粉渣运至发酵罐发酵处理
	粪肥车间	内设密闭式高温好氧发酵罐，猪粪、栅渣一同送入密闭式高温好氧发酵罐发酵处理
公用工程	排水	采取雨污分流系统，雨水通过雨水管道排入场区周边天然泄洪沟内。废水经处理后暂存于灌溉水储存罐，除用于场区绿化外，其余作为灌溉水采用密闭罐车运输并灌溉
	供热	猪舍、办公及食堂供热由场区锅炉房的 2 台 2t/h 的燃气锅炉提供。UASB 反应器采暖期由粪污处理区 1 台 0.5t/h 沼气锅炉供热
	制冷	猪舍夏季采用水帘、风机降温，所有的温控全部由电脑自动控制
	通风	猪舍为封闭式猪舍，机械通风。①猪舍冬季采用横向通风模式，新鲜空气经过粪沟之间的新风风道进入楼内，经过正压风机增压，通过舍内的送风管将新鲜空气均匀地分布于猪舍内部。同时，中央排风风机小规模开启、粪沟电动排风百叶开启，粪沟内形成负压，将漏缝板以上的舍内空气以及粪沟内臭气抽走，从而达到冬季小风量情况下的猪舍换气目的。②猪舍夏季采用纵向通风模式，新鲜空气经过粪沟之间的新风风道进入楼内。同时，中央排风风机使舍内形成负压，经过水帘蒸发降温之后的凉爽空气由水帘端向房舍排风百叶端流动，形成风冷效应

(续)

名称	工程名称	建设内容
环保工程	废气治理工程	猪舍（含待售舍）的恶臭气体：选用低蛋白、优质易消化料、添加益生素、酶抑制剂的膨化饲料，采取加强猪舍通风，猪舍内每日喷洒生物除臭剂，及时清除粪污，并定期对猪舍进行冲洗和消毒
		粪肥车间废气采取负压收集，再通过管道引入一套生物滤池除臭系统处理后，通过一根 15m 高排气筒（P1）有组织排放；密闭发酵罐产生的废气通过管道引入上述的一套生物滤池除臭系统处理后，通过一根 15m 高排气筒（P1）有组织排放；污水处理设施（UASB 发酵罐、混凝沉淀池、缺氧池、二沉池、污泥池）均拟加盖密闭，各池体上方设置吸风口，产生的恶臭气体经负压收集后通过管道与粪肥车间恶臭气体一同进入一套生物滤池除臭系统，处理后通过一根 15m 高排气筒（P1）有组织排放
		病死猪无害化处理为一体化密闭设备，采用"喷淋＋光催化氧化＋活性炭吸附"废气集中处理系统，尾气经一根 15m 高排气筒（P2）有组织排放
		沼气（经脱水、脱硫后）锅炉采用低氮燃烧器，燃气废气通过一根 15m 高排气筒（P3）有组织排放，多余沼气通过火炬燃烧
		燃气锅炉设低氮燃烧器，燃气废气由一根 15m 高排气筒（P4）有组织排放
	废水治理工程	设污水处理设施一座，设计处理规模 350m³/d，处理工艺采用"格栅集水池＋固液分离＋调节池＋UASB＋二级 A/O＋多级絮凝沉淀＋消毒"，养殖废水和生活区污水经处理，出水达到《农田灌溉水质标准》（GB 5084—2021）旱作标准，灌溉季节用作农田灌溉用水，非灌溉季节出水储存于灌溉水储存罐
	固废治理措施	猪粪、栅渣分别经集中收集后送粪肥生产车间，采用密闭式高温好氧发酵罐发酵处理，发酵产生的有机肥暂存于此车间闲置区域，定期外售农田利用；病害猪化制后产生的油脂作为工业油外售，骨粉渣外售生产有机肥；废脱硫剂经集中收集后由供货厂家定期回收利用；医疗废物、废 UV 灯管等危险废物暂存于危废暂存间，定期交由有资质的单位处理

(2) 主要产品方案 项目建成后猪只年存栏量为 32 146 头（包括繁育母猪 3 050 头、种公猪 60 头、保育猪 7 426 头、育肥猪 21 610 头）；年出栏生猪 45 000 头，种猪 15 000 头。

6.2.1.2 影响因素分析

(1) 主要工艺流程

①主要工艺参数。参见表 6-32。

表 6-32 项目主要养猪工艺技术指标

项目	参数	项目	参数
妊娠期	114d	出生重	1.2~1.6kg
哺乳期	21d	断奶后仔猪体重	6kg
母猪断奶至再配	7~15d	保育期体重	25kg
繁殖周期	150d	育肥期体重	85kg
母猪年产胎次	2.2次	公猪年更新率	40%
母猪产仔数	10头	母猪年更新率	40%
母猪产活仔数	9头	母猪情期受胎率	90%

（续）

项目	参数	项目	参数
断奶仔猪成活率	95%	母猪临产进产房时间	临产前 3～7d
保育猪成活率	96%	生长肥育猪料肉比	2.4
育肥猪成活率	98%	繁殖节律	21d

②养殖工艺流程。参见图 6-14。

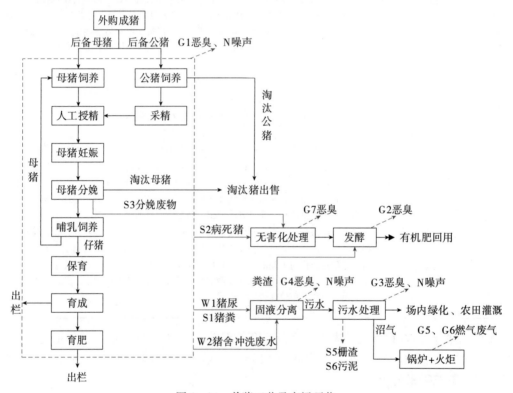

图 6-14　养猪工艺及产污环节

项目为规模化养猪场，猪只主要养殖流程顺序依次为：母猪配种→母猪妊娠→母猪分娩→仔猪哺乳→仔猪保育→生猪育成（育肥）→外售。项目设公猪舍，公猪和种母猪均外购，不自行培育。

项目配种采用人工授精方式，每批次 21d 有 450 头母猪配种，配种成功率约 90%，未受孕的母猪转入下批继续参与配种。妊娠母猪在配怀舍饲养约 114d，于分娩前 3～7d 进入分娩舍，分娩后，母猪对仔猪进行哺乳，哺乳期为 21d，哺乳期间仔猪不进行饲料喂养。哺乳期结束后，母猪被送回配怀舍进入下一个繁殖周期。仔猪在保育舍经 49d 保育饲养后，转入培育舍饲养 80d，经过筛选和辨识，将优良的适合做种猪的育成猪外售；其余育成猪继续在培育舍饲养 30d，测定合格即可作为商品猪出栏外售，种猪及商品猪均由汽车运输至待售舍。病死猪先送至淘汰舍，再转运至无害化处理车间进行无害化处理。

③粪污处理。参见图 6-15。

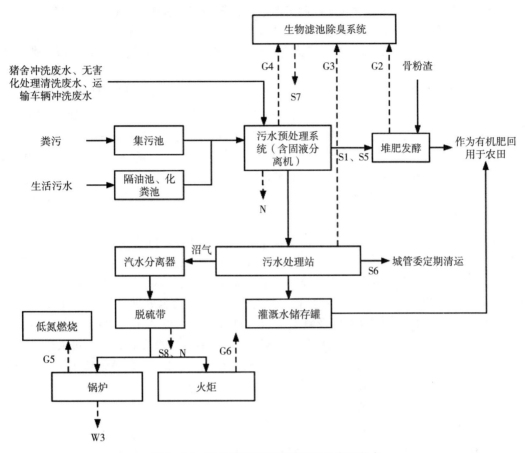

图 6-15 项目粪污处理工艺流程及产污节点

G2：好氧发酵产生恶臭气体；G3：污水处理产生恶臭气体；G4：固液分离异味；
G5：锅炉燃烧废气；G6：火炬燃烧废气；W3：软水制备排浓水；N：泵类、固液分离机、压缩机、
引风机等设备噪声；S1：猪粪；S5：栅渣；S6：污泥；S7：废过滤介质；S8：废脱硫剂

a. 清粪。项目清粪采用全漏缝地板免水冲工艺。全漏缝地板免水冲工艺不同于传统水泡粪工艺，其日常清粪不用水冲洗，粪尿靠重力作用落入粪沟，猪尿靠自流经导尿沟进入集污池，可有效减少粪污产生量，并实现了粪尿的及时清理。

项目猪舍内饲养区每层地面都安装有漏粪板，下设粪沟。猪粪由于猪的踩踏及重力作用进入粪沟，粪沟内设置推粪装置，采用链条传输，将粪污由粪沟汇至每层漏粪斗，经管道进入该栋猪舍1层集污池内。集污池底部设计成具有一定坡度的倾斜结构，猪粪塞位于最低端，集污池定期进行排空，集污池内的粪污泵入管道提升至粪污及无害化处理区的粪肥车间，通过其粪污预处理系统（格栅＋集污池＋固液分离机＋调节池）处理。经固液分离后，产生的固态猪粪通过螺旋输送机输送到发酵罐进行发酵；废水经管道排至污水处理系统进一步处理。

待售舍与猪舍类似，其地面也设有漏粪板，猪粪由于猪的踩踏及重力作用离开猪舍进入猪舍底部的粪污储存池，储存池底部设计成具有一定坡度的倾斜结构，猪粪塞位于最低端，粪污储存池定期排空，粪污储存池内的粪污泵入管道提升至粪肥车间，通过其污水预

处理系统进行处理。经固液分离后，产生的固态猪粪通过螺旋输送机输送到发酵罐进行发酵；废水经管道排至污水处理系统进一步处理。

b. 好氧发酵。项目固液分离后的猪粪、格栅栅渣采用发酵罐进行好氧发酵，制作有机肥后外售。

固液分离后的猪粪、格栅栅渣进入好氧发酵罐进行处理，同步将发酵辅料（碎秸秆、木糠、谷壳等，粒径≤2cm，无需在场内粉碎）和微生物菌剂（纤维分解菌、蛋白分解菌、除臭菌等）均匀混合加入到发酵罐中，发酵罐设置通气管路并连接高压风机，风机自动控制每小时向发酵罐内鼓风约5min，为好氧微生物菌种供给氧分。发酵周期约为8d，发酵过程中罐内温度迅速升高并进入高温分解阶段（55℃）。

c. 废水处理。项目污水站采用"预处理＋UASB＋两级A/O深度处理＋混凝沉淀＋消毒"的处理工艺。

场区内的猪尿、猪粪含水、猪舍冲洗废水、无害化处理清洗废水、生物除臭塔排水、运输车辆冲洗废水以及经隔油池、化粪池预处理后的生活污水，全部经场区的污水管道收集至污水站预处理系统（格栅＋集污池＋固液分离机＋调节池），经固液分离机去除大部分猪粪，液体靠重力自流进入调节池后，再通过管道泵入污水处理设施的UASB厌氧反应器进行降解，去除大部分COD及氨氮，然后自流进入两级A/O生物反应池，进行生化处理；两级A/O生物反应池处理后经絮凝、沉淀、消毒等深度处理后，进入灌溉水存储罐贮存，以便对周围农田进行灌溉。剩余污泥泵入污泥浓缩池，经叠螺脱水机完成脱水后，定期交由第三方专业单位进行资源化利用。

污水处理工艺流程见图6-16。

污水处理设施工艺描述：

Ⅰ. 格栅：废水分别经场区的污水管道收集至预处理系统的格栅渠，利用格栅拦截粪污、大块杂物，防止这类物质进入污水处理系统对设备造成损坏，影响后续的处理效率。

Ⅱ. 集水池：粪污及污水经过格栅过滤后，经污水提升泵转入集水池，停留时间约19h。集水池起到集中、调节、均质均量的作用，搅拌均匀后用泵提升至固液分离机。

Ⅲ. 固液分离机：固液分离机实现固液分离。分离出的固体猪粪通过螺旋输送机送入发酵罐制作有机肥，其余猪粪随废水进入调节池。

Ⅳ. 调节池：经固液分离后的废水进入水解酸化调节池，污水中的有机物发生水解酸化反应，降低后续构筑物的处理负荷，同时水质水量得到调节均衡，通过自动液位控制将废水抽至絮凝反应池进行后续絮凝反应处理。

Ⅴ. UASB：利用提升泵将调节池中的废水打入UASB反应器的底部。当UASB器运行时，废水通过污泥床向上流动，废水与污泥中的微生物充分接触以生物降解，生化反应生成的沼气以微小气泡的形式不断释放，进一步促进废水与污泥的充分接触。气体从污泥床内不断产生，带动沉淀性能不太好的污泥颗粒于反应器上部形成悬浮污泥层。设计UASB污泥产率为0.05kgVSS/kgCOD，反应器停留时间24h。反应器内设有加热盘管用于保温。

Ⅵ. 混凝絮凝沉淀系统：UASB反应器出水中含磷较高，采用钙盐法进行除磷：向废

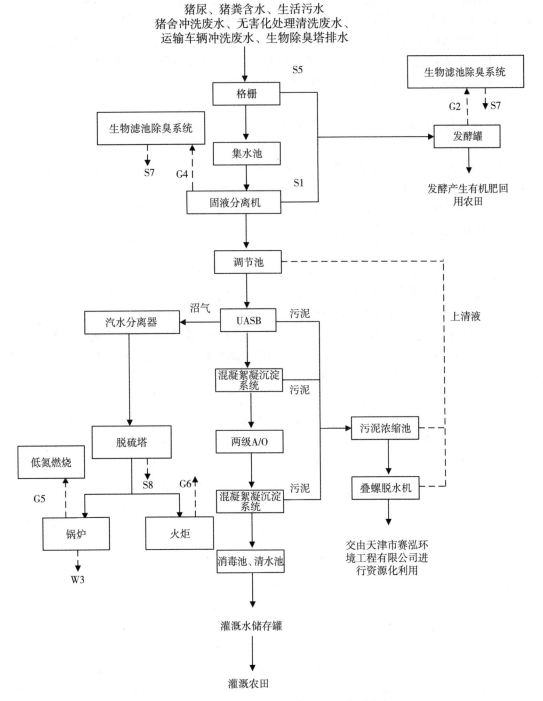

图 6-16 项目废水处理工艺流程及产污节点

G2：好氧发酵产生恶臭气体；G4：固液分离异味；G5：锅炉燃烧废气；G6：火炬燃烧废气；
W3：软水制备排浓水；N：泵类、固液分离设备、压缩机、引风机等设备噪声；
S1：猪粪；S5：栅渣；S6：污泥；S7：废过滤介质；S8：废脱硫剂

水中投加石灰乳，在一定的 pH 条件下，石灰中的钙盐会与磷酸根形成磷酸钙，磷酸钙在碱性条件下会沉淀。分离后污泥排至污泥池，上清液自流进入 A/O 处理单元。

Ⅶ. 两级 A/O：经过 UASB 反应器处理后的废水，先经一级缺氧池，在缺氧条件下，通过兼性细菌对高分子的长链有机物进行断链，将其分解成易生化降解的小分子有机物。废水再流入好氧池，在经驯化后的好氧细菌新陈代谢的作用下，有机物被分解成二氧化碳和水。

Ⅷ. 混凝絮凝沉淀系统：进一步去除废水中的磷。二级好氧池出水进入反应池，与加入的 PAC 等药剂发生絮凝反应，经沉淀池沉淀分离。

Ⅸ. 消毒池/清水池：养猪废水中含有许多细菌、病毒等微生物，末端消毒池中投加消毒剂进行消毒，去除水中的大肠菌群等病菌。

Ⅹ. 污泥处理：剩余污泥抽入污泥浓缩池，经叠螺机完成脱水后定期委托第三方进行资源化利用，上清液回用于调节池。

④沼气净化及综合利用。

a. 沼气净化工艺。沼气中硫化氢的浓度与发酵原料及发酵工艺有关（王海涛，2009）。根据《规模化畜禽养殖场沼气工程设计规范》（NY/T 1222—2006）要求：H_2S 含量在 $2g/m^3$ 以下时，可采用一级脱硫；H_2S 含量在 $2\sim5g/m^3$ 时，应采取二级脱硫。

经类比其他相同养殖规模，相同污水处理工艺的畜禽养殖场，沼气中硫化氢平均含量一般约为 $1.5g/m^3$。项目采用三氧化二铁一级干法脱硫技术。干法脱硫处理后的沼气中甲烷含量 55% 以上，硫化氢含量小于 $20mg/m^3$。

b. 沼气净化工艺。沼气经脱水、脱硫处理后方可进行利用。

项目脱水采用汽水分离器（在设沼气管道的最低点），使沼气和水蒸气液滴分离，在器壁上凝成水滴，沿内壁向下流动并积存于装置底部，经过管道排入灌溉水存储池。

沼气以低流速自脱硫塔底部进入脱硫塔，脱硫塔设置脱硫剂填料层，沼气通过填料层后，其中的硫化氢与三氧化二铁反应被去除，经过净化的沼气从脱硫塔顶部排出。项目共设置两个脱硫塔，一用一备。当氧化铁（Fe_2O_3）含量降低到 25% 时，其活性会逐渐下降，脱硫效果变差。为保证处理效率，需要更换脱硫剂。沼气脱硫剂一般每半年更换一次，更换下来的废脱硫剂由供货厂家回收再生处理。

⑤病死猪尸体以及胎盘的处理与处置。项目拟在粪肥车间设无害化处理间，内设一套高温高压灭菌化制处理设备，对病死猪及分娩胎衣进行无害化处理。

通过提升机将病死猪及分娩胎衣缓慢倒入设备处理箱体内，同时向设备内投加处理所需的麸皮和益生菌等辅料，在 PLC 程序自动控制下，通过设备内部刀具进行分切、绞碎后，进入高温发酵、灭菌、烘干等工序，化制产生的油水混合物由泵抽入油水分离器中进行油水分离，油脂作为工业油外售；骨粉渣外售用于生产有机肥。高温发酵、化制分为两个阶段进行：第一阶段温度约 70℃，保持 $5\sim10h$；第二阶段温度约 180℃，保持 $25\sim30h$。

（2）主要产污环节

①废气。猪场内不设置饲料加工场所，全部饲料由指定饲料厂提供，饲料运送至场区后，通过自动上料设备将饲料泵入料仓内暂存。饲喂过程采用全自动配送上料系统和限位

猪槽，定时定量供应饲料；该过程中料塔为全封闭形式，饲料卸料过程也是运料车与料塔封闭料线连接，所以饲料装卸及暂存过程中无粉尘产生。

项目运营期废气主要来源于猪舍废气、无害化处理废气、污水处理设施废气、锅炉废气、食堂油烟、火炬燃烧烟气、粪肥车间废气。

②废水。全场用水包括养殖用水、生活用水和绿化用水。产生的废水主要包括养殖废水及生活污水，其中，养殖废水包括猪尿、猪粪含水、猪舍冲洗废水、无害化处理清洗废水、生物除臭塔排水、运输车辆冲洗废水以及软水制备排浓水。

③噪声。项目营运期主要设备噪声源有风机、猪只叫声及各种泵类。

④固体废物。项目营运期固体废物主要包括猪粪、病死猪只、分娩胎衣、污泥、栅渣、废脱硫剂、废过滤介质、医疗废物、废 UV 灯管、废活性炭、废离子交换树脂和生活垃圾等。

6.2.2　生态环境现状调查与分析

项目生态评价等级为三级。

（1）生态系统现状调查与评价　生态系统现状调查时间为 2022 年 7 月 12 日，采用遥感影像解译与野外调查相结合的方法，对评价范围内的生态系统类型进行统计与分析。根据《全国生态状况调查评估技术规范——生态系统遥感解译与野外核查》（HJ 1166—2021）附录 A 中全国生态系统分类体系表，将评价范围内生态系统类型划分至Ⅱ级分类，包括森林生态系统（针阔混交林、稀疏林）、灌丛生态系统（稀疏灌丛）、草地生态系统（稀疏草地）、农田生态系统（耕地、园地）、城镇生态系统（工矿交通）、其他（裸地）。

经统计，评价范围内稀疏林（森林生态系统）占比最大，面积约 81.85hm²，占比为 44.38%；其次为裸地（其他），面积为 27.24hm²，占比 14.77%；耕地（农田生态系统）占比最小，面积约 1.31hm²，占比 0.71%。

项目生态系统类型及面积统计见表 6-33。

表 6-33　评价范围内生态系统类型及面积统计

Ⅰ级分类	Ⅱ级分类	面积（hm²）	比例（%）
1 森林生态系统	13 针阔混交林	21.81	11.83
	14 稀疏林	81.85	44.38
2 灌丛生态系统	23 稀疏灌丛	16.33	8.85
3 草地生态系统	34 稀疏草地	14.53	7.88
5 农田生态系统	51 耕地	1.31	0.71
	52 园地	1.74	0.94
6 城镇生态系统	63 工矿交通	19.61	10.63
8 其他	82 裸地	27.24	14.77
合计		184.42	1

（2）植被及植物多样性调查与评价　评价范围内未发现国家重点保护野生植物及珍稀

濒危植物分布，周边区域未涉及自然遗迹类型或主要功能为地质科学研究的永久性保护生态区域，无自然遗迹分布。本项目选址区域周边为废弃矿区，由于无序开采，植被破坏严重，在开挖采坑及边坡内基本没有植被，天然斜坡和冲沟中植被比较茂盛。植物分布和结构较为均一，现状主要以乔木、野生灌木及杂草为主。

项目评价范围内植被类型见表6-34。

表6-34　项目评价范围内植被类型及面积占比一览表

类型	面积（hm²）	比例（%）
乔木林地	21.81	11.83
人工林	81.85	44.38
灌木林地	16.33	8.85
草地	14.53	7.88
农作物	3.05	1.65
非植被区	46.85	25.40
合计	184.42	1

(3) 动物多样性调查与评价　通过现场调查、走访咨询及资料调查，项目区及周边野生动物密度相对较低，常见的野生动物主要为一些常见的鸟类、哺乳动物、爬行类动物，无《国家重点保护野生动物名录》（国家林业和草原局、农业农村部）重点保护野生动物存在。区域常见的鸟类主要有喜鹊、麻雀、戴胜等；常见的哺乳动物主要有东北刺猬、野兔等；常见的爬行类动物主要有壁虎等。

其中，无蹼壁虎栖息场所广泛，几乎所有建筑物的缝隙及树木、岩缝等处均有分布，生活海拔为600~1 300m。经走访咨询周边居民，项目区周边500m范围偶见无蹼壁虎栖息于岩缝及石下。无蹼壁虎是夜行性蜥蜴，一般每日在18：00时以后至次日7：00时以前活动，少数个体中午亦偶有活动。遇敌时，无蹼壁虎极速爬行逃避或自附着处落于地面，落下时，尾部易自断，断尾后能在短期内重新再生。

(4) 土地利用现状调查与评价　通过遥感影像解译与野外调查相结合的方法，对项目区周边500m评价范围内的土地利用现状进行统计与分析。依据《土地利用现状分类》（GB/T 21010—2017），项目周边500m范围内的土地利用类型主要为水浇地、乔木林地、其他林地、仓储用地、设施农用地、果园、灌木林地、其他草地、公路用地、裸土地。评价范围内现状土地利用类型及面积占比情况如表6-35所示。

表6-35　项目评价范围内土地利用及面积占比一览表

一级类	二级类	面积（hm²）	比例（%）
01 耕地	0102 水浇地	1.31	0.71
02 园地	0201 果园	1.74	0.94

（续）

一级类	二级类	面积（hm²）	比例（%）
03 林地	0301 乔木林地	21.81	11.83
	0305 灌木林地	16.33	8.85
	0307 其他林地	81.85	44.38
04 草地	0404 其他草地	14.53	7.88
06 工况仓储用地	0604 仓储用地	5.8	3.14
10 交通运输用地	1003 公路用地	7.82	4.24
12 其他土地	1202 设施农用地	5.99	3.25
	1206 裸土地	27.24	14.77
合计		184.42	100

6.2.3 环境影响预测与评价

6.2.3.1 营运期水环境影响分析

环评报告中结合污水处理站设计资料、《畜禽养殖业污染治理工程技术规范》（HJ 497—2009）及同类项目进出水水质情况，重点进行了废水达标排放可行性分析。同时，对灌溉水的暂存与农田完全利用可行性进行了充分论证。

(1) 灌溉水暂存可行性 项目经污水站处理后产生的可用于灌溉回用的水量约44 181m³/a。项目设有 2 个储水罐，总储水容积 18 540m³。结合相关法规、项目养殖场产污水实际及当地农业灌溉实际要求（冬季不灌溉），灌溉水存储设施的容纳量不少于冬季灌溉水设计，据此推算，冬季的存储量约 1.1 万 m³。项目拟建灌溉水储水罐有效容积可以满足灌溉水冬季的储存需求。

【讨论】

灌溉水储存罐容积可参照《畜禽养殖污水贮存设施设计要求》（GB/T 26624—2011）进行校核，校核公式如下：

$$V = L_w + R_o + P \tag{6-10}$$

式（6-10）中，L_w 为灌溉水罐所需暂存体积，m³；R_o 为降雨体积，m³，可按 25 年来该贮存设施每天能够收集的最大雨水量（m³/d）与平均降雨持续时间（d）计算；P 为预留体积，m³，宜预留 0.9m 高的空间，预留体积按照设施的实际长、宽以及预留高度进行核算。

该项目灌溉水储存罐主要用于冬季非灌溉季节的污水处理设施出水的存储。储水罐为密闭式，不考虑降雨所需体积。储水罐 1 直径 44.06m，储水罐 2 直径 22.06m，两罐各预留 0.9m 高的空间，则预留体积＝3.14×［（44.06m+22.06m）/2］²×0.9m＝3 088.7m³。

该项目灌溉水暂存体积为 1.1 万 m³，预留体积为 3 088.7m³，则灌溉罐贮存容积应不小于 1.1 万 m³+3 088.7m³＝14 088.7m³。经校核，该项目拟建灌溉水储存池有效容积 18 540m³，可以满足灌溉水冬季的储存需求。

(2) 农田完全利用可行性　根据项目所在地《农业用水定额》（DB 12/T 698—2019），水浇地灌溉的用水定额为 135m³/（亩·a）。项目用于农田灌溉水量为 44 181m³/a，则可浇灌土地面积 327 亩。

项目灌溉水由建设单位采用密闭罐车运输至第三方农作物种植专业合作社租赁的 1 000 亩农田（作物类型为玉米、小麦），由该合作社负责接纳和灌溉。因此，租赁农田可完全消纳项目产生的废水。

【讨论】

　　对于用于农田灌溉的，应重点结合场区至农田的输送方式，确定排放方式。项目灌溉用水通过专用罐车转运，并配套非灌溉季节所需必要贮存设施，可以做到不直接排放到外环境，可视为间接排放，地表水环境影响分析重点进行废水达标排放分析。

　　此外，对于污水处理后达到灌溉水标准用于农田灌溉的，可主要从灌溉水量的消纳可行性进行分析。对于农田灌溉用水中以适当形式存在的 N（游离氨态氮 NH_3 和铵态氮 NH_4^+）和 P（PO_4^{3-}）可作为一种肥料，因此，《农田灌溉水质标准》（GB 5084—2021）未对氮、磷指标进行限定。同时，氮、磷等营养元素是维持污水生物处理中微生物生长、繁殖的重要因素，污水处理过程中氮磷等指标会与 COD 等指标的去除协同进行。因此，对于灌溉回用方式可不必从氮磷养分承载角度进行分析。对于灌溉水及作为肥料利用的粪污回用于同一处农田的且消纳农田对应承载富余能力相对不足的，可酌情考虑两种利用方式对农田带来影响的叠加效应。

6.2.3.2　营运期地下水环境影响分析

根据建设项目生产工艺特征、场地水文地质条件等，项目对地下水的影响以污染物主要通过包气带下渗为主。

(1) 预测情景设定　非正常状况下，格栅集污池在发生泄漏后，所泄漏污水对潜水含水层的影响程度和范围。

(2) 污染源的概化与预测方法　项目格栅集污池的面积远小于预测评价范围面积，排放形式可以简化为点源。根据所在区域水文地质条件可知，潜水含水层地下水自北向南呈一维流动。格栅集污池在非正常状况泄漏时，短时间内较难被发现。可简化为污染物以一定浓度持续渗漏，污染物在地下水环境中不断迁移的情形，并且假设泄漏的污染物全部进入含水层。因此，项目可概化为一维半无限长多孔介质柱体，一端为定浓度边界的一维水动力弥散问题。预测方法采用解析法。

(3) 预测范围　地下水调查评价区。

(4) 预测时段　100d、1 000d、50 年。

(5) 预测因子筛选　环评报告中根据评价区内地下水的水质现状以及项目污染因子特性，采用标准指数法选取预测因子。根据分析，废水中其他污染物中的氨氮以及重金属中的锌对地下水环境的污染风险较大，因此选取废水中其他污染物氨氮和重金属锌作为本次评价的预测因子。

（6）评价方法 氨氮和锌参照《地下水质量标准》（GB/T 14848—2017）的Ⅲ类标准。当预测污染物浓度大于标准限值时，表示地下水环境受到一定的污染，并以此计算超标距离；当预测污染物浓度大于检出限时，表示地下水受到一定的影响，以此计算影响范围。项目地下水环境现状监测中氨氮有检出，在计算超标范围及影响范围时需要叠加背景值计算超标范围；锌的现状监测中未检出，在计算超标范围及影响范围时可不叠加背景值。

（7）预测结果与评价 通过非正常状况下的情景设置及条件概化，将污染物的瞬时质量和其他参数代入预测模型，经计算，当假设污染物发生泄漏后，氨氮在地下水环境不断扩散，随时间推移，影响距离和影响范围逐渐变大。根据泄漏源与场界距离，在50年时最大超标距离将超出场区边界。由于锌的初始浓度较低，随时间推移其影响距离和超标距离均不会超出场界。

（8）针对氨氮渗漏的强化措施 针对废水处理站内格栅集污池废水发生泄漏后，污染50年内超出场界情况，报告里结合周边地下水源保护区分布情况，提出了相应强化防渗措施。

根据场地区域地质情况和水文地质资料，采用强化防渗措施后，利用解析法对氨氮污染物泄漏及运移情况进行重新预测。重新预测的预测参数参照本次采取措施的参数进行计算，根据预测结果显示，在发生泄漏50年后，氨氮污染物超标距离未超出场界。

【讨论】

对地下水环境影响预测与评价时，如果个别评价因子出现厂界外超标的情况，应进一步采取强化防渗措施，按照采取防渗措施后的相关参数，宜重新采用预测模型进行同等深度的预测。

7 "双碳"目标愿景下畜禽养殖行业碳排放环境影响评价方法与展望

为积极应对气候危机，我国明确提出了 2030 年"碳达峰"与 2060 年"碳中和"的目标。据统计，2014 年我国农业碳排放量为 8.29 亿 t CO_2e，其中畜禽养殖业的碳排放量达到了 3.45 亿 t CO_2e，占比 41.6%，为农业重要的碳排放源。农业农村部、国家发改委于 2022 年 5 月印发《农业农村减排固碳实施方案》（农科教发〔2022〕2 号），以畜禽养殖业减排降碳作为农业农村减排固碳的重点任务之一，以畜禽低碳减排行动作为农业农村减排固碳的重大行动之一。

本章围绕碳中和、碳达峰背景下畜禽养殖行业碳排放环境影响评价要点，重点分析温室气体的排放源及源强核算方法，并提出减排降碳措施。

7.1 畜禽养殖业碳排放的主要来源

畜禽养殖业温室气体排放可分为直接排放与间接排放的形式。其中，直接排放包括畜禽的饲养环节、呼吸代谢、消化道微生物发酵、粪尿发酵、病畜尸体腐烂分解等源于饲养环节的排放；间接排放包括饲料生产过程中的土地利用、饲料粮草种植、饲料粮草运输加工、农业机械排放等与畜禽饲养相关的上下游产业链排放。

鉴于目前生态环境部发布的《重点行业建设项目碳排放环境影响评价试点技术指南（试行）》及各省份发布的重点行业建设项目碳排放环境影响评价技术指南中均以项目边界作为项目碳排放核算边界，本书重点介绍畜禽养殖业的直接排放形式，包括动物的消化道发酵与粪便管理过程。

7.1.1 动物胃肠道发酵

动物在代谢活动中，胃肠道内的微生物发酵食物时会排放 CH_4，其中包含了经动物口、鼻和直肠排出体外的 CH_4，不包含粪便发酵过程产生的 CH_4（周静等，2013）。该环节产生的 CH_4 排放量受到包括动物消化道类型、饲料种类及数量、年龄、体重、生长水平在内的多种因素共同影响，动物的消化道类型及饲料特征是较为重要的影响因素。根据消化道类型，可将自然界的动物分为复胃动物（反刍动物）及单胃动物（非反刍动物）、禽类。其中，反刍动物（牛、羊）的瘤胃容积较大，微生物的种类及数量较多，有着较高的饲料分解水平，因此产生的 CH_4 排放量大；非反刍动物（马、驴、骡、猪）只有一个胃，其消化食物时产生的 CH_4 排放量更低；禽类（鸡、鸭、鹅）体型较小，胃肠道发酵产生的 CH_4 排放可以忽略。

7.1.2 动物粪便管理

动物粪便管理过程中的温室气体排放包括 CH_4 排放和 N_2O 排放。

（1）甲烷排放 动物粪便管理过程中的 CH_4 排放与粪便的管理模式、排泄量及特性、厌氧降解比例等粪便自身特性，以及温度、湿度等环境因素有关。粪便在厌氧条件下储存降解所产生的 CH_4 量高于好氧条件。规模化畜禽养殖场的粪便大多在化粪池或粪坑等液态条件中储存，大量畜禽粪便在厌氧环境中降解，使得 CH_4 的排放量较大（孟祥海等，2014）。

（2）氧化亚氮排放 动物粪便管理系统产生的氧化亚氮排放量受到排泄物中的含氮率及粪便储存处理的模式影响。研究表明，堆肥处理过程中若通气不良会导致堆肥内部出现无氧环境，反硝化作用增强，N_2O 排放量增加（图 7-1）。

图 7-1　奶牛活动的温室气体排放环节示意

7.2　畜禽养殖业碳排放评价简析

畜禽养殖业碳排放指建设项目在建设期、生产运行期、产品使用等活动阶段产生的 CO_2 等温室气体排放，以及由电能、热能的使用产生的二氧化碳、二氧化硫、氮氧化物等温室气体排放。本书简要分析了畜禽养殖业碳排放过程的重点问题，供参考。

7.2.1　工作程序与评价指标

（1）工作程序 畜禽养殖建设项目碳排放评价应贯穿在环境影响评价各阶段中，同步开展。第一阶段进行相关文件研究、碳排放初步分析、行业及区域碳排放调查、评价指标确定；第二阶段进行碳排放的调查、测算和水平分析；第三阶段进行减污降碳措施分析、管理与监测计划制定等工作。

畜禽养殖建设项目碳排放评价工作程序如图7-2所示。

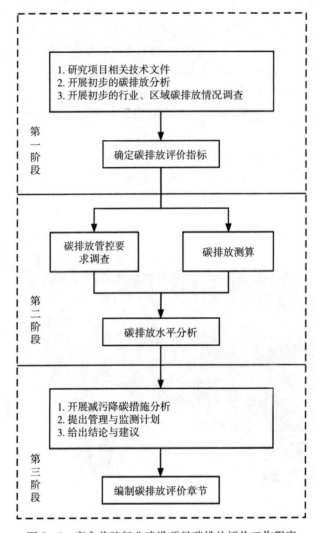

图7-2　畜禽养殖行业建设项目碳排放评价工作程序

（2）评价指标　畜禽养殖业碳排放评价指标包括碳排放量及排放强度，碳排放量指建设项目在生产运行阶段碳排放的数量；排放强度指运营期单位产品的碳排放量。对于奶牛场、蛋禽场可采用单位产品的碳排放量核算；对于肉牛场、生猪场、肉禽场可采用出栏单位畜禽的碳排放量核算。

7.2.2　评价内容

7.2.2.1　政策符合性分析

在一般建设项目对照生态环境分区管控方案和生态环境准入清单，相关法律、法规、政策，相关规划和规划环境影响评价等的符合性的基础上，进一步分析畜禽养殖建设项目碳排放与国家、地方碳达峰行动方案和畜禽养殖行业减排固碳实施方案的符合性。

国家层面，主要对照《国务院关于印发 2030 年前碳达峰行动方案的通知》（国发〔2021〕23 号）、《减污降碳协同增效实施方案》（环综合〔2022〕42 号）、《农业农村减排固碳实施方案》（农科教发〔2022〕2 号）等政策进行分析。

7.2.2.2　现状调查与资料搜集

碳排放影响评价调查及收集的主要资料包括：消耗的电力和热力；涉及碳排放的生产过程原辅料使用量、碳含量；化石燃料的种类、消费量、燃烧效率等。

改扩建、异地搬迁及涉及产能置换的建设项目还应调查现有项目碳排放现状。建议选择近 3 个正常生产年度的平均碳排放情况作为碳排放现状。

此外，还应调查所在行政区、农业产业园区的碳排放总量及碳排放强度管控目标，区域及国内外同行业企业碳排放强度先进值，为碳排放水平分析提供基础数据。

7.2.2.3　碳排放分析

（1）确定核算边界　为了便于不同养殖项目的可比性，重点针对生产系统的碳排放进行核算。核算边界内的碳排放源主要包括化石燃料燃烧、生产过程与产品使用环节、消耗的外部电力和热力等。

改扩建、异地搬迁的建设项目核算边界还应考虑现有项目边界。

（2）识别碳排放源　根据项目原（辅）材料、燃料（含其他能源）消耗，生产设施和设备，生产工艺流程，全面分析建设项目碳产排节点（设施），明确畜禽养殖行业的碳排放源，具体见表 7-1。

表 7-1　畜禽养殖项目碳排放源识别

排放种类	燃料、原辅料	碳排放源	备注
化石燃料燃烧排放	燃料煤、柴油、汽油等	热风炉等畜禽舍加热设施，锅炉等	可能涉及
养殖及粪便管理过程排放	饲料、饲草等	畜禽舍、粪污转运与处理区	均涉及
消耗电力和热力排放	电力	生产系统的耗电设施	均涉及
	热力（热水或蒸汽）	热力使用设备	可能涉及

（3）碳排放量核算　根据建设项目涉及碳排放的生产原（辅）料、化石燃料、消耗的电力和热力特性及活动水平数据，从生产全过程、化石燃料的燃烧、消耗电力和热力排放等方面，分别计算建设项目实施后的碳排放总量。

对于改扩建、异地搬迁的项目，还应对改扩建或搬迁前后碳排放量及碳排放的变化情况进行核算。

（4）碳排放水平核算及评价

①碳排放量水平。应核算在设计养殖规模下，养殖一个自然年的碳排放量。

优先以区域碳排放总量目标为评价基准，核算建设项目碳排放量对所在区碳排放总量的贡献情况。如建设项目所属农业产业园区有碳排放总量管控目标，还应核算建设项目碳排放量对农业产业园区碳排放总量的贡献情况。改扩建项目还应分析净新增碳排放量。

②碳排放强度水平。优先以所在行政区、产业园区或行业的碳排放强度考核目标为基准进行评价。我国现阶段尚未制定畜禽养殖行业碳排放强度考核目标。可参考中国城市温

室气体工作组（CCG）组织建设的《中国产品全生命周期温室气体排放系数集（2022）》。该系数集给出了生产单位生活产品类别中畜禽养殖产品的温室气体排放量，详见表 7 - 2。排放单位统一为 CO_2 当量，全球增温潜势（GWP）值取 IPCC 第六次评估报告（2021）中的 GWP（100）值。

表 7 - 2　部分畜禽产品上游排放系数

单位：$t\ CO_2 - eq/t$

1级分类	2级分类	3级分类	上游排放系数（生产单位该产品的温室气体排放量）	排放环节	数据时间
食品	肉制品	牛肉（中国）	21.71	胃肠道发酵 61.1%，粪便管理 13.0%，饲料 24.2%，其他投入品 1.7%	截至 2009
		羊肉（中国）	20.82	胃肠道发酵 72.8%，粪便管理 15.1%，饲料 6.3%，其他投入品 5.5%	
		猪肉（中国）	4.84	—	截至 2012
		猪肉（中国）	2.89	胃肠道发酵 7.7%，粪便管理 46.6%，饲料 33.3%，其他投入品 12.4%	截至 2009
		鸡肉（中国）	13.94	—	截至 2012
		鸭肉	3.09	包含所有环节但未区分	截至 2014
		兔肉	4.70	包含所有环节但未区分	
	蛋类	鸡蛋（中国）	3.58	—	截至 2012
		鸭蛋	3.46		截至 2014
		鹅蛋	3.46		
	乳制品	牛奶（中国）	1.07		截至 2012

（5）减污降碳措施及可行性分析

①碳减排措施分析。从源头防控（如优化日粮组成、遗传育种、全株青贮技术等）、过程控制（如优化饲养模式，采取精准饲喂等）、工程治理（如粪污处理）等方面说明拟采取的以及"以新带老"的碳减排措施，给出降低碳排放措施的工艺、规模、资金投入及碳减排效果。分析拟采取的碳减排措施是否列入国家、地方发布的节能低碳技术产品和节能技术装备推荐目录。否则应以相近措施的实际运行效果为依据来说明碳减排效果。

②协同减排措施分析。分析污染物减排措施的协同降碳的可能性，对于可协同降碳的，在保证污染物达标排放并使环境影响可接受的前提下，开展废气处理设施、废水处理设施、固体废物处置方案的协同降碳分析，提出污染物治理的减污降碳协同控制最优方案，并论证该方案的经济技术可行性，说明方案能否长期稳定地运行。

对于畜禽养殖项目协同减排措施，应立足于绿色、低碳、高效发展理念，重点在于通过改进畜禽粪污处理设施装备，推广粪污密闭处理、气体收集利用或处理等技术，提高畜禽粪污处理水平，降低畜禽粪污管理环节的甲烷和氧化亚氮排放。

（6）碳排放管理与监测计划　编制建设项目碳排放清单，明确其排放的管理要求。

建议未来综合运用现代信息技术，对畜禽养殖行业温室气体排放进行全过程监测，同时科学评估畜禽养殖过程中各生产环节的碳排放量及减排潜力。

7.3 畜禽养殖业碳排放核算方法

为了量化畜禽养殖业的温室气体排放，为畜禽养殖业碳减排提供依据，建立适合的碳排放计算方法尤为关键。从碳排放到碳足迹，国内外畜禽养殖业的碳排放计算方法正朝着全面化和完整化的方向发展。目前，国内外主流的碳排放计算方法包括 OECD（经济合作与发展组织）法、IPCC（联合国政府间气候变化专门委员会）系数法、质量平衡法。本书重点介绍上述 3 种计算方法。

7.3.1 OECD 法

反刍动物甲烷排放量的估算方法——OECD 法于 1991 年由经济合作与发展组织（OECD）提出，该方法是早期核算畜禽养殖业碳排放的简易方法（师帅等，2017）。根据反刍动物摄入饲料总能的消化率和以维持基体所需能量为基准的饲料营养水平来推算反刍动物的甲烷产量（钟华宜等，2006）。计算公式如下：

$$Y = 1.300 + 0.112D + L (2.370 - 0.050D) \qquad (7-1)$$

式（7-1）中，Y 为每摄入 100MJ 能量产生的甲烷量，MJ；D 为饲料的表观转化率；L 为摄入能量与维持能量之比，即采食水平。

$$M = GE (Y/100) \times 365 \times 0.018 \qquad (7-2)$$

式（7-2）中，M 为动物年甲烷排放量，kg/（头·a）；GE 为动物采食总能量，MJ/d。

OECD 法对甲烷排放量估算的计算过程较为简易，但估算结果与实际偏差较大。

7.3.2 IPCC 系数法

IPCC 系数法，也称排放因子法、排放系数法，是目前应用最广泛的一种畜禽养殖碳排放计算方法。根据联合国政府间气候变化专门委员会（IPCC）公布的《IPCC2006 年国家温室气体清单指南》（以下简称《IPCC》）中碳排放系数，可估算畜禽养殖重点环节的碳排放量。基于《IPCC》，我国发布了《省级温室气体清单编制指南（试行）》（发改办气候〔2011〕1041 号，以下简称《指南》），并给出了重点行业碳排放清单的编制方法，其中对畜禽养殖业两大排放环节的碳排放量计算方法介绍如下：

7.3.2.1 动物胃肠道微生物发酵甲烷排放

《指南》中列出的胃肠道发酵 CH_4 排放量计算公式如下：

$$E_{CH_4, enteric, i} = EF_{CH_4, enteric, i} \times AP_i \times 10^{-7} \qquad (7-3)$$

式（7-3）中，$E_{CH_4, enteric, i}$ 为第 i 种动物胃肠道发酵甲烷排放量，万 t CH_4/年；$EF_{CH_4, enteric, i}$ 为第 i 种动物胃肠道发酵甲烷排放因子，kg/（头·a）；AP_i 为第 i 种动物的存栏数量，头（只）。

$$E_{CH_4} = \sum E_{CH_4, enteric, i} \qquad (7-4)$$

式（7-4）中，E_{CH_4} 为动物胃肠道发酵甲烷总排放量，万 t CH_4/年。

$$EF_{CH_4, enteric, i} = (GE_i \times Y_{m, i} \times 365)/55.65 \qquad (7-5)$$

式（7-5）中，GE_i 为摄取的总能，MJ/（头·a）；$Y_{m, i}$ 为甲烷转化率，是饲料中总能转化成甲烷的比例，无量纲；55.65 为甲烷能量转化因子，MJ/kg CH_4。

各参数选取原则如下：

（1）动物存栏量数据（AP） 对于畜禽养殖项目可取设计存栏数据；对于区域排放量核算可以从《中国统计年鉴》、《中国农业年鉴》，或者地方统计年鉴获得。

（2）动物胃肠道发酵甲烷排放因子确定方法及所需数据

①总能（GE）。如果没有当地特定动物采食总能数据，可以根据采食能量需要公式或《IPCC》推荐的公式（7-6）进行计算，计算总能需要收集的参数包括：动物体重、平均日增重、成年体重、采食量、饲料消化率、平均日产奶量、奶脂肪含量、一年中怀孕的母畜百分数、每只羊年产毛量、每日劳动时间等动物特性参数。

$$GE = \left[\frac{\left(\dfrac{NE_m + NE_a + NE_l + NE_{work} + NE_p}{REM}\right) + \left(\dfrac{NE_g + NE_{wool}}{REG}\right)}{DE}\right]$$
$$(7-6)$$

式（7-6）中，GE 为家畜摄取的总能，MJ/d；NE_m 为家畜维持需要的净能，MJ/d；NE_a 为家畜活动净能，MJ/d；NE_l 为家畜泌乳净能，MJ/d；NE_{work} 为家畜劳役净能，MJ/d；NE_p 为家畜妊娠所需的净能，MJ/d；REM 为饲料中可供维持净能与消耗的可消化能的比例；NE_g 为家畜生长所需的净能，MJ/d；NE_{wool} 为家畜产毛一年所需的净能，MJ/d；REG 为饲料中可供生长净能与消耗的可消化能的比例；DE 为饲料消化率，以总能的百分比表示（消化能/总能）。

②甲烷转化率（Y_m）。甲烷转化率取决于动物品种，饲料构成和饲料特性。如果没有当地特定的甲烷转化率数据，可以选择《指南》中推荐的数值进行计算。

（3）动物胃肠道发酵甲烷排放因子推荐值 《指南》根据饲养方式，给出了我国几种常见家畜胃肠道甲烷排放因子推荐值，在区域数据缺乏的情况下，可采用下表中给出的推荐值进行计算（表7-3）。

表 7-3 《指南》给出的动物胃肠道发酵甲烷排放因子推荐值

单位：kg/（头·a）

饲养方式	奶牛	非奶牛	水牛	绵羊	山羊	猪	马	驴/骡	骆驼
规模化饲养	88.1	52.9	70.5	8.2	8.9				
农户散养	89.3	67.9	87.7	8.7	9.4	1	18	10	46
放牧饲养	99.3	85.3	—	7.5	6.7				

此外，《IPCC》（2019年修订版）结合动物参考体重，给出了胃肠道发酵甲烷排放因子的推荐值，见表7-4。值得注意的是，《IPCC》（2019年修订版）针对不同的生产力水平，分为高生产力系统和低生产力系统，其中，在高生产力系统下，畜禽养殖具有高的资

本投入要求和高水平的畜禽性能，饲料统一购买或集中生产，畜禽产品均面向市场。根据我国畜禽养殖业的生产力水平，本章节中选取的《IPCC》（2019 年修订版）推荐参数均为高生产力系统下的数值。

表 7 - 4　《IPCC》（2019 年修订版）给出的动物胃肠道发酵甲烷排放因子推荐值

畜禽种类	绵羊	猪	山羊	马	驴/骡	其他牛	水牛	骆驼	奶牛
参考体重（kg）	40	72	50	550	245	—	—	570	平均产奶量 5 000kg/（头·a）
甲烷排放因子 [kg/（头·a）]	9	1.5	9	18	10	43	76	46	96

7.3.2.2　动物粪便管理甲烷排放

动物粪便管理环节 CH_4 排放量计算，采用不同管理方式下甲烷排放因子与动物数量相乘，相加可得总排放量。公式如下：

$$E_{CH_4, manure, i} = EF_{CH_4, manure, i} \times AP_i \times 10^{-7} \qquad (7-7)$$

式（7 - 7）中，$E_{CH_4, manure, i}$ 为第 i 种动物粪便管理甲烷排放量，万 t CH_4/年；$EF_{CH_4, manure, i}$ 为第 i 种动物粪便管理甲烷排放因子，kg/（头·a）；AP_i 为第 i 种动物的存栏数量，头（只）。

$$EF_{CH_4, manure, ijk} = VS_i \times 365 \times 0.67 \times B_{oi} \times MCF_{jk} \times MS_{ijk} \qquad (7-8)$$

式（7 - 8）中，$EF_{CH_4, manure, ijk}$ 为动物种类 i、粪便管理方式 j、气候区 k 的甲烷排放因子，kg CH_4/（头·a）；VS_i 为动物 i 每日挥发性固体排泄量，kg dm VS/d；0.67 为 CH_4 的质量体积密度，kg/m³；B_{oi} 为动物 i 粪便的最大 CH_4 生产能力，m³/kg dm VS；MCF_{jk} 为粪便管理方式 j、气候区 k 的甲烷转化系数，%；MS_{ijk} 为气候区 k、粪便管理方式 j 下动物种类 i 粪便所占比例，%。

各参数选取原则如下：

（1）动物存栏量数据（AP）　数据获得方法同上。

（2）动物粪便管理甲烷排放因子的确定方法及所需数据

①每日挥发性固体排泄量（Vs）。Vs 为牲畜粪便中可生物降解和不可降解部分的有机物质（周元清，2018）。在计算 Vs 时，需通过调研获得平均日采食能量和饲料消化率数据，并利用《IPCC》（2019 年修订版）提供的公式计算得出。也可选择《IPCC》（2019 年修订版）中给出的我国部分牲畜 Vs 缺省值进行计算。

②最大甲烷生产能力（B_o）。动物粪便的最大 CH_4 生产能力受动物种类和饲料变化影响，《指南》中建议采用《IPCC》中推荐的默认值。

③甲烷转化因子（MCF）。甲烷转化因子为某种粪便管理方式的 CH_4 实际产生量占最大 CH_4 生产能力的比例。《IPCC》（2019 年修订版）根据不同粪便管理方式，按照地区气候带类型给出了 MCF 的缺省值。其中，IPCC 全球气候带划分原则见表 7 - 5。

表 7 - 5　《IPCC》全球气候带划分原则

气候带类型	定义
热带山地	年均温度>18℃，海拔>1 000m
热带潮湿	年均温度>18℃，年均降水量>2 000mm
热带微湿	年均温度>18℃，年均降水量>1 000mm
热带干旱	年均温度>18℃，年均降水量<1 000mm
暖温带微湿	年均温度>10℃，潜在蒸散量与降水量之比>1
暖温带干旱	年均温度>10℃，潜在蒸散量与降水量之比<1
寒温带微湿	年均温度>0℃，潜在蒸散量与降水量之比>1
寒温带干旱	年均温度>0℃，潜在蒸散量与降水量之比<1
北部气候带微湿	年均温度<0℃，但部分月份平均温度>10℃，潜在蒸散量与降水量之比>1
北部气候带干旱	年均温度<0℃，但部分月份平均温度>10℃，潜在蒸散量与降水量之比<1
极地微湿	年均温度<0℃，所有月份平均温度<10℃，潜在蒸散量与降水量之比>1
极地干旱	年均温度<0℃，所有月份平均温度<10℃，潜在蒸散量与降水量之比<1

④粪便管理系统使用率（MS）。可参照《IPCC》（2019 年修订版），其根据不同粪便管理方式，给出了不同动物类型的 MS 缺省值。

（3）动物粪便管理甲烷排放因子推荐值　《指南》给出了我国六大地理区下不同动物粪便管理甲烷排放因子的推荐值，在区域数据缺乏的情况下，可采用表 7 - 6 中给出的推荐值。

表 7 - 6　《指南》中给出的动物粪便管理甲烷排放因子推荐值

单位：kg/（头·a）

区域	奶牛	非奶牛	水牛	绵羊	山羊	猪	家禽	马	驴/骡	骆驼
华北	7.46	2.82	—	0.15	0.17	3.12	0.01	1.09	0.60	1.28
东北	2.23	1.02	—	0.15	0.16	1.12	0.01	1.09	0.60	1.28
华东	8.33	3.31	5.55	0.26	0.28	5.08	0.02	1.64	0.90	1.92
中南	8.45	4.72	8.24	0.34	0.31	5.85	0.02	1.64	0.90	1.92
西南	6.51	3.21	1.53	0.48	0.53	4.18	0.02	1.64	0.90	1.92
西北	5.93	1.86	—	0.28	0.32	1.38	0.01	1.09	0.60	1.28

此外，《IPCC》（2019 年修订版）中根据动物粪便管理系统方式、区域气候带类型列出了几种家畜粪便管理甲烷排放因子的推荐值，详见表 7 - 7。

表7-7 《IPCC》(2019年修订版) 中给出的动物粪便管理甲烷排放因子推荐值

粪便管理甲烷排放因子 g CH₄/（kg·VS）

动物类别	粪便管理系统	寒冷				温和				温暖	
		寒温带微湿	寒温带干旱	北部气候带微湿	北部气候带干旱	暖温带微湿	暖温带干旱	热带山地	热带湿润	热带微湿	热带干旱
奶牛	无盖厌氧塘	96.5	107.7	80.4	78.8	117.4	122.2	122.2	128.6	128.6	128.6
	液体/泥肥及坑内储存>1个月	33.8	41.8	22.5	22.5	59.5	65.9	94.9	122.2	117.4	119.0
	固体储存			3.2		6.4			8.0		
	干燥育肥场			1.6		2.4			3.2		
	每日施肥			0.2		0.8			1.6		
	厌氧消化-生物气			3.2		3.7			3.7		
	燃料燃烧					16.1					
非奶牛	无盖厌氧塘	72.4	80.8	60.3	59.1	88.0	91.7	91.7	96.5	96.5	96.5
	液体/泥肥及坑内储存>1个月	25.3	31.4	16.9	16.9	44.6	49.4	71.2	91.7	88.0	89.2
	固体储存			2.4		4.8			6.0		
	干燥育肥场			1.2		1.8			2.4		
	每日施肥			0.1		0.6			1.2		
	厌氧消化-生物气			2.4		2.7			2.8		
	燃料燃烧					12.1					
销售猪/种猪	无盖厌氧塘	180.9	202.0	150.8	147.7	220.1	229.1	229.1	241.2	241.2	241.2
	液体/泥肥及坑内储存<1个月	63.3	78.4	42.2	42.2	111.6	123.6	177.9	229.1	220.1	223.1
	固体储存	18.1	24.1	12.1	12.1	39.2	45.2	75.4	114.6	108.5	126.6
	干燥育肥场			6.0		12.1			15.1		
	每日施肥			3.0		4.5			6.0		
	厌氧消化-生物气			0.3		1.5			3.0		
	燃料燃烧			6.0		6.8			7.0		

（续）

粪便管理甲烷排放因子 g CH₄/ (kg·VS)

动物类别	粪便管理系统	寒冷				温和				温暖	
		寒温带微湿	寒温带干旱	北部气候带微湿	北部气候带干旱	暖温带微湿	暖温带干旱	热带山地	热带湿润	热带微湿	热带干旱
销售猪/种猪	燃料燃烧					30.2					
	无盖厌氧塘	156.8	175.1	130.7	128.0	190.7	198.6	198.6	209.0	209.0	209.0
	液体/泥肥及坑内储存＞1个月	54.9	67.9	36.6	36.6	96.7	107.1	154.2	198.6	190.7	193.4
家禽	固体储存	5.2				10.5			13.1		
	干燥育肥场	2.6				3.9			5.2		
	厌氧消化-生物气	5.2				10.5			13.1		
	燃料燃烧					2.6					
绵羊	固体储存	2.5				5.1			6.4		
	干燥育肥场	1.3				1.9			2.5		
山羊	固体储存	2.4				4.8			6.0		
	干燥育肥场	1.2				1.8			2.4		
骆驼	固体储存	3.5				7.0			8.7		
	干燥育肥场	1.7				2.6			0.0		
马	固体储存	4.0				8.0			10.1		
	干燥育肥场	2.0				3.0			4.0		
驴/骡	固体储存	4.4				8.8			11.1		
	干燥育肥场	2.2				3.3			4.4		
所有动物	放牧（草场/牧场/围场）					0.6					

7.3.2.3 动物粪便管理氧化亚氮排放

在粪便管理系统中，N_2O 能够以直接和间接两种形式排放。其中，直接排放产生于动物粪便中氮的硝化及反硝化作用；间接排放主要以 NH_3 和 NO_x 的形式产生。《指南》中给出了该环节下的 N_2O 直接排放计算方法，即根据粪便管理方式的不同，以排放因子乘以动物数量分别计算各模式下的排放量，相加得到总排放量。公式如下：

$$E_{N_2O, \, manure, \, i} = EF_{N_2O, \, manure, \, i} \times AP_i \times 10^{-7} \tag{7-9}$$

式（7-9）中，$E_{N_2O, \, manure, \, i}$ 为第 i 种动物粪便管理氧化亚氮排放量，万 t N_2O/年；$EF_{N_2O, \, manure, \, i}$ 为特定种群粪便管理氧化亚氮排放因子，kg/（头·a）；AP_i 为第 i 种动物的存栏数量，头（只）。

$$E_{N_2O, \, manure} = \sum_j \left\{ \left[\sum_i AP_i \times Nex_i \times MS_{(i, \, j)} / 100 \right] \times EF_{3, \, j} \right\} \times 44/28 \tag{7-10}$$

式（7-10）中，$E_{N_2O, \, manure, \, i}$ 为动物粪便管理 N_2O 直接排放量，kg N_2O/年；AP_i 为第 i 种动物的存栏数量，头（只）；Nex_i 为第 i 种动物每年氮的排泄量，kg N/（头·a）；$MS_{(i, \, j)}$ 为粪便管理系统 j 所处理每一种动物粪便的百分数，%；$EF_{3, \, j}$ 为动物粪便管理系统 j 的 N_2O 直接排放因子，粪便管理系统 j 中 kg N_2O-N/kg N；j 为粪便管理系统；i 为动物类型；44/28 为 N_2O-N 排放转化为 N_2O 排放的转化系数。

各参数选取原则如下：

(1) 动物存栏量数据（AP） 数据获得方法同上。

(2) 粪便管理氧化亚氮直接排放计算所需数据

①年平均氮的排泄量（Nex_i）。各地区氮排泄量可采用当地数据，如果不能直接获得 Nex_i 的数据，可以从农业生产和科学文献或《指南》给出的推荐值中选择。

此外，《IPCC》（2019 年修订版）中提供了 Nex_i 的计算公式，主要根据家畜的平均质量及缺省氮排泄量计算求出。

$$Nex_i = N_{rate(i)} \times \frac{TAM_i}{1\,000} \times 365 \tag{7-11}$$

式（7-11）中，Nex_i 为第 i 种动物每年氮的排泄量，kg N/（头·a）；$N_{rate(i)}$ 为第 i 种动物的缺省氮排泄量，kg N/（1 000kg 动物质量）/日；TAM_i 为第 i 种牲畜类别的平均质量，kg/头。相关参数的缺省值可参照《IPCC》（2019 年修订版）。

②粪便管理系统所处理每一种动物粪便的百分数（$MS_{(i, \, j)}$）。数据获得方法同上。

③动物粪便管理系统产生氧化亚氮的直接排放因子（EF_3）。可参照《IPCC》（2019 年修订版），其根据不同粪便管理形式，给出了相应的氧化亚氮直接排放的缺省排放因子数据。

(3) 动物粪便管理氧化亚氮排放因子推荐值 《指南》根据分别给出了我国六大地理区下常见家畜粪便管理环节的氧化亚氮排放因子数值，若无相关实测数据，建议在计算时选取表 7-8 中的排放因子推荐值。

表 7-8　粪便管理氧化亚氮排放因子推荐值

单位：kg/（头·a）

地区	奶牛	非奶牛	水牛	绵羊	山羊	猪	家禽	马	驴/骡	骆驼
华北	1.846	0.794	—	0.093	0.093	0.227				
东北	1.096	0.913	—	0.057	0.057	0.266				
华东	2.065	0.846	0.875	0.113	0.113	0.175	0.007	0.330	0.188	0.330
中南	1.710	0.805	0.860	0.106	0.106	0.157				
西南	1.884	0.691	1.197	0.064	0.064	0.159				
西北	1.447	0.545	—	0.074	0.074	0.195				

7.3.2.4　我国部分省市畜禽胃肠道发酵及粪便管理温室气体排放因子

除上文中介绍的《IPCC》、《指南》之外，江西省、北京市出台的地方标准中给出了温室气体排放因子的推荐值，详见表7-9。

表 7-9　地方标准中畜禽胃肠道发酵及粪便管理温室气体排放因子

单位：kg/（头·a）

序号	动物种类	胃肠道发酵 甲烷排放因子		粪便管理		数据来源
				甲烷排放因子	氧化亚氮排放因子	
1	奶牛	规模化饲养	88.1	8.33	2.06	
		农户散养	89.3			
2	水牛	规模化饲养	70.5	5.55	0.875	
		农户散养	87.7			
3	其他牛	规模化饲养	52.9	3.31	0.846	江西省地方标准《农业温室气体清单编制规范》（DB 36/T 1094—2018）
		农户散养	67.9			
4	山羊	规模化饲养	8.9	0.28	0.113	
		农户散养	9.4			
5	猪	规模化饲养	1	5.08	0.175	
		农户散养	1			
6	家禽			0.02	0.007	
7	奶牛		91.7	7.73	1.94	北京市地方标准《温室气体排放核算指南　畜牧养殖企业》（DB 11/T 1422—2017）《畜牧产品温室气体排放核算指南》（DB 11/T 1565—2018）
8	肉牛		72.0	2.41	0.54	
9	羊		8.5	0.27	0.12	
10	猪		1.5	5.76	0.18	
11	家禽			0.01	0.02	

7.3.3　质量平衡法

质量平衡法包括呼吸代谢箱法和饲舍质量平衡法（林志，2015）。其主要原理是测量通过动物群体所在空间的气体流量及气流中甲烷浓度的变化，进而将参数代入公式中计算

得到 CH_4 排放量（樊霞，2004）。

呼吸代谢箱法是早期测定反刍动物 CH_4 排放量的经典方法，一般适用于动物数量较少的 CH_4 排放量测定，因此在实验室测定中较为常见。呼吸代谢箱法的主要原理是将事先驯化好的 n 头动物置于密闭性良好且能承受一定负压力差的呼吸代谢箱内，然后分别测定进口处 CH_4 浓度（C_i）、出口处 CH_4 浓度（C_o），并测定通过呼吸箱的气体流量（F）。将上述变量代入公式中，可得测定时间段内动物的平均 CH_4 排放通量（Q_{CH_4}）。

$$Q_{CH_4} = F \times (C_o - C_i) / n \qquad (7-12)$$

饲舍质量平衡法比较适合测量群体动物的气体排放量。其原理与呼吸代谢箱法较为相似，这种技术是将整个饲舍当作代谢箱，对饲舍进行改装，只保留几个进气口和出气口，同呼吸代谢箱法一样测得进、出口 CH_4 浓度和气体流量，然后代入公式中，得到每头（只）动物及饲舍的 CH_4 排放量。

质量平衡法虽然可以测得反刍动物的 CH_4 排放量，但根据此公式得出的估计量并不是很准确，所以一般用于正式试验之前的预试验。此外，两种质量平衡法的测量范围具有一定的局限性，不像 IPCC 系数法可以测定某一国家或地区的温室气体排放量。

综上，以上 3 种畜禽养殖业碳排放的源强核算方法各有优缺点。从计算的准确度来说，IPCC 法优于质量平衡法和 OECD 法；从计算的复杂程度来说，质量平衡法要高于 IPCC 法和 OECD 法。基于目前畜禽养殖业精细化环境管理的要求及环评作为行政许可前置审批事项的时效性要求，建议畜禽养殖业环境影响评价阶段优先采用 IPCC 法进行碳排放核算。

7.4 中国畜禽养殖业碳排放量核算

7.4.1 碳排放核算方法

本节基于 IPCC 系数法，测算我国常见畜禽类别（奶牛、肉牛、马、驴、骡、猪、山羊、绵羊、家禽、骆驼、兔）养殖过程中的碳排放量，包括动物胃肠道发酵甲烷排放、动物粪便管理甲烷排放及动物粪便管理氧化亚氮排放，不包括饲养过程中的电力消耗及煤炭消耗等。测算公式为：

$$E_t = E_{CH_4} + E_{N_2O} = (e_{CH_4} \times \sum N_i \times \alpha_i + e_{N_2O} \times \sum N_i \times \beta_i) \times 10^{-7}$$

$$(7-13)$$

式（7-13）中，E_t 为 CO_2 排放总量，万 $t\ CO_2$/年；E_{CH_4} 代表 CH_4 转化后的 CO_2 当量，万 $t\ CO_2$/年；E_{N_2O} 代表 N_2O 转化后的 CO_2 当量，万 $t\ CO_2$/年；e_{CH_4} 和 e_{N_2O} 为 CH_4 和 N_2O 的全球增温潜势值（GWP），分别为 25 和 298；N_i 为第 i 种畜禽的平均饲养量，头（只）/年；α_i 和 β_i 分别为 CH_4 排放因子和 N_2O 排放因子，kg/头（只）/a。由于畜禽饲养周期不同，需要对畜禽年均饲养量进行调整，调整方式如式（7-14）所示。需调整的畜禽品种为生猪、兔和家禽，其饲养周期分别为 200d、105d 和 55d。各种畜禽的年末存栏量和出栏量数据来源于《中国畜牧业年鉴》（2011—2014）、《中国畜牧兽医年鉴》（2015—2023）；动物胃肠道发酵 CH_4 排放因子参照《IPCC》（2019 年修订版）给出的推荐值；动物粪便管理 CH_4 排放因子和 N_2O 排放因子参照《指南》给出的排放因子推荐值（表 7-10）。

$$App = \begin{cases} \text{Herds}_{\text{end}}, & \text{Day}_{\text{s}} \geqslant 365 \\ \text{Day}_{\text{s}} \times (N/365), & \text{Day}_{\text{s}} < 365 \end{cases} \quad (7-14)$$

式（7-14）中，App 为年均饲养量，头（只）/年；$\text{Heards}_{\text{end}}$ 为畜禽年末存栏量，头（只）；Day_{s} 为饲养周期，d；N 为年出栏量，头（只）。

表 7-10　中国畜禽温室气体排放因子

单位：kg/（头·a）

畜禽类别	排放因子类别		华北区	东北区	华东区	中南区	西南区	西北区
奶牛	CH₄排放因子	胃肠道发酵			96			
		粪便管理	7.46	2.23	8.33	8.45	6.51	5.93
	粪便管理 N₂O 排放因子		1.846	1.096	2.065	1.71	1.884	1.447
肉牛	CH₄排放因子	胃肠道发酵			43			
		粪便管理	2.82	1.02	3.31	4.72	3.21	1.86
	粪便管理 N₂O 排放因子		0.794	0.913	0.846	0.805	0.691	0.545
马	CH₄排放因子	胃肠道发酵			18			
		粪便管理	1.09	1.09	1.64	1.64	1.64	1.09
	粪便管理 N₂O 排放因子				0.33			
驴/骡	CH₄排放因子	胃肠道发酵			10			
		粪便管理	0.6	0.6	0.9	0.9	0.9	0.6
	粪便管理 N₂O 排放因子				0.188			
猪	CH₄排放因子	胃肠道发酵			1.5			
		粪便管理	3.12	1.12	5.08	5.85	4.18	1.38
	粪便管理 N₂O 排放因子		0.227	0.266	0.175	0.157	0.159	0.195
山羊	CH₄排放因子	胃肠道发酵			9			
		粪便管理	0.17	0.16	0.28	0.31	0.53	0.32
	粪便管理 N₂O 排放因子		0.093	0.057	0.113	0.106	0.064	0.074
绵羊	CH₄排放因子	胃肠道发酵			9			
		粪便管理	0.15	0.15	0.26	0.34	0.48	0.28
	粪便管理 N₂O 排放因子		0.093	0.057	0.113	0.106	0.064	0.074
家禽	粪便管理 CH₄排放因子		0.01	0.01	0.02	0.02	0.02	0.011
	粪便管理 N₂O 排放因子				0.007			
骆驼	CH₄排放因子	胃肠道发酵			46			
		粪便管理	1.28	1.28	1.92	1.92	1.92	1.28
	粪便管理 N₂O 排放因子				0.33			
兔	CH₄排放因子	胃肠道发酵			0.254			
		粪便管理			0.08			
	粪便管理 N₂O 排放因子				0.02			

7.4.2 中国畜禽养殖业碳排放量核算结果

7.4.2.1 2010—2022 年我国畜禽养殖业碳排放量变化趋势

2010—2022 年我国畜禽养殖业碳排放总量见图 7-3，从图中可以看出，碳排放总量呈缓慢上升—快速下降—快速上升的趋势，动物胃肠道发酵甲烷排放是畜禽养殖业碳排放的主要来源，占排放总量的 60％以上。根据波动幅度及变化趋势将我国畜禽养殖业的碳排放量变化分为以下几个阶段。

（1）缓慢上升阶段（2010—2015）　全国畜禽养殖业碳排放量由 2010 年的 29 579.52万 t 增加至 2015 年的 31 916.22 万 t，增加了 2 336.70 万 t，增幅为 7.9％。在"十二五"期间，我国饲料工业稳步发展，畜禽养殖业生产结构和区域布局进一步优化，综合生产能力显著增强，规模化、标准化、产业化程度进一步提高，使得该阶段的碳排放量呈上升趋势。但该阶段碳排放增速较为缓慢，可能是由于《畜禽规模养殖污染防治条例》（国务院令第 643 号）等相关政策的出台限制了畜禽饲养量的快速增长。该阶段畜禽养殖业碳排放实现了持续增长，但增速缓慢，整体呈有序扩张态势。

（2）迅速下降阶段（2015—2019）　全国畜禽养殖业碳排放量由 2015 年的 31 916.22万 t 下降至 2019 年的 27 537.98 万 t，下降了 4 378.24 万 t，降幅为 13.7％。这一阶段碳排放量的变化主要受到养殖效益、疫病风险、新冠疫情等制约因素的影响，例如 2017 年 H7N9 疫情、2018 年非洲猪瘟、2019 年新冠疫情。此外，品种的改良与科学的饲喂在畜禽养殖业碳排放量上起到了积极的削减作用。

（3）震荡提升阶段（2019—2022）　全国畜禽养殖业碳排放量由 2019 年的 27 537.98万 t，增加至 2022 年的 32 272.86 万 t，增加了 4 737.88 万 t，增幅为 17.2％。该阶段畜禽养殖业克服重重阻碍，生产方式加快转变，综合生产能力、市场竞争能力和可持续发展能力不断增强。2022 年我国粮食的增产丰收促进了畜禽养殖业产量的增长，导致 2022 年畜禽养殖碳排放量显著增加。

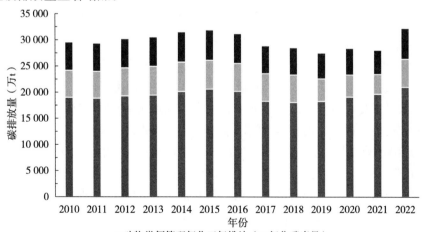

图 7-3　中国 2010—2022 年畜禽养殖业碳排放量统计

7.4.2.2 基于畜禽类别的碳排放量

2010—2022 年各畜禽类别年均碳排放量的统计结果见图 7-4。从图中可以看出，肉牛年均碳排放量最高，肉牛及猪的碳排放量占到了所有畜禽类别的 50% 以上，而后依次为绵羊、奶牛、山羊、家禽、马、兔、驴、骡、骆驼。牛、羊、骆驼等反刍动物瘤胃消化过程中会生成甲烷，是其碳排放量高的原因之一。虽然肉牛的温室气体排放因子低于奶牛，但我国居民对牛肉巨大的消费需求使得我国肉牛存栏量位于世界领先水平，肉牛饲养过程中的碳排放量很高。根据 2022 年国家肉牛牦牛产业技术体系发布的肉牛牦牛调研报告，我国饲养规模在 300 头以下肉牛养殖场数量占比达到了 50.93%，肉牛生产以家庭养殖为主，存在着经营理念落后、责任意识不强等问题，且目前肉牛低碳减排的科技推广动力不足，故我国肉牛养殖具有较大的减排潜力。

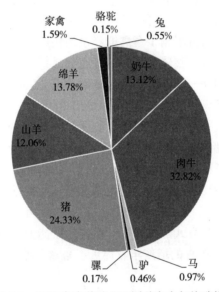

图 7-4 2010—2022 畜禽养殖业不同种畜禽年均碳排放量占比

7.4.2.3 省域层面畜禽养殖业碳排放时空特征分析

我国 31 个省份部分年份畜禽养殖业碳排放量及排序见表 7-11。从表中可知，2010 年畜禽养殖业碳排放量位居前 5 位的省份依次是内蒙古、河南、四川、山东、云南，排在后 5 位的依次是宁夏、海南、天津、北京、上海；2014 年碳排放量位居前 5 位的省份依次是内蒙古、河南、四川、山东、新疆，排在后 5 位的依次是浙江、海南、天津、北京、上海；2018 年碳排放量位居前 5 位的省份依次是内蒙古、四川、新疆、山东、云南，排在后 5 位的依次是浙江、海南、天津、北京、上海；2022 年碳排放量位居前 5 位的省份依次是内蒙古、新疆、四川、云南、河南，排在后 5 位的依次是浙江、海南、天津、上海、北京。可以看出，这几个年份碳排放量较大的省份都属于畜牧大省，其中内蒙古、新疆、云南为草原牧区，山东为畜禽种业大省，四川及河南则是粮食主产区和农耕牧区。草原牧区及粮食主产区是我国畜禽养殖业碳排放的主导区域。除 2010 年外，位居碳排放后 5 位的省份均为浙江、海南、天津、北京、上海，为经济发展水平较高的粮食主销区。其中，天津、上海及北京为直辖市，资源条件有限，并在《全国生猪生产发展规划（2016—2020年）》（农牧发〔2016〕6号）中被划入了约束发展区，对津京沪地区提出了保持总量稳定、调整优化区域布局、实现合理承载、推动绿色发展的明确发展要求。浙江、海南作为南方水网地区，其环境资源趋紧限制了畜禽养殖业的发展，加之城镇化水平较高，畜禽养殖业发展对养殖户增收作用不大，农户养殖条件一般，积极性较低（吴强等，2022）。

根据不同省份碳排放量变化差异，可分为4种类型：

①持续下降型，即碳排放量较上一统计年度减少，以北京、上海、海南3个省份为代表。

②波动下降型，即碳排放量整体呈下降趋势，但偶有年份排放量回升，以天津、辽宁、吉林、黑龙江、江苏、浙江、福建、山东、河南、广东、西藏11个省份为代表。

③持续上升型，即碳排放量较上一统计年度增加，以贵州、云南、陕西、青海、宁夏、新疆6个省份为代表。

④波动上升型，即碳排放量整体呈上升趋势，但偶有年份排放量降低，以河北、山西、内蒙古、安徽、江西、湖北、湖南、广西、重庆、四川、甘肃11个省份为代表（表7-11）。

可见，西南区及西北区的畜禽养殖碳排放量整体呈现出增加的趋势，可能与我国肉牛主产区从中原优势区转移到西北、西南等优势地区有关，肉牛养殖对碳排放的贡献起到了不容小觑的作用，西南、西北地区更接近人口多、牛肉消费量大的南方，其肉牛养殖产业发展优势凸显，导致了该地区养殖业碳排放量的提升。此外，草原牧区和粮食主产区也逐步成为我国畜禽养殖业碳排放的核心增长区。

表7-11 中国31省份部分年份畜禽养殖业碳排放量及排序

单位：万t

省份	2010		2014		2018		2022	
	水平	排序	水平	排序	水平	排序	水平	排序
北京	106.12	30	102.68	30	51.62	30	29.90	31
天津	115.12	29	122.76	29	94.66	29	95.25	29
河北	1 532.89	6	1 658.66	7	1 316.09	8	1 557.37	8
山西	410.50	23	499.21	23	489.89	23	683.95	20
内蒙古	2 965.94	1	2 892.25	1	2 775.74	1	3 157.45	1
辽宁	1 013.13	13	1 030.12	13	808.40	15	903.57	15
吉林	903.36	14	901.71	15	708.71	17	890.63	16
黑龙江	1 384.88	8	1 348.57	9	1 136.47	10	1 283.09	10
上海	61.36	31	55.90	31	40.08	31	34.03	30
江苏	579.61	21	599.66	21	522.59	22	469.75	24
浙江	306.76	26	272.12	27	173.55	27	182.06	27
安徽	723.11	17	787.18	17	628.96	20	733.69	19
福建	334.48	25	355.10	26	264.00	26	311.14	26

（续）

省份	2010		2014		2018		2022	
	水平	排序	水平	排序	水平	排序	水平	排序
江西	675.27	19	799.56	16	737.37	16	808.00	17
山东	1 923.78	4	2 155.36	4	1 842.08	4	1 602.06	7
河南	2 461.56	2	2 577.60	2	1 751.25	6	1 926.93	5
湖北	900.20	15	1 062.05	12	906.39	13	1 015.53	13
湖南	1 292.53	9	1 480.10	8	1 417.04	7	1 667.09	6
广东	693.72	18	725.36	19	678.19	19	652.91	21
广西	671.76	20	706.95	20	702.29	18	782.78	18
海南	218.73	28	162.31	28	159.64	28	141.95	28
重庆	383.49	24	449.51	24	395.03	24	439.62	25
四川	1 994.07	3	2 166.60	3	2 096.36	2	2 273.72	3
贵州	723.62	16	740.60	18	839.26	14	986.43	14
云南	1 571.03	5	1 686.20	6	1 835.98	5	2 051.86	4
西藏	1 193.30	10	1 149.22	11	1 099.41	11	1 181.50	12
陕西	531.33	22	543.83	22	544.89	21	560.86	23
甘肃	1 158.37	11	1 244.97	10	1 172.93	9	1 494.15	9
青海	1 020.12	12	1 022.27	14	1 054.84	12	1 210.04	11
宁夏	295.44	27	361.66	25	373.92	25	629.60	22
新疆	1 433.94	7	1 876.97	5	1 936.08	3	2 515.94	2

7.5　畜禽养殖业减排降碳措施

农业农村部、国家发展改革委发布的《农业农村减排固碳实施方案》（农科教发〔2022〕2号）中，将"畜牧业减排降碳"作为农业农村减排固碳六大重点任务之一。推进畜禽养殖业绿色低碳发展，应从畜禽养殖场源头、反刍动物胃肠道甲烷排放、畜禽粪污管理温室气体排放等环节进行减排。

7.5.1　畜禽饲养源头温室气体减排措施

畜禽饲养源头温室气体减排措施包括养殖场地理位置的选择、畜舍的设计与舍内良好环境的保持、适度的养殖规模等。

（1）选址　宜远离人口密集及环境敏感区，减少因选址敏感造成环保设施建设与运行带来的碳排放量。

（2）养殖场设计　推行干湿分离、雨污分流、料水分离，减少污水浓度和排放量，推广节能增效的畜舍。

对于生猪养殖，猪舍的合理设计能够从源头降低养殖过程中的碳排放。目前，我国现行《规模猪场建设》（GB/T 17824.1—2022）、《标准化规模养猪场建设规范》（NY/T 1568—2007）、《种猪场建设标准》（NY/T 2968—2016）等国家及行业标准，安徽、四川等地也相继出台了猪场规模化建设的地方标准。在猪场建设及猪舍设计过程中，应遵循相关国家及地方标准建设，从源头上实现生猪产业的节能减排。

对于奶牛养殖，牛舍的合理设计能够提升奶牛的自身质量与生产性能。在生产活动中，应根据奶牛养殖场情况，保证饲养空间，同时采用低碳建筑材料。封闭式奶牛养殖场在冬季保证牛舍温度的同时，应定期进行牛舍通风换气以保持舍内空气清新，改善养殖场的饲养环境，并有利于提升奶牛生产性能，增加饲料转化率，间接减少奶牛养殖过程中的温室气体排放。

（3）规模化养殖水平 通过提高畜禽的规模化和集约化养殖水平，可提高畜禽的单体养殖水平，实现低数量高产出，不仅增加收益，同时可有效降低甲烷排放量。据相关研究发现，层叠式笼养模式饲养蛋鸡，其粪尿分解时产生的温室气体量显著低于垫料地面平养蛋鸡。同时，规模化养殖对于畜禽粪便及废弃物的处理更加集中且科学合理，可有效提高废弃物利用率，增加环境效益。

7.5.2 反刍动物胃肠道甲烷减排技术

反刍动物饲料消化过程会产生 CH_4，有 6%～15% 的饲料能量以 CH_4 的形式损耗（胡伟莲，2005），可采取减排措施对饲养过程进行优化，进而降低 CH_4 的排放。影响反刍动物胃肠道发酵 CH_4 排放的因素包括其饲料组成及加工方式、动物的采食水平、圈舍内温度、动物瘤胃内环境等，可采取的减排技术如下：

7.5.2.1 选育优良品种、提高畜禽生产力

有研究表明，动物生产力的提高可以降低 10%～30% 的 CH_4 排放量。此外，遗传因素也显著影响着动物的生产性能，通过选育优良品种，能够减少饲养总量，进而降低动物 CH_4 的排放总量。

7.5.2.2 优化饲喂方式

优化饲喂方式包括先饲喂粗料后喂精料、少量多次的饲喂等，通过提高食糜的流通速率以及增加通过反刍动物瘤胃的营养物质的量，能够减少 CH_4 的生成及排放量。

7.5.2.3 调控日粮营养结构

调控日粮营养结构主要通过选取最佳饲料精粗比、对饲料加工处理来减少 CH_4 的排放。该方式在处理过程中不影响畜禽生产力、不增加生产成本。

（1）合理搭配饲料及其精粗比减少 CH_4 排放 饲喂高质量的牧草可提高饲料消化率及动物生长性能，有利于瘤胃 CH_4 减排。精料由于其细胞壁含量较低、非结构糖类含量较高，故在瘤胃中发酵速度比牧草快，丙酸含量增多，甲烷生成量相较于牧草较少（覃春富等，2011）。但是，过多的精料增加了动物饲养成本，并会使动物瘤胃酸中毒，威胁其健康。因此，调整饲料精粗比的同时应配合选用合适的饲料类型。

（2）饲料加工处理减少 CH_4 排放 牧草的生长阶段，储存模式，氨化、碱化、尿素处理等化学处理过程及切碎、碾碎、制粒等物理加工过程均会对家畜 CH_4 的排放量造成影响（曹珍等，2011）。饲料加工能够破坏植物的细胞壁，进而使饲料利用率增加，缩短了

其在反刍动物瘤胃或大肠中的停滞时间，改变了挥发性脂肪酸的比例。因此，当动物采食青贮牧草、细碎牧草、切断的秸秆等加工后的饲料时，其胃肠道发酵产生的 CH_4 量比采食成熟牧草、干制或粗制牧草后的 CH_4 产生量更低，合理加工草料能起到降低甲烷排放的目的。

相关文献报道的调控日粮营养结构的 CH_4 减排策略与预期效果见表 7-12。

表 7-12　调控日粮营养结构的 CH_4 减排策略与预期效果

减排策略	措施	畜禽类别	相对减排效果（g CH_4/kg 干物质采食量）（%）
改变饲料类型	"70%紫花苜蓿＋30%牧草"相对于"100%牧草"	肉牛	10
	"苜蓿＋玉米青贮＋羊草＋精料"相对于"玉米青贮＋玉米秸秆＋精料"	荷斯坦奶牛	19
	"玉米青贮"相对于"苜蓿青贮"	奶牛	2
	"高玉米青贮（375g/kg DM）"相对于"高牧草青贮（375g/kg DM）"	奶牛	24
调整饲料精粗比	"30%精料＋70%高粱青贮"相对于"100%高粱青贮"	肉用公牛	17
	"60%精料＋40%高粱青贮"相对于"100%高粱青贮"	肉用公牛	29
	"60%精料＋40%苜蓿干草"相对于"10%精料＋90%苜蓿干草"	青年母牛	55
	"60%精料＋40%苜蓿干草"相对于"10%精料＋90%玉米青贮"	青年母牛	58
	"75%精料＋25%稻草"相对于"100%稻草"	公牛	27
饲料加工	"氨化处理的秸秆"相对于"未处理秸秆"	黄牛	42
	"细碎牧草"相对于"粗切牧草"	反刍动物	20~40
	"蒸汽压片玉米"相对于"干碾压玉米"	娟姗公牛	17

7.5.2.4　调控瘤胃微生物区系

调控反刍动物瘤胃微生物区系通过改变瘤胃菌群结构、改善瘤胃发酵类型等手段实现，包括驱除原虫、添加卤化物、噬菌体和细菌素、植物提取物、离子载体和添加胃肠道 pH 调节剂等（曹珍等，2011）。

7.5.2.5　合理使用饲料添加剂

除调控微生物区系的饲料添加剂外，脂类、有机酸、化学抑制剂等添加剂也能够通过改变瘤胃中生化反应以减少 CH_4 的生成。

(1) 脂类　在饲料中加入油脂或脂肪酸可降低 CH_4 的排放，有研究表明，每加入 1% 的油脂或脂肪酸可降低 4%~5% CH_4 排放。但是，脂类含量过高时会对动物的采食量和生产性能造成负面作用，应根据具体情况确定脂类比例。

(2) 有机酸　有机酸能够使反刍动物的瘤胃发酵类型发生改变，并与产甲烷菌竞争 H_2，进而改变了胃肠道 CH_4 生成量。有机酸种类及添加量、粗饲料比例及饲料类型等因素均会影响有机酸对 CH_4 的减排效果。此外，由于有机酸价格昂贵，使其未能在实际生产中得到普遍使用。

(3) 化学抑制剂　硝酸盐、硫酸盐等化学抑制剂具有较强的还原性，能够与 H_2 结合，使得产甲烷菌对 H_2 的利用率降低，减少了 CH_4 的排放。但硝酸盐具有毒性会导致动物死亡，其被还原为亚硝酸盐后会引起高铁血红蛋白症，使血液中血红蛋白不能携带氧。因此，适宜的化学抑制剂添加量及添加比例可作为未来深入研究的重点方向。

7.5.3 畜禽粪便管理温室气体减排技术

畜禽粪便管理阶段的温室气体减排技术主要从清粪方式及粪污处理方式两方面展开介绍。

（1）清粪方式 目前，固体粪便常见的清粪方式主要有干清粪法（包括人工干清粪和机械干清粪）、垫草垫料、高床发酵型生态养殖（朱志平等，2020）。液态粪污的清粪方式主要为湿清粪法（包括水冲粪和水泡粪），该方法自动化程度高、劳动强度低，但由于其需要消耗大量的水资源，且粪便在畜舍下的粪坑贮存时间长，容易被微生物厌氧发酵产生 CH_4、N_2O 等温室气体，不利于温室气体的减排。相较于湿清粪法，干清粪方式具有粪便收集率高、污水产生量少的优点，能够降低50%以上的甲烷排放量。

在实际生产中，应优先使用干清粪技术以减少粪污的产出量，可采用固定链式刮粪板、机械铲车、清粪罐车和滑移装载机等清粪工艺减少液体粪污的产出（闫建波，2017），同时通过增加清粪频率降低粪便在养殖区域滞留时间，进而减少粪便处理前的温室气体产生量。采用干清粪工艺的畜禽养殖场，若原有舍内清粪频率较低，可适当将清粪频率增加 $1\sim2$ 次/d，减少舍内温室气体的排放。

（2）粪污处理方式 2021年11月，农业农村部农业生态与资源保护总站发布了农业农村减排固碳十大技术模式，其中畜禽粪便管理温室气体减排技术为模式之一。该技术采取粪污干湿分离、固体粪便静态好氧堆肥、液体粪污密闭贮存发酵、粪肥深施还田等。不仅可降低粪便管理过程中 CH_4、N_2O 等温室气体的排放，还可替代化肥施用，并提升土壤有机质含量。

与自然堆放模式相比，好氧堆肥有着较低的 CH_4 排放量。堆肥时堆体的含水率、通透性及堆肥时间均能影响温室气体的产生。相关研究发现，当堆体含氧浓度高时，CH_4 的排放浓度降低；加入土压实堆体形成厌氧条件，会促进反硝化细菌的活性，从而增加 N_2O 的产生与排放。

膜式堆肥技术是近年来国内新起的一项基于好氧堆肥原理的废弃物处理技术，其使用的发酵膜是由一种 e-PTFE 膜材和两层聚酯纤维膜材组成，拥有低投入、低运营成本等特点。建议未来聚焦于优化工艺条件、开发高性能生物菌剂及生物炭基材料，通过调节堆体温度、pH、改善堆肥条件，提升堆肥产品质量，减少温室气体的产生。

7.6 小结与展望

畜禽养殖业在动物饲养及粪便处理环节产生的温室气体，会对全球气候变化、动物健康及生产性能造成不利影响。减排重点在于反刍动物胃肠道发酵甲烷排放的控制以及粪便储存处理中甲烷、氧化亚氮的管理，基于此，通过改善饲养管理模式及粪便处理方式、优化畜禽饲粮组成、调控瘤胃微生物区系等方式均能够减少温室气体排放。

在碳达峰、碳中和的大背景下，畜禽养殖业应朝着低碳化方向发展，依托清洁技术的引进、生产及消费制度的革新、农牧结合产业模式的转型、新型低耗高效能源的开发利用等多种手段综合利用（陈瑶，2016），以实现降低畜禽养殖业生产、处理、运输、消费全过程碳排放的目标，最终实现降低能源消耗、减少畜禽养殖污染的目的。未来应进一步加强畜禽养殖行业的低碳环保意识，重点在于畜禽养殖业减排降碳技术的推广与研发，加快我国畜禽养殖业低碳技术体系的构建和管理体系的建设（廖新俤等，2012）。

附录 1　畜禽规模化养殖产污系数

畜禽粪污产污系数：在典型的正常生产和管理条件下，一定时间内，单个畜禽所排泄的粪便和尿液中所含的各种污染物量。

由于不同动物在不同饲养阶段的粪尿产生量与污染物特性存在较大差异，为便于各地直接应用，本手册按照生长期给出其污染物产生量，其中生猪和肉鸡饲养小于 1 年，按照不同饲养期特性乘以饲养天数进行累积求和获得；对于奶牛、肉牛和蛋鸡的饲养期超过365d 的畜种，以年为单位给出单个动物的污染物产生系数。

本手册数据来源于生态环境部公告 2021 年第 24 号《关于发布〈排放源统计调查产排污核算方法和系数手册〉的公告》中农业源产排污系数手册（附表 1）。

附表 1　畜禽规模化养殖产污系数

地区	畜禽种类	化学需氧量	总氮	氨氮	总磷
北京市	生猪（kg/头）	49.940	3.027	0.751	0.733
	奶牛（kg/头）	1 535.099	73.090	13.060	9.449
	肉牛（kg/头）	1 238.339	30.610	6.802	6.136
	蛋鸡（kg/羽）	11.176	0.586	0.134	0.184
	肉鸡（kg/羽）	2.527	0.110	0.005	0.032
天津市	生猪（kg/头）	50.291	3.044	0.753	0.738
	奶牛（kg/头）	1 535.099	73.090	13.060	9.449
	肉牛（kg/头）	1 252.011	31.264	6.874	6.314
	蛋鸡（kg/羽）	11.187	0.587	0.135	0.184
	肉鸡（kg/羽）	2.535	0.111	0.005	0.032
河北省	生猪（kg/头）	49.954	3.028	0.751	0.733
	奶牛（kg/头）	1 535.331	73.096	13.062	9.450
	肉牛（kg/头）	1 239.108	30.647	6.809	6.141
	蛋鸡（kg/羽）	11.177	0.586	0.134	0.184
	肉鸡（kg/羽）	2.528	0.110	0.005	0.032

（续）

地区	畜禽种类	化学需氧量	总氮	氨氮	总磷
山西省	生猪（kg/头）	49.947	3.028	0.751	0.733
	奶牛（kg/头）	1 535.855	73.109	13.065	9.453
	肉牛（kg/头）	1 238.629	30.624	6.805	6.138
	蛋鸡（kg/羽）	11.176	0.586	0.134	0.184
	肉鸡（kg/羽）	2.528	0.110	0.005	0.032
内蒙古自治区	生猪（kg/头）	49.940	3.027	0.751	0.733
	奶牛（kg/头）	1 537.913	73.160	13.076	9.463
	肉牛（kg/头）	1 273.737	32.301	7.104	6.354
	蛋鸡（kg/羽）	11.193	0.587	0.134	0.184
	肉鸡（kg/羽）	2.541	0.112	0.006	0.032
辽宁省	生猪（kg/头）	49.923	3.285	0.602	0.788
	奶牛（kg/头）	1 488.171	61.447	7.109	10.941
	肉牛（kg/头）	1 090.447	29.161	1.847	5.102
	蛋鸡（kg/羽）	8.484	0.480	0.041	0.198
	肉鸡（kg/羽）	1.859	0.076	0.007	0.019
吉林省	生猪（kg/头）	49.879	3.282	0.602	0.787
	奶牛（kg/头）	1 488.171	61.447	7.109	10.941
	肉牛（kg/头）	1 090.447	29.161	1.847	5.102
	蛋鸡（kg/羽）	8.484	0.480	0.041	0.198
	肉鸡（kg/羽）	1.859	0.076	0.007	0.019
黑龙江省	生猪（kg/头）	49.879	3.282	0.602	0.787
	奶牛（kg/头）	1 488.171	61.447	7.109	10.941
	肉牛（kg/头）	1 090.447	29.161	1.847	5.102
	蛋鸡（kg/羽）	8.484	0.480	0.041	0.198
	肉鸡（kg/羽）	1.859	0.076	0.007	0.019
上海市	生猪（kg/头）	69.111	5.551	1.542	1.327
	奶牛（kg/头）	1 696.002	62.468	4.060	9.407
	肉牛（kg/头）	1 288.153	32.189	7.655	5.196
	蛋鸡（kg/羽）	12.398	0.613	0.048	0.174
	肉鸡（kg/羽）	2.695	0.100	0.037	0.022
江苏省	生猪（kg/头）	69.111	5.551	1.542	1.327
	奶牛（kg/头）	1 696.002	62.468	4.060	9.407
	肉牛（kg/头）	1 288.153	32.189	7.655	5.196
	蛋鸡（kg/羽）	12.400	0.613	0.048	0.174
	肉鸡（kg/羽）	2.696	0.100	0.037	0.022

（续）

地区	畜禽种类	化学需氧量	总氮	氨氮	总磷
浙江省	生猪（kg/头）	69.020	5.544	1.540	1.325
	奶牛（kg/头）	1 696.002	62.468	4.060	9.407
	肉牛（kg/头）	1 288.154	32.189	7.655	5.196
	蛋鸡（kg/羽）	12.398	0.613	0.048	0.174
	肉鸡（kg/羽）	2.698	0.100	0.037	0.022
安徽省	生猪（kg/头）	69.111	5.551	1.542	1.327
	奶牛（kg/头）	1 696.002	62.468	4.060	9.407
	肉牛（kg/头）	1 288.153	32.189	7.655	5.196
	蛋鸡（kg/羽）	12.403	0.613	0.048	0.174
	肉鸡（kg/羽）	2.698	0.100	0.037	0.022
福建省	生猪（kg/头）	69.111	5.551	1.542	1.327
	奶牛（kg/头）	1 696.002	62.468	4.060	9.407
	肉牛（kg/头）	1 288.153	32.189	7.655	5.196
	蛋鸡（kg/羽）	12.398	0.613	0.048	0.174
	肉鸡（kg/羽）	2.695	0.100	0.037	0.022
江西省	生猪（kg/头）	69.111	5.551	1.542	1.327
	奶牛（kg/头）	1 696.002	62.468	4.060	9.407
	肉牛（kg/头）	1 288.153	32.189	7.655	5.196
	蛋鸡（kg/羽）	12.398	0.613	0.048	0.174
	肉鸡（kg/羽）	2.695	0.100	0.037	0.022
山东省	生猪（kg/头）	69.111	5.551	1.542	1.327
	奶牛（kg/头）	1 696.330	62.476	4.062	9.408
	肉牛（kg/头）	1 288.285	32.194	7.655	5.197
	蛋鸡（kg/羽）	12.398	0.613	0.048	0.174
	肉鸡（kg/羽）	2.695	0.100	0.037	0.022
河南省	生猪（kg/头）	69.081	4.139	0.713	1.196
	奶牛（kg/头）	1 788.824	48.977	3.068	16.124
	肉牛（kg/头）	973.957	23.937	5.727	3.959
	蛋鸡（kg/羽）	8.606	0.457	0.253	0.110
	肉鸡（kg/羽）	1.749	0.080	0.001	0.016
湖北省	生猪（kg/头）	69.086	4.139	0.713	1.196
	奶牛（kg/头）	1 788.824	48.977	3.068	16.124
	肉牛（kg/头）	974.149	23.941	5.728	3.960
	蛋鸡（kg/羽）	8.588	0.456	0.253	0.110
	肉鸡（kg/羽）	1.750	0.080	0.001	0.016

（续）

地区	畜禽种类	化学需氧量	总氮	氨氮	总磷
湖南省	生猪（kg/头）	69.087	4.139	0.713	1.196
	奶牛（kg/头）	1 788.824	48.977	3.068	16.124
	肉牛（kg/头）	974.149	23.941	5.728	3.960
	蛋鸡（kg/羽）	8.586	0.456	0.253	0.110
	肉鸡（kg/羽）	1.749	0.080	0.001	0.016
广东省	生猪（kg/头）	69.083	4.139	0.713	1.196
	奶牛（kg/头）	1 788.824	48.977	3.068	16.124
	肉牛（kg/头）	974.149	23.941	5.728	3.960
	蛋鸡（kg/羽）	8.586	0.456	0.253	0.110
	肉鸡（kg/羽）	1.749	0.080	0.001	0.016
广西壮族自治区	生猪（kg/头）	69.087	4.139	0.713	1.196
	奶牛（kg/头）	1 788.824	48.977	3.068	16.124
	肉牛（kg/头）	974.149	23.941	5.728	3.960
	蛋鸡（kg/羽）	8.586	0.456	0.253	0.110
	肉鸡（kg/羽）	1.749	0.080	0.001	0.016
海南省	生猪（kg/头）	69.087	4.139	0.713	1.196
	奶牛（kg/头）	1 788.824	48.977	3.068	16.124
	肉牛（kg/头）	974.149	23.941	5.728	3.960
	蛋鸡（kg/羽）	8.586	0.456	0.253	0.110
	肉鸡（kg/羽）	1.749	0.080	0.001	0.016
重庆市	生猪（kg/头）	49.394	4.615	0.634	0.720
	奶牛（kg/头）	1 691.268	59.032	12.438	13.354
	肉牛（kg/头）	1 033.660	27.446	1.819	5.533
	蛋鸡（kg/羽）	11.524	0.530	0.046	0.169
	肉鸡（kg/羽）	2.543	0.095	0.005	0.033
四川省	生猪（kg/头）	49.420	4.617	0.634	0.720
	奶牛（kg/头）	1 691.268	59.032	12.438	13.354
	肉牛（kg/头）	1 033.665	27.447	1.819	5.533
	蛋鸡（kg/羽）	11.529	0.531	0.046	0.169
	肉鸡（kg/羽）	2.560	0.096	0.005	0.034
贵州省	生猪（kg/头）	49.394	4.615	0.634	0.720
	奶牛（kg/头）	1 700.154	59.267	12.454	13.401
	肉牛（kg/头）	1 055.304	28.202	1.978	5.704
	蛋鸡（kg/羽）	11.565	0.532	0.046	0.170
	肉鸡（kg/羽）	2.587	0.097	0.005	0.034

（续）

地区	畜禽种类	化学需氧量	总氮	氨氮	总磷
云南省	生猪（kg/头）	49.394	4.615	0.634	0.720
	奶牛（kg/头）	1 691.268	59.032	12.438	13.354
	肉牛（kg/头）	1 033.660	27.446	1.819	5.533
	蛋鸡（kg/羽）	11.524	0.530	0.046	0.169
	肉鸡（kg/羽）	2.543	0.095	0.005	0.033
西藏自治区	生猪（kg/头）	49.394	4.615	0.634	0.720
	奶牛（kg/头）	1 691.268	59.032	12.438	13.354
	肉牛（kg/头）	1 016.781	26.998	1.789	5.443
	蛋鸡（kg/羽）	11.524	0.530	0.046	0.169
	肉鸡（kg/羽）	2.543	0.095	0.005	0.033
陕西省	生猪（kg/头）	52.693	3.844	0.911	0.995
	奶牛（kg/头）	2 040.610	77.139	14.934	22.989
	肉牛（kg/头）	1 127.688	37.333	3.651	3.846
	蛋鸡（kg/羽）	10.040	0.564	0.060	0.115
	肉鸡（kg/羽）	2.075	0.092	0.007	0.020
甘肃省	生猪（kg/头）	52.698	3.844	0.911	0.995
	奶牛（kg/头）	2 040.610	77.139	14.934	22.989
	肉牛（kg/头）	1 129.221	37.384	3.656	3.851
	蛋鸡（kg/羽）	10.051	0.564	0.060	0.115
	肉鸡（kg/羽）	2.075	0.092	0.007	0.020
青海省	生猪（kg/头）	52.698	3.844	0.911	0.995
	奶牛（kg/头）	2 040.610	77.139	14.934	22.989
	肉牛（kg/头）	1 129.221	37.384	3.656	3.851
	蛋鸡（kg/羽）	10.051	0.564	0.060	0.115
	肉鸡（kg/羽）	2.075	0.092	0.007	0.020
宁夏回族自治区	生猪（kg/头）	52.698	3.844	0.911	0.995
	奶牛（kg/头）	2 040.610	77.139	14.934	22.989
	肉牛（kg/头）	1 129.221	37.384	3.656	3.851
	蛋鸡（kg/羽）	10.051	0.564	0.060	0.115
	肉鸡（kg/羽）	2.075	0.092	0.007	0.020
新疆维吾尔自治区	生猪（kg/头）	52.698	3.844	0.911	0.995
	奶牛（kg/头）	2 044.085	77.254	14.946	23.001
	肉牛（kg/头）	1 130.456	37.431	3.665	3.865
	蛋鸡（kg/羽）	10.058	0.565	0.060	0.115
	肉鸡（kg/羽）	2.100	0.093	0.007	0.020

附录2　畜禽规模化养殖排污系数

畜禽排污系数：养殖场在正常生产和管理条件下，单个畜禽产生的原始污染物未资源化利用的部分经处理设施消减或未经处理利用而直接排放到环境中的污染物量〔单位：千克/头（羽）〕。

本手册数据来源于生态环境部公告2021年第24号《关于发布〈排放源统计调查产排污核算方法和系数手册〉的公告》中农业源产排污系数手册（附表2）。

附表2　畜禽规模化养殖排污系数

地区	畜禽种类	化学需氧量	总氮	氨氮	总磷
北京市	生猪（kg/头）	4.317 8	0.447 0	0.109 4	0.067 7
	奶牛（kg/头）	96.636 3	7.787 1	1.435 0	0.586 3
	肉牛（kg/头）	130.370 2	4.978 2	0.269 1	0.630 4
	蛋鸡（kg/羽）	0.339 1	0.019 5	0.004 5	0.005 8
	肉鸡（kg/羽）	0.069 6	0.003 5	0.000 2	0.000 9
天津市	生猪（kg/头）	10.535 1	0.692 1	0.170 7	0.157 2
	奶牛（kg/头）	172.422 2	11.096 4	2.029 3	1.064 3
	肉牛（kg/头）	240.407 2	7.614 8	0.501 7	1.199 1
	蛋鸡（kg/羽）	1.864 8	0.100 5	0.023 1	0.031 1
	肉鸡（kg/羽）	0.400 7	0.018 2	0.000 9	0.005 1
河北省	生猪（kg/头）	6.249 7	0.518 6	0.127 6	0.095 1
	奶牛（kg/头）	149.941 0	11.400 5	2.097 4	0.906 4
	肉牛（kg/头）	127.718 0	5.333 3	0.275 2	0.622 3
	蛋鸡（kg/羽）	1.142 8	0.063 0	0.014 4	0.019 3
	肉鸡（kg/羽）	0.230 2	0.010 7	0.000 5	0.003 0
山西省	生猪（kg/头）	9.733 1	0.653 1	0.161 5	0.145 2
	奶牛（kg/头）	249.255 1	13.550 1	2.441 7	1.542 3
	肉牛（kg/头）	228.531 5	6.898 1	0.428 2	1.087 2
	蛋鸡（kg/羽）	1.949 0	0.105 1	0.024 1	0.032 5
	肉鸡（kg/羽）	0.400 1	0.018 0	0.000 9	0.005 1
内蒙古自治区	生猪（kg/头）	5.211 3	0.426 0	0.104 9	0.080 1
	奶牛（kg/头）	154.288 9	11.597 6	2.130 3	0.936 1
	肉牛（kg/头）	232.964 9	11.237 3	0.513 4	1.134 3
	蛋鸡（kg/羽）	1.475 2	0.080 8	0.018 5	0.024 8
	肉鸡（kg/羽）	0.384 4	0.017 5	0.000 9	0.004 9

（续）

地区	畜禽种类	化学需氧量	总氮	氨氮	总磷
辽宁省	生猪（kg/头）	7.607 3	0.657 3	0.108 1	0.117 7
	奶牛（kg/头）	209.256 1	10.348 8	1.085 1	1.537 3
	肉牛（kg/头）	196.431 7	5.776 3	1.546 0	0.999 0
	蛋鸡（kg/羽）	0.958 8	0.056 4	0.004 8	0.022 8
	肉鸡（kg/羽）	0.215 9	0.009 1	0.000 8	0.002 2
吉林省	生猪（kg/头）	9.450 2	0.779 7	0.130 0	0.145 8
	奶牛（kg/头）	229.253 7	13.946 3	1.279 3	1.628 4
	肉牛（kg/头）	207.773 5	7.117 8	2.193 3	1.078 6
	蛋鸡（kg/羽）	0.997 4	0.058 4	0.004 9	0.023 7
	肉鸡（kg/羽）	0.202 5	0.008 5	0.000 8	0.002 1
黑龙江省	生猪（kg/头）	6.687 3	0.541 6	0.091 3	0.103 9
	奶牛（kg/头）	117.958 1	5.982 1	0.619 5	0.868 7
	肉牛（kg/头）	233.023 9	7.198 7	2.044 2	1.190 3
	蛋鸡（kg/羽）	1.028 8	0.060 1	0.005 1	0.024 4
	肉鸡（kg/羽）	0.073 5	0.003 1	0.000 3	0.000 8
上海市	生猪（kg/头）	2.052 7	0.227 9	0.055 6	0.035 6
	奶牛（kg/头）	47.308 7	2.392 1	0.080 5	0.186 6
	肉牛（kg/头）	132.901 7	4.494 2	1.228 5	0.609 4
	蛋鸡（kg/羽）	0.428 0	0.049 0	0.002 5	0.009 0
	肉鸡（kg/羽）	0.181 0	0.007 0	0.003 7	0.001 3
江苏省	生猪（kg/头）	8.828 5	0.948 7	0.276 1	0.176 4
	奶牛（kg/头）	150.577 7	7.697 1	0.534 1	0.852 3
	肉牛（kg/头）	132.901 7	4.494 2	1.228 5	0.609 4
	蛋鸡（kg/羽）	1.248 4	0.064 7	0.005 1	0.018 0
	肉鸡（kg/羽）	0.248 6	0.009 7	0.003 6	0.002 1
浙江省	生猪（kg/头）	1.004 7	0.165 3	0.049 8	0.022 7
	奶牛（kg/头）	6.169 4	0.625 4	0.046 6	0.040 0
	肉牛（kg/头）	20.473 2	1.382 1	0.515 7	0.152 2
	蛋鸡（kg/羽）	0.094 6	0.006 3	0.000 5	0.001 6
	肉鸡（kg/羽）	0.009 9	0.000 7	0.000 3	0.000 1
安徽省	生猪（kg/头）	10.291 2	0.942 1	0.267 3	0.201 6
	奶牛（kg/头）	87.434 4	4.400 0	0.307 8	0.502 0
	肉牛（kg/头）	215.823 7	6.258 3	1.604 0	0.925 3
	蛋鸡（kg/羽）	1.353 5	0.069 6	0.005 5	0.019 4
	肉鸡（kg/羽）	0.280 4	0.010 9	0.004 0	0.002 3

（续）

地区	畜禽种类	化学需氧量	总氮	氨氮	总磷
福建省	生猪（kg/头）	5.774 2	0.602 6	0.173 6	0.116 3
	奶牛（kg/头）	100.463 8	5.026 2	0.345 1	0.574 1
	肉牛（kg/头）	82.864 5	2.847 6	0.769 5	0.385 7
	蛋鸡（kg/羽）	0.406 9	0.021 9	0.001 7	0.006 0
	肉鸡（kg/羽）	0.028 8	0.001 2	0.000 4	0.000 2
江西省	生猪（kg/头）	8.430 0	0.833 9	0.238 8	0.167 1
	奶牛（kg/头）	122.448 8	7.423 2	0.527 0	0.707 3
	肉牛（kg/头）	210.123 0	6.998 6	1.913 1	0.955 7
	蛋鸡（kg/羽）	1.121 6	0.057 2	0.004 5	0.016 0
	肉鸡（kg/羽）	0.253 9	0.009 8	0.003 6	0.002 1
山东省	生猪（kg/头）	6.760 7	0.854 4	0.253 9	0.137 6
	奶牛（kg/头）	112.172 5	7.896 6	0.575 2	0.638 4
	肉牛（kg/头）	115.128 2	4.511 1	1.305 6	0.565 3
	蛋鸡（kg/羽）	0.414 1	0.024 1	0.001 9	0.006 3
	肉鸡（kg/羽）	0.084 5	0.003 6	0.001 3	0.000 7
河南省	生猪（kg/头）	8.081 1	0.601 7	0.107 6	0.143 2
	奶牛（kg/头）	167.415 5	5.530 3	0.450 0	1.502 0
	肉牛（kg/头）	140.122 7	4.513 5	1.160 6	0.590 2
	蛋鸡（kg/羽）	0.915 4	0.050 6	0.028 1	0.012 0
	肉鸡（kg/羽）	0.174 6	0.008 1	0.000 1	0.001 6
湖北省	生猪（kg/头）	12.726 3	0.829 9	0.145 0	0.223 4
	奶牛（kg/头）	289.250 4	8.998 6	0.692 4	2.581 5
	肉牛（kg/头）	189.002 3	5.795 1	1.472 9	0.791 3
	蛋鸡（kg/羽）	1.354 5	0.073 6	0.040 8	0.017 5
	肉鸡（kg/羽）	0.184 3	0.008 6	0.000 1	0.001 7
湖南省	生猪（kg/头）	11.647 6	0.807 8	0.142 8	0.205 1
	奶牛（kg/头）	149.060 7	4.749 6	0.351 6	1.371 6
	肉牛（kg/头）	214.114 0	5.776 4	1.417 3	0.883 7
	蛋鸡（kg/羽）	1.849 9	0.099 5	0.055 3	0.023 8
	肉鸡（kg/羽）	0.371 2	0.017 2	0.000 2	0.003 3
广东省	生猪（kg/头）	12.947 6	0.861 8	0.151 2	0.227 1
	奶牛（kg/头）	286.221 4	8.441 2	0.588 6	2.594 3
	肉牛（kg/头）	115.371 7	3.697 6	0.942 2	0.492 0
	蛋鸡（kg/羽）	1.055 7	0.057 7	0.032 0	0.013 7
	肉鸡（kg/羽）	0.194 9	0.009 2	0.000 1	0.001 8

（续）

地区	畜禽种类	化学需氧量	总氮	氨氮	总磷
广西壮族自治区	生猪（kg/头）	7.133 3	0.568 8	0.102 7	0.127 6
	奶牛（kg/头）	127.174 3	4.665 4	0.422 0	1.136 9
	肉牛（kg/头）	87.426 1	3.032 2	0.801 1	0.375 6
	蛋鸡（kg/羽）	0.488 5	0.027 5	0.015 3	0.006 4
	肉鸡（kg/羽）	0.114 5	0.005 6	0.000 1	0.001 1
海南省	生猪（kg/头）	6.753 8	0.500 7	0.089 2	0.120 7
	奶牛（kg/头）	121.834 1	4.526 0	0.409 1	1.096 6
	肉牛（kg/头）	229.236 7	7.466 6	1.922 4	0.969 0
	蛋鸡（kg/羽）	0.747 2	0.042 5	0.023 6	0.009 9
	肉鸡（kg/羽）	0.169 1	0.008 2	0.000 1	0.001 6
重庆市	生猪（kg/头）	9.649 7	1.051 8	0.146 7	0.143 0
	奶牛（kg/头）	219.368 9	10.439 0	2.564 3	1.718 5
	肉牛（kg/头）	182.494 3	5.195 2	0.352 1	0.986 9
	蛋鸡（kg/羽）	1.871 0	0.087 2	0.007 6	0.027 6
	肉鸡（kg/羽）	0.349 0	0.013 5	0.000 7	0.004 7
四川省	生猪（kg/头）	5.927 2	0.755 5	0.103 4	0.088 7
	奶牛（kg/头）	106.010 9	5.378 0	1.350 8	0.830 1
	肉牛（kg/头）	130.416 0	4.026 1	0.279 0	0.715 4
	蛋鸡（kg/羽）	0.952 5	0.045 0	0.003 9	0.014 2
	肉鸡（kg/羽）	0.203 9	0.008 0	0.000 4	0.002 8
贵州省	生猪（kg/头）	12.735 8	1.230 8	0.169 1	0.187 1
	奶牛（kg/头）	201.220 8	7.396 7	1.597 2	1.593 2
	肉牛（kg/头）	276.610 1	7.601 8	0.508 3	1.492 2
	蛋鸡（kg/羽）	2.503 6	0.116 5	0.010 2	0.036 9
	肉鸡（kg/羽）	0.442 5	0.016 9	0.000 9	0.005 9
云南省	生猪（kg/头）	4.121 5	0.580 8	0.079 5	0.062 7
	奶牛（kg/头）	114.108 8	7.497 4	1.688 9	0.897 5
	肉牛（kg/头）	96.338 5	3.162 5	0.221 7	0.537 6
	蛋鸡（kg/羽）	0.689 1	0.033 5	0.002 9	0.010 4
	肉鸡（kg/羽）	0.123 3	0.004 8	0.000 3	0.001 7
西藏自治区	生猪（kg/头）	8.907 4	1.331 5	0.224 7	0.196 2
	奶牛（kg/头）	424.861 7	10.125 7	2.545 6	2.459 8
	肉牛（kg/头）	216.336 1	7.294 7	0.672 9	1.645 8
	蛋鸡（kg/羽）	1.869 2	0.138 9	0.021 8	0.037 9
	肉鸡（kg/羽）	0.628 2	0.022 5	0.001 5	0.005 8

（续）

地区	畜禽种类	化学需氧量	总氮	氨氮	总磷
陕西省	生猪（kg/头）	2.620 6	0.145 3	0.029 6	0.053 3
	奶牛（kg/头）	111.445 9	3.720 1	0.516 2	1.280 1
	肉牛（kg/头）	81.223 5	2.717 3	0.275 7	0.283 0
	蛋鸡（kg/羽）	0.638 5	0.039 2	0.004 1	0.007 6
	肉鸡（kg/羽）	0.157 9	0.007 4	0.000 6	0.001 5
甘肃省	生猪（kg/头）	7.528 4	0.318 8	0.053 6	0.150 5
	奶牛（kg/头）	348.813 6	9.827 4	0.931 1	3.860 9
	肉牛（kg/头）	233.887 4	5.986 0	0.698 1	0.795 1
	蛋鸡（kg/羽）	2.137 0	0.122 4	0.012 9	0.024 7
	肉鸡（kg/羽）	0.501 3	0.022 3	0.001 7	0.004 7
青海省	生猪（kg/头）	3.871 3	0.174 3	0.038 5	0.093 2
	奶牛（kg/头）	180.239 9	5.291 2	0.554 3	2.118 4
	肉牛（kg/头）	163.957 6	4.845 9	0.634 4	0.690 8
	蛋鸡（kg/羽）	0.868 4	0.049 9	0.005 3	0.010 1
	肉鸡（kg/羽）	0.246 1	0.010 9	0.000 8	0.002 3
宁夏回族自治区	生猪（kg/头）	3.718 0	0.178 7	0.032 4	0.076 0
	奶牛（kg/头）	128.723 7	4.145 3	0.515 8	1.475 2
	肉牛（kg/头）	84.693 1	2.468 0	0.273 6	0.295 8
	蛋鸡（kg/羽）	1.040 5	0.061 8	0.006 5	0.012 3
	肉鸡（kg/羽）	0.164 3	0.007 8	0.000 6	0.001 6
新疆维吾尔自治区	生猪（kg/头）	2.541 4	0.158 2	0.028 3	0.056 2
	奶牛（kg/头）	102.271 6	3.811 6	0.497 3	1.461 5
	肉牛（kg/头）	80.678 8	2.182 7	0.251 7	0.162 2
	蛋鸡（kg/羽）	0.389 9	0.026 2	0.002 8	0.004 9
	肉鸡（kg/羽）	0.081 6	0.004 2	0.000 3	0.000 8

附录 3　畜禽养殖种类规模标准

全国 31 个省份现行畜禽养殖主要畜禽养殖场养殖种类规模标准汇总参见附表 3。

附表 3　全国 31 个省份现行畜禽养殖主要畜禽养殖场养殖种类规模标准汇总

省份	文件号	生猪	奶牛	肉鸡	肉鸭	蛋鸡	蛋鸭	肉牛	羊
山东省	鲁牧畜科发〔2017〕4 号	年出栏 500 头以上	年存栏 100 头以上	年出栏 5 万只以上		年存栏 1 万只以上		年出栏 100 头以上	年出栏 500 只以上
贵州省	黔环通〔2017〕189 号	年出栏 1 000 头以上	年存栏 100 头以上	年出栏 5 万只以上	—	年存栏 1 万只以上	—	年出栏 100 头以上	—
四川省	川农业〔2017〕113 号	年出栏 500 头以上	年存栏 100 头以上	年出栏 3.5 万只以上	年出栏 3 万只以上	年存栏 2.5 万羽以上		年出栏 100 头以上	年出栏 300 只以上
河南省	豫牧〔2017〕18 号	年出栏 500 头以上	年存栏 200 头以上	年出栏 5 万只以上	—	年存栏 1 万只以上		年出栏 200 头以上	年出栏 1 000 只以上
山西省	晋农生态畜牧发〔2017〕2 号	年出栏 500 头以上	年存栏 100 头以上	年出栏 5 万只以上	—	年存栏 1 万只以上		年出栏 50 头以上	年出栏 300 只以上
浙江省	浙农牧发〔2022〕9 号	年出栏 500 头以上	年存栏 100 头以上	年出栏 3 万只以上	年出栏 1 万只以上	年存栏 1 万只以上	年存栏 2 000 只以上	年出栏 50 头以上	年出栏 500 只以上
宁夏回族自治区	宁农（牧）发〔2017〕26 号	年出栏 300 头以上	年存栏 200 头以上	年出栏 1 万只以上		年存栏 1 万只以上		年出栏 100 头以上	年出栏 500 只以上
安徽省	皖农牧〔2017〕99 号	年出栏 500 头以上	年存栏 100 头以上	年出栏 1 万只以上		年存栏 2 000 只以上		年出栏 50 头以上	年出栏 100 只以上
内蒙古自治区	内政办发〔2018〕12 号	年存栏 500 头及以上	年存栏 100 头及以上	年出栏 1 万只或出栏 5 万只以上		年存栏 1 万只及以上		年存栏或出栏 100 头及以上	
北京市	京农发〔2009〕34 号	年存栏 500 头以上	年存栏 200 头以上	年出栏 5 000 只以上	年存栏 5 000 只以上	年存栏成年母鸡 3 000 只以上		年存栏 200 头及以上	年存栏 200 只以上
云南省	云农牧字〔2008〕年 35 号	能繁母猪存栏 50 头以上或生猪年存栏 200 头以上	年存栏 50 头以上	年存栏 5 000 羽以上	年存栏 5 000 只以上	年存栏 5 000 只以上	年存栏 5 000 只以上	年存栏 50 头以上	年存栏 200 只以上

（续）

省份	文件号	生猪	奶牛	肉鸡	肉鸭	蛋鸡	蛋鸭	肉牛	羊
黑龙江省	黑畜资联办[2018]3号	年出栏500头及以上	年存栏100头及以上	年出栏5万只及以上	—	年存栏1万只及以上	—	年出栏100头及以上	年出栏500只及以上
吉林省	吉政办明电[2008]70号	年出栏300头及以上	年存栏50头及以上	年出栏5000只及以上	年出栏2000只及以上	存栏2000只以上	—	年出栏50头及以上	年出栏100只以上
辽宁省	辽环发[2015]42号	存栏500头以上	存栏50头以上	存栏1万只以上	存栏1000只以上	存栏1万只以上	存栏1000只以上	存栏50头以上	年存栏200只以上
广东省	粤农规[2019]10号	年出栏500头或存栏300头以上	存栏100头以上	年出栏10000只或存栏5000只以上	年出栏10000只或存栏5000只以上	存栏2000只以上	—	年出栏50头或存栏100头以上	年出栏100只或存栏100只以上
广西壮族自治区	桂政办发[2020]46号	年出栏500头以上或存栏300头以上	年存栏100头以上	年出栏10000只以上或存栏5000只以上		年存栏2000只以上		年出栏50头以上或存栏100头以上	年出栏100只以上或存栏100只以上
湖北省	鄂环规[2015]2号	年出栏500头以上	所有奶牛场	年出栏1万只以上		年出栏5000只以上		年出栏50头以上	年出栏100只以上
湖南省	湘政办发[2022]46号	年出栏500(含)头以上	年存栏50(含)以上	年出栏3万(含)只以上	年出栏3万(含)只以上	年存栏1.5万(含)只以上	年存栏1.5万(含)只以上	年出栏100(含)头以上	年出栏1500(含)只以上
河北省	冀农业牧发[2016]7号	年出栏500头以上	年存栏100头以上	年出栏50000只以上	年出栏10000只以上	年存栏10000只以上	—	年出栏100头以上	—
江苏省	苏农规[2019]3号	年出栏200头以上	年存栏50头以上	年出栏5000只以上	年存栏2000只以上	年存栏2000只以上	年存栏1000只以上	存栏100头以上	年出栏100只以上
江西省	《江西省畜禽养殖管理办法》2021年6月9日江西省人民政府令第250号修正	年存栏200头以上	存栏10头以上	年出栏3000只及以上	存栏3000只及以上	存栏1000只及以上	存栏1000只及以上	存栏50头以上	存栏200只以上
福建省	闽政办[2014]98号	年存栏250头以上（场）	年存栏100头以上	年出栏5万只及以上（场）	年存栏2000只以上	年存栏1万只以上	年存栏2000只以上	年出栏100头以上（场）	年出栏500只以上

（续）

省份	文件号	生猪	奶牛	肉鸡	肉鸭	蛋鸡	蛋鸭	肉牛	羊
青海省	青农牧〔2017〕369号	能繁母猪年存栏100头以上	年存栏100头以上	年存栏1万只以上	年存栏2 000只以上	年存栏1万只以上	年存栏2 000只以上	能繁母牛年存栏100头以上	能繁母羊年存栏300只以上
陕西省	陕农业发〔2015〕50号	年存栏300头以上	年存栏100头以上	年出栏10 000只以上	年存栏1万只以上	年存栏5 000只以上	—	年存栏100头以上	年存栏200只以上
甘肃省	甘政办发〔2007〕111号	基础母猪100头以上或年出栏生猪500头以上	年存栏100头以上		—	—	—	繁殖母牛100头以上或年出栏肉牛200头以上	繁殖母羊200只以上或年出栏肉羊500只以上
上海市	上海市人民政府令第20号	年存栏500头以上	年存栏100头以上		年存栏3万羽以上		—	年存栏100头以上	—
天津市	天津市畜牧条例（2019修正）	存栏300头以上	存栏50头以上		年存栏1万只以上	年存栏6 000只以上	—	存栏50头以上	存栏500只以上
重庆市	渝环发〔2014〕61号	年存栏200头以上	年存栏20头以上	年出栏12 000只以上	—	年存栏1万只以上	—	年出栏40头以上	年存栏600只以上
海南省	《海南省畜禽养殖污染减排技术导则》	年出栏500头以上	年存栏100头以上	年出栏5万羽以上	—	存栏1万只以上	—	年出栏100头以上	—
新疆维吾尔自治区	新政办发〔2020〕53号	年出栏500头以上	荷斯坦奶牛年存栏50头以上或乳用西门塔尔牛（乳用新疆褐牛）100头以上	年出栏1万羽以上		年存栏5 000只以上		年出栏100头以上	年出栏500只以上
西藏自治区	藏农厅发〔2018〕25号	年出栏300头以上	年存栏100头以上	年出栏1万只以上		年存栏5 000只以上		年出栏100头以上	年出栏300头以上

附录 4　部分地方省市相关排放标准

（1）畜禽养殖业行业标准

①山东：《畜禽养殖业污染物排放标准》（DB 37/534—2005）。

②广东：《畜禽养殖业污染物排放标准》（DB 44/613—2024）。

③浙江：《畜禽养殖业污染物排放标准》（DB 33/593—2005）。

④上海：《畜禽养殖业污染物排放标准》（DB 31/1098—2018）。

（2）锅炉大气污染物排放标准

①北京：《锅炉大气污染物排放标准》（DB 11/139—2015）。

②天津：《锅炉大气污染物排放标准》（DB 12/151—2020）。

③上海：《锅炉大气污染物排放标准》（DB 31/378—2018）。

④广东：《锅炉大气污染物排放标准》（DB 44/765—2019）。

⑤河北：《锅炉大气污染物排放标准》（DB 13/5161—2020）。

⑥山东：《锅炉大气污染物排放标准》（DB 37/2374—2018）。

⑦陕西：《锅炉大气污染物排放标准》（DB 61/1226—2018）。

⑧成都：《成都市锅炉大气污染物排放标准》（DB 51/2672—2020）。

⑨河南：《锅炉大气污染物排放标准》（DB 41/2089—2021）。

⑩山西：《锅炉大气污染物排放标准》（DB 14/1929—2019）。

⑪重庆：《锅炉大气污染物排放标准》（DB 50/658—2016）。

（3）恶臭污染物排放通用标准

①天津：《恶臭污染物排放标准》（DB 12/059—2018）。

②上海：《恶臭（异味）污染物排放标准》（DB 31/1025—2016）。

（4）污水综合排放标准

①北京：《水污染物综合排放标准》（DB 11/307—2013）。

②天津：《污水综合排放标准》（DB 12/356—2018）。

③河北：《黑龙港及运东流域水污染物排放标准》（DB 13/2797—2018）。

　　　　《大清河流域水污染物排放标准》（DB 13/2795—2018）。

　　　　《子牙河流域水污染物排放标准》（DB 13/2796—2018）。

④山西：《污水综合排放标准》（DB 14/1928—2019）。

⑤辽宁：《污水综合排放标准》（DB 21/1627—2018）。

⑥上海：《污水综合排放标准》（DB 31/199—2018）。

⑦厦门：《厦门市水污染物排放标准》（DB 35/322—2018）。

⑧山东：《流域水污染物综合排放标准　第1部分：南四湖东平湖流域》（DB 37/3416.1—2018）。

　　　　《流域水污染物综合排放标准　第2部分：沂沭河流域》（DB 37/3416.2—2018）。

　　　　《流域水污染物综合排放标准　第3部分：小清河流域》（DB 37/3416.3—

2018)。

《流域水污染物综合排放标准　第 4 部分：海河流域》（DB 37/3416.4—2018）。

《流域水污染物综合排放标准　第 5 部分：半岛流域》（DB 37/3416.5—2018）。

⑨河南：《河南省惠济河流域水污染物排放标准》（DB 41/918—2014）。

《河南省贾鲁河流域水污染物排放标准》（DB 41/908—2014）。

《清潩河流域水污染物排放标准》（DB 41/790—2013）。

《省辖海河流域水污染物排放标准》（DB 41/777—2013）。

《蟒沁河流域水污染物排放标准》（DB 41/776—2012）。

⑩湖北：《湖北省汉江中下游流域污水综合排放标准》（DB 42/1318—2017）。

⑪广东：《小东江流域水污染物排放标准》（DB 44/2155—2019）。

《茅洲河流域水污染物排放标准》（DB 44/2130—2018）。

《汾江河流域水污染物排放标准》（DB 44/1366—2014）。

《水污染物排放限值》（DB 44/26—2001）。

⑫四川：《四川省岷江、沱江流域水污染物排放标准》（DB 51/2311—2016）。

附录 5 我国 31 个省份：畜禽养殖相关部分规划、区划

附表 4 我国 31 个省份：畜禽养殖相关部分规划、区划

省份	主体功能区规划	环境功能区划（生态、声、大气、海洋）	畜禽养殖业发展规划	畜禽养殖污染防治规划
河北省	《河北省主体功能区规划》	《石家庄市市区声环境功能区划分方案》《秦皇岛市中心城区声环境功能区划分方案》《邯郸市主城区声环境功能区划分方案》《保定市主城区声环境功能区划分方案》《邢台市中心城区声环境功能区划》《沧州市城区声环境功能区划分方案》	《河北省畜牧兽医行业"十四五"发展规划》	《河北省畜禽养殖污染防治"十四五"规划》
天津市	《天津市主体功能区规划》	《天津市声环境功能区划（2022年修订版）》《海河流域天津市水功能区划报告》	《天津市畜牧业"十四五"发展规划》	—
山西省	《山西省主体功能区规划》	《山西省生态功能区划》《大同市城市区域环境功能区划分方案》《太原市声环境功能区划》《太原市生态功能区划方案》《晋城市城市区域环境噪声功能区划分方案》《忻州市城市区域声环境功能区划分方案》	《山西省"十四五"畜牧兽医行业发展规划》	《长治市"十四五"畜禽养殖污染防治规划》
吉林省	《吉林省主体功能区规划》	《吉林省城市区域环境噪声适用区划分技术规定》《长春市声环境功能区划分技术规定》《长春市规划》《吉林省声环境质量标准适用区域划分方案》《四平市声环境质量标准适用区域划分的规定》	《吉林省"十四五"现代畜牧业发展规划》	《白山市畜禽养殖业污染治理规划》
辽宁省	《辽宁省主体功能区规划》	《辽宁省海洋主体功能区规划》《大连市环境空气质量功能区区划》《鞍山市城市区域环境噪声适用区划分方案》《营口市城区声环境功能区划方案》《锦州市声环境功能区划方案》《辽阳市声环境功能区划调整方案》《朝阳市声环境功能区划调整方案》《葫芦岛市城市区域环境噪声功能区划分》《葫芦岛市环境空气质量功能区区划》	《辽宁省"十四五"农业农村现代化规划》《盘锦市现代畜牧业发展"十四五"规划》	《沈阳市畜禽养殖污染防治规划（2021—2025年）》《鞍山市"十四五"畜禽养殖污染防治规划》《抚顺市"十四五"畜禽养殖污染防治规划》《朝阳市"十四五"畜禽养殖污染防治规划》《锦州市"十四五"畜禽养殖污染防治与种养结合规划》《营口市"十四五"畜禽养殖污染防治规划》《辽阳市畜禽养殖污染防治规划（2021—

（续）

省份	主体功能区规划	环境功能区划（生态、声、大气、海洋）	畜禽养殖业发展规划	畜禽养殖污染防治规划
				2025年）》《朝阳市"十四五"畜禽养殖污染防治规划》《盘锦市畜禽养殖污染防治规划（2021—2025年）》《葫芦岛市畜禽养殖污染防治规划（2021—2025年）》
黑龙江省	《黑龙江省主体功能区规划》	《哈尔滨市城市环境噪声功能区划分》《佳木斯市区声环境功能区划分》《双鸭山市区声环境功能区划分方案》《黑河市城区声环境功能区划分方案》《绥化市中心城区声环境功能区划分方案》《牡丹江城市环境噪声功能区划调整方案》《大庆市声环境功能区划》	《哈尔滨市畜牧业发展规划（2004—2020年）》《双鸭山市畜牧产业发展实施方案（2022—2026年）》《佳木斯市现代畜牧业"十四五"发展规划（2021—2025年）》	《齐齐哈尔市辖区畜禽养殖区域划分规划》
陕西省	《陕西省主体功能区规划》	《陕西省生态功能区划》《西安市声环境功能区划方案》《咸阳市声环境功能区划方案》《铜川市声环境功能区划调整方案》《商洛中心城区声环境功能区划分方案》《宝鸡市声环境功能区划方案》《汉中市中心城区声环境功能区划方案》《杨凌示范区声环境功能区划分方案》	《陕西省"十四五"畜牧兽医发展规划》	《汉中市畜禽养殖污染防治规划（2021—2025年）》《杨凌示范区畜禽养殖禁养区划定方案》
甘肃省	《甘肃省主体功能区规划》	《兰州市声环境功能区划》《白银市城市区域环境噪声区划调整方案》《陇南市城市区域声环境功能区划分方案（2018—2023年）》	《甘肃省"十四五"推进农业农村现代化规划》《天水市现代畜牧业高质量发展"十四五"规划》《张掖市"十四五"畜牧业高质量发展规划（征求意见稿）》《平凉市"十四五"畜牧业发展规划》	《甘肃省"十四五"畜禽养殖污染防治规划》《天水市"十四五"畜禽养殖污染防治规划》
青海省	《青海省主体功能区规划》	—	《青海省"十四五"畜牧业发展规划（2021—2025年）》	—

（续）

省份	主体功能区规划	环境功能区划（生态、声、大气、海洋）	畜禽养殖业发展规划	畜禽养殖污染防治规划
山东省	《山东省主体功能区规划》	《山东省海洋功能区划》《济南市环境功能区划分》《青岛市海洋功能区划分》《青岛市环境空气质量功能区划分规定》《淄博市城区环境空气质量管理规定》《枣庄市声环境功能区划分方案》《东营市海洋功能区划（2013—2020年）》《潍坊市中心城区声环境功能区划（2013—2020年）》《潍坊市海洋功能区划（2013—2020年修订版）》《济宁市声环境功能区划（2013—2020年）》《泰安市城区声环境功能区划》《威海市海洋功能区划（2013—2020年）》《临沂市声环境功能区划调整方案（征求意见稿）》《日照市海洋功能区划（2013—2020年）》《德州市城区环境噪声功能区划调整方案》《聊城市声环境功能区划分方案》《滨州市海洋功能区划方案》《菏泽市声环境功能区划（2013—2020年）》	《山东省"十四五"畜牧业发展规划》《济南市"十四五"畜牧业发展规划》《青岛市畜牧业高质量发展"十大提升行动"（2022—2025年）》《东营市"十四五"畜牧业发展规划》	《山东省"十四五"畜禽养殖污染防治行动方案》《济南市"十四五"畜禽养殖污染防治规划》《青岛市"十四五"畜禽养殖污染防治规划》《枣庄市畜禽养殖污染防治规划（2017—2020年）》
福建省	《福建省主体功能区规划》	《福建省生态功能区划》《福建省海洋环境保护规划》《福州市环境空气质量功能区划》《厦门市环境空气质量功能区划》《福州市声环境功能区划》《厦门市声环境功能区划》《南平市中心城区声环境功能区划方案（2018—2030年）》《莆田市声环境功能区划分调整方案》《龙岩市中心城区声环境功能区划分调整》《宁德市主城区声环境功能区划》《平潭综合实验区环境空气功能区划方案（2020—2035年）》《平潭综合实验区声环境功能区划定方案（2020—2035年）》	《福建省"十四五"畜牧兽医行业发展规划》《福州市畜牧业"十四五"发展规划》《漳州市畜牧业发展"十四五"规划》	—
浙江省	《浙江省主体功能区规划》	《浙江省生态环境功能区规划》《浙江省环境功能区划方案（2020年修订版）》《杭州市主城区环境功能区划》《宁波市中心城区环境功能区划》《嘉兴市中心城区声环境噪声区的规定》《湖州市区划适用区域标准适用区域划分区域的规定》《绍兴市中心城区声环境功能区划分方案》《金华中心城区声环境功能区划分方案》《台州市生态环境功能区划》	《浙江省畜牧业高质量发展"十四五"规划》	《浙江省畜禽养殖污染防治"十四五"规划》《杭州市畜禽养殖污染防治"十四五"规划》《宁波市中心城区声环境功能区划的规定》《温州市畜禽养殖污染防治"十四五"规划》《丽水市畜禽养殖污染防治"十四五"规划》《舟山市畜禽养殖污染防治"十四五"规划》

（续）

省份	主体功能区规划	环境功能区划（生态、声、大气、海洋）	畜禽养殖业发展规划	畜禽养殖污染防治规划
河南省	《河南省主体功能区规划》	《郑州市城区声环境功能区划分方案（修订版）》《洛阳市城市声环境功能区划分调整技术报告（2021—2025）》《平顶山市城市声环境功能区划（2021年版）》《安阳市城市区环境空气质量功能区划（2021—2025年）》《漯河市声环境功能区划分方案》《商丘市中心城区声环境功能区划（2020年版）》《信阳市城市声环境功能区划分方案》	—	《河南省畜禽养殖污染防治规划（2021—2025年）》
湖北省	《湖北省主体功能区规划》	《武汉市声环境功能区类别规定》《襄阳市中心城区声环境功能区调整方案》《宜都市区域环境噪声功能区划（2011—2030年）》《黄石市城区声环境功能区划分》《荆门市中心城区声环境功能区划方案》《鄂州市城市区域声环境功能区划分》《咸宁市城区声环境功能区划分方案》《随州市城区（含曾都区乡镇）声环境功能区划》《天门市环境噪声声环境功能区划分方案》《仙桃市声环境功能区划》	《湖北畜牧业和兽医事业发展"十四五"规划》	《武汉市畜禽养殖污染防治规划（2022—2025年）》《宜昌市"十四五"畜禽养殖污染防治规划》
湖南省	《湖南省主体功能区规划》	《长沙市城市声环境功能区划分方案》《株洲市中心城区声环境功能区划分方案》《衡阳市中心城区声环境功能区划（2021年版）》《湘潭市城市声环境功能区划分方案（2019年版）》《邵阳市中心城区声环境功能区划分方案》《岳阳市中心城区声环境功能区划分方案（2019年修编稿）》《益阳市中心城区声环境功能区划分方案》《永州市中心城区声环境功能区划分方案（2020年版）》	—	《湖南省畜禽养殖污染防治规划（2021—2025年）》
江西省	《江西省主体功能区规划》	《南昌市区域声环境功能区划分方案》《九江市中心城区声环境功能区适用区域声标准》《景德镇市城区声环境功能区调整划分方案》《新余市中心城区声环境功能区划分方案》《萍乡市城市声环境功能区划分方案》《鹰潭市中心城区声环境功能区划分方案》《赣州市中心城区声环境功能区划》《上饶市中心城区声环境功能区划分方案》《宜春市中心城区声环境功能区划分方案》《吉安市中心城区声环境功能区划分方案》《抚州市声环境功能区划分方案》	—	《抚州市"十四五"畜禽养殖污染防治规划（2019—2023年）》《赣州市畜禽养殖污染防治规划》《樟树市"十四五"畜禽养殖污染防治规划（2021—2025年）》

（续）

省份	主体功能区规划	环境功能区划（生态、声、大气、海洋）	畜禽养殖业发展规划	畜禽养殖污染防治规划
江苏省	《江苏省主体功能区规划》	《江苏省生态区划》《江苏省海洋生态区划》《南京市声环境区划》《南京市声环境功能区划分调整方案》《无锡市区声环境功能区划》《常州市市区声环境功能区划分调整方案》《苏州市市区声环境功能区划分规定》（2017年）》《南通市主城区声环境功能区划分规定》《连云港市市区声环境质量功能区划分方案》《淮安市声环境噪声标准适用区域划分调整方案》《盐城市中心城市声环境功能区划分方案》《扬州市区声环境功能区划分调整方案》《宿迁市市区声环境功能区划分方案》	《江苏省"十四五"现代畜牧业发展规划》《扬州市"十四五"畜牧业高质量发展规划》	《南通市"十四五"畜禽养殖污染防治专项规划》
安徽省	《安徽省主体功能区规划》	《合肥市区声环境功能区（2020年修订）划分方案》《芜湖市城市大气功能区（2013—2020年）（修订）（修编）》《蚌埠市声环境功能区划分方案》《淮南市中心城区声环境功能区划分方案》《铜陵市声环境功能区划分方案》《马鞍山市城市声环境功能区划调整方案》《阜阳市声环境功能区划分方案》《黄山市城市声环境功能区划分方案》《六安市城市声环境质量功能区（2020年修订）划分方案》《池州市城市区域声环境功能区划分方案（2020年版）》	《宿州市现代畜牧业"十四五"发展规划》《宣城市"十四五"畜牧业发展规划（2021—2025年）及环境影响评价说明》	一
广东省	《广东省主体功能区规划》	《广东省地表水环境功能区划》、《广东省海洋功能区划（2011—2020年）》《广州市环境空气质量功能区区划》《广州市海洋功能区划分》《广州市声环境功能区区划（2013—2020年）》《深圳市环境空气质量功能区划（2013—2020年）》《深圳市声环境功能区划》《深圳市海洋环境空气质量功能区划》《珠海市声环境质量标准功能区划》《珠海市海洋环境质量功能区划》《珠海市声环境功能区划（2015—2020年）》《汕头市海洋功能区划调整方案》《汕头市声环境功能区（2019年）》《江门市声环境功能区划》《佛山市声环境功能区划分方案》《湛江市城市声环境功能区划（2020年修订）》《茂名市海洋功能区划分方案》《肇庆市中心城区声环境功能区划分方案（修订版）》《肇庆市中心城区声环境功能区划分方案（修订版）》	《广东省现代畜牧业发展"十四五"规划（2021—2025年）》《茂名市畜禽养殖产业发展规划（2021—2025年）》	

（续）

省份	主体功能区规划	环境功能区划（生态、声、大气、海洋）	畜禽养殖业发展规划	畜禽养殖污染防治规划
海南省	《海南省主体功能区规划》	《海南省生态功能区划》《海南省海洋功能区划分方案（2011—2020年）》《文昌市声环境功能区划》《万宁市声环境功能区划分方案》《三亚市城市规划区声环境功能区划分方案》	《海南省省牧兽医行业发展规划》（2023—2025年）	—
四川省	《四川省主体功能区规划》	《四川省生态功能区划》《划定四川省大气污染治重点区域》《绵阳市声环境功能区划》《自贡市城区声环境功能区划分方案》《攀枝花市中心城区声环境功能区划分方案》《泸州市声环境功能区划定方案》《广元市环境功能区划分方案》《德阳市规划市中心城区城市声环境功能区划分方案》《遂宁市中心城区声环境功能区划分》《乐山市中心城区声环境功能区划分方案》《内江市声环境功能区划分方案》《资阳市中心城区声环境功能区划分方案》《南充市声环境功能区划》《宜宾市中心城区声环境功能区划分方案》《达州市城区声环境噪声适用区域划定》《广安市主城区声环境功能区划分方案》《雅安市声环境功能区划分方案（2019年修订）》《巴中市生态声环境功能区调整划分方案》《巴中市主城区声环境功能区划分方案》《眉山市主城区声环境功能区划分方案》	—	《四川省畜禽养殖污染防治规划（2021—2025年）》《雅安市"十四五"畜禽养殖污染防治规划》
贵州省	《贵州省主体功能区规划》	《贵州省生态功能区划》《贵阳市声功能区划分和调整方案》《六盘水市声环境功能区划分方案》《贵阳市声功能区划分方案（2017—2021年）》《贵安新区直管区环境功能区划定技术方案》	—	—
云南省	《云南省主体功能区规划》	《云南省生态功能区划》	《云南省"十四五"畜牧养殖高质量发展实施方案》	—
北京市	《北京市主体功能区规划》	—	—	—
上海市	《上海市主体功能区规划》	《上海市环境空气质量功能区划（2019年修订版）》《上海市海洋功能区划（2011—2020年）》《上海市声环境功能区划》	《崇明区农业农村发展"十四五"规划》	—

（续）

省份	主体功能区规划	环境功能区划（生态、声、大气、海洋）	畜禽养殖业发展规划	畜禽养殖污染防治规划
重庆市	《重庆市主体功能区规划》	《重庆市环境空气质量功能区划分规定》《重庆市城市区域环境噪声标准适用区域划分规定调整方案》	《重庆市畜牧业发展"十四五"规划（2021—2025年）》	—
内蒙古自治区	《内蒙古自治区主体功能区规划》	《内蒙古自治区生态功能区划方案》《内蒙古自治区声环境功能区划分及调整工作指导方案》	《内蒙古自治区"十四五"推进农牧业农村牧区现代化发展规划》	—
新疆维吾尔自治区	《新疆维吾尔自治区主体功能区规划》	《新疆生态环境功能区划》	《新疆维吾尔自治区畜牧业"十四五"发展规划》	—
宁夏回族自治区	《宁夏回族自治区主体功能区规划》	—	《宁夏回族自治区农业农村现代化发展"十四五"规划》	《宁夏回族自治区畜禽养殖污染防治"十四五"规划》
广西壮族自治区	《广西壮族自治区主体功能区规划》	《广西壮族自治区生态功能区划》《广西壮族自治区海洋功能区划（2011—2020年）》	《广西"十四五"畜牧业高质量发展专项规划》	—
西藏自治区	《西藏自治区主体功能区规划》	《墨脱县声环境功能区划分方案》	《西藏自治区"十四五"时期畜牧水产高质量发展规划》	—

安晶潭，张爱，陈凌，等，2016. 基于系统动力学与模糊预警模型的畜禽养殖资源环境承载力预测［J］. 江苏农业科学，44（4）：440-444.

白兆鹏，朱海生，高云峰，2011. 畜禽舍内氨气减排措施的研究进展［J］. 饲料博览（9）：38-40.

柏兆海，2015. 我国主要畜禽养殖体系资源需求、氮磷利用和损失研究［D］. 北京：中国农业大学.

蔡晓霞，2018. 拟建畜牧养殖场环境空气质量监测与评价［J］. 中国环境管理干部学院学报，28（1）：90-93.

曹珍，廖新俤．2011. 家畜胃肠道甲烷减排技术进展［J］. 家畜生态学报，32（4）：1-8.

陈芬，张红丽，余高，2021. 几种畜禽粪便厌氧发酵前后氮含量的变化［J］. 农业与技术，41（7）：15-17.

陈静，2019. 我国生猪养殖企业粪污资源化利用行为及影响因素研究［D］. 北京：中国农业科学院.

陈顺友，2009. 畜禽养殖场规划设计与管理［M］. 北京：中国农业出版社.

陈伟，2016. 基于生物炭选择与氧化改性的蛋鸡粪堆肥有害气体减排技术研究［D］. 广州：华南农业大学.

陈瑶，2016. 中国畜牧业碳排放测度及增汇减排路径研究［D］. 哈尔滨：东北林业大学.

陈园，2017. 上海市典型规模化猪场氨排放特征研究［D］. 上海：华东理工大学.

成文连，刘玉虹，关彩虹，等，2010. 生态影响评价范围探讨［J］. 环境科学与管理，35（12）：185-189.

代小蓉，王雷平，满尊，等，2022. 养猪废水恶臭挥发性物质释放特征及其组分源解析［J］. 农业环境科学学报，41（5）：1067-1076.

戴芳，曾光明，袁兴中，等，2005. 新型堆肥装置设计及其应用研究［J］. 环境污染治理技术与设备（2）：24-28.

戴新宇，2017. 基于环境友好的低碳生猪养殖模式研究［D］. 广州：华南农业大学.

单德鑫，2006. 牛粪发酵过程中碳、氮、磷转化研究［D］. 哈尔滨：东北农业大学.

丁京涛，沈玉君，孟海波，等，2016. 沼渣沼液养分含量及稳定性分析［J］. 中国农业科技导报，18（4）：139-146.

丁露雨，王美芝，郭霏，等，2011. 我国不同地区肉牛舍夏季环境状况测定［J］. 家畜生态学报，32（1）：68-72.

董红敏，杨军香，2017. 土地承载力测算技术指南［M］. 北京：中国农业出版社.

董红敏，朱志平，陶秀萍，等，2006. 育肥猪舍甲烷排放浓度和排放通量的测试与分析［J］. 农业工程学报（1）：123-128.

董仁杰，2017. 畜禽养殖粪污处理与资源化利用可行技术分析［J］. 饲料与畜牧（23）：26-28.

董仁杰，杨军香，2017. 粪水资源利用技术指南［M］. 北京：中国农业出版社.

董元华，林先贵，王辉，2015. 中国畜禽养殖业产生的环境问题与对策［M］. 北京：科学出版社.

段春宇，张永根，辛杭书，等，2012. 饲粮中添加海南霉素对奶牛瘤胃发酵及甲烷产量的影响［J］. 动物营养学报，24（1）：152-159.

樊霞，2004. 肉牛甲烷排放与粪便肥料成分含量快速预测方法和模型的研究［D］. 北京：中国农业大学.

樊霞，董红敏，韩鲁佳，等，2006. 肉牛甲烷排放影响因素的试验研究［J］. 农业工程学报（8）：179-183.

方利江，宋文婷，杨一群，等，2023. 2008—2020 年京津冀及周边地区人为源氨排放清单研究［J］. 环境科学研究，36（3）：500-509.

冯露，2021. 集约化奶牛养殖场沼液还田氮磷高效利用研究［D］. 绵阳：西南科技大学.

付广青，叶小梅，靳红梅，等，2013. 厌氧发酵对猪与奶牛两种粪污固液相中磷含量的影响［J］. 农业环境科学学报，32（1）：179-184.

高宗源，2022. 长三角典型规模化鸡场氨排放研究［D］. 上海：华东理工大学.

顾静，和利钊，张海欧，等，2020. 畜禽养殖污染对土壤和地下水的影响——以北京市顺义区龙湾屯镇为例［J］. 安徽农业科学，48（7）：89-94，99.

韩冬梅，金书秦，沈贵银，等，2013. 畜禽养殖污染防治的国际经验与借鉴［J］. 世界农业（5）：8-12，153.

胡伟莲，2005. 皂苷对瘤胃发酵与甲烷产量及动物生产性能影响的研究［D］. 杭州：浙江大学.

胡向东，王济民，2010. 中国畜禽温室气体排放量估算［J］. 农业工程学报，26（10）：247-252.

黄丹丹，2013. 猪场沼液贮存中的气体排放研究［D］. 杭州：浙江大学.

黄向东，韩志英，石德智，等，2010. 畜禽粪便堆肥过程中氮素的损失与控制［J］. 应用生态学报，21（1）：247-254.

贾玉川，2020. 大庆市猪场粪便处理过程中氮、磷变化规律及畜禽土地承载力分析［D］. 哈尔滨：黑龙江八一农垦大学.

姜彩红，王红，吴根义，等，2021. 我国畜禽养殖排污许可制度及实施现状［J］. 农业环境科学学报，40（11）：2292-2295.

靳红梅，付广青，常志州，等，2012. 猪、牛粪厌氧发酵中氮素形态转化及其在沼液和沼渣中的分布［J］. 农业工程学报，28（21）：208-214.

康健，2019. 畜禽粪便堆肥过程中物质转化和微生物种群演变规律及酶活性机理研究［D］. 兰州：兰州理工大学.

孔祥国，李成，何江，2016. 畜禽养殖废弃物的无害化处理及综合利用［J］. 中国畜牧兽医文摘，32（1）：7-8.

李超，严正娟，张经纬，等，2014. 粪肥施用对设施番茄产量和土壤氮磷累积的影响［J］. 农业环境科学学报，33（8）：1560-1568.

李春华，张定安，江玉龙，等，2017. 一种被环保部认可的机械化清粪工艺［J］. 现代牧业，1（2）：47-48.

李帆，徐世永，邓凯东，2023. 畜禽粪污管理及资源化利用现状与展望［J］. 现代畜牧科技（10）：102-105.

李红娜，吴华山，耿兵，等，2020. 我国畜禽养殖污染防治瓶颈问题及对策建议［J］. 环境工程技术学报，10（2）：167-172.

李景峰，2010. 挤奶机的正确使用及其注意事项［J］. 养殖技术顾问（7）：217.

李开坤，2020. 生猪养殖场粪污产生的因素分析及改善对策［J］. 广西畜牧兽医，36（4）：187-188.

李科南，梁天，张晓东，等，2021. 反刍动物瘤胃甲烷生成的营养调控研究进展［J］. 饲料研究，44（14）：139-144.

李路路，2016. 粪污存储过程中温室气体和氨气排放特征与减排研究［D］. 北京：中国农业科学院.

李荣华，涂志能，ALI A，等，2020. 生物炭复合菌剂促进堆肥腐熟及氮磷保留［J］. 中国环境科学，40
　（8）：3449-3457.

李胜利，周鑫宇，黄文明，2010. 高温天气对奶牛生产的影响及应对措施［J］. 中国牧业通讯（16）：
　33-34.

李树青，2019. 畜禽养殖粪污处理常见模式及相关设施配建探讨［J］. 山东畜牧兽医，40（1）：56-57.

李松，李海丽，方晓波，等，2014. 生物质炭输入减少稻田痕量温室气体排放［J］. 农业工程学报，30
　（21）：234-240.

李汪晟，彭河山，宋李思莹，等，2016. 大中型生猪养殖场污染防治模式研究［J］. 中国猪业，11
　（11）：24-28.

李新建，吕刚，任广志，2012. 影响猪场氨气排放的因素及控制措施［J］. 家畜生态学报，33（1）：
　86-93.

李轶，杨晓桐，唐佳妮，等，2015. 外源重金属对猪粪厌氧发酵产气特性的影响［J］. 中国沼气，33
　（6）：8-13.

李昭阳，高镜婷，宋明晓，2018. 吉林省中部地区畜禽养殖温室气体排放特征［J］. 江苏农业科学，46
　（7）：242-246.

廖新俤，公衍玲，曹珍，等，2012. 我国低碳养猪业的发展策略［J］. 养猪（1）：73-74.

廖新俤，吴楚泓，雷东锋，2002. 活菌制剂改进猪氮转化和减少猪舍氨气的研究［J］. 家畜生态，23
　（2）：20-23.

林长植，2009. 城市污水处理厂恶臭污染影响分析与评价［J］. 福建广播电视大学学报（4）：78-80.

林志，2015. 肉牛养殖场气体排放及下垫面土壤 N 素分布研究［D］. 保定：河北农业大学.

刘波，王文林，刘筱，等，2017. 畜禽养殖恶臭物质组成与测定及评估方法研究进展［J］. 生态与农村
　环境学报，33（10）：872-881.

刘定发，2017. 供港猪场安全清洁生产与生态循环模式关键技术研究［D］. 广州：华南农业大学.

刘东，马林，王方浩，等，2007. 中国猪粪尿 N 产生量及其分布的研究［J］. 农业环境科学学报，26
　（4）：1591-1595.

刘建伟，栾昕荣，2016. 规模化养殖场氨排放控制技术研究进展［J］. 中国畜牧杂志，52（10）：49-55.

刘娟，曹玉博，焦阳湄，等，2022. 密闭反应器堆肥技术氨减排潜力研究［J］. 中国生态农业学报，30
　（8）：1283-1292.

刘开朗，王加启，卜登攀，等，2009. 瘤胃甲烷调控方法评述［J］. 中国微生态学杂志，21（4）：
　354-358.

刘琨，李永峰，王璐，2010. 环境规划与管理［M］. 哈尔滨：哈尔滨工业大学出版社.

刘莉君，何世山，2019. 规模禽养殖场臭气治理主要技术措施［J］. 浙江畜牧兽医，44（2）：25，29.

刘良，杨振鸿，2019. 生猪养殖温室气体排放及减排措施［J］. 畜禽业，30（9）：11-14.

刘明辉，沈红，张世早，等，2022. 畜禽粪便堆肥大气污染物排放及其控制研究进展［J］. 农业工程，
　12（5）：36-44.

刘学军，沙志鹏，宋宇，等，2021. 我国大气氨的排放特征、减排技术与政策建议［J］. 环境科学研究，
　34（1）：149-157.

刘烨，2018. 农业废弃物厌氧发酵及沼肥利用过程碳氮变化研究［D］. 武汉：武汉轻工大学.

刘玉莹，范静，2018. 我国畜禽养殖环境污染现状、成因分析及其防治对策［J］. 黑龙江畜牧兽医（8）：
　19-21.

刘月仙，刘娟，吴文良，2013. 北京地区畜禽温室气体排放的时空变化分析［J］. 中国生态农业学报，

21 (7)：891-897.

卢健，2013. 奶牛场排泄物产生、收集、堆积及处理过程中氮、磷变化研究 [D]. 南京：南京农业大学.

鲁胜坤，晁娜，陈金媛，等，2022. 浙江省 2013—2020 年人为源氨排放清单 [J]. 中国环境科学，42 (10)：4525-4536.

吕东海，王冉，周岩民，等，2003. 不同品味沸石在肉鸡生产中的应用研究效果 [J]. 粮食与饲料工业 (3)：32-34.

孟祥海，程国强，张俊飚，等，2014. 中国畜牧业全生命周期温室气体排放时空特征分析 [J]. 中国环境科学，34 (8)：2167-2176.

倪茹，2016. 呼和浩特奶牛养殖粪污排放与废水处理模式及其工艺改进 [D]. 呼和浩特：内蒙古大学.

潘霞，陈励科，卜元卿，等，2012. 畜禽有机肥对典型蔬果地土壤剖面重金属与抗生素分布的影响 [J]. 生态与农村环境学报，28 (5)：518-525.

彭英霞，李俊卫，王浚峰，等，2015. 奶牛场固体牛粪用作卧床垫料的工艺分析 [J]. 中国奶牛 (2)：47-51.

彭紫微，吴根义，黄杰，等，2023. 区域畜禽环境承载力核算方法研究与应用 [J]. 农业环境科学学报，42 (4)：769-777.

齐飞，李浩，施正香，等，2021. 海口地区猪舍不同降温方式的效果及经济性分析 [J]. 中国农业大学学报 (1)：164-175.

钱塑，宋开慧，赵荣敏，2018. 氨气污染与 $PM_{2.5}$ 的关系研究进展 [J]. 环境工程，36 (5)：84-88，99.

屈健，2022. 畜禽粪便中铜锌的污染及治理研究进展 [J]. 农学学报，12 (7)：61-63.

全国畜牧总站，中国饲料工业协会，国家畜禽养殖废弃物资源化利用科技创新联盟，2018. 养殖饲料减排技术指南 [M]. 北京：中国农业出版社.

容锦胜，冯坤娴，王超，等，2023. 畜禽养殖场臭气排放规律及影响因素解析 [J]. 家畜生态学报，44 (1)：1-10.

申军士，刘壮，陈亚迎，等，2016. 乳酸链球菌素对瘤胃体外发酵、甲烷生成及功能菌群数量的影响 [J]. 微生物学报，56 (8)：1348-1357.

生态环境部环境工程评估中心，2022. 环境影响评价技术方法（2022 年版）[M]. 北京：中国环境出版集团.

盛恒利，唐式校，2020. 规模化养殖场清洁回用粪污的方法 [J]. 现代畜牧科技 (10)：86-88.

师帅，李翠霞，李媚婷，2017. 畜牧业"碳排放"到"碳足迹"核算方法的研究进展 [J]. 中国人口·资源与环境，27 (6)：36-41.

宋江燕，吴根义，苏文幸，等，2021. 惠州市畜禽养殖污染耕地承载负荷估算及风险评价 [J]. 农业资源与环境学报，38 (2)：191-197.

宋立，刘刘，王智勇，等，2015. 猪场污水处理与综合利用技术 [J]. 中国畜牧杂志，51 (10)：51-57.

孙江琪，崔宏瑜，王君美，等，2022. 碳中和背景下畜牧业种养结合发展路径研究 [J]. 畜牧与饲料科学，43 (2)：111-114.

孙凯佳，朱建营，梅洋，等，2015. 降低反刍动物胃肠道甲烷排放的措施 [J]. 动物营养学报，27 (10)：2994-3005.

孙永波，栾素军，王亚，等，2017. 湿度对肉鸡健康的影响及应对措施 [J]. 中国畜牧兽医，44 (8)：2533-2539.

孙志岩，张文，于家伊，等，2019. 猪场粪便循环利用项目温室气体碳减排量核算方法学研究 [J]. 再生资源与循环经济，12 (2)：40-44.

覃春富，张佩华，张继红，等，2011. 畜牧业温室气体排放机制及其减排研究进展 [J]. 中国畜牧兽医，38（11）：209-214.

汤波，李宁，2014. 我国猪种业市场分析与预测 [J]. 中国畜牧杂志，50（8）：11-15.

唐一国，2004. 全混合日粮饲养肉牛技术 [J]. 四川草原（11）：60.

田云，尹忞昊，2022. 中国农业碳排放再测算：基本现状、动态演进及空间溢出效应 [J]. 中国农村经济（3）：104-127.

汪开英，魏波，应洪仓，等，2011. 不同地面结构育肥猪舍的恶臭排放影响因素分析 [J]. 农业机械学报，42（9）：186-190，161.

王冲，汪阅，王洪磊，等，2023. 规模化肉鸭养殖场不同季节鸭粪排泄量与特性分析 [J]. 中国家禽，45（7）：61-67.

王亘，翟增秀，耿静，等，2015. 40 种典型恶臭物质嗅阈值测定 [J]. 安全与环境学报，15（6）：348-351.

王海涛，2009. 沼气灌装工艺及集成装备技术研究 [D]. 南宁：广西大学.

王卉，2014. 处理阶段与季节对猪场粪污碳氮物质排放规律影响的研究 [D]. 长沙：湖南农业大学.

王静蕾，祝国强，郝艺卓，等，2023. 白羽鸡粪沼液密闭贮存过程中理化特性变化研究 [J/OL]. 中国家禽，45（11）：52-59.

王美芝，赵婉莹，刘继军，等，2017. 湿帘—风机系统对北京育肥猪舍的降温效果 [J]. 农业工程学报，33（7）：197-205.

王其藩，2009. 高级系统动力学 [M]. 北京：清华大学出版社.

王瑞，魏源送，2013. 畜禽粪便中残留四环素类抗生素和重金属的污染特征及其控制 [J]. 农业环境科学学报，32（9）：1705-1719.

王甜甜，2012. 畜禽养殖环境承载力指标体系构建、量化及预测研究 [D]. 北京：中国农业科学院.

王文林，杜薇，韩宇捷，等，2021. 我国畜禽养殖氨排放特征及减排体系构建研究 [J]. 农业环境科学学报，40（11）：2305-2316.

王文林，童仪，杜薇，等，2018. 畜禽养殖氨排放清单研究现状与实证 [J]. 生态与农村环境学报，34（9）：813-820.

王振刚，宋振东，2005. 湖北省人为源氨排放的历史分布 [J]. 环境科学与技术，28（1）：70-71，118.

魏波，2011. 集约化猪场的恶臭排放与扩散研究 [D]. 杭州：浙江大学.

吴浩玮，孙小淇，梁博文，等，2020. 我国畜禽粪便污染现状及处理与资源化利用分析 [J]. 农业环境科学学报，39（6）：1168-1176.

吴娜伟，孔源，陈颖，等，2016. 我国畜禽养殖项目环境影响评价制度分析 [J]. 生态与农村环境学报，32（2）：342-344.

吴强，张园园，张明月，2022. 中国畜牧业碳排放的量化评估、时空特征及动态演化：2001—2020 [J]. 干旱区资源与环境，36（6）：65-71.

吴琼，赵学涛，2018. 畜禽养殖氨排放核算方法和模型比较 [J]. 生态与农村环境学报，34（4）：300-307.

吴淑勋，2020. 粪肥还田技术温室气体排放及其减排性能评价研究 [D]. 北京：北京建筑大学.

吴爽，张永根，夏科，等，2014. 不同粗饲料组合类型对奶牛瘤胃甲烷产量及氮代谢的影响 [J]. 中国饲料（3）：29-33.

伍高燕，2020. 畜禽粪便厌氧发酵的影响因素分析 [J]. 安徽农业科学，48（2）：221-224.

奚永兰，叶小梅，杜静，等，2022. 畜禽养殖业碳排放核算方法研究进展 [J]. 江苏农业科学，2022，50（4）：1-8.

徐晨晨，郭娉婷，刘策，等，2019. 苜蓿皂苷和酵母培养物对肉羊体外瘤胃发酵特性和甲烷产量的影响 [J]. 动物营养学报，31 (9)：4226-4234.

徐鹏翔，沈玉君，丁京涛，等，2020. 规模化奶牛场粪污全量贮存及肥料化还田工艺设计 [J]. 农业工程学报，36 (21)：260-265.

徐鹏翔，沈玉君，丁京涛，等，2020. 规模化养猪场粪污全量收集及贮存工艺设计 [J]. 农业工程学报，39 (9)：255-262.

宣梦，许振成，吴根义，等，2018. 我国规模化畜禽养殖粪污资源化利用分析 [J]. 农业资源与环境学报，35 (2)：126-132.

杨春璐，孙铁珩，和文祥，等，2007. 温度对汞抑制土壤脲酶动力学影响研究 [J]. 环境科学 (2)：278-282.

杨璐，李夏菲，于书霞，等，2016. 湖北省猪粪管理温室气体减排潜力分析 [J]. 资源科学，38 (3)：557-564.

杨鹏，张克强，2020-06-09. 一种奶厅废水处理系统 [P]. 天津市：CN210711156U.

杨前平，李晓锋，熊琪，等，2019. 奶牛场粪污产生量及性能参数测定 [J]. 湖北农业科学，58 (24)：106-108，119.

杨志鹏，2008. 基于物质流方法的中国畜牧业氨排放估算及区域比较研究 [D]. 北京：北京大学.

闫建波，2017. 奶牛场清粪工艺及相关设备概述 [J]. 农业开发与装备 (5)：39.

殷小冬，赵贺，高飞，等，2020. 不同异位发酵床垫料的粪污处理能力比较研究 [J]. 中国农学通报，36 (11)：96-101.

袁京，刘燕，唐若兰，等，2021. 畜禽粪便堆肥过程中碳氮损失及温室气体排放综述 [J]. 农业环境科学学报，40 (11)：2428-2438，2590.

袁凯，熊苏雅，梁静，等，2020. 畜禽粪便中铜和锌污染现状及风险分析 [J]. 农业环境科学学报，39 (8)：1837-1842.

袁雪波，张护，李志雄，2018. 异位发酵床技术及在猪场粪污处理效果分析 [J]. 中国畜禽种业，14 (6)：102-103.

翟郿秋，张芊芊，刘芳，等，2022. 我国畜禽养殖业碳排放研究进展 [J]. 华南师范大学学报（自然科学版），54 (3)：2，72-82.

翟中藏，张克强，杨增军，等，2019-10-08. 消毒液分类收集系统 [P]. 天津市：CN108996651B.

张爱，程波，王甜甜，2011. 基于地域特性的畜禽养殖环境承载力分析关键指标探讨 [C]. 2011 年全国畜禽水产养殖污染监测与控制治理技术高级研讨会论文集：153-155.

张超，2009. 城市污水处理厂除臭工艺优化研究 [D]. 武汉：武汉理工大学.

张帆，刁其玉，2015. 畜牧业温室气体排放及其减排研究进展 [J]. 家畜生态学报，36 (11)：81-85.

张海涛，任景明，2015. 我国畜禽养殖业污染防治问题及国外经验启示 [J]. 环境影响评价，37 (6)：30-33.

张克强，翟中藏，杜连柱，等，2022-08-23. 规模化奶牛场挤奶厅废水分散式处理与回用系统及方法 [P]. 天津市：CN106698849B.

张克强，张嫚，李梦婷，等，2021. 奶牛场用水特征及节水措施 [J]. 农业环境科学学报，40 (3)：473-481.

张丽萍，刘红江，盛婧，等，2018. 发酵周期、贮存时间和过滤对沼液养分和理化性状变化的影响 [J]. 农业资源与环境学报，35 (1)：32-39.

张瑞华，张峥臻，张克春，2015. 上海地区规模奶牛场夏季物理降温模式调查及其效果测定 [J]. 中国奶牛 (15)：44-47.

张世功，梁荣嵘，张红丽，等，2010. 基于温湿指数的牛舍喷淋降温系统的控制 [J]. 中国农学通报，26（2）：1-5.

张藤丽，焉莉，韦大明，2020. 基于全国耕地消纳的畜禽粪便特征分布与环境承载力预警分析 [J]. 中国生态农业学报，28（5）：745-755.

张晓岚，吕文魁，杨倩，等，2014. 荷兰畜禽养殖污染防治监管经验及启发 [J]. 环境保护，42（15）：71-73.

张心如，毛长清，杜干英，等，2018. 畜禽养殖温室气体排放量测算 [J]. 畜禽业，29（6）：32-34，37.

张燕云，宋从波，刘茂，等，2015. 基于 Fluent 的养猪场恶臭风险分析及应用 [J]. 安全与环境学报，15（1）：293-296.

张祎，2021. 京津冀地区规模化养殖场氨减排及其效益研究 [D]. 保定：河北农业大学.

赵从从，张中文，王栋，2023. 畜禽养殖污染现状及防治对策研究 [J]. 北方牧业（3）：6-7.

赵东风，张鹏，戚丽霞，等，2013. 地面浓度反推法计算石化企业无组织排放源强 [J]. 化工环保，33（1）：71-75.

赵佳浩，2021. 奶牛场污水处理工艺环节和季节因素对污水处理效果的影响 [D]. 郑州：河南农业大学.

赵润，张克强，梁军锋，等，2018-12-07. 储奶罐冲洗及高压蒸气杀菌系统 [P]. 天津市：CN2081-95160U.

郑芳，2010. 规模化畜禽养殖场恶臭污染物扩散规律及其防护距离研究 [D]. 北京：中国农业科学院.

郑芳，程波，李玉明，等，2010. 奶牛场恶臭污染物扩散规律研究 [J]. 农业环境科学学报，29（9）：1808-1813.

郑铃芳，章杰，2015. 国外畜禽养殖污染防治经验介绍 [J]. 中国猪业，10（11）：16-18.

郑永辉，鞠鑫鑫，孙辉，等，2021. 奶牛场温室气体排放与减排措施 [J]. 中国乳业（11）：34-39.

钟华宜，张平，李铁军，等，2006. 广西反刍动物甲烷排放总量的估算 [J]. 广西农业生物科学（3）：269-274.

周芳，琼达，金书秦，2021. 西藏畜禽养殖污染现状与环境风险预测 [J]. 干旱区资源与环境，35（9）：82-88.

周海滨，丁京涛，孟海波，等，2022. 中国畜禽粪污资源化利用技术应用调研与发展分析 [J]. 农业工程学报，38（9）：237-246.

周海瑛，2020. 不同 C/N 比对好氧堆肥过程中 NH_3 挥发损失及含氮有机化合物转化的影响 [D]. 兰州：甘肃农业大学.

周静，马友华，杨书运，等，2013. 畜牧业温室气体排放影响因素及其减排研究 [J]. 农业环境与发展，30（4）：78-82.

周能芹，黄东升，2007. 苏北某市养猪场污染现状及防治对策 [J]. 四川环境（2）：122-126.

周元清，2019. 中国规模化生猪养殖碳足迹评估方法与案例研究 [D]. 北京：中国农业科学院.

周忠强，2019. 上海市典型规模化奶牛场氨排放特征研究 [D]. 上海：华东理工大学.

周忠强，沈根祥，徐昶，等，2019. 上海市典型畜禽养殖场恶臭污染物排放特征调查 [J]. 浙江农业学报，31（5）：790-797.

朱海生，左福元，董红敏，等，2017. 锯末添加比例对牛粪贮存过程中氨气和温室气体排放的影响 [J]. 西南大学学报（自然科学版），39（3）：34-40.

朱舜芳，邓伟江，陈焕洪，等，2020. 城镇对病死动物无害化处理的现状 [J]. 畜牧兽医科技信息（4）：37.

朱伟，郑琛，杨华明，等，2018. 有害气体对畜禽健康的影响及防控措施研究进展 [J]. 黑龙江畜牧兽医（11）：79-83.

朱新梦，董雯怡，王洪媛，等，2017. 堆肥方式对氮素损失和留存的影响［J］. 中国农学通报，33（16）：97-104.

朱志平，董红敏，魏莎，等，2020. 中国畜禽粪便管理变化对温室气体排放的影响［J］. 农业环境科学学报，39（4）：743-748.

邹广浩，2018. 乐山市市中区畜禽养殖污染防治技术对策分析［D］. 成都：西南交通大学.

环境保护部. 大气氨源排放清单编制技术指南（试行）［EB/OL］. https：//www. mee. gov. cn/gkml/hbb/bgg/201408/t20140828 _ 288364. htm.

环境保护部环境工程评估中心，2010. 环境影响评价相关法律法规汇编［M］. 北京：中国环境科学出版社.

AARNINK A J A, ELZING A, DYNAMIC, 1998. Model for ammonia volatilization in housing with partially slatted floors, for fattening pigs ［J］. Livestock Production Science, 53（2）：153-169.

AARNINK A J A, BERG A, KEEN A, et al., 1996. Effect of slatted floor area on ammonia emission and on the excretory and lying behaviour of growing pigs ［J］. Journal Agricultural Engineering Research, 64（4）：299-310.

ABECIA L, TORAL P G, MARTIN-GARCFA A I, et al., 2012. Effect of bromochloromethane on methane emission, rumen fermentation pattern, milk yield, and fatty acid profile in lactating dairy goats ［J］. Journal of Dairy Science, 95（4）：2027-2036.

ANJUM M S, SANDHU M A, MUKHTAR N, et al., 2014. Upgrade of egg quality trough different heat-combating systems during high environmental temperature ［J］. Tropical Animal Health & Production, 46（7）：1135-1140.

AUDSLEY E, WILKINSON M, 2014. What is the potential for reducing national greenhouse gas emissions from crop and livestock production systems ［J］. Journal of Cleaner Production, 73（2）：263-268.

BICUDO J R, SCHMIDT D R, CLANTON C J, 2004. Geotextile covers to reduce odor and gas emissions from swine manure storage ponds ［J］. Applied Engineering in Agriculture, 220（1）：65-75.

BLANES V V, HANSEN M N, SOUSA P, 2009. Reduction of odor and odorant emissions from slurry stores by means of straw covers ［J］. Journal of Environmental Quality, 38（4）：1518-1527.

BUIJSMAN E, MAAS H F M, ASMAN W A H, 1987. Anthropogenic NH₃ emissions in Europe ［J］. Atmospheric Environment（21）：1009-1022.

CAO Y, WANG X, BAI Z, et al., 2019. Mitigation of ammonia, nitrous oxide and methane emissions during solid waste composting with different additives：A meta-analysis ［J］. Journal of Cleaner Production（235）：626-635.

CHADWICK D R, 2005. Emissions of ammonia, nitrous oxide and methane from cattle manure heaps：effect of compaction and covering-Science Direct ［J］. Atmospheric Environment, 39（4）：787-799.

DAUMER M L. GUIZIOU F. DOURMAD J Y, 2007. Effect of dietary protein content and supplementation with benzoic acid and microbial phytase on the characteristics of the slurry produced by fattening pigs ［J］. Journees de la Recherche Porcine, 39（3）：13-22.

FERGUSON N S, GATES R S, TARABA J L, et al., 1998. The efect of dietary protein and phosphorus on ammonia concentration andittercomposition in broilers ［J］. Pultry Science, 77（8）：1085-1093.

GISLON G, COLOMINI S, BORREANI G, et al., 2020. Milk production, methane emissions, nitrogen and energy balance of cows fed diets based on different forage systems ［J］. Journal of Dairy

Science, 103 (9): 8048-8061.

GROENESTEIN C M, VAN F H G, 1996. Volatilization of ammonia. nitrous oxide and nitric oxide in deep litter systems for fattening pigs [J]. Journal of Agricultural Engineering Research, 65 (4): 269-274.

GUARINO M, FABBRI C, BRAMBILLA M, et al., 2006. Evaluation of simplified covering systems to reduce gaseous emissions from livestock manure storage [J]. Transactions of the Asabe, 49 (3): 737-747.

GUGLIELMELLI A, CALABRO S, PRIMI R, et al., 2011. In vitro fermentation patterns and methane production of sainfoin (*Onobrychis vicifolia* Scop.) hay with different condensed tannin contents [J]. Grass and Forage Science, 66 (4): 488-500.

HAMMOND K J, JONES A K, HUMPHRIES D J, et al., 2016. Effects of diet forage source and neutral detergent fiber content on milk production of dairy cattle and: methane emissions determined using green feed and respiration chamber techniques [J]. Journal of Dairy Science, 99 (10): 7004-7017.

HANSEN C F, SRENSEN G, LYNGBYE M, 2007. Reduced diet crude protein level, benzoic acid and inulin reduced ammonia, but failed to influence odour emission from finishing pigs [J]. Livestock Science, 109 (1-3): 228-231.

HOOD M C, SHAN S B, KOLAR P, et al., 2015. Biofiltration of ammonia and ghgs from swine gestation barn pit exhaust [J]. Transactions of the ASABE, 58 (3): 771-782.

LIANG Y, XIN H, TANAKA A, et al., 2003. Ammonia emissions from U. S. poultry houses: part II-Layer houses [C] // Proceedings of Third International Conference on Air Pollution from Agricultural Operations. Raleigh, NC: American Society of Agricultural and Biological Engineers, 147-158.

LIM S S, PARK H J, HAO X, et al., 2017. Nitrogen, carbon, and dry matter losses during composting of livestock manure with two bulking agents as affected by co-amendments of phosphogypsum and zeolite [J]. Ecological Engineering the Journal of Ecotechnology (102): 280-290.

LIU G J, ZHENG D, DENG L W, et al., 2014. Comparison of constructed wetland and stabilization pond for thetreatment of digested effluent of swine wastewater [J]. Environmental Technology (1): 1-10.

LIU Z, POWERS W, MUKHTAR S, 2014. Review of practices and technologies for odor control in swine production facilities [J]. Applied Engineering in Agriculture, 30 (3): 477-492.

MAZZA L, XIAO X P, REHMAN K, et al., 2020. Management of chicken manure using black soldier fly (Diptera: Stratiomyidae) larvae assisted by companion bactera [J]. Waste Management (102): 312-318.

MELSE R W, OGINK N W M, 2005. Air scrubbing techniques for ammonia and odor reduction at livestock operations: review of on-farm research in the Netherlands [J]. Transactions of the ASAE, 48 (6): 2303-2313.

MUDLIAR S, GIRI B, PADOLEY K, et al., 2010. Bioreactors for treatment of VOCs and odours-A review [J]. Journal of Environmental Management, 91 (5): 1039-1054.

NDEGWA P M, HRISTOV A N, AROGO J, et al., 2008. A review of ammonia emission mitigation techniques for concentrated animal feeding operations [J]. Biosystems Engineering, 100 (4): 453-469.

O'SHEA C J, SWEENEY T, LYNCH M B, et al., 2010. Effect of beta-glucans contained in barley-and-oat-based diets and exogenous enzyme supplementation on gastrointestinal fermentation of finisher pigs and subsequent manure odor and ammonia emissions [J]. Journal of Animal Science, 88 (4): 1411-1420.

PAN L, Yang S X, BRUYN J D, 2007. Factor analysis of downwind odours from livestock farms [J]. Biosystems Engineering, 96 (3): 387-397.

ROSE M S, CHARLES J C, DAVID R S, et al., 2011. Covers for mitigating odor and gas emissions in animal agriculture: An overview [J]. Air Quality Ducation in Animal Agriculture (3): 1-10.

ROSS C A, SCHOLEFIELD D, JARVIS S C, 2002. A model of ammonia volatilisation from a dairy farm: an examination of abatement strategies. [J]. Nutrient Cycling in Agroecosystems (64): 273-281.

SCHIFFMAN S S, BENNETTA J L, RAYMER J H, 2001. Quantification of odors and odorants from swine operations in North Carolina [J]. Agricultural and Forest Meteorology (108): 213-240.

STANSBERY A E, VANOTTI M B, SZOGI A A, 2006. Reduction of ammonia emissions from treated anaerobic swine lagoons [J]. Transactions of the Asae, 49 (1): 217-225.

STINN J P, XIN H, SHEPHERD T A, et al., 2014. Ammonia and greenhouse gas emissions from a modern U. S. swine breeding-gestation-farrowing system [J]. Atmospheric Environment, 98 (dec.): 620-628.

SUN G, GUO H, PETERSON J, 2010. Seasonal odor, ammonia, hydrogen sulfide, and carbon dioxide concentrations and emissions from swine grower finisher rooms [J]. Journal of the Air & Waste Management Association, 60 (4): 471-480.

SUN J, BAI M, SHEN J, et al., 2016. Effects of lignite application on ammonia and nitrous oxide emissions from cattle pens [J]. Science of the Total Environment, 565 (15): 148-154.

SZANTO G L, HAMELERS H V, RULKENS W H, et al., 2007. NH_3, N_2O and CH_4 emissions during passively aerated composting of straw-rich pig manure [J]. Bioresource Technology, 98 (14): 2659-2670.

WANG Y, CHO J H, CHEN Y J, et al., 2009. The effect of probiotic Bio Plus 2B (R) on growth performance, dry matter and nitrogen digestibility and slurry noxious gas emission in growing pigs [J]. Livestock Science, 120 (1-2): 35-42.

WEBB J, MISSELBROOK T H, 2004. A mass-flow model of ammonia emissions from UK livestock production [J]. Atmospheric Environment, 38 (14): 2163-2176.

WIGHTMAN J L, WOODBURY P B, 2016. New York dairy manure management greenhouse gas emissions and mitigation costs (1992-2022) [J]. Journal of Environmental Quality (45): 266-275.

XU M J, Eckstein Y, 1995. Use of weighted least-squares method in evaluation of the relationship between dispersivity and field scale [J]. Ground Water, 33 (6): 905-908.

ZHU Z P, WANG Y, YAN T, et al., 2023. Greenhouse gas emissions from livestock in China and mitigation options within the context of carbon neutrality [J]. Frontiers of Agricultural Science and Engineering, 10 (2): 226-233.